Informatik – Fachberichte

Band 1: Programmiersprachen. GI-Fachtagung 1976. Herausgegeben von H.-J. Schneider und M. Nagl. (vergriffen)

Band 2: Betrieb von Rechenzentren. Workshop der Gesellschaft für Informatik 1975. Herausgegeben von A. Schreiner. (vergriffen)

Band 3: Rechnernetze und Datenfernverarbeitung. Fachtagung der GI und NTG 1976. Herausgegeben von D. Haupt und H. Petersen. VI, 309 Seiten. 1976.

Band 4: Computer Architecture. Workshop of the Gesellschaft für Informatik 1975. Edited by W. Händler. VIII, 382 pages. 1976.

Band 5: GI – 6. Jahrestagung. Proceedings 1976. Herausgegeben von E. J. Neuhold. (vergriffen)

Band 6: B. Schmidt, GPSS-FORTRAN, Version II. Einführung in die Simulation diskreter Systeme mit Hilfe eines FORTRAN-Programmpaketes, 2. Auflage. XIII, 535 Seiten. 1978.

Band 7: GMR – GI – GfK. Fachtagung Prozessrechner 1977. Herausgegeben von G. Schmidt. (vergriffen)

Band 8: Digitale Bildverarbeitung/Digital Image Processing. GI/NTG Fachtagung, München, März 1977. Herausgegeben von H.-H. Nagel. (vergriffen)

Band 9: Modelle für Rechensysteme. Workshop 1977. Herausgegeben von P. P. Spies. VI, 297 Seiten. 1977.

Band 10: GI – 7. Jahrestagung. Proceedings 1977. Herausgegeben von H. J. Schneider. IX, 214 Seiten. 1977.

Band 11: Methoden der Informatik für Rechnerunterstütztes Entwerfen und Konstruieren, GI-Fachtagung, München, 1977. Herausgegeben von R. Gnatz und K. Samelson. VIII, 327 Seiten. 1977.

Band 12: Programmiersprachen. 5. Fachtagung der GI, Braunschweig, 1978. Herausgegeben von K. Alber. VI, 179 Seiten. 1978.

Band 13: W. Steinmüller, L. Ermer, W. Schimmel: Datenschutz bei riskanten Systemen. Eine Konzeption entwickelt am Beispiel eines medizinischen Informationssystems. X, 244 Seiten. 1978.

Band 14: Datenbanken in Rechnernetzen mit Kleinrechnern. Fachtagung der GI, Karlsruhe, 1978. Herausgegeben von W. Stucky und E. Holler. (vergriffen)

Band 15: Organisation von Rechenzentren. Workshop der Gesellschaft für Informatik, Göttingen, 1977. Herausgegeben von D. Wall. X, 310 Seiten. 1978.

Band 16: GI – 8. Jahrestagung, Proceedings 1978. Herausgegeben von S. Schindler und W. K. Giloi. VI, 394 Seiten. 1978.

Band 17: Bildverarbeitung und Mustererkennung. DAGM Symposium, Oberpfaffenhofen, 1978. Herausgegeben von E. Triendl. XIII, 385 Seiten. 1978.

Band 18: Virtuelle Maschinen. Nachbildung und Vervielfachung maschinenorientierter Schnittstellen. GI-Arbeitsseminar. München 1979. Herausgegeben von H. J. Siegert. X, 230 Seiten. 1979.

Band 19: GI – 9. Jahrestagung. Herausgegeben von K. H. Böhling und P. P. Spies. (vergriffen)

Band 20: Angewandte Szenenanalyse. DAGM Symposium, Karlsruhe 1979. Herausgegeben von J. P. Foith. XIII, 362 Seiten. 1979.

Band 21: Formale Modelle für Informationssysteme. Fachtagung der GI, Tutzing 1979. Herausgegeben von H. C. Mayr und B. E. Meyer. VI, 265 Seiten. 1979.

Band 22: Kommunikation in verteilten Systemen. Workshop der Gesellschaft für Informatik e.V.. Herausgegeben von S. Schindler und J. C. W. Schröder. VIII, 338 Seiten. 1979.

Band 23: K.-H. Hauer, Portable Methodenmonitoren. Dialogsysteme zur Steuerung von Methodenbanken: Softwaretechnischer Aufbau und Effizienzanalyse. XI, 209 Seiten. 1980.

Band 24: N. Ryska, S. Herda, Kryptographische Verfahren in der Datenverarbeitung. V, 401 Seiten. 1980.

Band 25: Programmiersprachen und Programmentwicklung. 6. Fachtagung, Darmstadt, 1980. Herausgegeben von H.-J. Hoffmann. VI. 236 Seiten. 1980

Band 26: F. Gaffal, Datenverarbeitung im Hochschulbereich der USA. Stand und Entwicklungstendenzen. IX, 199 Seiten. 1980.

Band 27: GI-NTG Fachtagung, Struktur und Betrieb von Rechensystemen. Kiel, März 1980. Herausgegeben von G. Zimmermann. IX, 286 Seiten. 1980.

Band 28: Online-Systeme im Finanz- und Rechnungswesen. Anwendergespräch, Berlin, April 1980. Herausgegeben von P. Stahlknecht. X, 547 Seiten, 1980.

Band 29: Erzeugung und Analyse von Bildern und Strukturen. DGaO – DAGM Tagung, Essen, Mai 1980. Herausgegeben von S. J. Pöppl und H. Platzer. VII, 215 Seiten. 1980.

Band 30: Textverarbeitung und Informatik. Fachtagung der GI, Bayreuth, Mai 1980. Herausgegeben von P. R. Wossidlo. VIII, 362 Seiten. 1980.

Band 31: Firmware Engineering. Seminar veranstaltet von der gemeinsamen Fachgruppe „Mikroprogrammierung" des GI Fachausschusses 3/4 und des NTG-Fachausschusses 6 vom 12. – 14. März 1980 in Berlin. Herausgegeben von W. K. Giloi. VII, 289 Seiten. 1980.

Band 32: M. Kühn, CAD Arbeitssituation. Untersuchungen zu den Auswirkungen von CAD sowie zur menschengerechten Gestaltung von CAD-Systemen. VII, 215 Seiten. 1980.

Band 33: GI – 10. Jahrestagung. Herausgegeben von R. Wilhelm. XV, 563 Seiten. 1980.

Band 34: CAD-Fachgespräch. GI - 10. Jahrestagung. Herausgegeben von R. Wilhelm. VI, 184 Seiten. 1980.

Band 35: B. Buchberger, F. Lichtenberger: Mathematik für Informatiker I. Die Methode der Mathematik. XI, 315 Seiten. 1980.

Band 36: The Use of Formal Specification of Software. Berlin, Juni 1979. Edited by H. K. Berg and W. K. Giloi. V, 388 pages. 1980.

Band 37: Entwicklungstendenzen wissenschaftlicher Rechenzentren. Kolloquium, Göttingen, Juni 1980. Herausgegeben von D. Wall. VII, 163 Seiten. 1980.

Band 38: Datenverarbeitung im Marketing. Herausgegeben von R. Thome. VIII, 377 pages. 1981.

Band 39: Fachtagung Prozeßrechner 1981. München, März 1981. Herausgegeben von R. Baumann. XVI, 476 Seiten. 1981.

Band 40: Kommunikation in verteilten Systemen. Herausgegeben von S. Schindler und J.C.W. Schröder. IX, 459 Seiten. 1981.

Band 41: Messung, Modellierung und Bewertung von Rechensystemen. GI-NTG Fachtagung. Jülich, Februar 1981. Herausgegeben von B. Mertens. VIII, 368 Seiten. 1981.

Band 42: W. Kilian, Personalinformationssysteme in deutschen Großunternehmen. XV, 352 Seiten. 1981.

Band 43: G. Goos, Werkzeuge der Programmiertechnik. GI-Arbeitstagung. Proceedings, Karlsruhe, März 1981. VI, 262 Seiten. 1981.

Informatik-Fachberichte

Herausgegeben von W. Brauer
im Auftrag der Gesellschaft für Informatik (GI)

78

Architektur und Betrieb von Rechensystemen

8. GI-NTG-Fachtagung
Karlsruhe, 26.-28. März 1984

Herausgegeben von H. Wettstein

Springer-Verlag
Berlin Heidelberg New York Tokyo 1984

Herausgeber

Prof. Dr.-Ing. H. Wettstein
Universität Karlsruhe, Institut für Informatik III
Zirkel 2, 7500 Karlsruhe 1

CR Subject Classifications (1982): A 6.1, B 1, C 4.5, C 4.7, I,.7

ISBN-13:978-3-540-12913-4   e-ISBN-13:978-3-642-69394-6
DOI: 10.1007/978-3-642-69394-6

CIP-Kurztitelaufnahme der Deutschen Bibliothek. Architektur und Betrieb von Rechensystemen:
GI/NTG-Fachtagung. – Berlin; Heidelberg; New York; Tokyo: Springer
Bis 1982 im VDE-Verl., Berlin, Offenbach. Bis 1982 u.d.T.: Struktur und Betrieb von Rechensystemen.
8. Karlsruhe, 26.-28. März 1984. – 1984.
(Informatik-Fachberichte; 78)
ISBN-13:978-3-540-12913-4

NE: Gesellschaft für Informatik; GT

Vorwort

Als Tagungsleiter der achten Veranstaltung im Rahmen der wohl
ältesten Informatik-Tagungsserie in der Bundesrepublik Deutschland
freue ich mich besonders, diese Zeilen dem Tagungsband hinzufügen zu
können. Die erste Veranstaltung fand 1970 in Erlangen statt, zu einer
Zeit, als der Begriff Informatik gerade erst erfunden, ein Rechensystem
noch ein seltenes *Luxusobjekt* war. Inzwischen hat sich das Bild deutlich
gewandelt. Heute gibt es kaum einen Bereich aus Wissenschaft, Technik
und Verwaltung, der nicht von der Informationsverarbeitung erfaßt
wäre. Diese ist weitgehend zur Routineangelegenheit geworden.
Trotzdem gibt es immer wieder Fälle, in denen Rechensysteme unter
besonderer Ausprägung einzelner Aspekte - der Programmausschuß hat
sie schlagwortartig *Grenzsituationen* genannt - entwickelt werden
und/oder zur Anwendung kommen. Die Tagung möchte solche Aspekte
herausstellen.

Die eingereichten Vorträge zeigten, daß es insbesondere drei Tenden-
zen sind, die unter diesem Gesichtspunkt derzeit in Forschung und
Entwicklung ein breiteres Interesse finden: Erzielung größerer
Leistungsfähigkeit durch neu entwickelte, auch unkonventionelle Strukturen, der Aufbau von Systemen aus z.T. sehr vielen gleichen Einzelkomponenten sowie die Garantie einer hohen Zuverlässigkeit. Diese Tenden-
zen ziehen sich durch die gesamte Tagung. Unter solchen Randbedingungen war es nicht ganz einfach, Sitzungsschwerpunkte zu bilden. Trotzdem hofft der Programmausschuß thematische Klammern
gefunden zu haben.

Die erste Sitzung *Neue Rechnerstrukturen* befaßt sich in zwei
Vorträgen mit der Verteilung der Rechenlast auf zahlreiche Prozessorelemente mit dem Ziel, Rechenzeitkomplexität um Größenordnungen
zu verbessern. Mag dies ein Blick in die Zukunft sein, so befaßt sich die
Sitzung *Schnelligkeit* mit Beispielen zur Anwendung bereits eingeführter
Methoden, insbesondere des schnellen Zwischenspeicherns. In den
beiden Sitzungen *Systemkonzepte* wurden Vorträge zusammengefaßt, in
denen die Gesamtkonzeption eines Rechensystems oder einer Komponenten im Vordergrund steht. Integration, Bausteinprinzip, Verbund
oder Fehlertoleranz mögen dabei die hervorstechenden Merkmale sein.
Zuverlässigkeit und Fehlertoleranz sind schließlich die roten Fäden in
den beiden Sitzungen über *Fehlertoleranz*. Soweit möglich, wurde den
einzelnen Sitzungen ein eingeladener Vortrag vorangestellt, der eine
gewisse Einführung in die Thematik geben soll. Eine Reihe anerkannter
Fachleute aus dem In- und Ausland konnten für diese Aufgabe gewonnen werden.

Besonderen Dank möchte ich Herrn Prof. H. Zemanek, Wien für die Übernahme des Hauptvortrages aussprechen. Sein Thema *Über die Grenzen der Einsicht im Computerwesen* stellt zweifellos einen reizvollen Kontrast zum Leitthema der Tagung ebenso, wie zu den konkreten Inhalten der einzelnen Beiträge her.

Ein erläuterndes Wort sei hier zum Titel der Tagungsserie mitgegeben. Die Vorgängerveranstaltungen standen noch unter der Überschrift *Struktur und Betrieb von Rechensystemen.* Im Zuge einer begrifflichen Konsolidierung innerhalb der Trägergesellschaften wurde das Wort Struktur durch das allgemeinere Wort Architektur ersetzt. Damit wurde einer Entwicklung Rechnung getragen, die nicht mehr nur die innere Organisation eines Objektes der Informatik sondern auch seine Entstehung, seine Formalität, seine Gesamtwirkung, nicht zuletzt auch seine *Ästhetik* mit betrachtet wissen möchte. Gewarnt sei aber vor der Fehlinterpretation, Architektur sei etwas, was nur der technischen Apparatur zustünde. Wir dürfen uns angewöhnen auch bei Softwareprodukten, hier insbesondere bei Betriebssystemen, von einer Architektur zu sprechen. Die Tagungsserie hat sich stets als ein Forum für eine integrierte Betrachtungsweise von Rechensystemen verstanden und wird dies auch weiterhin tun.

Eine Tagung entsteht durch das Zusammenwirken vieler Einzelleistungen. Deshalb möchte ich allen jenen danken, die zum Gelingen beigetragen haben, das sind insbesondere

- die Trägergesellschaften GI und NTG, vor allem deren Geschäftsstellen und Fachausschüsse,
- die Deutsche Sektion des IEEE, die an der Vorbereitung der Tagung in ideeller Weise mitgewirkt hat,
- der Programmausschuß, mit dem zusammenzuarbeiten ein Vergnügen war,
- die Autoren, deren Beiträge erst die innere Substanz der Tagung ausmachen,
- die Aussteller, deren Bemühungen bei den Vorführungen durch ein reges Interesse der Tagungsteilnehmer belohnt werden mögen,
- jene Institutionen, deren finanzielle Unterstützung eine wesentliche Hilfe darstellt,
- alle meine Mitarbeiter, vor allem Frau E. Whiteman, ohne deren Wirken niemand von der Tagung erfahren hätte.

Danken möchte ich auch jenen Autoren, deren eingereichte Beiträge nicht im Tagungsprogramm erscheinen. Meist ist der Grund dafür nicht in fehlender Qualität, sondern in der Tatsache zu sehen, daß der Zeitrahmen einer Tagung begrenzt ist und der organisatorische Zwang zur Bildung thematisch zusammengehöriger Vortragsgruppen besteht. Ich hoffe, daß diese Autoren, die ja mit ihren Vorschlägen ihr Interesse an dem Fachgebiet bekundet haben, trotzdem unter den Teilnehmern der Tagung zu finden sind.

Ihnen und allen anderen Teilnehmern wünsche ich die Erfüllung ihrer in den Besuch der Tagung gesetzten Erwartungen und hoffe, daß sich die Stadt Karlsruhe als eine würdige *Fortsetzerin* in der Folge der bisherigen Tagungsorte Erlangen, Darmstadt, Braunschweig, Aachen, München, Kiel und Ulm erweist.

Karlsruhe, im Januar 1984

H. Wettstein

Programmausschuß:

H. Beilner, Dortmund
J. Gerlach, Stuttgart
U. Herzog, Erlangen
E. Jessen, Hamburg
K. Lagally, Stuttgart
H. Meißner, München
H. Schmutz, Heidelberg
P. Spies, Bonn
J. Swoboda, Ulm
K. Waldschmidt, Frankfurt
H. Wettstein, Karlsruhe (Vorsitz)

Folgende Institutionen haben die Tagung finanziell unterstützt:

Badische Landesbausparkasse, Karlsruhe
Daimler Benz AG, Stuttgart
Deutsche Bank AG, Karlsruhe
Dresdner Bank AG, Karlsruhe
Dr.-Ing. Seufert GmbH, Karlsruhe
Hewlett Packard, Waldbronn
Siemens AG, Karlsruhe
Sparkasse, Karlsruhe

Inhaltsverzeichnis

ÜBER DIE GRENZEN DER EINSICHT IM COMPUTERWESEN
Hauptvortrag

Heinz Zemanek, Wien
Universitätsprofessor
IBM Fellow

1. Grenzen müssen nicht Linien sein
   (Einsicht und Raffinement)

2. Einsicht oder Überwältigung
   (Anschauung ist durch nichts zu ersetzen)

3. Der miniaturisierte Riese
   (Die undurchschaubare Ansammlung von Logik)

4. Einsicht trotz Fülle der Einzelheiten
   (Abstrakte Architektur und Schnittstelle)

5. Der Computer als Sprachverarbeitungsautomat
   (Syntax und Semantik als Hilfe und Hindernis)

6. Informationsverarbeitung als Geisteswissenschaft
   (Ein Bilanzversuch für das Computerwesen)

1. Grenzen müssen nicht Linien sein
(Einsicht und Raffinement)

Grenzen sind heute nur noch bedingt scharfe Linien; immer mehr sind sie Übergänge mit Grauzonen oder mit allmählicher Transformation. Mitunter muß man Grenzen als Gebiete verstehen, in denen man einen Aspekt nur im Tausch gegen einen anderen verbessern kann. Das kommt von der Verfeinerung unserer Beobachtung und Einsicht, von der Kleinheit unserer Vorrichtungen in Raum und Zeit. Von den harten Grenzen hatte man sich noch jene abschließende perfekte Erkenntnis und Ordnung versprochen, welche der Physik und der Technik eine gewisse Überheblichkeit suggerierten. Die weichen Grenzen geben uns das Bewußtsein von Unzulänglichkeit und Unterinformiertheit zurück, welches im vortechnischen Zeitalter für normal angesehen wurde und nun, am Ende des 20. Jahrhunderts, zu Bescheidenheit und Besinnung mahnt. Das hat nichts mit Kulturpessimismus zu tun oder mit einer Verteufelung der Technik, welche vorwiegend von Leuten betrieben wird, die wenig Einsicht haben und unreflektierten Gebrauch von der Technik machen. Noch vor zwanzig Jahren war es ein wirksamer Scherz, den technischen Direktor einer großen Glühlampenfirma nach den Plänen für eine allgemeine Alpenbeleuchtung zu fragen - heute klänge es nach den üblichen Übertreibungen eines grünen Parteiblatts. Die Alpen lassen sich so wenig ausleuchten wie ein technisch-wissenschaftliches Gelände. Selbst die Informatik, ein Fachgebiet auf solidester logischer Basis, hat ihre Dunkelbezirke, und es ist eine ebenso legale wie nützliche Aufgabe, sich mit den Grenzen der Einsicht in ihren Bereichen auseinanderzusetzen.

Denn die unscharfen Grenzen beginnen bereits in der Logik. Es ist nur zwei Drittel eines Jahrhunderts her, daß der Logische Positivismus die Hoffnung geben durfte, mit Hilfe der Logik zu einer vollständigen Beschreibung der Welt zu gelangen, nach deren Fertigstellung über das, was sich dahinter zeigt (um mit Wittgenstein zu reden), wissenschaftlich nur geschwiegen werden kann. Und Extremisten leugnen überhaupt, daß außerhalb der logischen Beschreibung - außer vielleicht einer statistischen Verteilung - etwas existieren könnte. Beschränken wir uns zunächst auf die Logik. Die Grenze zwischen dem Entscheidbaren und dem Unentscheidbaren, zwischen dem Berechenbaren und dem Unberechenbaren, ist eine logische Grenze unserer Einsicht, die in der

Informatik aber einen Zaun im täglichen Arbeitsfeld herstellt - denn jeder Übersetzer kann in jene Begrenztheit und Unentscheidbarkeit hineinschlittern, mit welchen Logik und Mathematik unserer Zeit konfrontiert sind.

In der Physik ist eine ganz ähnliche Grenze durch die Unschärferelation beschrieben: Heisenberg hat nachgewiesen, daß mit steigender Präzision unserer Meßverfahren allmählich genauere Ortsangaben nur um den Preis entsprechend ungenauerer Impulsangaben erreicht werden können. Das heißt im Grunde: je genauer man in der Naturwissenschaft die Gegenwart kennt, umso unbestimmter erscheint die Zukunft. Und das ist eine Warnung für das übermäßige Vertrauen in die physikalische Erkenntnis. In der Nachrichtentechnik gilt eine ähnliche Relation zwischen Zeitauflösung und Bandbreite, und Shannon erreichte die Grenze unserer Einsicht, wo man sich bereits mit Statistik behelfen muß. Sein Begriff der Informationsentropie, ein Analogon zur physikalischen Entropie, liefert die Kanalkapazität, einen Grenzwert, welcher Zeitauflösung, Bandbreite und Nutz-Stör-Leistungsverhältnis gegeneinander austauschbar erscheinen läßt. Und auch dies ist wieder ein Zaun auf dem täglichen Arbeitsfeld der Informatik.

Selbst die drei Begriffe, welche seit der Französischen Revolution die Maximen der Demokratie sind - Freiheit, Gleichheit und Brüderlichkeit - erweisen sich als Übergangsrelationen mit dem gleichen Grenzcharakter. Und auch sie sind Zäune auf dem Arbeitsgebiet der Informatik. Denn von einem bestimmten Gebiet unserer technischen Fertigkeiten an läßt sich Freiheit nur um den Preis der Reduktion der Sicherheit erkaufen und höhere Sicherheit nur um den Preis verminderter Freiheit, was dem Informatiker nicht nur in der Frage des Datenschutzes entgegentritt, sondern auch zum Beispiel beim Umgang mit der sogenannten Künstlichen Intelligenz. Auch Gleichheit und Erfolg - ein Produktpaar aus dem Wirtschaftsleben und aus der Soziologie - spielen in der Informatik die Rolle einer Übergangsgrenze; man könnte hier längere Überlegungen zur Normung anstellen. Und das Begriffspaar Brüderlichkeit und Moral ist vorläufig weniger aktuell, aber das kann sich ändern. Philosophische Fragen können in der Informatik recht unversehens zu technischen Problemen werden.

Auch in der reinen Technik gibt es beim Computer zahlreiche Begriffspaare, die eine derartige Übergangsgrenze bilden, wo der eine Aspekt gegen den anderen ausgetauscht werden muß: Hardware gegen Software,

Speicherkapazität gegen Ausführungsgeschwindigkeit, Preis gegen Qualität und so fort. Was in diesem Beitrag aufgegriffen werden soll, ist das Verhältnis zwischen technischem Raffinement und herrschender Einsicht, ein Verhältnis, dem wir allgemein mit zu großem Optimismus oder mit großzügiger Unbekümmertheit gegenüberstehen. Das Raffinement ist im Computerwesen außerordentlich weit getrieben und es müßte uns klar sein, daß jede weitere Verfeinerung mit einer Verringerung unserer Einsicht bezahlt werden muß, wenn man nicht einen Weg findet, um beide Fortschritte zugleich zu machen.

Optimismus und Unbekümmertheit werden allmählich nicht nur zu einer Gefahr - das wäre nicht ganz so schlimm, denn mit Gefahren muß man leben, und Leuten, die aus den Gefahren gleich auf die Abschaffungswürdigkeit einer Sache schließen, soll man zutiefst mißtrauen. Optimismus samt Unbekümmertheit könnten den Computer in die Situation führen, in welche die Atomenergie bereits geraten ist, nämlich als Übel an sich abqualifiziert zu werden. Derartige Irrationalitäten lassen sich hinterher schwer aus der Welt schaffen (und schon gar nicht mit rationalen Argumenten). Man muß dafür sorgen, daß sie nicht erst aufkommen. Die erste Voraussetzung dafür ist es, die Grenzen des Werkzeugs Computer klar zu erkennen, und diese wieder sind durch die Grenzen unserer Einsicht in das Werkzeug bestimmt.

2. Einsicht oder Überwältigung
(Anschauung ist durch nichts zu ersetzen)

Was soll hier unter Einsicht verstanden werden? Einsicht ist etwas anderes als eine auf Vollständigkeit ausgerichtete Ansammlung von Detailinformation. Die Entwicklung von Einsicht ist selbst ein Informationsverarbeitungsvorgang, eine Reduktion der Menge auf das Relevante. Einsicht ist eine Form der Erkenntnis, eine Leistung des menschlichen Geistes, der tatsächlichen, das heißt der natürlichen und werkzeugunabhängigen Intelligenz. Einsicht im allgemeinen müßte man vielleicht ein wenig anders erklären; Einsicht im naturwissenschaftlich-technischen Bereich ist beherrschendes Verständnis der Zusammenhänge innerhalb einer Struktur und ihrer Bezüge zur Umwelt, zur Superstruktur, in welcher das Betrachtete eingebettet ist. Einsicht ist jene menschliche Überhöhung des Wissens, die weder durch

Daten noch durch Algorithmen ausgedrückt werden kann. Sie ist mehr als Intelligenz, denn es gibt uneinsichtige Intelligenz.

Einsicht ist daher sicher etwas, das der programmierten, der sogenannten "künstlichen" Intelligenz fehlt. Wenn gewisse Optimisten nun schon über 30 Jahre lang versichern, daß ein derartiger Unterschied mit der weiteren Entwicklung der Informatik gegen null gehen müsse, dann verwechseln sie das, was sie selbst besitzen, mit dem, was sie dem Computer erteilen. Das heißt nicht, daß die Künstliche Intelligenz keine Chance hätte. Erstens wird bei diesen Arbeiten Einsicht und Erfahrung gewonnen. Und zweitens gibt es in unserer Welt eine fortschreitende Verdummung - deren Gründe hier nicht zu diskutieren sind - so daß es in einer Reihe von Berufen nur eine Frage der Zeit ist, wann die mittlere menschliche Fähigkeit unter das Computerniveau absinkt und der sogenannte "intelligente" Bildschirm zwar nicht als intelligent, aber als besser als der mittlere Mitarbeiter zu klassifizieren sein wird. In dieser Formulierung wird die Natur des sozialen Problems der sogenannten Computer-Revolution ersichtlich; es ist ein Umstellungs- und Erziehungsproblem.

Zur Einsicht sind mehrere Voraussetzungen erforderlich, und sie kann nur innerhalb gewisser Grenzen erworben werden. Die beiden wichtigsten Voraussetzungen sind klare Struktur und gute Erklärung der Funktion. Beim Computer, sowohl bei seinen Schaltkreisen wie bei seinen Programmen, bedeutet dies die Forderung nach gekonntem Entwurf und nach guter Dokumentation - Aspekte, welche unter dem Kennwort "Abstrakte Architektur" weiter unten behandelt werden. Eine besondere Rolle spielt dabei eine Eigenschaft, die heute oft als *Transparenz* bezeichnet wird, nicht in der unmittelbaren Bedeutung der unverzerrten Anschauung. Und mit Verzerrungen verschiedenster Art hat die Einsicht im Computerwesen arg zu kämpfen.

Der große Eindruck, den der Computer auf Laien und Fachleute macht, und zwar zurecht, denn er ist eine Spitzenleistung menschlichen Geistes, kann nur allzuleicht zur Einschüchterung verwendet werden, unbewußt und bewußt. Die unerhörte Fehlerfreiheit seiner technischen Funktion verstärkt die Vorstellung von der Perfektion, die diesem Werkzeug wesensgemäß ist. Die Vorstellung von der Perfektion ist gar nicht unberechtigt. Daß die Imperfektion vom Menschen ausgeht und auf der mechanisch-elektronischen Perfektion nicht nur transportiert, sondern sogar verstärkt werden kann, wird nicht gelehrt, selten diskutiert und bleibt für den kritischen Laien undemonstrierbar. Er hört ständig von der Perfektion reden und seine Einwände lassen sich mit wenig Mühe vom Tisch fegen. Der Laie wird mit der angeblichen Perfektion des Computers eingeschüchtert. Das ist nicht gut, es birgt die Gefahr der irrationalen Reaktion. Aber dem Fachmann geht es nicht viel besser.

Denn die Einschüchterung beginnt, genau wie die unscharfe Grenze, bereits in der Mathematik und Logik. Sie ist die Schwester der mangelhaften Einsicht. Das hat der Philosoph Arthur Schopenhauer in seinem Werk "Die Welt als Wille und Vorstellung" (§ 15 des ersten Buches) behandelt. Er stellt *die Anschauung als die erste Quelle aller Evidenz* in den Vordergrund, *da jede Vermittlung durch Begriffe* den Empfänger *vielen Täuschungen aussetzt*. Er geht vom Kontrast aus, der zwischen *dem Wissen, daß es so ist,* und *dem Wissen, warum es so ist,* besteht. Mit der rechten Frage *warum?* aber kommen kleine und große Informatiker sehr rasch an die Grenzen der Einsicht.

Schopenhauer wirft Euklid und seinem Einfluß vor, den Weg der Anschauung in der Mathematik durch den Weg der Überwältigung ersetzt zu haben. *Oft werden, wie im Pythagoräischen Lehrsatz, Linien gezogen, ohne daß man weiß, warum: hinterher zeigt sich, daß es Schlingen waren, die sich unerwartet zuziehen und die Zustimmung des Lernenden erzwingen, der verwundert zugeben muß, was ihm in seinem inneren Zusammenhang nach völlig unbegreiflich bleibt. Euklids stelzbeiniger, ja hinterlistiger Beweis* für den Pythagoräischen Lehrsatz *verläßt uns* bei der Frage nach dem *Warum* und *die beistehende einfache Figur gibt auf einen Blick weit mehr als jener Beweis. Auch bei ungleichen Katheten muß es sich zu einer solchen anschaulichen Überzeugung bringen lassen.* Schopenhauer hatte ihn jedoch nicht. Als Student noch,

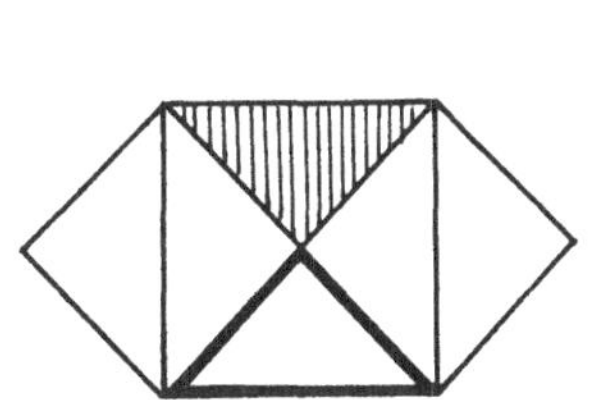

Schopenhauers
Diagramm

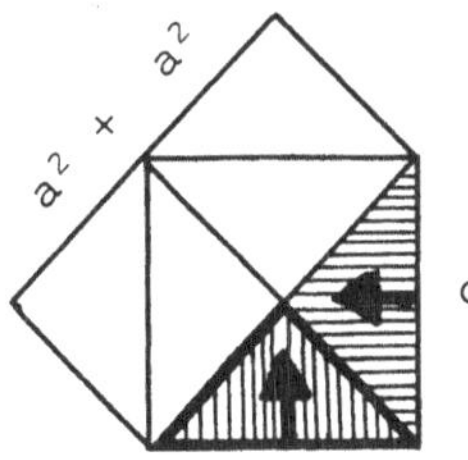

Beweis durch Verschiebung
für 45°

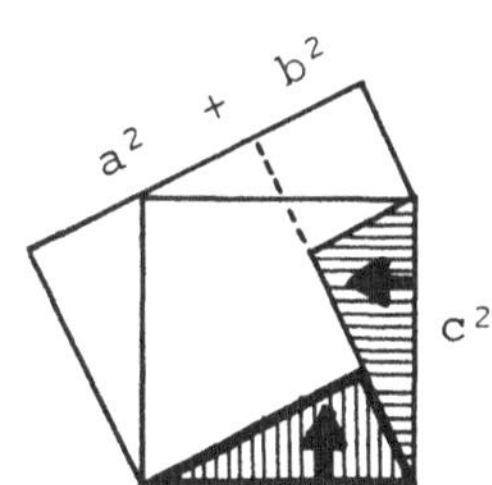

Thabit ibn Qurra
allgem. Beweis

1942 im Angesicht des Olymps, fand ich den anschaulichen Beweis und sandte ihn voller Stolz meinem Mathematiklehrer an der Technischen Hochschule. Sehr gut, junger Mann, lautete die Antwort, aber dieser Beweis ist seit mehr als tausend Jahren bekannt. Nur daß er nicht gelehrt wird. Bei meiner Forschungsarbeit über al-Chorezmi fand ich dann den Schüler eines Schülers von al-Chorezmi, Thabit ibn Qurra, von dem der anschauliche Beweis stammt. Und bezeichnenderweise ist es mir trotz redlicher Mühe nicht gelungen, die Urheberschaft Thabits zweifelsfrei zu etablieren. Unsere Mathematik kümmert sich um dergleichen wenig - Schopenhauers Vorwurf besteht zurecht.

3. Der miniaturisierte Riese
(Die undurchschaubare Ansammlung von Logik)

Der Computer verschärft die Situation und treibt das Prinzip der Überwältigung weit über die Mathematik und die ebenfalls im Detail überwucherte Elektronik hinaus in alle Anwendungsfelder. Sein eigentliches Geschehen ist so tief in die Mikrominiaturisierung verlegt, daß von einer unmittelbaren Anschauung keine Rede mehr sein kann. Wenn man die Mannschaften, welche einen mittleren Computer entwerfen, herstellen, installieren, programmieren, benützen und von ihm in den Auswirkungen betroffen werden, in einem Diagramm den Hardware- und Softwarestrukturen gegenüberstellen und die Eindringtiefe der Einsicht graphisch erkenntlich machen könnte, würden zahlreiche Installationen nach kurzem Studium des Diagramms von den Verantwortlichen (vorausgesetzt, es gibt solche) umgehend stillgelegt werden. Der Betrieb, so würde sich herausstellen, beruht darauf, daß einer dem anderen versichert, sein Bestes getan zu haben. Das ist gut, aber nicht immer genug.

Freilich ist ungenügende Einsicht keine ungewöhnliche Situation im menschlichen Leben. Der Mensch fand sich vor Urzeiten in eine Natur hineingesetzt, die er recht erbärmlich durchschaute, und doch ist er mit ihr fertig geworden, und nicht einmal schlecht. Heute schmeicheln wir uns, fast totale Klarheit über sie zu haben. Es sei nicht weiter diskutiert, wo die Grenzen dieser Klarheit liegen - die Universalität des Erreichten wird jedenfalls überschätzt, und unsere Kunst, die Welt mittels unserer Fortschritte zu durchschauen, ebenfalls.

Gewiß, wir haben verstanden, die Naturgesetze zu erkennen und für technische Zwecke anzuwenden. Der Erfolg ist gigantisch, das kann auch eine kritische Betrachtung nicht ableugnen. Wir leben länger und sicherer als in den vortechnischen Zeiten und wir ernähren und beschäftigen durch die Technik erheblich mehr Menschen als damals. Der Erfolg, da kann es keinen Zweifel geben, beruht auf der formalen Beherrschung der Relationen, auf der Algebra, in der alles ausgedrückt wird, was dann für die technische Auswertung verwendet wird.

Das muß besonders angemerkt werden: es ist ein naheliegender Gedanke, die Beherrschung der formalen Relationen dem Computer zu übergeben und zu überlassen, sodaß der Mensch - wenn es Schwierigkeiten gibt, mit Hilfe eines Frage- und Antwortspieles - den Computer in seiner Alltagssprache, vielleicht sogar im Dialekt anreden kann, und schon wird glänzend informationsverarbeitet. Über den Irrtum, der in dieser Tendenz steckt, wird noch zu sprechen sein.

Der Computer ist einerseits die Krönung des naturwissenschaftlich-technischen Erfolges, die letzte Technologie der langen Reihe, und ein Triumph der formalen Beherrschung der Elektronik, indem nämlich ihrer Natur nach analoge Bauelemente so restlos der Aussagenlogik unterworfen werden, daß sie als völlig digitale Strukturelemente betrachtet werden können und so arbeiten.

Zugleich ist der Computer andererseits aber auch ein Mittel gesteigerter formaler Beherrschung nicht nur von Material und Energie, sondern auch von jeglicher Art der Information. Nun ist unser geordnetes Wissen von der Natur, das Lehrgebäude der Physik zum Beispiel, reine Information, und wir haben unsere Einsicht in diesen Komplex in zweihundert Jahren eminent verbessert. Die Informatik ist ein relativ junges Gebiet des menschlichen Wissens, und man darf mit guten Gründen - nämlich in voller Analogie zu unserem Fortschritt in der Physik - hoffen, daß sich auch unsere Einsicht in den Komplex der Informatik eminent verbessern wird, was freilich nur mit menschlicher Geschwindigkeit vor sich gehen kann und nicht mit den Milliarden Schritten pro Sekunde des Computers. Wir werden einerseits Geduld haben müssen. Andererseits müssen wir uns fragen, wo die Hindernisse für die Einsicht liegen, wie hilfreich die Formalismen von Hardware und Software denn sind.

Die Hardware - das ist die Gerätschaft, die wir benützen. Ihre Grundfunktionen sind bestrickend einfach . Negation, Konjunktion, Disjunktion und Verschiebung um Taktzeit. Wie leicht kann man das begreifen und erklären! Mir fällt dazu Nestroy ein, der einmal vom Auswandern nach Amerika gesagt hat, von Wien bis Korneuburg (wenige Kilometer) geht es, aber dann zieht sich der Weg. Bis zum Addierwerk geht es, aber dann zieht sich beim Computer der Weg des Durchschauens. Die Vielzahl der ach so durchschaubaren Grundelemente macht die Einsicht in die Gesamtfunktion auch nur eines Chips so schwierig. Selbst ein recht kleines Computersystem ist nur für sehr wenige Benützer wirklich transparent. So klein es auch in Wirklichkeit ist, es ist ein miniaturisierter Riese: die Bauteile sind mikroskopisch, der Funktion nach aber ist es der alte Riese geblieben. Man muß sich dazu nur ein Faktum vor Augen halten: ich war schon Universitäts- assistent, als es immer noch eine Heldentat war, eine praktische Diplomarbeit mit 4 (vier) Röhren zu bauen. Es gab kürzlich einen Cartoon, der einen Kleincomputer zeigt, wie man ihn heute im Warenhaus aus dem Regal kauft, und daneben das zehnmal so voluminöse Handbuch dazu. Natürlich, wir haben die Elektronik mikrominiaturisiert, aber die Beschreibung muß die lesbare Größe beibehalten. Doch selbst wenn man sie auf eine Diskette brächte und menu-zugänglich machte, wäre eine vollständige Beschreibung der Hardware nicht Hilfe, sondern Hindernis. Der miniaturisierte Riese ist nun einmal weit größer als er ausschaut.

Bei der Programmierung liefen die Verhältnisse ganz entsprechend. Auch sie beruht auf den logischen Grundfunktionen, stützt sich auf die bestrickend klaren Relationen der Logik und Mathematik. Aber wieder ist es die Vielzahl der Relationen, die ein Systemprogramm oder eine Anwendung ausmachen, welche die Durchschaubarkeit unangenehmen redu- zieren können.

Es scheint mir, daß über die Komplikation der Geräte und Programme hinaus ein Hindernis für die Durchschaubarkeit des Computers aufgebaut wird, das anfangs recht plausibel erschien und so transparent wie die logischen Grundfunktionen, und das ist der Rechenprozeß. Um dieses Hindernis deutlich zu machen, kann man zurückgehen auf jenen al-Chorezmi, den ich in meinem anderen Vortrag ausführlich behandle.

Ich möchte seine "Business Computation", seine Geschäftsrechnung als Beispiel heranziehen, und dieses Beispiel eignet sich dann auch noch zur Weiterführung des Gedankens. Diese Geschäftsrechnung ist ganz einfach, was man heute Proportion nennt. Das Grundbeispiel bei al-Chorezmi lautet: zehn Kaffizen (ein arabisches Hohlmaß) kosten sechs Drachmen - wieviel erhältst du für vier?

Die mathematische Grundrelation ist die Proportion:

$$M_a : P_a = M_v : P_v$$

Ansatzmenge zu Ansatzpreis verhält sich wie Verkaufsmenge zu Verkaufspreis. Bei einem Handel ist entweder die Verkaufsmenge oder der Verkaufspreis gefragt. Die Berechnungsalgorithmen dafür sind lange nicht so klar wie die Proportion, es ist nämlich die Verkaufsmenge

$$M_v = (P_v * M_a) : P_a$$

und der Verkaufspreis ist

$$P_v = (M_v * P_a) : M_a$$

Schon beim allereinfachsten Fall zeigt sich der Verlust an Eleganz beim Übergang von der Relation zum Prozeß. Bei der quadratischen Gleichung ist dies noch deutlicher, es werden nämlich aus

$$x^2 + a*x + b = 0$$

bei al-Chorezmi sechs Grundtypen und sechs Algorithmen, in moderner Schreibweise sind es zwei (der Preis ist die Einführung negativer und komplexer Zahlen)

$$x_1 = a/2 + SQRT (a^2/4 - b)$$
$$x_2 = a/2 - SQRT (a^2/4 - b)$$

Das Computerprogramm dafür lautet im Maschinencode

```
z_1 := a       oder READ Operation
z_2 := b       oder READ Operation
z_3 := z_1 / 2
z_4 := z_3 * z_3
z_5 := z_4 - z_2
z_6 := SQRT (z_5)
z_7 := z_3 + z_6
z_8 := z_3 - z_6
PRINT (z_7)
PRINT (z_8)
```

Der Programmierer erkennt sofort die Vergeudung von Speicherplätzen
und reduziert von 8 auf 3, und nun lautet das Programm

$$
\begin{aligned}
z_1 &:= a &&\text{oder READ Operation} \\
z_2 &:= b &&\text{oder READ Operation} \\
z_1 &:= z_1 \;/\; 2 \\
z_3 &:= z_1 \;*\; z_1 \\
z_3 &:= z_3 \;-\; z_2 \\
z_3 &:= \mathrm{SQRT}\;(z_3) \\
z_2 &:= z_1 \;-\; z_3 \\
z_1 &:= z_1 \;+\; z_3 \\
&\text{PRINT } (z_1) \\
&\text{PRINT } (z_2)
\end{aligned}
$$

Heute schreibt niemand mehr im Maschinencode. Aber sind wir nicht
trotzdem häufig damit beschäftigt, klare mathematische Relationen in
Prozeßabläufe umzuschreiben, denen man immer weniger ankennt, welche -
meist einfache - Relation dahintersteckt. Das heißt aber, daß wir auf
allen Ebenen der Programmierung grundsätzlich die Eigenschaften der
Aufgabenstellung und ihrer Lösung mit den Eigenschaften des Computers
vermischen, sodaß die Grenzen nicht mehr erkennbar sind. Die tägliche
Erfahrung ist die Mischung - das kann für die Einsicht nicht gut sein.
Der Programmierer verwendet seinen Intellekt, um den Prozeß optimal zu
gestalten und alle Systemeigenschaften extrem auszunützen, aber seine
Ergebnisse führen von der Einsicht weg. Das ist der Hauptgrund, warum
Programme nicht gelesen werden. Wenn aber nicht gelesen wird, gibt es
keine Literatur, und wenn es keine Literatur gibt, kann sich eine
Programmierkultur nur sehr schwer entwickeln.

Die Grundidee der Programmiersprache war die Rückkehr zur Formel-
schreibung (FORTRAN kommt von FORMULA TRANSLATION) und die anschließende automatische Übersetzung in die Maschinensprache. Damit werden
nicht nur Dispositionen wie Speicherbelegung dem Computer überlassen,
sodaß weniger Fehler gemacht werden, sondern die Formel kann in der
herkömmlichen, der Relation recht nahekommenden Form geschrieben
werden. Aber in der Praxis zeigt sich, daß es meist um die Verknüpfung von Formeln geht und doch sehr viele Prozeßeigenschaften und
-verbesserungen zu Zeichenketten führen, denen die Eleganz der klassischen mathematischen Formel völlig fehlt. Programmierte Relationen
prägen sich daher ungleich weniger ein als die Formeln klassischer
Lehrbücher. Und wenn erst ein Programmierer auf die Idee kommt,

Rekursionen zu verwenden, dann gehört schon eine besondere Begabung dazu, einem Programm die Urrelation zu entnehmen.

Erschwert wird die Situation weiter durch die Vielzahl der Programmiersprachen. Wie entstand diese babylonische Verwirrung? Sie entstand genau nach dem Modell der Genesis: wenn eine Unternehmung groß genug ist, bilden sich von selbst verschiedene Mentalitäten, und diese haben selbsttätig unterschiedliche Sprachen zur Folge. Was war der Grund für die Spaltung in FORTRAN und ALGOL? Man braucht sich nur vorzustellen, daß einer Gruppe von Universitätslehrern und andererseits einer Gruppe von Industrieprogrammierern der Auftrag erteilt wird, eine Programmiersprache zu entwerfen - es müssen zwei Produkte mit den typischen Unterschieden zwischen ALGOL und FORTRAN herauskommen. Sie entwickelten sich weiter zu COBOL, PL/I und ADA auf der einen und zu PASCAL, APL oder LISP auf der anderen Seite. Als Peter Landin 1966 von den nächsten 700 Programmiersprachen redete, hielt man das für eine Übertreibung und sah keine Gefahr. Und Peter Landin hätte auch gleich von den nächsten 7000 Programmier- und Betriebssystemen reden können und von den nächsten 70 000 Programmierwerkzeugen. Alle diese 77 700 Hilfsmittel lassen sich lokal auf das beste verteidigen. Global gesehen sind sie für die Einsicht in das, was in der Informatik eigentlich getan wird, eine weltweite Katastrophe - nein, das ist nicht wahr: wir leben ja nicht nur mit diesen 77 700 Hilfsmitteln, sondern auch von ihnen, und teils recht zufriedenstellend.

Als das Programmiersprachen-Problem - wenn auch auf nebeneinanderliegenden Wegen - gelöst war, stellte sich heraus, daß die algorithmische Formulierung nicht das Ende der Lösung war. In den Arbeitsräumen der Programmierer war nur ein kleiner Teil der Mannschaft damit beschäftigt - der Hauptteil organisierte die Prozessierung algorithmischer Prozesse und ihnen war es ziemlich gleichgültig, in welcher Sprache die zu organisierenden Algorithmen formuliert waren, die Compiler standen ja bereit - ihre Probleme waren Betriebssysteme und Transfer von Information aller Art, denn die Anlagen waren indessen zu schaltbaren Netzwerken geworden, und überdies wurden sie über beliebig große Entfernungen mittels schaltbarer Netzwerke zu Supernetzwerken ausgestaltet.

Daß die Einsicht in diese Strukturen heimtückische Grenzen zeigen muß, sollte von vornherein klar sein. Die Lage wird am besten durch den dankbaren Stoßseufzer charakterisiert, daß Arithmetik und Geometrie vom Lieben Gott und nicht von Systemingenieuren, Hochschullehrern und Lieferfirmen aller Größen erschaffen wurden. Denn der Liebe Gott hielt sich eisern an ein paar Axiome, die wir nur entdecken und formulieren müssen, aber dann können wir uns darauf verlassen, bis Goedels Warnlichter blinken. In Computersystemen ist recht wenig sicher. Sie sind, wie Josef Weizenbaum es formuliert hat, allesamt undurchschaubare Systeme. Unsere Einsicht ist viel weiter begrenzt, als es Unentscheidbarkeit und Unschärferelation, Zeitgesetz der Nachrichtentechnik und Informationstheorie fordern würden.

Eine ganz besondere Schwierigkeit ist die Einsicht ins Computerwesen für den Fernerstehenden. Aber auch wer mit kurzer und ungenügender Einweisung direkt mit dem Computer zu tun hat, ist häufig recht arm daran. Für die Routinearbeit bildet er sich dann meist ein persönliches Modell vom Computer oder von seinem Bildschirm, dessen Grenzen relativ sind und das völlig unrichtige, ja unsinnige Züge aufweisen kann.

Bei den totalen Laien, besonders wenn sie sich nachdrücklich als solche bezeichnen, beobachtet man häufig eine tiefliegende Abneigung gegen das Computerwesen oder sogar gegen alle automatische Technik, soweit sie sich nicht mühelos oder unbemerkt benützen läßt. Hier gilt es nicht nur, die Einsicht zu vermitteln, sondern zuerst die negativen Gefühle zu überwinden. Nur ein Teil dieser Gefühle wird tatsächlich vom Computer hervorgebracht; meist handelt es sich um die Fortführung einer generell ablehnenden Haltung gegen mathematisches und technisches Wissen, die als Tugend angesehen wird, so daß man sich damit brüsten kann.

Mit dem Ursprung und mit der Korrektur dieser Einsichtsverweigerung kann sich dieser Vortrag nicht weiter beschäftigen - sie sei aber als ernstes Problem vermerkt, das wir nicht unterschätzen dürfen.

Daß diese Vielzahl der Möglichkeiten, die 77 700 Hilfsmittel, lokal eine gute Anpassung an Anwendungsforderungen und verwendete Gerätschaften gestattet, soll nicht geleugnet werden. Wenn man aber an die Einsicht denkt, die einerseits der Industriemanager oder Universitätslehrer oder andererseits der kleine Verkäufer oder beginnende Benützer erwerben kann, so ist doch nicht das geschehen, was man in der Pionierzeit des Computers hätte erwarten dürfen: nämlich eine ständige

Erhöhung der Klarheit und Sicherheit, mit denen der Computer betrachtet und benützt wird, eine ständig steigende Profilierung der Hardware- und Softwaresysteme. Wir alle haben das Gefühl, in mancher Hinsicht nicht der Steuermann, der Kybernetes, zu sein, sondern vom Strom getrieben zu werden. Wir alle haben einen dringenden Bedarf an vertiefter und erweiterter Einsicht.

4. Einsicht trotz Fülle der Einzelheiten (Abstrakte Architektur und Schnittstelle)

Die Fülle der Einzelheiten in einem Computersystem übertrifft alles, was der Menschheit in einem technischen Objekt bisher gegenübergestellt wurde. Niemand vermag der Totalbeschreibung eines Computersystems zuzuhören, die totale Dokumentation zu erfassen oder auch nur zu lesen. Ja, es fragt sich, ob überhaupt noch eine Gesamtbeschreibung zusammengestellt werden kann, auch von allen beteiligten Teams. Ein einzelner Mensch weiß auf keinen Fall mehr alles über das System, er muß sich vertrauend auf andere verlassen, und das ist eine Begrenzung der Einsicht in das System, dessen Folgen nicht ernst genug genommen werden können. Eine neue Kultur der Information ist erforderlich, bei der überdies Spannungen zwischen informalen und formalen Bereichen auftreten, welche der gewünschten Einsicht zusätzliche Erschwernisse bereiten. Unsere Systeme haben aufgehört, durchschaubar zu sein: wir müssen uns mit systematischer Teileinsicht zufriedengeben. Das ist ein neuer Gesichtspunkt, dem nicht durch passives Auslassen entsprochen wird, sondern durch aktive Gestaltung der einsichtigen, ausgewählten, reduzierten Beschreibung.

Die klassischen Darstellungsmethoden der Wurzelwissenschaften der Informatik, Mathematik und Elektronik, zielen auf vollständige Beschreibung des Sachverhaltes: die mathematische oder technische Struktur soll klar und vollständig beschrieben werden. In der Mathematik sind Korrektheitsbeweise zu führen, in der Technik werden die Konstruktionszeichnungen oder Schaltbilder sowie die Gebrauchsanweisung mitgeliefert.

Als beim IBM System/360 zum ersten Mal eine Familie von Computern entworfen wurde, eine Reihe von Modellen steigender Größe, aber mit gleichen oder verwandten Strukturprinzipien, wurde dafür der Gedanke und das Wort von der Computer-Architektur geschaffen. Es geht, könnte man sagen, um eine systematische Umkehrung der Entwicklung eines Modells. Während nämlich das Modell dadurch entsteht, daß man unwichtige Einzelheiten wegläßt und die Grundfunktionen immer klarer herausarbeitet, beginnt man beim architektonischen Entwurf mit den Grundfunktionen und setzt allmählich und in überlegter Ordnung Einzelheiten hinzu, wobei jeder der drei Ebenen - Architektur, Implementation und Realisation - maximaler Freiheitsraum eingeräumt wird, die Aufgabe rationell zu lösen, das heißt, das Unnötige zu vermeiden und Nötiges mit dem geringsten Aufwand an Einzelheiten zu erledigen. Produkt, Produktorganisation (die Herstellungsstrecke) und Dokumentation des Produktes werden als drei Dimensionen des Entwurfs betrachtet, aber gemeinsam entwickelt.

Die drei Ebenen sind wie folgt verstanden. Die *Architektur* bestimmt, was geschieht, die *Implementation*, wie es geschieht, und die *Realisation*, wann und wo es geschieht. Vorher könnte man den Übergang von der Spezifikation auf die Architektur betrachten; die *Spezifikation* drückt aus, was Auftraggeber oder Benützer bekommen wollen, während die *Architektur* diese Funktionswünsche systematisiert und vervollständigt und auf die bereitstehende und gewählte Technologie ausrichtet.

Nicht alles, was heute Architektur genannt wird, entspricht einer derartigen Systematik; manche Autoren nennen jede Art verkürzter Beschreibung Architektur. Daher wird für die systematische Architektur der Name *Abstrakte Architektur* vorgeschlagen. Denn das Prinzip läßt sich auf jeden Entwurf komplexer Systeme anwenden und natürlich auch zur analytischen Beschreibung vorgefundener Systeme.

Die Abstrakte Architektur sollte eine Kultur des Entwurfs und der Beschreibung hervorrufen, welche die Schwierigkeiten der Einsicht in komplexe Systeme verringert. Sie ist eine wesentliche und kostenverursachende Anstrengung, aber sie lohnt, auch im finanziellen, denn undisziplinierter Entwurf, undisziplinierte Entwicklung und schlechte Dokumentation bringen auf allen Seiten erhebliche Mehrkosten.

Es entsteht ein neuer Beruf und ein neuer Unterrichtsgegenstand. Der *Systemarchitekt* - heute nennt man ihn gerne *Designer* - muß sein Handwerk, den systematischen Systementwurf, nämlich ordentlich gelernt haben; die klassische Informatikerausbildung reicht dazu nicht. Eine neue Spezialisierung ist erforderlich, aber sie ist ein Schritt der Generalisierung, der Zusammenfassung und somit der Einsichtsverbesserung.

Die wohlüberlegte Architektur einer Produktfamilie macht sie durchschaubarer, weil die nützliche Redundanz der Systemeigenschaften die Menge des Lernstoffs reduziert und die Orientierung erleichtert. Der Umfang der Dokumentation ist geringer geworden, aber immer noch ist alles enthalten, was für die Herstellung wichtig war, aber nicht unbedingt für die Benützung wissenswert ist. Das Optimum für den Benützer ist nicht erreicht.

Denn dieser blickt nicht von allen Seiten auf die Anlage, sondern von einem ganz bestimmten Punkt aus, und er ist nicht am Gesamtverhalten interessiert, sondern nur an jenen Funktionen, die ihm und der Erfüllung seiner Aufgaben dienen. Wenn man die Sicht des Benützers in den Brennpunkt stellen will, muß man die Definition der Architektur verändern. Sie muß nämlich von der Schnittstelle zwischen Benützer und Computersystem ausgehen. Hier haben zwei Partner miteinander zu tun; das simple Bild vom Menschen, der ein Werkzeug benützt, ist nur sehr bedingt zutreffend (das hat mir einmal jemand entgegengehalten, als ich den Werkzeugcharakter des Computers eindringlich betonte, und er hatte recht). Es handelt sich um zwei Architekturen, die miteinander kommunizieren. Man braucht also eigentlich zwei Systembeschreibungen und eine Definition der Sprache, in der sich der Dialog zwischen Mensch und Maschine abspielen soll. Ich kann hier nur auf einen kleinen Ausschnitt des entsprechenden Fragenkomplexes eingehen, auf die Unterscheidung zwischen dem Gesamtcharakter des Systems und der "Zugriffsarchitektur", wie man sie nennen könnte.

Sie wäre zu definieren als die vollständige formale Beschreibung der Verhaltensweise des Systems, wie sie an der Schnittstelle beobachtet, erfahren und verwendet werden kann. Die Beschreibung sollte nichts Unnötiges enthalten, aber auch keine Verhaltensweise weglassen; es darf keine Funktion erst aus dem Umgang mit dem System entdeckbar sein. Diese Definition mag trivial erscheinen, aber eine derartige Beschreibung ist gar nicht leicht herstellbar. Sie müßte aus der Entwurfsdokumentation, aus der Gesamtarchitektur des Systems unter Bedacht auf den viel weniger informierten Benützer abgeleitet werden, und das ist eine erhebliche zusätzliche Mühe. Die Prüfung tatsächlich gelieferter Systembeschreibungen macht offenbar, wieviel Einsicht in das Handwerk des Informatikers noch fehlen muß, weil Informatikerinformation an die Schuhe des Schusters erinnert, die in einem schlechteren Zustand sind als die Schuhe des Kunden.

Auf die Architektur des Benützers kann hier nicht eingegangen werden - sie ist ein Forschungsgegenstand: wie erscheint der Benützer dem System? Zwar bemüht er sich im allgemeinen, sich rational und funktionell zu verhalten, aber was alles an ihm ist nur recht beschränkt vorhersagbar? Und die Kommunikation zwischen den beiden Partnern ist ebenfalls noch Forschungsgebiet: wie soll das System zum Benützer reden (gegenwärtig signalisiert es im besten Fall, was schiefgegangen ist) und wie erfährt der Benützer, was er vom System erst gar nicht erwarten darf?

Architektur des Systems und Architektur der Anwendung sind jene Strukturen, mit deren Hilfe unsere Aufgaben in Griff kommen können, und man könnte sie stundenlang weiter diskutieren. Und mit ebensoviel Aufwand wäre der Modellbegriff zu behandeln, der sehr eng mit den Architekturen zusammenhängt. Die Einsicht hängt von der Güte der verwendeten Modelle ab, und es gibt keinen Königsweg zum guten Modell. Aber einige Überlegungen zu diesem Thema seien wenigstens eingefügt, mit denen eine Reihe einschlägiger Begriffe in Beziehung gebracht werden, eher feuilletonistisch als systematisch, nur zum Fertigdenken vorgelegt.

Die Black Box, übrigens durch *Schwarze Schachtel* recht passabel übersetzbar, ist ein ideales Gebilde, an dem eigentlich nichts schwarz ist, sondern welches im Gegenteil völlig transparent ist. Denn die Schwarze Schachtel hat eine präzis bekannte Verhaltensweise, ihre Relation zwischen Eingang und Ausgang ist festgelegt; man sieht lediglich davon ab, wie diese Relation im Inneren gestaltet ist. Eine typische Schwarze Schachtel ist die logische Funktion y_z^n von n Variablen; es gibt eine Systematik, so daß die Ordnungszahl z das Verhalten erschöpfend definiert. Schreibt man sie nämlich in binärer Form, so gibt die i-te Stelle den Ausgangswert im Fall der Eingangssituation i (Eingangskombination 2^i) an.

Die Schwarze Schachtel ist eine Form des Systembegriffs, wie ihn Karl Küpfmüller 1942 in seiner Systemtheorie vorgeschlagen hat. Sein allgemeiner Systembegriff hat Modellcharakter - es geht um die Vereinfachung der Wirklichkeit zum Zweck der besseren Einsicht und Beherrschbarkeit. Küpfmüller akzeptiert sogar das offensichtlich falsche Modell, wenn es die richtige Fundamentalauskunft gibt; sein Beispiel ist die Integralsinus-Funktion für den bandbegrenzten Einschwingvorgang, wo der Ausgang zwar unendlich lang vor dem Eingangssignal beginnt, aber die wesentliche Grundinformation liefert, nämlich die Steilheit des Anstiegs. Man kann unrealistische Einzelheiten in Kauf nehmen, wenn man die richtige Haupteinsicht erhält und die Fehler abschätzen und nachher korrigieren kann; man darf nur nicht das Modell für korrekter als die Wirklichkeit halten. In der Nachrichtentechnik haben sich Küpfmüllers Gedanken sehr bewährt.

Die Systemtheorie der Informatik steht vor ungleich größeren Schwierigkeiten als die Systemtheorie der Nachrichten- und Regelungstechnik. Erstens haben die Strukturen der Informatik nur selten den Kettencharakter der Übertragungstechnik oder den einfachen Schleifencharakter der Regelungstechnik. Sie hat es mit vielfach verknüpften und verknüpfbaren Netzen zu tun. Und zweitens macht die logische Natur ihrer Verknüpfung die Näherungslösung illusorisch, denn ein einziges Bit kann den Ausgang negieren. Daher können die Abweichungen zwischen Modellvorstellung und Realität beliebige Größe annehmen. Je nach ihrem Ausmaß reicht die Skala von perfekter Transparenz (das Modell erfaßt die Verhaltensweise ohne jede Abweichung) bis zu totaler Undurchschaubarkeit (das Modell ist völlig unbekannt oder völlig falsch). So gesehen ist unsere Einsicht eine Funktion der Güte des Modells. Die Grenze der Einsicht wäre durch die Grenze der Richtigkeit des Modells gegeben. Unsere Vernunft schafft aber etwas wesentliches mehr: sie kann durch erworbenes Wissen oder durch Erfahrung am Modell die Grenzen der Einsicht erweitern. Diese Erweiterung wieder kann zur Fortentwicklung führen, indem man nämlich Realität und Modell auf Grund derartiger Einsichtserweiterung ausgestaltet.

Systematischer Entwurf und gute Dokumentation sind allgemein akzeptierte Ziele unseres Fachgebietes, und doch werden sie von der rauhen Wirklichkeit nur allzu oft verfehlt. Schlecht entworfene Systeme mit miserabler Dokumentation lassen die Informationsverarbeitung in den Nebel geraten. Das kann auch gut gehen, aber die Unfallhäufigkeit ist bei Nebel eben größer. Und der Nebel fördert Halbwissen und schlechte Ausdrucksweise.

An diesem Punkt muß ein weiteres Milchglas der Einsicht zur Sprache kommen - unser Fachjargon. Was wir in den letzten 30 Jahren in der Informatik an Begriffen und Namen eingeführt haben, übersteigt die Gedächtniskapazität selbst eines Wunderkindes der Merkfähigkeit. In der deutschen Sprache sind wir überdies in besonderen Nöten, weil englische Bezeichnungen leicht übernehmbar sind und die Zuordnung von Übersetzungen mit Ungewißheit behaftet bleiben, sogar wenn es nicht mehrere Kandidaten gibt. Wir sollten ein freiwilliges Fachgremium schaffen, das an der Reinigung des Fachwortschatzes arbeitet und nach dessen Empfehlungen sich unser Fach wenigstens grundsätzlich richtet. Denn täuschen wir uns nicht: die Disziplinlosigkeit unserer Fachsprache ist eine schädigende und teure Begrenzung der Einsicht.

Noch ärger steht es bei den Abkürzungen. Wir sind ihnen ausgeliefert, weil der volle Wortlaut die Sprache überbürden würde; es ist völlig normal, daß die tägliche Sprache häufig vorkommende längere Ausdrücke auf kurze abschleift. Aber die wissenschaftlich-technische Sprache unserer Zeit versinkt in einer Flut von Abkürzungen und kaum jemand bemüht sich um andere Lösungen, die durchaus möglich wären. Auch die Abkürzungsflut ist der Einsicht abträglich - lokal vielleicht nicht, sicher aber global.

Von der Inflation an Begriffen, Namen und Abkürzungen verallgemeinert sich die Überlegung ganz leicht auf das Meistern der Sprache, nicht nur der Formalsprachen, wo man mit einigem Recht sagen kann, daß wir uns ständig verbessern, sondern auch der natürlichen Sprache, wo niemand leugnen kann, daß es bergab geht - wenn es jemand versucht, so gebe man ihm einige Jahre lang Diplomarbeiten oder bei Zeitschriften eingereichte Manuskripte zu lesen.

Wer zur Einsicht verhelfen will, muß ein Meister der Sprache sein - die heutige Schule aber entläßt Lehrbuben, und manche davon bleiben es nach dem zweiten akademischen Grad. Denn man muß ja, nicht wahr, den Inhalt von Prüfungsarbeiten beurteilen und nicht die Form. Daß die Einsicht aber sehr wohl von der Form abhängt, wird bei dieser Art der Milde übersehen.

An dieser Stelle kann ich eine kritische Bemerkung über die Bestrebungen zur Computerprogrammierung in natürlicher Sprache nicht unterdrücken. Außerdem habe ich vorher angekündigt, den Irrtum noch deutlicher anzuprangern, der in der Absicht steckt, die Transformation vom Informalen ins Formale, die der Computer naturnotwendig braucht, Computerprogrammen zu überlassen, und justament in einer Zeit, wo die Kunst der Rede und des Schreibens immer weiter absinkt, den Computer in natürlicher Sprache anzuleiten.

Nun gibt es selbstverständlich Anwendungsfälle, wo das völlig angebracht ist - diese verteidigen sich von selbst. Was man aber bedenken muß, ist erstens, daß der Mensch primär ein mechanisches Wesen ist - in dem Sinn, daß seine mechanische Arbeit sicherer ausgeführt wird als seine verbale. Tastendrücken ist stets sicherer und eindeutiger als Reden.

Noch wichtiger aber ist, daß die Beherrschung des Formalen die Grunderfordernis der Beherrschung der Technik ist. Wir haben den Aufschwung der Technik erst erreicht, als wir die Mathematik mit der formalen Notation betreiben lernten. Es ist unsinnig anzunehmen, daß man dies mit Erfolg dem Computer überlassen könnte. Der Mensch muß dem Computer vorausdenken, und und zwar formal, wenn etwas Gutes herauskommen soll. Es ist heute der Glaube sehr verbreitet, daß die Automatisierung dem Menschen die Arbeit abnimmt. Das ist ein fundamentaler Irrtum. Jeder Schritt der Automatisierung bringt zusätzliche Arbeit für den Menschen hervor, und weit schwierigere. Es ist ein ungeheures Problem der Umstellung, welches für den Einzelnen wie für die Gesellschaft zahlreiche Leiden erzeugt. Die Übersicht kann man nur bewahren, wenn man die Zusammenhänge in die knappe Form der Formel bringt, wo dies geht und genügt. Die Technik vor dem Computer hat der Menschheit die Grundrechnungsarten beigebracht, die Technik mit Hilfe des Computers wird ihr die Algebra beibringen. Erst wenn man diese fundamentale Tatsache nach allen Seiten hin überlegt hat, kann man, wo dafür Platz ist, der informalen Programmierung das Wort reden.

Die Aneignung formaler Sprache darf aber nicht die Beherrschung der natürlichen Sprache schwächen. Gegen die schlechte Sprache helfen keine Textverarbeitungsstationen, denn man kann Programme zur Korrektur von Rechtschreibfehlern machen, aber nicht zur Umwandlung von schlechten Ausdrücken und Gedankenzügen in gute. Wo lassen sie denken? kann eine sinnvolle Frage sein, aber nicht: Wo lassen Sie schreiben. Das muß man schon selber können, auch und erst recht im Computerzeitalter.

Damit sind wir beim Textverarbeitungsautomaten angelangt: es ist zu überlegen, wie der Computer mit der natürlichen Sprache fertig wird.

5. Der Computer als Sprachverarbeitungsautomat
(Syntax und Semantik als Hilfe und Hindernis)

Buchstaben kann man selbstverständlich ebenso codieren wie Zahlen, und es ist kein Problem, algebraische und auch natürlichsprachige Texte in Computerspeicher zu bringen und Verarbeitungsregeln für sie aufzustellen. Das Problem ist der Gültigkeitsbereich der logischen Verarbeitungsregeln.

Denn beim Übergang von numerischen Aufgaben zur Textverarbeitung ändert sich der Bedeutungsbereich der Zeichen und damit können sich die Grenzen unserer Einsicht und Beherrschung erheblich verändern. Die Hilfe, welche der Computer bei syntaktisch wohldefinierter Information leistet, kann bei Information mit natürlicher Bedeutung recht trügerisch werden. Denn der Sinn ist, wie Till Eulenspiegel seinen Opfern immer wieder vorgeführt hat, nicht an den Wortlaut gebunden; syntaktische Korrektheit garantiert nicht die rechte Interpretation. Der Computer aber arbeitet mit der Syntax und mit nichts als der Syntax, und das kann zum argen Hindernis werden.

Gewiß haben auch Zahlen und algebraische Texte eine über ihre Syntax hinausgehende Bedeutung. Aber diese Semantik ist von spezieller Natur; sie kann nämlich, wenn man sich keine Unsauberkeiten leistet, stets auf rein syntaktische Relationen zurückgeführt werden, auf die Reihe der natürlichen Zahlen zum Beispiel und die formalen Beziehungen zwischen ihnen. Aus diesem Grund ist ja auch ein einziges Addierwerk im Computer imstande, auch die kompliziertesten numerischen Berechnungen auszuführen, wenn man das richtige Programm dafür schreibt. Auch die anspruchvollsten Notationen der numerischen Mathematik sind nichts als eine Kurzschrift für fortgesetzte Additionen unter klaren logischen Bedingungen wie zum Beispiel Stellenwertverschiebungen oder Sprüngen.

Dafür bietet die natürliche Sprache kein Äquivalent. Zwar hat auch sie ihre Syntax, ihre Regeln, wie die Zeichen zu setzen sind, aber auch wenn man von der pragmatischen Möglichkeit, die syntaktischen Regeln zu verletzen, keinen Gebrauch macht, läßt sich die Semantik eines Wortes oder gar eines Satzes höchstens ausnahmsweise auf syntaktische Zeichenrelationen reduzieren. Jedes Wort - selbst ein so einfaches wie ein Artikel oder ein Bindewort - führt eine Welt semantischer Möglichkeiten mit sich, in welcher Bilder und Vorstellungen des menschlichen Geistes die unerwartetsten Effekte und Leistungen hervorbringen können. Ein Wort drückt viel mehr aus, als seine Zeichen zu beherrschen gestatten, und das ist sogar seine Stärke. Denn dadurch kann man neue, logisch oder methodisch noch nicht festgelegte Begriffe oder Gedanken mit einem Wort belegen und die Schärfe erst allmählich, sehr verspätet oder gar nicht entwickeln. Die Sprache des täglichen Lebens ist darin ebenso schöpferisch wie die Sprache der Wissenschaft. Die Sprache kann ohne Methodik vorgehen und dennoch mit einem Ausdruck mit aller Schärfe ins Schwarze treffen. Wissenschaftler lassen sich gerne dazu verführen, die nichtwissenschaftliche Sprache für etwas Unterentwickeltes zu halten, welches erst nach Methodisierung zu etwas Korrektem und Intelligentem wird. In Wirklichkeit aber kann die nichtnaturwissenschaftliche Sprache ebenso intelligent wie korrekt sein, die Methodisierung kann zu dummen und falschen Texten führen. Methodisch kann man aus einer einmal eingerichteten Methode nicht heraus, sondern ein Fortschritt kann allein aus gewagten, unmethodischen Formulierungen erwachsen. Die Formalisierung hat die Tendenz, zum Hindernis für ihre Zwecke zu werden und eine Begrenzung der Einsicht zu verursachen. Dieser Gedanken ist auf unsere Einzelaufgaben ebenso anzuwenden wie auf das Computerwesen als Ganzes.

Eine erste und unmißverständliche Warnung erhielt die Informatik durch das Scheitern der Versuche mit der automatischen Übersetzung natürlicher Sprachen. Die Niederlage wurde nicht ernst genommen, nur Wenige loteten die Grube aus, in die man gefallen war. Kybernetik und Artificial Intelligence verfielen immer wieder in den gleichen Irrtum: die Reichweite der Modelle zu überschätzen, sie mit der Wirklichkeit zu verwechseln.

Die syntaktischen Regeln sind das Fundament der Informationsverarbeitung, und nur bei ihnen gibt es die unglaubliche Sicherheit, mit welcher der Computer arbeitet. Was sich auf syntaktische Regeln reduzieren läßt, genießt alle Vorteile der automatischen Datenverarbeitung. Die Semantik - Bedeutung und Sinn der Zeichenketten - kann bis zu einem bestimmten Bereich durch Modelle mit syntaktischem Charakter erfaßt werden - in diesem Bereich geht alles gut, wenn man es richtig angefangen hat. Trotzdem besteht die Gefahr - besonders wenn Datenerfasser, Programmierer und Resultatbenützer recht verschiedene Gruppen sind - daß Resultate durch falsche Interpretation, durch Assoziation der Zeichen mit unzutreffender Bedeutung belegt werden.

In den Irrgärten semantischer Beziehungen kann der menschliche Geist die Orientierung bewahren; der Computer wächst niemals über seine syntaktischen Regeln hinaus. Das kann sich als katastrophales Hindernis erweisen, auf jeden Fall dann, wenn die Grenzen syntaktischer Möglichkeiten falsch eingeschätzt werden.

6. Informationsverarbeitung als Geisteswissenschaft
(Ein Bilanzversuch für das Computerwesen)

Ob es sich nun um formalisierte oder um informale Information handelt, mit der wir den Computer beschäftigen - er verarbeitet nicht Material und nicht Energie, wie schon Norbert Wiener formulierte, sondern eben Information, eine merkwürdige Sache, die auf Material und Energie sitzt oder reist, und doch davon unabhängig ist; Information ist Form und kann doch die Form wechseln und das Gleiche bleiben, so wie wir das von der Sprache kennen, und in der Tat ist die Theorie der Sprache auf die Information stets anwendbar.

Das Invariante an den vielen Formen, die eine bestimmte Information annehmen kann, ist nicht ihr Wortlaut, sondern ihr Sinn. Bei der Programmierung eines Automaten ist der Sinn die Ausführung der Befehlsreihe, also ein objektiver und automatischer Vorgang. Bei der natürlichen Sprache hingegen, bei der nicht auf irgendeine Art von Mechanik hin gerichteten Information, hat der Sinn fundamental mit dem menschlichen Geist zu tun. Wo das Computerwesen Logik, Mathematik und die formalen Modelle von Naturwissenschaft, Technik, Buchhaltung und so weiter verläßt, wo sie mit informaler Sprache, Information und Bedeutung befaßt ist, kann es nicht mehr mit Naturwissenschaft auskommen; die Informationsverarbeitung hat auch einen essentiellen geisteswissenschaftlichen Bereich. Diese Einsicht ist so wichtig, daß sie ein zweites Mal überlegt werden soll.

Information reicht von der Numerik bis zur Lyrik, von Lichtsignalen aus dem Weltraum bis zu elektrischen oder mechanischen Schwingungen des menschlichen Körpers. So wie ein Buch ein Buch bleibt, auch wenn es nicht gelesen wird, und doch seinen Sinn erst durch den Leser bekommt, so sind alle Signalformen Information, auch wenn kein Empfänger sie aufnimmt; aber zur sinnvollen Information wird sie erst durch den menschlichen Geist. Und so wie das Buch ein Speicher des geistigen Ausdrucks und des Menschlichen überhaupt ist, so ist der Computer nicht nur Rechner oder objektiver Zeichenmanipulierer, sondern ein Werkzeug für das Wort in seiner höchsten Allgemeinheit, nicht nur Diener der Geisteswissenschaft, sondern - wie das Buch - auch ihr Repräsentant. Die Kraft und Perfektion dieses Werkzeugs wird immer deutlicher machen, daß das Wort nicht nur auf der Ebene der naturwissenschaftlichen Gesetze existiert, sondern auch stets eine Erscheinungsform des menschlichen Geistes ist, daß mit dem Computer die Technik dort mündet, wo sie ausging: im menschlichen Geist.

Ein Beweis dafür ist die mangelhafte, die irreführende Meßbarkeit der Information. Jeder wird zustimmen, daß die Zahl der Buchstaben eines Wortes kein Maß für seinen Informationsgehalt darstellen kann. Die Zahl der Zeichen ist aber alles, was gemessen werden kann. Für die Bemessung von Übertragungskanälen und Speichern sind Bit und Byte daher befriedigend, für alles andere ungenügend und mißweisend.

Wenn wir aber die Information, die wir verarbeiten, nicht messen können, dann sind wir keine Naturwissenschaftler; wir können höchstens eine beschreibende Vorstufe davon sein, wie Mineralogen vor der Zeit der Physik und Chemie. Es deutet aber vieles darauf hin, daß die Informtik niemals zu naturwissenschaftlichen Meßverfahren für die Information kommen wird, denn die Information hat eine andere Natur als Raum und Masse, Energie und Feld.

Da wir aber andererseits mit Texten arbeiten wie Philologen oder Literaten, muß die Informatik auf eine Geisteswissenschaft hinzielen. Überall dort, wo sie sich über Schaltkreistechnik und Programmiermechanik erhebt, stellt sie eine vollwertige Geisteswissenschaft dar oder sollte sie darstellen.

Versucht man also eine Bilanz, eine Gegenüberstellung von Soll und Haben, von bereits Geleistetem und offenen Eintragungen, dann steht der Perfektion und Verläßlichkeit unserer elektronischen Vorrichtungen und unserer logisch-mathematischen Strukturen eine Fülle von unerledigten und noch nicht begonnenen Aufgaben an den Grenzen unserer Einsicht gegenüber, ja es fehlt uns sogar ein beträchtliches Volumen an Einsicht, unsere Aufgaben richtig zu stellen. Wir erhöhen mit Emsigkeit und Fleiß die Fülle der Einzelheiten weit rascher als die Zahl und Güte der Werkzeuge, mit denen man die schon erreichte Fülle beherrschen und begreifen kann. Wir muten Leuten zu, unsere Computer zu benützen und ihre Auswirkungen zu akzeptieren, die sich überwältigt und desorientiert vorkommen müssen, weil wir ihnen Zeichenmengen mit rachitischem Sinn liefern und weil wir sie in Strukturen zwingen, die für sie undurchschaubar bleiben. Diese Leute sind nicht nur die Laien aller Spielarten, sondern auch Professionisten vieler unserer Berufe.

Wenn in den drei Tagen dieser Fachtagung Grenzsituationen von Computersystemen betrachtet und diskutiert werden, so müssen wir nicht nur damit rechnen, daß sich Grenzen unserer Werkzeuge bemerkbar machen, sondern auch einzelne Züge der Grenzen unserer Einsicht, wie sie in diesem Vortrag angedeutet wurden. Es ging mir und es geht dabei nicht darum, Tränen über die Unzulänglichkeit alles Irdischen zu vergießen - das besorgen heute allerlei Leute mit mehr oder weniger Befugnis - sondern es geht um die Lage, um den Weg und die Aufgabe des Computerwesens. Was immer hier an selbstkritischen Bemerkungen gemacht worden ist: der Computer und die Informatik haben keineswegs die Orientierung verloren. Es ist viel geleistet worden und wir wissen, wie es weitergeht. Wir haben keine Angst vor den Grenzen unseres Werkzeugs und unserer Einsicht, denn wir machen sie uns ständig deutlich. Und keinem anderen Zweck hat dieser Vortrag gedient.

TREE COMPUTERS

A Survey and Implications for Practise

Wolfgang Wöst[+]
Universität Karlsruhe
Institut f. Informatik I
D-7500 Karlsruhe 1

0 ABSTRACT

The tree computer is a particular model of a highly parallel general-purpose computer, designed for very fast computations. We emphasise that a realistic model is needed both for reliable predictions about the behaviour of real machines and for investigations into efficient algorithms. With this background we shall interpret theoretical results with respect to the practical use of tree computers.

1 INTRODUCTION

In this report we shall survey results on tree computers. A tree computer (TC) is a **complete binary tree of asynchronous processors**, each comprising its own **private memory.** It is widely believed that tree computers (and other highly parallel machines) are difficult to program and that the range of applications is limited to some few problems. In this report we shall demonstrate that this is not so. To this end we shall discuss many implications of theoretical results on tree computers with respect to practical applications. That is, we try to convey some feeling of what the performance of a real TC would be, and how it should be used.

Early investigations into tree-structured models without global memory were carried out by Buchberger, Savitch and Stimson (see [Bu], [SaS]). Although some results presented in this report carry over to those and other models, we will talk mainly about the particular approach that was introduced in [Wö1]. This model was designed with two major objectives in mind: It should allow for **very fast algorithms** and it should be **realistic.** The latter means that resource bounds that hold for the model should be valid for a real machine built with current technology or even parts that are available on the market. The differences between this model and other characterisations of tree-structured parallelism fall into two categories: "Hardware" properties like the particular kind of communication between processors and access to memory on the one hand, and the complexity measure on the other hand. The latter focusses on the question: How much can be done in one step.

[+] This research was supported in part by the DFG grant Me 672/2.

As the theoretical work went on, we realised that the TC would be very well suited for use as a **general-purpose** computer for complex problems. By general-purpose we mean that the machine is equally well suited for all problems, and that neither the structure of the hardware nor the position of the input depend upon the problem or the length of the input. So we regard the TC primarily as a fast computer for problems of high complexity, that is, problems for which the time complexity (on sequential machines) grows very fast (e.g. exponentially) with the length of the input. We grant, however, that for realtime applications, such as signal processing, special-purpose hardware can be faster than a TC. These are situations where large amounts of information have to be processed rapidly, while the complexity of the computation is relatively low. This special-purpose hardware is in most cases suited for only one problem and a fixed length of the input.

Anticipating the conlusion to this report, we can state some important advantages of tree computers:

Speed: An exponential speed-up as compared to sequential computations is possible (see section 4). The speed-up is in most cases optimal, that is, proportional to the number of processors. Such speed-ups are not possible with some other parallel machines like vector-processors or a matrix of processors because information cannot be distributed fast enough. Tree computers have a high throughput even when working on many simple tasks simultaneously. This mode of operation can be supported by operating systems quite naturally, causing very little overhead for distributing the tasks.

Easy Programming: There is a simple type of algorithms (the wave, see sections 2, 3, and 4) that can be employed for all problems without losing efficiency. Thus the programmer has to look just for this kind of algorithm. Moreover, waves are easy to verify and have a simple communication pattern. With a wave, the number of processors in a real computer is just a parameter, not a property of the algorithm. That is, the programmer need not care about every single processor. Moreover, the human beeing seems to be very adaptable to the tree-stucture. Even many methods used for sequential computations employ some tree-structure (divide-and-conquer, backtracking, tree traversal, greedy). In section 4 we shall see that some kind of divide-and-conquer is always applicable.

Modularity: The design of both the hardware and the software is independent of the actual size of a real TC. Tree computers of all sizes can be built from one basic component. Such a component can consist of 1, 2, 4, .., 2^k processors. For each k, such a component is connected to just four neighbours (see [BL]). Therefore, two, four, or more TCs can be combined to yield a larger one, simply by plugging one into the other. This is of importance not only to the designer but also to the end user. When his requirements grow, he can buy another TC, plug it into the old one and use his existing software on the larger machine. Or programs can be developed at small personal trees. Later, those small TCs can be combined for speed. Furthermore, this highly repetitive structure cuts the cost for development and manufacturing, and it eases maintenance. The same design and the same parts can be used for tree computers ranging from the equivalent of a minicomputer to ultracomputers.

2 TREE COMPUTERS

In this section we shall define tree computers. The details of a model are very important in two ways. First, some properties are vital to fast computations. If some features of a tree-structured machine are designed badly (e.g. no versatile or fast communication), then some fast algorithms cannot be implemented. For instance, this is the case if a processor in a tree may not work between sending information to a son and receiving the result from that subtree (see e.g. [SaS]). Secondly, the model must reflect the properties of a real machine precisely. Otherwise, reliable predictions on large systems working on very complex problems are not possible. Therefore, along with the definitions we shall discuss differences to similar models and outline the reasons why a particular alternative was chosen.

A TC is a complete binary tree of asynchronous processors. Each processor has its own private memory, while there is no shared memory. The communication between connected processors is accomplished by **bidirectional channels.** Each channel comprises data lines, **handshake lines**, and a **mailbox register** that is accessible by both processors via the data lines. A processor can consult the handshake lines to learn if data are available or if his last transmission was received. This versatile kind of communication enhances the efficiency of TCs as we shall see in later sections. A unit, consisting of a processor, some memory (including the program), and the communication facilities, is called a **module.** We refer to modules of a TC as **root, father, son,** and **leaf.** All leaves are at the same **level**, that is, have identical distances from the root. Modules which are neither root nor leaves are called **inner modules.** Each inner modeule is connected to its father and exactly two sons.

A computation on a TC begins when a special signal is passed to the root. We assume that at this instant the input is stored in registers of the root, and all other modules perform a loop, waiting for the first datum from their father. A computation ends when the root issues a special signal. So all input/output is handled by the root. Sometimes it is argued that this makes the root a bottleneck. We will learn that this can be avoided by the global structure of algorithms and a fast communication pattern. In fact, fast distribution of information seems to be a strong point for TCs.

With our abstract model we assume that each processor has the same program (an algorithm for a certain problem), and the program does not depend on the size of the input. A particular module must decide upon information from its neighbours which part of the program is to be executed. In practise, however, we would perhaps load only those parts of the program into a module that are needed there. This can be part of the algorithm itself. That does not mean that we will end up with just as many programs as there are modules. Rather, we would distinguish a fixed number of module types, and this number is independent of both the actual size of the tree and the length of the input. In most cases we would have only three types: root, inner module, and leaf.

If a model shall be used to predict the behaviour of a real machine, then the definition of the **cost measure** for both the computations within a module and the speed of data transmission needs careful consideration. Even if the cost measure of a model is only slightly different from the situation in a real machine, the difference in the running time may be quite substantial. The difference between a model and a real machine may be even greater if the hardware complexity is considered that is needed to compute a certain problem within a given time bound.

For computations within a module there are mainly two popular measures, the unit cost criterion (each instruction is one step regardless of the length of the register) and the logarithmic cost criterion (the access to every single bit requires one step). The unit cost criterion is widely used, sometimes almost without consideration. This is perhaps caused by the experience with real computers; a number is the contents of a register (or a variable) and therefore of constant length. Hence, the time required to perform any basic operation on the number may be regarded as constant. However, with many problems the length of a number itself may be a function of the length of the input. If the length is artificially restricted to a certain constant, then we have a different problem altogether, and the time complexity of this special case is often much lower than that of the general problem. This applies at least to sequential computations. On the TC, we can in many cases solve the general problem just as fast as the restricted problem. Mostly, this cannot be achieved with algorithms that were designed with the generous cost criterion in mind, rather the algorithm has to be refined or redesigned completely. This reveals that a realistic cost measure can help to design efficient algorithms. Moreover, using a realistic cost measure is the only way to get reliable predictions about the behaviour of a real machine. These arguments are neglected in many papers on parallel architectures (e.g. some papers on systolic arrays). Hence, if a realistic cost measure is applied, many algorithms require much more time. The time bounds stated in those papers are valid only if numbers are of constant length. Otherwise the conclusion must be drawn that the computation power of a single node grows with the size of the array!

On the other hand, the logarithmic cost criterion seems to be too stingy. For instance, the indirect access to a single bit requires more than a constant number of steps. This is in contradiction to what we are used to from our computers. The indirect access to any location in the memory requires roughly one step. That is so because the data- and the address-bus are of almost equal width (the address for the access fits into one or two registers). Therefore, the length of a register is usually the logarithm of the size of the address space. This is exactly the way our cost measure works. First, we evaluate an upper space bound $O(s(n))$ for a given algorithm (that is the space required per module in the worst case as a function of the length n of the input). Since a module needs at least $s(n)$ memory, we assume that the length of a register is $\log(s(n))$. Then we assume that access to any location in memory and any basic operation on a register requires one unit of time. Indirect access does not need more time since with these assumptions any address fits into one register. So $\log(s(n))$ bits can always be handled in one step. The instruction set is that of a random access machine (see [AHU]) with some additional instructions for communication. This basic set could be augmented by any other instruction that does not speed up the performance of a single module by more than a constant factor. Hence, multiplication is not allowed.

A space bound s(n) applies to all modules, that is, each module can store s(n) bits. An exception may be the root if the length of the input (output) exceeds s(n). For those cases the root has additional registers that are used for the sole purpose of storing the input (output); that is, these registers are read (write) only. This construction is an alternative to input (output) tapes as employed with other models. So the root may be looked upon as a host computer.

With this approach the speed of a module depends on the space bound s. This introduces a new property of our cost measure. Usually, more space enables us to use a faster algorithm. Here, a particular algorithm becomes faster as s grows. Therefore, we shall consider simultaneous resource bounds only. If s is constant, then we have as a special case a network of finite state controls (with unit cost criterion).

The other crucial aspect of time complexity is the speed of data transmissions from one module to another. With some parallel models the total memory of a module can be transmitted in one step. This hardly seems realistic. Even more so, since a major part of parallel computations is spent with communications. On the other hand, with the versatile method of transmission described above and some pipelining techniques (see section 3), we do not lose much if we assume that only a small number of bits can be transmitted in one step. In fact, for very complex problems requiring large trees we do not lose any speed, even if only a single bit can be transmitted per step. This will be called **serial transmission.** For problems of lower complexity (e.g. in P) **parallel transmission** can speed up computations. In [Wö3] we showed that there are problems where the speed directly corresponds to the number of bits that can be transmitted in one step. Unless otherwise stated, we shall assume that a channel has the width of a register. That is, $\log s$ bits can be transmitted in one step. This ensures that the **hardware complexity** of the channels (the product of the total length of all channels and the width) does not exceed that of the modules (the product $p \cdot s$, where p is the number of processors and s the space per processor). On the other hand, the processor cannot write more than $\log s$ bits per step to the channel! Therefore, this width seems to be an ideal compromise.

One advantage of trees is that one module can pass information to 2^t other modules within O(t) steps. This implies however, that the length of the wires grows with the n-th root of the number of processors if the tree is embedded in the n-dimensional space. Therefore, Chazalle and Monier claim in [ChM], that the time for transmissions should be proportional to the length of wires. Under this assumption they conclude, that no NP-complete problem can be solved in polynomial time (on any parallel machine) unless P = NP. This is true, but this argument is hardly relevant to real computers. Even with the fastest hardware technology for a tree computer of modest size (one that fits into a large room) we have the situation that the signal delay is not much greater than the time required for one instruction.

By **TSP(t,s,p)** we denote the class of all problems that can be computed by a TC which is simultaneously O(t(n)) time-, O(s(n)) space-, and O(p(n)) processor-bounded (according to the cost measure defined above).

3   TREE ALGORITHMS

In this section we shall outline some basic software methods that are needed to get the most out of TCs. We shall begin with results on some complex problems, each of which represents the essential properties of an entire area of problems. It should be pointed out again that the results and the methods described in the remainder of this paper depend heavily on the details of both the hardware and the cost measure of our model. The resource bounds for the problems are listed in table 3.1. After the discussion of efficient methods we shall outline one algorithm in order to demonstrate the basic properties of tree algorithms (**TA**s).

SAT: Satisfiability. A set U of N variables x_i and a Boolean formula F over U.   E.g.
$F = (x_1 \vee x_3) \wedge (\overline{x}_1 \vee x_2 \vee x_4)$
QUESTION: Is there any satisfying truth assignment for F?
COMMENT: NP–complete. Many other NP–complete problems like k–Color can be reduced easily to this problem so that they can be computed as fast as SAT.

#SAT: F like above
QUESTION: How many satisfying truth assignments are there for F?
COMMENT: #P–complete. Probably not even in NP. See text at the end of this section.

QBF: Quantified Boolean formulae in prenex normal form. E.g. $\forall x1 \; \exists x2...F$, with F like above.
QUESTION: Is the quantified formula true?
COMMENT: PSPACE–complete. Typical for many decision problems such as games.

SCHEDULE: N triples (r,d,l), each of which defines a release time, deadline, and length of a task T.
QUESTION: Is there a one–processor schedule for all N tasks, that is, a numbering such that for $1 \le i \le N$: $l_i \le d_i - r_i$ and for $1 \le i < N$: $d_i \le r_{i+1}$
COMMENT: NP–complete. This is one of the very complex scheduling problems. There are no restrictions on the length of the parameters r,d,l. The most obvious way to embed the problem into a tree is not the best one (see [Wö2]).

SUBSET SUM: Finite set $A = (x_1,...,x_N)$ of integers and a positive integer B.
QUESTION: Is there a subset A' such that the sum of the elements in A' is exactly B.
COMMENT: NP–complete. Important for cryptology.

HAMILTON: Graph G
QUESTION: Is there a Hamiltonian circuit in G?
COMMENT: NP–complete.

PRIME: A positive integer N
QUESTION: Is N prime?
COMMENT: Neither known to be solvable in polynomial time nor known to be NP–hard.

Problem	Sequential Time	Tree Algorithm t,s,p
SAT	exponential	$n,\ n,\ 2^N$
# SAT	exponential	$n,\ n,\ 2^N$
QBF	exponential	$n,\ n,\ 2^N$
SCHEDULE	exponential	$n,\ n,\ 2^n$
SUBSET SUM	exponential	$n,\ n,\ 2^N$
HAMILTON	exponential	$n,\ n,\ 2^N$
PRIME	> polynomial	$n,\ n,\ >$ polynomial

Table 3.1

This table shows the resource bounds in the worst case for the best of the known algorithms. The resource bounds are according to our cost measure. The three values for tree algorithms are time, space per module, and number of processors. n is the length of the input in binary representation and N is the number of input variables with $N \leq n$.

All the results from table 3.1 can be obtained employing only a few basic techniques. Some of these techniques affect the global structure of an algorithm, and some make sure that no local delays ruin all efforts of the programmer. An important concept is the **wave**. This is a normal form for the communication pattern of algorithms. A wave begins at the root. Then, for some period the activity proceeds towards the leaves. During this **downward wave**, data are passed from fathers to sons, but never in the opposite direction. That is, all inner modules perform the following sequence of operations repeatedly: Read father, compute, write to sons. Eventually, all activity (on an arbitrary path from the root to a leaf) is in the leaves. During this time, all communication has ceased. However, the inner modules may keep on computing. Subsequently, during the **upward wave**, the activity travels back to the root. At this stage, communication propagates only from sons to fathers. Please note that during a wave all modules may work simultaneously.

Those restrictions on the communication pattern make it easy to verify the correctness of an algorithm and to prove upper time bounds. In fact, all results mentioned so far can be obtained with waves. In the next section we shall see that there seems to be no need to consider any other algorithms. It is, however, possible to extend the concept of waves slightly without losing those nice properties. An inner module can become a pseudo-root upon termination of the upward wave. That is, when the last bit is received from the sons, this module may start its own private wave on the corresponding subtree. Another generalization of the wave is accomplished by **multiplexing**. That means that the upward wave begins at a leaf before all information is received from the father. Thus the inner modules perform both the communications and the computations of upward and downward wave in a multiplexed fashion. This is useful if the space in the leaves cannot hold all the information. If the upward wave is always served with higher priority, then there is no danger of an information jam.

Waves are also compatible with **divide-and-conquer** techniques known from sequential algorithms. A problem is divided at each level of the tree. The small problems are solved in the leaves. These results are combined in an upward wave to yield the solution at the root. At this point we should mention one argument against the use of tree computers. Although the results of table 3.1 may seem impressive as far as the time bounds are concerned, the number of processors seems prohibitive. Even though trees with a million modules should be feasible in the nearer future that might not be enough to match those exponential processor bounds. But that is not the point! What we need to know for practise is that problems can be parallelised for the tree computer. p processors can be at most p times faster than a single one. So all we can hope for is to come near that optimal speed-up within, say, a constant factor. Experience with other parallel general-purpose machines has shown that mostly such a speed-up can only be achieved if few processors are involved. On the other hand, we see from the results above that there is almost no limit to the speed-up with tree computers. If the tree is not large enough, then divide-and-conquer is an ideal means to achieve maximum speed-up for that limited number of processors. The problem is broken. up into subproblems of modest size. In the leaves, a sequential divide-and-conquer algorithm simulates the nonexisting subtree. Moreover, the change from parallel to sequential can be done dynamicly by the TA itself, depending on the actual size of the particular TC. So the programmer need not consider the number of processors and programs will run on TCs of any size. In section 4 we shall see that these nicc properties hold for very large classes of problems. Towards the end of this section we shall demonstrate this technique on an example.

Other well known methods can be adapted to tree algorithms just as well. For instance, **backtracking** corresponds obviously to a tree structure. And even **approximate** or **probabilistic** algorithms are compatible with tree computers in a natural way.

So far we talked about the global structure of algorithms. However, the details are just as important. One major concern must be to avoid delays on the propagation of information. The most powerful method to achieve this is **pipelining.** Consider for example the following task. A copy of the input is to be distributed into all leaves. If the input of length n is transmitted from the root to the sons completely, then to a third level and so on, down to the leaves at level h, then the total time consumed is $O(\frac{h \cdot n}{\log s})$, and $O(n)$ space is required in every module. A better method for the inner modules is to receive only one word of length $\log s$ at a time and pass it on immediately to the sons before the next word is read from the father. With this pipelining, the delay at each level is reduced from $\frac{n}{\log s}$ to constant. Hence the total time with this approach is $O(\frac{h+n}{\log s})$ and the space required for this task is just one register. Pipelining should be used whenever possible, upward and downward, and not only for transmissions of data but also as part of computations.

As an example of a very complex problem that can be solved in linear time on a TC we consider #SAT. This problem is hard even in terms of nondeterministic time. There is no known nondeterministic (and hence no deterministic) algorithm solving #SAT in polynomial time. In the case of SAT, one assignment can be guessed nondeterministically and verified; #SAT requires that up to 2^N valid truth assignments have to be verified.

The sketch of the algorithm is as follows: In each leaf we want to test one assignment. Therefore we need a tree of hight N with 2^N leaves. The first task will be to mark the leaves at level N. In each leaf we need the formula and a different assignment to the N variables. After a leaf has decided whether F is true according to the particular assignment it sends a 0 to the father for false or a 1 for true. These values are summed up during the upward wave.

Showing the time complexity of the algorithm to be $O(n)$ is quite easy if we know that it is a wave and can show the following facts:
i)   The time until the last bit reaches the leaves is $O(n)$.
ii)   The time for the computation in each leaf between receiving the last bit from the father and sending the last bit to the father is $O(n)$.
iii)   The time between the latter instant and the moment the last bit reaches the root is $O(n)$.
Since we know that at most $O(n)$ bits are pipelined through any inner module, i) and iii) can be proved by showing that the delay between receiving and sending is always constant. We omit to prove ii) in detail since F can be decided in linear time according to our cost measure using standard techniques.

In order to show that the delay is always constant, we consider some of the tasks employed by the algorithm in detail. Determining the leaves is necessary with an abstract model since we assume that there is a potentially infinite number of processors. The root initiates the downward wave by sending N-1 to both sons. Each inner module decreases this number by one. Those modules that receive a 0 are the leaves. Since the length of N is at most $O(\log n) = O(\log s)$, this operation can be done in one step. Hence the delay is constant. Creating all possible assignments is just as easy. The root sends a 1 to the left son and a 0 to the right. This corresponds to the truth values of variable x_1. At each level, a partial list of truth values is pipelined to the sons and a trailing 1 for the left son and a 0 for the right son is added for an additional variable. So each leaf receives a different list of truth values. The delay is surely constant if pipelining is employed. The same is true for the distribution of F into all leaves.

The upward wave needs a little more attention. Since the values to be added at each level may approach 2^N, these additions cannot be done in constant time. However, we can keep the delay constant if we transmit the numbers bitwise with the least significant bit first. Then we can add with carry and send the resulting bit before the next bits are read from the sons. Using this kind of pipelined addition the delay is constant.

If in practise we have a tree with less than 2^N processors, we can still have a speed-up that is proportional to the number of processors. Let us assume that we have a tree with

2^k leaves. Then we create all assignments for the first k varibles. Substituting these assignments for the variables yields a unique formula over N-k variables in each leaf. Running the best known sequential algorithm for #SAT in the leaves and summing up the results as described above yields the result.

4 GENERAL RESULTS

So far we have seen that many problems can be solved efficiently by TCs. Moreover, we have seen that the methods to achieve this are quite simple. One might suspect that the problems mentioned so far are just exceptions, problems that are well suited for tree algorithms. On the other hand, it would be nice to have some general results at hand that ensure that a wide class of problems can be solved efficiently. Such a characterization of problems should perhaps be independent of particular programming techniques or otherwise show that a method like divide-and-conquer is applicable to almost all problems. This is just what we can learn from theorem

Theorem 4.1 For any upper bounds $s(n)$, $t(n)$:

$$NTISP(t,s) \subseteq TSP(n+s \cdot \log t, 1, t \cdot 2^s)$$

By $NTISP(t,s)$ we denote the problems that can be solved simultaneously in time $t(n)$ and space $s(n)$ by a nondeterministic Turing machine. Although we know of no close relationship between time and space on sequential machines, it is believed that space is exponentially more powerful than time. In fact, it is much easier to design an algorithm that requires little space than to write a fast one. Thus the theorem above states that an exponential speed-up is possible for many problems. But we can learn much more from the theorem when we look at the proof (see [Wö1]). It says not only "if there is a space efficient (nondeterministic) sequential algorithm, then there is a fast TA". Rather, there is one particular TA that takes as input both the description of the space efficient algorithm and an input for it. Then, with the resource bounds stated in theorem 4.1, it simulates the algorithm and provides the proper output. Moreover, this universal TA is of the simplest kind. It is a wave and requires only constant space per module. And no matter what kind of method the sequential algorithm employed, the TA always relies on a divide-and-conquer strategy. Although we would not advise to use this universal TA in practise (we would have to pay with at least a substantial amount of hardware for the universality and the simulation), we know that always a simple and efficient TA exists. In fact, it is in most cases quite easy to design a TA by hand that runs in time s (instead of $s \cdot \log t$). Once we have found such a TA we can be sure that no faster one exists (unless there is an even more space-efficient sequential algorithm). This is indicated by further results (see [Wö1]) that we omit here for lack of space. We also showed that there exist other characterizations of complex problems for which there are efficient universal TAs with the same nice properties.

REFERENCES

[AHU]   Aho, A.V., Hopcroft, J.E., Ullman, J.D., (1974)
        "The Design and Analyses of Computer Algorithms" Addison-Wesley, Reading,
        Mass.

[BL]   Bhatt, S.N., Leiserson, C.E., (1982)
        "How to Assemble Tree Machines" Proc. 14th ACM Symp. on Theory of
        Computing, pp. 77-84

[Bu]   Buchberger, B., (1978)
        "Computer-trees and their Programming" Proc. troisième Colloque de Lille
        "Les arbres en algèbre et en programmmation"

[ChM]   Chazelle, B., Monier, L., (1981)
        "Unbounded Hardware is Equivalent to Deterministic Turing Machines" Carne-
        gie-Mellon University, Department of Computer Science, Report 81-143

[GJ]   Garey, M.R., Johnson, D.S., (1979)
        "Computers and Intractability" Freeman, San Francisco

[Pau]   Paul W.J., (1978)
        "Komplextitätstheorie" Teubner, Stuttgart

[SaS]   Savitch, W.J., Stimson, M.J., (1979)
        "Time Bounded Random Access Machines with Parallel Processing" JACM (26)
        1, pp. 103-118

[Sav]   Savitch, W.J., (1970)
        "Relationship Between Nondeterministic and Deterministic Tape Complexities"
        JCSS (4) 2, pp. 177-192

[Wö1]   Wöst, W., (1982)
        "Introduction to Tree Computers" Universität Karlsruhe, Institut für Informatik,
        Interner Bericht Nr. 12/82

[Wö2]   Wöst, W., (1982)
        "Sorting and Scheduling on a Tree Computer" Universität Karlsruhe, Institut für
        Informatik, Interner Bericht Nr. 19/82

[Wö3]   Wöst, W., (1982)
        "On the Parallel Complexity of the Fourier Transform" Universität Karlsruhe,
        Institut für Informatik, Interner Bericht Nr. 20/82

<u>LASTVERTEILUNG</u> IN ENG GEKOPPELTEN MEHRRECHNERSYSTEMEN MIT BESCHRÄNKTER NACHBARSCHAFT

Hermann Mierendorff

Gesellschaft für Mathematik und Datenverarbeitung mbH

D-5205 St.Augustin 1, Schloß Birlinghoven/F.R.Germany

Kurzfassung

Es werden Möglichkeiten zur Abbildung von parallelisierbaren Aufgaben auf spezielle
eng gekoppelte Mehrrechnersysteme mit beschränkter Nachbarschaft untersucht. Dabei geht
es vor allem um bequeme Nutzung großer Systeme. Die Aufgaben werden dazu in Tasks zer-
legbar angenommen, die wie die Knoten eines vollständigen binären Baumes verknüpft sind.
Die Gesamtlast der Tasks einer Höhe des Baumes soll von Höhe zu Höhe um einen Faktor
$c > 1$ wachsen. Als reale Systeme werden 2-dimensionale Gitter von Prozessoren mit geeigneten Randverbindungen benutzt. Zunächst werden die beiden Tasks, die von einer Task
gestartet werden, den Prozessoren zugeordnet, die längs der beiden Gitterrichtungen
als nächste erreichbar sind. Dabei zerfällt das reale System in eine Anzahl h gleich-
großer Bereiche, welchen die Lasten der einzelnen Höhen des Baumes zyklisch zugeordnet
werden. Der optimale Speedup p/r bei p Prozessoren und konstanter Redundanz r kann nur
für $h = 1$ durch hinreichend große Aufgaben näherungsweise erreicht werden. Die kritische
Mindesthöhe n des Baumes, die hierfür nötig ist, wächst bei steigendem p mit p^2. Für
ein verbessertes Verfahren wächst sie wesentlich langsamer.

1. Einleitung

Die einem Algorithmus zur Lösung eines Problems inhärente Parallelität kann genutzt
werden, um bei Bearbeitung auf einem System mit vielen Prozessoren gegenüber der sequentiellen Bearbeitung einen beträchtlichen Speedup zu erzielen. Die einfachste Basis
dafür bilden Systeme mit einem Hauptspeicher für alle Prozessoren oder einem ähnlich
leistungsfähigen Verbindungsnetz. Solche Systeme sind bei großer Prozessoranzahl aus
technischer und wirtschaftlicher Sicht problematisch. Eine Alternative sind Mehrrechnersysteme mit beschränkter Nachbarschaft, die bei Aufbau aus gleichartigen Prozessoren
mit einem regelmäßigen Verbindungssystem von der neueren Entwicklung hochintegrierter
Bauelemente besonders begünstigt werden. Hierbei besteht das Hauptproblem in einer ge-
schickten Verteilung der zur Lösung eines Problems gehörenden, simultan bearbeitbaren
Tasks auf die Prozessoren des realen Systems.

Zur Behandlung dieses Abbildungsproblems sind verschiedene Wege gegangen worden. Wegen
der Aufwendigkeit exakter Verfahren hat Bokhari /Bokh79/ für spezielle Aufgaben heuri-
stische Verfahren benutzt. Andere Untersuchungen befassen sich mit der Simulation von
Parallelrechnern auf einem universalen Parallelrechner, der diese Simulationen mit möglichst wenig Transportoverhead bewältigen soll (z.B. /Gali80/). Martin gibt in /Mart81/,
/Mart83/ ein Beispiel für ein Verfahren, das bei konstanter Redundanz für große Pro-

bleme eine gute Auslastung erzielt. Die Wirkungsweise dieses Verfahrens und einer verallgemeinerten Version soll hier untersucht werden. Methoden zu seiner Implementierung sind bei Martin diskutiert.

Dieses Konzept sieht die Durchführung paralleler Berechnung in zwei Schritten vor. Der erste Schritt besteht im Entwurf eines parallelen Algorithmus nach einem Algorithmenschema (im Sinne von algorithmic paradigm bei Bentley /Bent80/), wobei als Taskstruktur ein bewerteter Graph entsteht, welcher seinem Typ nach dem Schema zugeordnet ist. Die Knoten entsprechen dabei den Tasks, die Kanten den Transportbeziehungen, die Bewertung jeweils der Größe dieser Elemente in einer geeigneten Einheit. Diese Graphen sollen virtuelle Rechnerstruktur heißen (bei Martin 'computing graph'). Im zweiten Schritt wird die virtuelle Struktur mit einem Verfahren, das nur die lokalen Eigenschaften der Strukturen berücksichtigt, auf die reale Rechnerstruktur (bei Martin 'implementation graph') abgebildet.

Zunächst soll die Methode formal für vollständige binäre Bäume als virtuelle Struktur und gewisse zweidimensionale Gitter als reale Struktur dargestellt werden. Als Aufgabenklasse werden Algorithmen betrachtet, deren Last von Höhe zu Höhe des binären Baumes um einen Faktor $c > 1$ wächst, wobei die einer Höhe des Baumes zugeordnete Last aus allen Operationen der Tasks der betreffenden Höhe besteht. Ein Beispiel für diese Problemklasse findet man bei Kolp /Kolp84/. Zunächst werden Schranken für die Auslastung bei ausschließlicher Betrachtung einer Höhe des Baumes hergeleitet. Gleichzeitig können dabei Erkenntnisse über die Verteilung der Operationen einer Höhe auf das System in Abhängigkeit von der realen Struktur gewonnen werden. Anschließend werden aus den Betrachtungen über die Tasks einer Höhe Aussagen über den Speedup des gesamten Verfahrens bis zu einer maximalen Höhe gewonnen. Dabei wird ein asymptotischer Zusammenhang zwischen der Anzahl der Prozessoren und der minimalen Höhe formuliert, welche bei steigender Systemgröße für ein Verfahren mit vorgegebener Effizienz nötig ist. Diese kritische Aufgabengröße kann zu einem Qualitätsvergleich verschiedener Verfahren dieses Typs benutzt werden.

2. Begriffe

Die hier verwendeten Begriffe findet man ausführlicher z.B. bei Lee /Lee80/. Unter einer parallelen Berechnung auf p Prozessoren wird eine Folge von Zeitschritten verstanden, wobei jeder Zeitschritt aus höchstens p Operationen besteht, die von den p Prozessoren simultan ausgeführt werden. Es wird vorausgesetzt, daß jede Operation von jedem Prozessor in genau einem Zeitschritt ausgeführt werden kann. $a(p)$ sei die Anzahl Operationen einer Berechnung auf p Prozessoren und $t(p)$ die entsprechende Anzahl Zeitschritte. Für den seriell-parallel Vergleich wird $t(p) \leq t(1) = a(1) \leq a(p)$ vorausgesetzt. Unter Speedup (s), Effizienz (e), Auslastung (u) und Redundanz (r) einer Berechnung auf p Prozessoren gegenüber der seriellen soll verstanden werden:

$$s(p) = \frac{a(1)}{t(p)}, \quad e(p) = \frac{a(1)}{p \cdot t(p)}, \quad u(p) = \frac{a(p)}{p \cdot t(p)}, \quad r(p) = \frac{a(p)}{a(1)} .$$

Damit ergibt sich $s(p) = p \cdot u(p)/r(p)$ und $e(p) = s(p)/p$. Für die Teile der Berechnung, zu denen ausschließlich die Tasks gehören, die in der virtuellen Struktur der Höhe i des Baumes zugeordnet sind, sollen die entsprechenden Funktionen mit a_i, t_i, s_i, u_i und r_i bezeichnet werden. Bei Höhen, in denen nur eine Teilmenge von m Prozessoren für die Tasks dieser Höhe arbeitet, sei $\bar{u}_i(m)$ die relative Auslastung der betreffenden Teilmenge.

3. Einstufige Abbildungsverfahren

Als virtuelle Strukturen werden vollständige binäre Bäume (Abb.1) untersucht. Das Bildungsgesetz dieser Struktur ist in Abb. 1/b dargestellt. Die Indizes der Knoten sind Binärworte mit ε als dem leeren Wort.

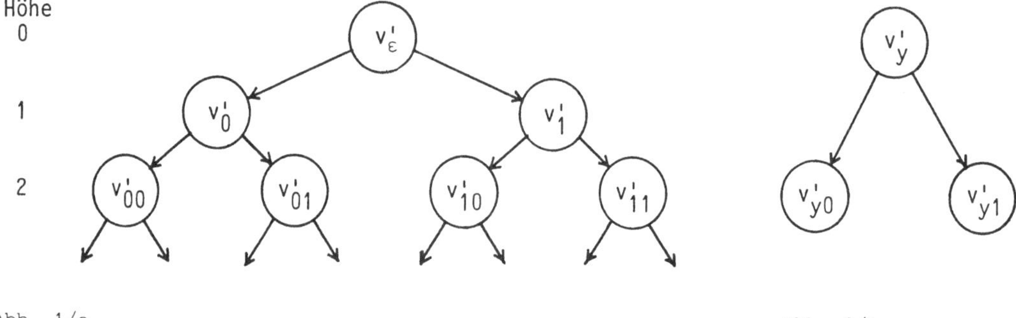

Abb. 1/a   Abb. 1/b

Als Knotenbewertungen werden betrachtet:

$$v'_y \rightarrow w'_y \text{ mit } w'_\varepsilon = 1, \; w'_{y0} = w'_{y1} = \frac{c}{2} w'_y \; , \; c > 1.$$

Der Rechenaufwand für eine Task und der Aufwand für den Transport der beiden nachfolgenden Tasks soll in einem festen Verhältnis stehen. Daher repräsentiert die Knotenbewertung auch den Transportaufwand, so daß auf die Definition einer Kantenbewertung zur Darstellung dieses Aufwandes verzichtet werden kann.

Als reale Struktur werden 2-dimensionale Gitter wie in Abb. 2 mit Randverbindungen untersucht. Die Anzahl der Prozessoren sei p. Als Randverbindungen sollen hier nur solche betrachtet werden, die eine ringförmige Anordnung der Gitterpunkte erlauben, bei welcher zwei Knoten v_i, v_k genau dann durch eine gerichtete Kante (v_i, v_k) verbunden sind, wenn v_i durch eine von zwei vorgegebenen Drehungen

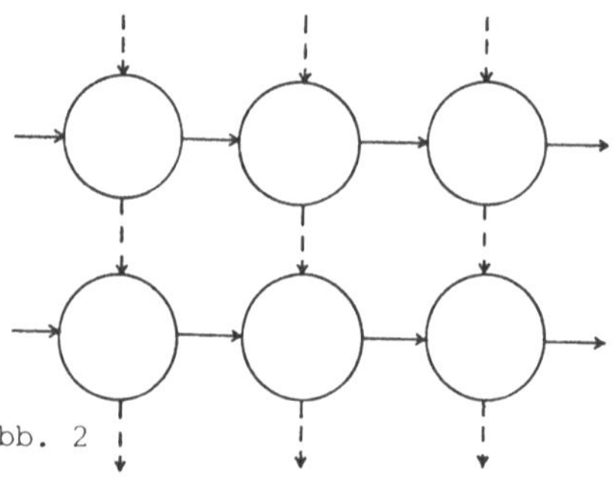

Abb. 2

des Ringes in v_k überführt wird. Außerdem soll die Struktur, aufgefaßt als Digraph, stark zusammenhängend sein. Abb. 3 und 4 zeigen solche Strukturen. Abb. 3 enthält zwei äquivalente Formen des gewundenen Torus, wie ihn Martin verwendet hat /Mart81/, wenn man $v_{f(i,k)} = \bar{v}_{i,k}$ mit $f(i,k) = i \cdot p_2 + k$ setzt.

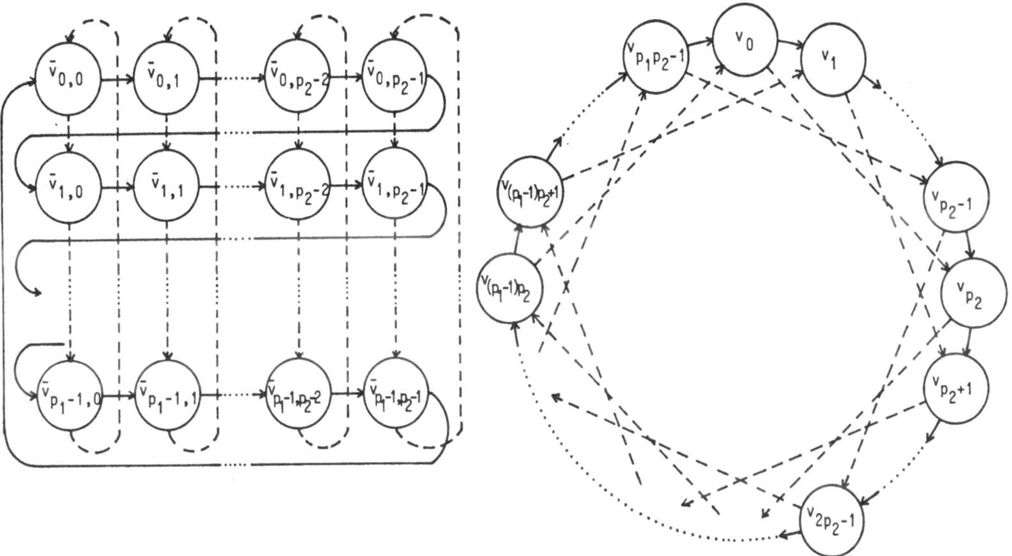

Abb. 3

Ähnlich wie in Abb. 3 kann der von Sequin /Sequ81/ vorgeschlagene doppelt gewundene Torus als Ring ausgeführt werden.

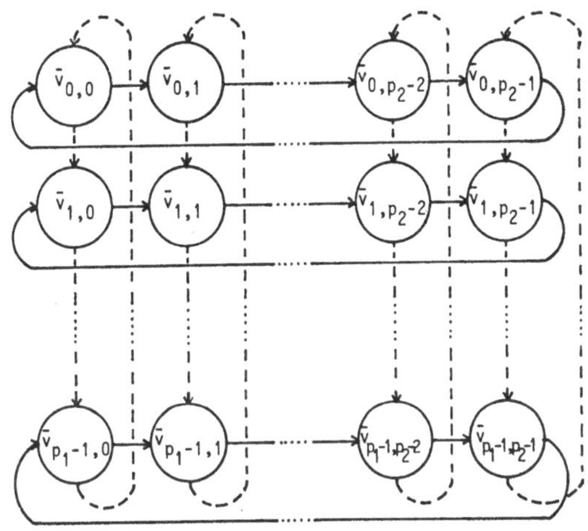

Für eine reine Torusstruktur, wie in Abb. 4, ist die ringförmige Darstellung genau dann möglich, wenn man für den größten gemeinsamen Teiler der beiden Ausdehnungen p_1, p_2 annimmt $ggt(p_1, p_2) = 1$. In diesem Fall entsteht ein Ring $v_o, \ldots, v_{p_1 p_2 - 1}$ durch

$$v_{f(i,k)} = \bar{v}_{i,k} \text{ mit } f(i,k) = ip_1 + kp_2 \pmod{p},$$

wobei die Verbindungen den Drehungen um p_1 und p_2 entsprechen. Ein gewöhnlicher Ring ist in die Betrachtungen z.B. als Torus mit $p_1 = 1$ eingeschlossen.

Abb. 4

Seien nun R und L zwei Operatoren, die jedem Knoten der realen Struktur den nächsten in Richtung horizontaler (durchgezogener) bzw. vertikaler (gestrichelter) Verbindungslinien zuordnen. Die Abbildung F der virtuellen auf die reale Struktur geschieht dann folgendermaßen:

$$F : v'_\varepsilon \longmapsto v_o$$

$$F : v'_j \longmapsto v_k \Rightarrow F : v'_{jo} \longmapsto L(v_k), \; F : v'_{j1} \longmapsto R(v_k).$$

Dann ist mit w_1' als Wert des Knotens v_1' der virtuellen Struktur

$$v_k \to w_k, \quad w_k = \sum_{v_1' \in F^{-1}(v_k)} w_1', \text{ für } k = 0,\ldots,p-1$$

eine Bewertung der realen Struktur, die jedem Prozessor die von ihm insgesamt zu leistende Arbeit zuordnet. Wegen der Wahl der Operatoren R und L, mit deren Hilfe die Abbildung definiert wurde, gilt für den Ablauf im realen System und jeden seiner Teile eine konstante transportbedingte Redundanz $r = r(p)$, und nur diese soll hier berücksichtigt werden. Das bedeutet für $a(p)$ und $t(p)$ bei $p > 1$:

$$a(p) = r \cdot a(1), \qquad a(1) = \sum_{k=0}^{p-1} w_k = \sum_{i=0}^{n} c^i \text{ und}$$

$$t(p) \geq r \cdot \| w \|_\infty \quad \text{mit} \quad w = (w_k)_{k=0,\ldots,p-1}, \; \| w \|_\infty = \max_k |w_k|.$$

Hieraus kann man unmittelbar obere Schranken für Auslastung und Speedup ableiten.

Untere Schranken für den Speedup lassen sich gewinnen, wenn man eine Voraussetzung für den Schedule in den Prozessoren des realen Systems macht, die für alle folgenden Betrachtungen gelten möge: Tasks einer Höhe des binären Baumes haben Vorrang vor allen Tasks einer größeren Höhe. Bei Betrachtung von Bäumen, die von den Blättern zur Wurzel gerichtet sind, müßte die Voraussetzung entsprechend modifiziert werden. Bei dieser Voraussetzung ist ein Ablauf, bei dem die Tasks einer Höhe erst gestartet werden, wenn alle Tasks im System mit kleinerer Höhe beendet sind, höchstens langsamer. Aus diesem Vergleichsablauf, den man höhenweise analysieren kann, lassen sich daher untere Schranken für den Speedup ableiten.

4. Auslastung durch Operationen einer Höhe

V_i sei die Knotenmenge der Höhe i des Baumes. Dann ist

$$w^{(i)} = (w_k^{(i)})_{k=0,\ldots,p-1}, \quad w_k^{(i)} = \frac{1}{c^i} \sum_{v_1' \in V_i \cap F^{-1}(v_k)} w_1', \quad i = 0,1,\ldots$$

eine Folge von Bewertungen des realen Systems, wobei also $w_k^{(i)}$ proportional dem Anteil der Operationen der Höhe i ist, welchen der Prozessor v_k erledigen muß. Offenbar ist $\sum_k w_k^{(i)} = 1$. Mit der $p \times p$-Matrix

$$Z_p = \begin{bmatrix} 0\ldots\ldots\ldots 0 & 1 \\ 1 & & & 0 \\ 0 & & & \vdots \\ \vdots & & & \vdots \\ \vdots & & & \vdots \\ 0\ldots\ldots 0\;\;1\;\;0 \end{bmatrix}$$

die bei Anwendung auf einen Vektor dessen Komponenten in Richtung aufsteigender Indizes modulo p verschiebt, erhält man für die hier betrachteten realen Strukturen:

$$w^{(o)} = \begin{bmatrix} 1 \\ 0 \\ \vdots \\ 0 \end{bmatrix} \quad , \qquad w^{(i+1)} = \frac{1}{2}(Z_p^b + Z_p^{b'})w^{(i)} \qquad (1)$$

mit gewissen Zahlen b, $b' \in \mathbb{N}_o$, die der Verbindungsstruktur entsprechen. In dem Beispiel der Abb. 3 ist dabei $b = 1$, $b' = p_2$ und bei Abb. 4 $b = p_1$, $b' = p_2$. Die Voraussetzung, die reale Struktur sei als Digraph stark zusammenhängend, resultiert dann in der Bedingung $ggt(b,b',p) = 1$.

Für $w^{(n)}$ erhält man

$$w^{(n)} = \frac{1}{2^n} \sum_{i=o}^{n} \binom{n}{i} Z_p^{nb+i(b'-b)} \cdot w^{(o)}.$$

Durch $w^{(n)}$ werden für hinreichend große n genau die Knoten positiv bewertet, die sich von einem bestimmten Knoten durch Potenzen von $Z_p^{b'-b}$ erreichen lassen. Da die Struktur stark zusammenhängend ist und jeder Knoten genau 2 Eingänge und 2 Ausgänge besitzt, wird die reale Struktur durch $Z_p^{b'-b}$ in genau $h = ggt(b'-b,p)$ paarweise disjunkte, gleich große Klassen zerlegt, die hier primitive Bereiche heißen sollen. Die primitiven Bereiche werden von der Folge $w^{(n)}$ zyklisch positiv bewertet, d.h. jedes $w^{(n)}$ ordnet ausschließlich einem primitiven Bereich positive Werte zu, für große n werden alle Knoten des betreffenden Bereichs positiv bewertet, und die Bereiche werden bei wachsendem n zyklisch erfaßt.

Sei $m = \frac{p}{h}$ die Größe der primitiven Bereiche. Damit ist

$$\|w^{(n)}\|_\infty = \max_{j=o,\ldots,m-1} \frac{1}{2^n} \sum_{\substack{o\leq k\leq n \\ k\equiv j\,(mod\ m)}} \binom{n}{k} .$$

Mit einer Formel von Ramus, /Knut68/, folgt:

$$\|w^{(n)}\|_\infty = \frac{1}{m} \max_{j=o,\ldots,m-1} \sum_{k=o}^{m-1} (\cos\frac{k\pi}{m})^n \cos\frac{k\cdot(n-2j)}{m}\pi = \frac{1}{m} + o(1) \text{ für } n \to \infty. \qquad (2)$$

Hieraus folgt nicht nur die bekannte Tatsache, daß die Verteilung der Last in dem jeweils positiv bewerteten primitiven Bereich gegen die Gleichverteilung konvergiert, sondern auch eine Aussage über die Konvergenzgeschwindigkeit:

<u>Lemma 1:</u> $\forall u < 1 \; \exists c_1 > 0 \; \forall m: n \geq c_1 m^2 \Rightarrow \bar{u}_n(m) \geq u.$

<u>Beweis:</u> Nach Definition ist $\bar{u}_i(m) = u_i(p) \cdot h = a_i(p)/(m\cdot t_i(p))$. Wegen (1) ist $\bar{u}_i(m) \leq \bar{u}_{i+1}(m) \; \forall i \geq o$. Daher kann man sich auf die $n \equiv o \pmod 2$ beschränken. Mit $a_i(p) = rc^i$ und $t_i(p) = rc^i \cdot \|w^{(i)}\|_\infty$ und durch Einsetzen von $j \equiv \frac{n}{2}\pmod m$ in (2) folgt:

$$\frac{1}{\bar{u}_n(m)} = \sum_{k=o}^{m-1} (\cos\frac{k\pi}{m})^n \quad \text{für } n \equiv 0 \pmod 2. \qquad (3)$$

Wegen $\cos z = -\cos(\pi-z)$ und $\cos kz \leq (\cos z)^k$ für $kz \leq \frac{\pi}{2}$ ist:

$$\frac{1}{\overline{u}_n(m)} \leq 1 + 2 \sum_{k=1}^{\lfloor m/2 \rfloor} (\cos \frac{\pi}{m})^{kn} \leq 1 + \frac{2(\cos \frac{\pi}{m})^n}{1-(\cos \frac{\pi}{m})^n} = \frac{1+(\cos \frac{\pi}{m})^n}{1-(\cos \frac{\pi}{m})^n} \ .$$

Für $\overline{u}_n(m) \geq u$ ist also hinreichend:

$$\frac{1+(\cos \frac{\pi}{m})^n}{1-(\cos \frac{\pi}{m})^n} \leq \frac{1}{u} \ \text{oder} \ n \geq \frac{|\log \frac{1-u}{1+u}|}{|\log \cos \frac{\pi}{m}|} \ \text{mit log als Logarithmus zur Basis 2.}$$

Mit $\ln \cos \frac{\pi}{m} = -\frac{1}{2} (\frac{\pi}{m})^2 + O((\frac{1}{m})^4)$ für $m \to \infty$ folgt daraus das Lemma. $\square$

<u>Bemerkung 1</u>: Die Konstante c_1 aus Lemma 1 ist unabhängig von der Abbildung F und der benutzten realen Struktur.

<u>Bemerkung 2</u>: Die Abschätzung für n in Lemma 1 ist scharf, d.h.

$$\forall u < 1 \ \exists c_2 > 0 \ \forall m: \ \overline{u}_n(m) \geq u \Rightarrow n \geq c_2 m^2 .$$

<u>Beweis</u>: Wegen (3) ist:

$$\frac{1}{\overline{u}_n(m)} \geq 1 + (\cos \frac{\pi}{m})^n \ \text{für} \ n \equiv o \ (\text{mod } 2).$$

$$\overline{u}_n \geq u \Rightarrow \frac{1}{u} \geq 1 + (\cos \frac{\pi}{m})^n \Rightarrow n \geq \frac{|\log (\frac{1}{u} - 1)|}{|\log \cos \frac{\pi}{m}|} \quad \square$$

5. Mehrstufige Abbildungsverfahren

Nach obigem Ergebnis wird plausibel, wie stark die Aufgaben gegenüber dem Parallelrechner überdimensioniert sein müssen, um bei einstufiger Abbildung einen guten Speedu zu erhalten. Die 2-dimensionale Struktur des realen Systems wird dabei nicht genutzt, denn ein einfacher Ring leistet dasselbe. Das Abbildungsverfahren soll nun so verallgemeinert werden, daß kleinere Probleme mit einem besseren Speedup behandelt werden können.

Als reale Struktur dienen nun die Knoten $v_{j_1,\ldots,j_d}$; $j_k = o,\ldots,p_k-1$; $k = 1,\ldots,d$ mit den Verbindungen

$$v_{j_1,\ldots,j_d} \to R_k(v_{j_1,\ldots,j_d}) = v_{j_1,\ldots,j_{k-1},j_k+b_k(\text{mod } p_k),j_{k+1},\ldots,j_d}$$

$$v_{j_1,\ldots,j_d} \to L_k(v_{j_1,\ldots,j_d}) = v_{j_1,\ldots,j_{k-1},j_k+b_k'(\text{mod } p_k),j_{k+1},\ldots,j_d}$$

$$k = 1,\ldots,d.$$

Eine solche Struktur soll im folgenden verallgemeinerter Hypertorus bzw., bei $d = 2$, Torus genannt werden. Dieser Digraph ist genau dann stark zusammenhängend, wenn $ggt(b_k,b_k',p_k) = 1$ für $k = 1,\ldots,d$ gilt.

Das d-stufige Abbildungsverfahren sieht die zyklische Verwendung der Operatoren L_k, R_k in der rekursiven Definition der Abbildung F vor:

$$F : v'_o \longmapsto v_{o,\ldots,o}$$
$$F : v'_1 \longmapsto v_{j_1,\ldots,j_d} \Rightarrow F : v'_{1o} \longmapsto L_K(v_{j_1,\ldots,j_d}), \quad F : v'_{11} \longmapsto R_K(v_{j_1,\ldots,j_d}) \tag{4}$$

für Knoten v'_1 der Höhe i-1 mit $i \equiv k \pmod d$.

Im einfachsten Fall, d=1, stimmt F mit der früher definierten einstufigen Abbildung überein. Für d=2 erhält man ein Beispiel, wenn man die Nachfolger einer Task abwechselnd beide längs horizontaler bzw. beide längs vertikaler Verbindungen in einem Gitter wie in Abb. 2 transportiert.

Mit den Matrizen

$$T_k = \frac{1}{2} (Z_{p_k}^{b_k} + Z_{p_k}^{b'_k}) = (t_{jl}^{(k)})_{j,l=o,\ldots,p_k-1}, \quad k=1,\ldots,d \tag{5}$$

kann die Entwicklung der entsprechenden Bewertung auf dem realen System beschrieben werden. Für den Tensor $w = (w_{j_1,\ldots,j_d})_{j_k=1,\ldots,p_k-1; \ k=1,\ldots,d}$ sei

$$T_k w = \left(\sum_{l=o}^{p_k-1} t_{j_k,l}^{(k)} \cdot w_{j_1,\ldots,j_{k-1},l,j_{k+1},\ldots,j_d} \right)_{j_1,\ldots,j_d} \tag{6}$$

Es gilt
$$T_k(T_{k'}w) = T_{k'}(T_k w) \quad \text{für } k,k' = 1,\ldots,d. \tag{7}$$

Eine Folge von Bewertungen $w^{(i)}$, wobei $w^{(i)}$ jedem Prozessor die von ihm für die Tasks der i-ten Höhe zu leistende Arbeit zuordnet, ist gegeben durch

$$w^{(o)}_{j_1,\ldots,j_d} = \begin{cases} 1 \text{ für } j_1,\ldots,j_d = o,\ldots,o \\ o \text{ sonst} \end{cases}$$

$$w^{(i)} = T_k w^{(i-1)} \quad \text{für } i \equiv k \pmod d.$$

Sei $n = i \cdot d + j$ mit $j < d$, dann gilt wegen (7):

$$w^{(n)} = T_d^i(\ldots T_{j+1}^i(T_j^{i+1}(\ldots T_1^{i+1}w^{(o)}))).$$

Damit können die Ergebnisse aus Abschnitt 4 für d=1 übertragen werden: Für jedes $k = 1,\ldots,d$ zerfallen die Indexmengen $I_k = \{o,\ldots,p_k-1\}$ durch $Z_{p_k}^{b'_k-b_k}$ in $h_k = \text{ggt}(b'_k-b_k,p_k)$ paarweise disjunkte, gleichgroße Mengen $I_{k,l}$ und die positiven Komponenten von $w^{(n)}$ haben Indizes aus genau einer der Mengen $I_{1,l_1} \times \ldots \times I_{d,l_d}$. Die $I_{1,l_1} \times \ldots \times I_{d,l_d}$ definieren $h = h_1 h_2 \ldots h_d$ primitive Bereiche der realen Struktur, die von $w^{(n)}$ nicht notwendigerweise alle zyklisch positiv bewertet werden. Ihre Größe ist $m = m_1 m_2 \ldots m_d$ mit $m_k = p_k/h_k$. Für $n \to \infty$ konvergiert die Verteilung in dem jeweils positiv bewerteten primitiven Bereich gegen die Gleichverteilung. Mit $p = p_1 p_2 \ldots p_d$ und $\tilde{m} = \max_k m_k$ gilt:

<u>Lemma 2:</u> $\forall u < 1 \ \exists c_1 > o \ \forall m_1,\ldots,m_d: \ n \geq c_1 d(1+\log d) \tilde{m}^2 \Rightarrow \bar{u}_n(m) \geq u$

<u>Beweis:</u>

Sei $e_k = \begin{pmatrix} 1 \\ o \\ \vdots \\ o \end{pmatrix} \in \mathbb{R}^{p_k}$. Wegen (5) und (7) ist $u_i(p) \geq u_{i-1}(p)$, so daß es genügt, ganze Zyklen (d.h. $n = id$) zu betrachten.

$$\forall\, k = 1,\ldots,d:\ j_{k+1},\ldots,j_d \neq 0 \Rightarrow (T_k^i(\ldots T_2^i(T_1^i w^{(o)})))_{j_1,\ldots,j_d} = 0.$$

Aus (6) folgt daher für $k = 1,\ldots,d$:

$$\max_{j_1,\ldots,j_d} (T_k^i(\ldots T_2^i(T_1^i w^{(o)})))_{j_1,\ldots,j_d} = \|T_k^i e_k\|_\infty \cdot \max_{j_1,\ldots,j_d} (T_{k-1}^i(\ldots T_2^i(T_1^i w^{(o)})))_{j_1,\ldots,j_d}$$

Also ist $\|w^{(n)}\|_\infty = \prod_{k=1}^d \|T_k^i e_k\|_\infty$. Wie im Beweis zu Lemma 1 folgt:

$$\|w^{(id)}\|_\infty \leq \prod_{k=1}^d \frac{1}{m_k}\ \frac{1 + (\cos \frac{\pi}{m_k})^i}{1 - (\cos \frac{\pi}{m_k})^i} \qquad \text{für } i \equiv 0 \ (\mathrm{mod}\ 2)$$

$$\leq \frac{1}{m} \left[\frac{1 + (\cos \frac{\pi}{\tilde{m}})^i}{1 - (\cos \frac{\pi}{\tilde{m}})^i} \right]^d .$$

Mit $\bar{u}_n(m) = u_n(p) \cdot h = a_n(p)/(m \cdot t_n(p))$, $a_n(p) = r \cdot c^n$ und $t_n(p) = r \cdot c^n \|w^{(n)}\|_\infty$ ergibt sich:

$$\bar{u}_n(m) \geq \left[\frac{1 - (\cos \frac{\pi}{\tilde{m}})^i}{1 + (\cos \frac{\pi}{\tilde{m}})^i} \right]^d \qquad \text{für } n = id,\ i \equiv 0 \ (\mathrm{mod}\ 2).$$

Für $\bar{u}_n(m) \geq u$ ist hinreichend

$$\left[\frac{1 + (\cos \frac{\pi}{\tilde{m}})^i}{1 - (\cos \frac{\pi}{\tilde{m}})^i} \right]^d \leq \frac{1}{u} \quad \text{oder} \qquad i \geq \frac{\left| \log \frac{1 - u^{1/d}}{1 + u^{1/d}} \right|}{\left| \log \cos \frac{\pi}{\tilde{m}} \right|} .$$

Mit $\dfrac{1-u}{1-u^{1/d}} = \sum_{k=o}^{d-1} u^{k/d}$ folgt die Behauptung wie bei Lemma 1. $\square$

<u>Bemerkung 1:</u> Die Größe d in Lemma 2 muß bei wachsendem m nicht notwendigerweise eine Konstante sein, $d = f(m_1,\ldots,m_d)$ ist zugelassen.

<u>Bemerkung 2:</u> Wählt man als reale Struktur den d-dimensionalen binären Würfel mit $p = 2^d$, $p_k = 2$, mit den Knoten $v_{j_1,\ldots,j_d}$ und den Operatoren $L_k(v_{j_1,\ldots,j_d}) = v_{j_1,\ldots,j_d}$ und $R_k(v_{j_1,\ldots,j_d}) = v_{j_1,\ldots,j_{k-1},1-j_k,j_{k+1},\ldots,j_d}$, so ist die Anzahl der primitiven Bereiche $h = 1$, d.h. $m = p$, und $u_i(p) = 2^{i-d}$ für $i \leq d$, $u_i(p) = 1$ für $i \geq d$. Das zeigt, daß die untere Abschätzung für n aus Lemma 2 abgesehen von einem konstanten Faktor in diesem Beispiel um den Faktor $1 + \log d = 1 + \log \log p$ zu groß ist.

6. Speedup für die gesamte Berechnung

Die Ergebnisse bei Betrachtung einer Höhe des binären Baumes sollen nun auf den gesamten Ablauf für einen vollständigen binären Baum der Höhe n übertragen werden. Der binäre Baum wird dabei mit einer d-stufigen Abbildung mit konstanter Redundanz r auf einen verallgemeinerten d-dimensionalen Hypertorus mit den Ausdehnungen $p_k, k = 1, \ldots, d$ als reales System abgebildet. Wie bisher sei $c > 1$ der konstante Laststeigerungsfaktor von Höhe zu Höhe des Baumes und $\tilde{p} = \max_k p_k$, $p = p_1 p_2 \cdots p_d$.

<u>Satz 1</u>: Wenn in der realen Struktur durch das Abbildungsverfahren genau ein primitiver Bereich entsteht, d.h. $h = 1$, so gilt:

$$\forall c_1 < 1 \ \exists c_2 > 0 \ \forall p_1, \ldots, p_d: \ n \geq c_2 \cdot d(1 + \log d)\, \tilde{p}^2 \Rightarrow s(p) \geq c_1 \frac{p}{r}.$$

<u>Beweis</u>: Nach Definition ist $r \cdot s(p) = a(p)/t(p)$. Wegen der generellen Voraussetzung über den Schedule in den Prozessoren des realen Systems gilt daher:

$$r \cdot s(p) \geq \frac{\sum\limits_{i=0}^{n} a_i(p)}{\sum\limits_{i=0}^{n} t_i(p)} = \frac{\sum\limits_{i=0}^{n} a_i(p)}{\sum\limits_{i=0}^{n} a_i(p)/(r \cdot s_i(p))}$$

Mit $s_i(p) = p \cdot u_i(p)/r$ erhält man mittels Lemma 2:

$$\forall c_3 < 1 \ \exists c_4 > 0 \ \forall p_1, \ldots, p_d: \ i \geq c_4\, d(1 + \log d)\, \tilde{p}^2 \Rightarrow s_i(p) \geq c_3 \cdot p/r.$$

Für $n \geq c_4\, d(1 + \log d)\, \tilde{p}^2 + g(p)$ mit $g(p) = \log(c_5 \cdot p/r)/\log c$ und einer beliebigen positiven Konstanten c_5 folgt

$$\frac{1}{s} \leq \frac{\sum\limits_{i=0}^{n-g} a_i + \dfrac{r}{c_3 \cdot p} \sum\limits_{i=n-g+1}^{n} a_i}{\sum\limits_{i=0}^{n} a_i}$$

$$\leq \frac{c^{n-g+1} - 1}{c^{n+1} - 1} + \frac{r}{c_3 \cdot p}\, \frac{c^{n+1} - c^{n-g+1}}{c^{n+1} - 1} \leq \frac{1}{c^g} + \frac{r}{c_3 \cdot p} \leq \left(\frac{1}{c_5} + \frac{1}{c_3}\right) \frac{r}{p}$$

Also ist $\quad s \geq \dfrac{c_3 c_5}{c_3 + c_5} \cdot \dfrac{p}{r}$ $\quad\Box$

<u>Bemerkung</u>: Hat das Gitter Würfelstruktur, d.h. $p_k = \tilde{p} = p^{1/d}$, so gilt im Falle $h = 1$:

$$\forall c_1 < 1 \ \exists c_2 > 0 \ \forall p: \ n \geq c_2\, d(1 + \log d)\, p^{2/d} \Rightarrow s(p) \geq c_1 \frac{p}{r}.$$

<u>Korollar</u>: Für Aufgaben mit einem Laststeigerungsfaktor $c > 1$ und Systeme mit einem primitiven Bereich wächst die kritische Aufgabengröße gemessen in der Höhe des zugehörigen binären Baumes, die bei Abbildung auf einen verallgemeinerten Torus mit einem 2-stufigen Verfahren zur Erzielung eines zu p proportionalen Speedup erforderlich ist, linear mit p. Bei Verwendung eines einstufigen Verfahrens wächst sie mit p^2.

Es soll schließlich diskutiert werden, ob die Annahme nur eines primitiven Bereichs ($h = 1$) notwendig ist. Immerhin würde bei mehreren primitiven Bereichen, die dann kleiner sind, schneller eine gute Auslastung des einzelnen Bereichs erreichbar sein.

<u>Satz 2</u>: Bei Abbildung vollständiger binärer Bäume der Höhe n auf reale Systeme mit $h > 1$ primitiven Bereichen, die von den Tasks der Ebenen des Baumes mit steigender Höhe der Ebenen zyklisch belegt werden, gilt für den Speedup: $\exists c_1 < 1 \ \forall p, n: \ s(p) \leq c_1 \frac{p}{r}$.

Beweis: Sei $\tilde{t}_i(m)$ der zeitliche Aufwand, der von den m Prozessoren eines primitiven Bereichs für die Tasks der Höhe i bei Gleichverteilung der Operationen auf alle diese Prozessoren benötigt wird. Dann ist

$$s(p) \cdot r \overset{<}{=} \frac{\displaystyle\sum_{i=o}^{n} a_i(p)}{\displaystyle\max_{\substack{k=o,\dots,h-1}} \sum_{\substack{o \le i \le n \\ i \equiv k \,(\bmod\, h)}} \tilde{t}_i(m)} \ .$$

Mit $\tilde{t}_i = a_i/m$ und $a_i = r \cdot c^i$ erhält man

$$s(p) \cdot r \overset{<}{=} m \ \frac{\displaystyle\sum_{\substack{o \le i \le n \\ i \equiv n \,(\bmod\, h)}}^{n} c^i}{\displaystyle\sum c^i} = m \cdot \frac{c^{n+1}-1}{c^{n+1}-c^k} \cdot c^{1-h} \frac{c^h-1}{c-1} \quad \text{für } k = n+1-h \ (\lfloor \tfrac{n}{h} \rfloor + 1).$$

Wegen $k \overset{<}{=} 0$ und $p = m h$ ist $s(p) \cdot r \le p \cdot f(h,c)$ mit $f(h,c) = \frac{c^{1-h}}{h} \ \frac{c^h-1}{c-1}$.

Aus $f(h,c) = \frac{1}{h} \sum_{j=o}^{h-1} c^{-j} \le \frac{1}{2}(1+\frac{1}{c}) < 1 \ \forall\, h > 1,\ c > 1$ folgt die Behauptung. $\quad\square$

Bemerkung: Die Aussage von Satz 2 bleibt unter bestimmten Bedingungen auch in der allgemeineren virtuellen Struktur gültig, die sich bei Divide-and-Conquer-Algorithmen ergibt. Dabei entsteht in einer 1. Phase ein vollständiger binärer Baum der bisher betrachteten Art mit der Höhe n-1. In der 2. Phase schließt sich die Blätterebene des Baumes mit Höhe n an, in der mit eventuell anderer Redundanz Aufgaben ganz anderer Art und Größe bearbeitet werden. In der 3. Phase wird der binäre Baum mit möglicherweise anderer Redundanz und Grundlast rückwärts durchlaufen. Ein Beispiel ist im nächsten Abschnitt enthalten. Für die Betrachtungen von Satz 2, wobei Wartezeiten ignoriert wurden, können 1. und 3. Phase zusammengefaßt werden, so daß sich folgende Arbeitslasten ergeben:

$$a_i(p) = \tilde{r}\, a_i(1),\ a_i(1) = c^i \ \text{für } i = 0,\dots,n-1; \quad a_n(p) = \overset{\approx}{r}\, a_n(1),\ a_n(1) = qc^n.$$

Als Redundanz des gesamten Ablaufs ergibt sich dann

$$r(p) = a(p)/a(1) = (\tilde{r} \sum_{i=o}^{n-1} a_i(1) + \overset{\approx}{r}\, a_n(1)) / \sum_{i=o}^{n} a_i(1).$$

Gemäß Beweisgang bleibt die Aussage von Satz 2 erhalten, wenn gilt:

$$a_n(p) \ge c\, a_{n-1}(p),\ \text{d.h. } \overset{\approx}{r}\, q \ge \tilde{r}.$$

Ist das reale System ein 2-dimensionales Gitter, so ist ein d-stufiges Abbildungsverfahren der betrachteten Art denkbar, indem zunächst auf einen verallgemeinerten d-dimensionalen Hypertorus abgebildet wird, den man z.B. ähnlich wie bei Siegel /Sieg77/ in das Gitter einbetten kann. Dabei wird jedoch die Klasse der Abbildungsverfahren mit minimaler konstanter Redundanz verlassen. Im allgemeinen ist dann das größtmögliche d eine günstige Wahl. Es gibt aber Fälle, in denen ein anderer Wert das optimale Verfahren unter den hier betrachteten liefert. Dies ist insbesondere von der Redundanz abhängig. Das folgende Beispiel vergleicht zwei dieser Verfahren in einem konkreten Fall.

7. Beispiel: Polynomberechnung

Es soll die vielfache Berechnung eines reellen Polynoms vom Grade N mit $N = 2^{n+1}$ auf der Basis des 'Algorithmus C' von Munro und Paterson /Munr73/ diskutiert werden. Die Vorbereitungsphase der Berechnung wird nicht betrachtet. Danach liegen reelle Werte q_k' und q_k'' an den entsprechenden Stellen im System bereit, um das Polynom in der Form

$$P_N(x) = \prod_{k=1}^{N/2} ((x + q_k')^2 + q_k'')$$

zu berechnen. Nach der Divide-and-Conquer-Methode wird die Berechnung gemäß der in Abb. 5 dargestellten virtuellen Struktur parallelisiert.

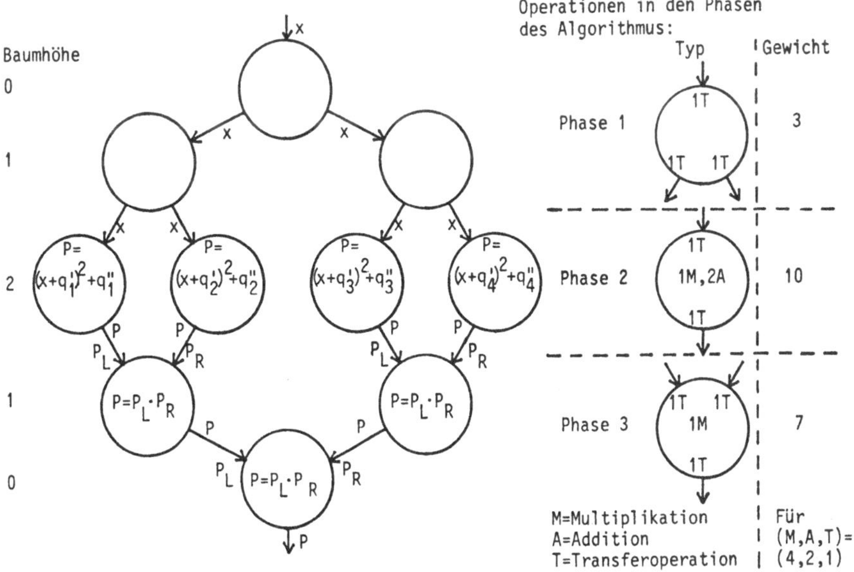

Abb. 5: Virtuelle Struktur für $P_8(x)$

Als reales System wird ein 4×4 Torus wie in Abb. 4 gewählt. Die in Abb. 5 angenommenen Verhältnisse $(M,A,T) = (4,2,1)$ scheinen bei speichergekoppelten Prozessoren möglich zu sein. Die Beschränkung auf Multiplikationen, Additionen und Transferoperationen geschieht in der Annahme, daß andere begleitende Operationen diesen bei der Gewichtung zugeschlagen worden sind. Der Aufwand T für eine Transferoperation soll sowohl für den die Task generierenden als auch für den die Task ausführenden Prozessor gelten, und zwar bei p > 1 auch dann, wenn beide identisch sind. Muß eine Task über eine längere Wegstrecke transportiert werden, so wird für jeden dazwischenliegenden Prozessor 2T als Aufwand berechnet. Es werden 2 Abbildungsverfahren wie in (4) betrachtet mit:

$$d=2:\ L_i=\text{Identität},\ R_i(v_{jk}) = \begin{cases} v_{j,k+1 \,(\text{mod } 4)}, & \text{für i gerade} \\ v_{j+1\,(\text{mod } 4),k}, & \text{für i ungerade} \end{cases}$$

$$d=4:\ L_i=\text{Identität},\ R_i(v_{jk}) = \begin{cases} v_{j,k+f(i,k)\cdot y}; & i=0,2;\ y=2^{1-\lfloor i/2 \rfloor};\ f(i,x)=(-1)^{\lfloor x/y \rfloor} \\ v_{j+f(i,j)\cdot y,k}; & i=1,3; \\ v_{j,k}; & \text{sonst} \end{cases}$$

Die sich bei dieser Abbildung für ein Polynom $P_{64}(x)$ ergebenden Arbeitslasten der Prozessoren v_{jk} (j,k=0,...,3) werden in der folgenden Tabelle dargestellt.

| | Operationen ohne Wartezeiten in den Höhen 0 bis 5 | | | | | | Wartezeiten | Summe |
| | 1. und 3. Phase | | | | | 2. Phase | | |
	0	1	2	3	4	5	minimal	
d=2	10 . . .	10 10 . .	10 10 . .	10 20 10 .	10 20 10 .	10 30 30 10	0 10 30 50	60 100 80 60
	. . . .	. . . .	10 10 . .	10 20 10 .	20 40 20 .	20 60 60 20	20 20 30 50	80 150 120 70
	. . . .	. . . .	. . . .	. . . .	10 20 10 .	10 30 30 10	40 40 40 50	60 90 80 60
	. . . .	. . . .	. . . .	. . . .	. . . .	. . . .	60 60 60 60	60 60 60 60
							zusätzlich	
max	10	10	10	20	40	60	0	150
							minimal	
d=4	10 . . .	10 . 10 .	10 . 10 .	10 10 10 10	10 10 10 10	20 20 20 20	0 30 12 32	70 70 72 72
	. . . .	. . . .	. . . .	. . . .	10 10 10 10	20 20 20 20	40 40 42 42	70 70 72 72
	. . . .	. . . .	10 . 10 .	10 10 10 10	10 10 10 10	20 20 20 20	22 32 24 34	72 72 74 74
	. . . .	. . . .	. . . .	. . . .	10 10 10 10	20 20 20 20	42 42 44 44	72 72 74 74
							zusätzlich	
max	10	10	10	10	10	20	4	74

Die minimale Wartezeit jedes Prozessors ist dabei die Zeit vor der ersten und nach der
letzten Task zuzüglich Wartezeiten für Transporte über die zwischen Quelle und Ziel der
Task liegenden Knoten des Netzes (nur bei d=4). Die zusätzliche Wartezeit der Prozessoren, die für die einzelnen Höhen die maximale Last tragen, ist die längste Wartezeit,
die durch Transporte über Zwischenprozessoren eintreten kann. Da das Maximum der Summe
und die Summe der Maxima übereinstimmen, erhält man mit $a(1) = \sum_{i=0}^{n-1} 2^i M + 2^n (M+2A) = 380$ für
den Speedup in diesem Falle die exakten Werte:

$$d = 2 : s(p) = \frac{380}{150} = 2{,}53; \qquad d = 4 : s(p) = \frac{380}{74} = 5{,}14.$$

Die Redundanz ist für große Aufgaben in beiden Fällen $(2M+2A+8T)/(2M+2A) = 1{,}67$, so
daß sich als obere Schranke für den Speedup bei beliebigem N der Wert 9,6 ergibt.
Insbesondere bei der 1. Methode (d = 2) ist die Aufgabe der Berechnung von P_{64} (n = 5)
für 16 Prozessoren noch erheblich zu klein, wie man nach Satz 1 auch vermuten würde.

8. Schlußbemerkungen

Unter einschränkenden Bedingungen für die virtuelle und reale Struktur wurde für das
von Martin benutzte einstufige Abbildungsverfahren untersucht, welcher Speedup erreichbar ist und wie stark der Parallelitätsgrad der Aufgabe gegenüber dem des Rechners
überdimensioniert sein muß, um einen linear mit der Systemgröße wachsenden Speedup
zu erhalten. Das Verfahren wurde mit mehrstufigen Verfahren verglichen, welche das
Verbindungssystem besser nutzen und den gleichen Speedup für kleinere Aufgaben erreichen. Die betrachteten Verfahren führen zwar nicht zu einer optimalen Aufgabenverteilung, sie sind aber selbst auf großen Systemen einfach implementierbar und für
unterschiedliche Konzepte der Rechnerorganisation anwendbar.

Ähnliche Resultate können auch für Bäume mit höherem Verzweigungsgrad als virtuelle Struktur, allgemeinere reale Strukturen als ringförmige und gewisse Formen ungleichmäßiger Lastverteilung erzielt werden. Bei den Aufgaben bringt die Erweiterung auf solche mit einem Laststeigerungsfaktor c = 1 allerdings ein etwas anderes Systemverhalten. Die Darstellung entsprechender Ergebnisse ist in Vorbereitung. Offene Fragen sind die Verfeinerung der Untersuchungen zur Bestimmung brauchbarer Konstanten und die Erweiterung auf andere virtuelle Strukturen wie z.B. unvollständige Bäume, Bäume mit zusätzlichen Verbindungen oder auch ganz andere Graphen.

Diese Arbeit wurde im Rahmen des GMD-Projekts EMSYS (Eng gekoppelte Mehrrechnersysteme) angefertigt.

<u>9. Literatur</u>

/Bent80/ Bentley, J.L.: Multidimensional Divide-and-Conquer; Comm. of the ACM, V.23, No.4, Apr. 1980, pp. 214-229.

/Bokh79/ Bokhari, S.H.: On the mapping problem; Proc. of the 1979 Internat. Conf. on Parallel Processing, pp. 239-248.

/Gali80/ Galil, Z. und Paul, W.: Effizienz paralleler Rechner; Proc. 10. GI-Jahrestagung, 1980, pp. 56-64.

/Knut68/ Knuth, D.E.: The Art of Computer Programming, Vol.1/Fundamental Algorithms; Addison-Wesley Pub. Comp., Reading Mass., 1968.

/Kolp84/ Kolp, O.: Parallelisierung eines Mehrgitterverfahrens für einen Baumrechner; Arbeitspapier der GMD, GMD-Bonn 1984.

/Lee 80/ Lee, R.B.: Empirical results on the speed, efficiency, redundancy and quality of parallel computations; Proc. of the 1980 internat. Conf. on parallel Processing, Columbus, Ohio, 1980, pp. 91-100.

/Mart81/ Martin, A.J.: The torus: an exercise in constructing a processing surface; Proc. 2nd Caltech Conf. on VLSI, Jan 1981.

/Mart83/ Martin, A.J.: Verteilte Ausführung rekursiver Algorithmen auf Gittern von Prozessoren; Elektronische Rechenanlagen 25, 1983, No.1, pp. 12-19.

/Munr73/ Munro, I. and Paterson, M.: Optimal Algorithms for Parallel Polynomial Evaluation; Journal of Computer and System Sciences 7, 1973, pp. 189-198.

/Sequ81/ Sequin, C.H.: Doubly twisted torus networks for VLSI processor arrays; 8th. Ann. Symp. on Computer Architecture, Sigarch Newsl., V.9, No.3, pp. 471-480.

/Sieg77/ Siegel, H.J.: Analysis Techniques for SIMD Machine Interconnection Networks and the Effects of Processor Address Masks; IEEE Transactions on Computers, V. C-26, No.2, 1977, pp. 153-161.

THE CYBERPLUS MULTIPARALLEL PROCESSOR SYSTEM

W. A. Ray
Parallel Processing Program
Control Data Corporation
Minneapolis, MN 55440

INTRODUCTION

The CYBERPLUS multiparallel processor is the first in a series of multiparallel processors from Control Data Corporation. The CYBERPLUS processor provides a high-speed scalar capability for scientific and business applications. Expanded system performance may be achieved by adding up to 63 additional CYBERPLUS processors.

At a time when applications' problems are growing at an alarming rate, the solutions required to keep pace with technology in a number of industries are beyond the reach of current systems hardware designs. The CYBERPLUS processing system provides a bridge into the next generation of applications required to address these growing needs. Utilizing a ring architecture, the CYBERPLUS system provides a multi-parallel capability designed to provide a solution for those applications that we have not yet dared to develop; a total solution to the applications problems of this century and the next.

The material presented here covers the basic concepts of the CYBERPLUS processor and the capabilities inherent in the features of this multiparallel processing system.

CYBERPLUS PROCESSOR

The CYBERPLUS processor has 15 independent functional units that execute in parallel in a 20 nanosecond cycle time. Each functional unit is cross-bar connected to the other functional units so output from a functional unit can be input to several other functional units at the same time. A major ingredient of the CYBERPLUS system is that each and every functional unit can be initiated by the functional control unit every cycle.

The heart of the CYBERPLUS system is the program instruction control functional unit. As in conventional machines, this unit reads instructions from program memory and decodes the instructions into executable statements within the processor. To improve the performance of the processor, each instruction word can initiate 1 to 17 functional units, all in a parallel mode of operation.

CYBERPLUS MEMORY

The CYBERPLUS processor contains three distinct memory structures. First is the program instruction memory, with 4K of 240-bit high performance bipolar memory. The program instruction memory provides one 240-bit CYBERPLUS instruction word every machine cycle. A single instruction word can initiate up to 17 functional units. The second memory is the 4K 16-bit data memory. Each of the four 16-bit memories can provide data every machine cycle. The third memory is a 64-bit, high performance bipolar memory. A CYBERPLUS processor contains 256K of 64-bit memory, which can be expanded to 512K. The CYBERPLUS 64-bit memory multiplexor supports three simultaneous memory requests and four or eight memory banks, depending upon the actual memory size. (See Exhibit Number 1.)

CYBERPLUS FUNCTIONAL UNITS

Four of the functional units read or write the 16-bit memory, and two of the functional units read or write the 64-bit memory. There are two functional units that read and write the CYBER ring port.

The CYBERPLUS processor has two add/subtract units, one multiply and two shift/Boolean functional units. Each of these functional units provides either 8, 16, or 32-bit mode of execution. This allows the application to have the degree of precision needed by the algorithms.

The floating point option provides both 32- and 64-bit floating point data formats. Three additional parallel functional units are added with the floating point option. They are the add/subtract, multiply, and the divide/square root. For 32-bit execution, the add/subtract and the multiply functional units can initiate an execution every machine cycle. For 64-bit execution, the add/subtract functional unit can initiate an execution every machine cycle and the multiply functional unit every four machine cycles.

CYBERPLUS HOST CONNECTION

The CYBERPLUS multiparallel processor system is used with the Control Data CYBER 170-800 Series computer systems. There are two interconnects between a CYBERPLUS multiparallel processor and the CYBER 170-800 host. First is the CYBER channel interface. It provides a connection between the CYBERPLUS processor and the CYBER 170 host, using one high-speed CYBER 170 I/O channel. The second is a Direct Memory access that enables the CYBERPLUS to read and write CYBER host memory. The channel interface provides a 24-Mbit transfer rate and the DMA interface an 800-Mbit transfer rate. (See Exhibit Number II.)

CYBERPLUS RING ARCHITECTURE

Interconnection by a dual ring structure provides a high performance interchange of data and control information between CYBERPLUS processors. The CYBERPLUS ring interconnect architecture contains two independent rings. Each provides for transfer of a ring packet around the circular ring every machine cycle. A ring packet contains 16 bits of data and 13 bits of control information. For expandability, the dual CYBERPLUS rings support up to 16 CYBERPLUS processors.

The CYBERPLUS ring provides the application three interconnect functions. The direct address provides for the direct transfer of data and control into any other CYBERPLUS processor on the ring. This technique eliminates several of the normal handshaking conventions required in a typical multiparallel processing system. An indirect address provides a queue-driven system where a CYBERPLUS processor puts information into a queue for another CYBERPLUS processor on the ring. The broadcast capability is probably the most intriguing aspect of CYBERPLUS. A CYBERPLUS processor can communicate the same information to any number of CYBERPLUS processors on the ring using the broadcast structure. If the application needs to send the same information to all 15 CYBERPLUS processors on the ring, the application merely adds to the ring packet the address or the processor number for all the processors that are to receive the data.

Using the ring connection, each CYBERPLUS processor can read and write ring packets every machine cycle. Data moves around the ring in a circular fashion so it takes one machine cycle to transfer a ring packet to an adjacent CYBERPLUS processor. Interprocessor delays can be reduced by making one ring clockwise and one counterclockwise. Since each processor is connected to the dual rings, the CYBERPLUS application task can put two separate ring packets onto the dual rings

every machine cycle. Each ring can accept a different packet of information from each of the 16 CYBERPLUS processors every machine cycle.
The ring transfer rate is 800 Mbit of 16-bit data, and with 16 processors and two rings, the dual ring provides a total transfer of 25,600
Mbits. (See Exhibit Number III.)

CYBERPLUS MEMORY RINGS

The first memory ring is the processor memory ring. A CYBERPLUS
processor using the 64-bit, 20 nanosecond memory ring reads and writes
data between CYBERPLUS processors. Thus a CYBERPLUS processor can
transfer 64 bits of data every machine cycle to another CYBERPLUS processor.

The second memory ring is the CYBER central memory ring. This
64-bit, 80 nanosecond ring transfers 64 bits of data between a CYBERPLUS
processor and a CYBER 170/800 host every four CYBERPLUS machine cycles.
The CMI (CYBER Memory Interface) supports up to four CYBERPLUS memory
rings. A CYBER host can be configured to support up to 64 CYBERPLUS
processors. Each of the 64 CYBERPLUS processors can transfer data from
a CYBERPLUS to CYBERPLUS memory and from CYBERPLUS to CYBER 170/800
host. (See Exhibit Number IV.)

CYBERPLUS COMPUTATIONAL EXPANDABILITY

Computational power can be increased by adding CYBERPLUS processors within the ring architecture. A single CYBERPLUS processor can
execute at a rate of 650 mips and, by adding the floating point option,
62.5 megaflops in 64-bit mode of operation or 103 megaflops using the
32-bit option. Additional CYBERPLUS processors can increase the overall performance capability. A 64 CYBERPLUS processor system would
provide over 44,000 mips and four gigaflops in 64-bit mode of operation.
The 32-bit option provides over 6.4 gigaflops.

CYBERPLUS SOFTWARE

The CYBERPLUS software supports the protocol that allows CYBERPLUS
processors to communicate with the CYBER 170/800 host via the channel
and memory interface connections. There are five software products:
1) System Software, 2) CYBERPLUS Cross Assembler, 3) CYBERPLUS

Simulator, 4) CYBERPLUS Cross ANSI 77 FORTRAN, and 5) Debug facility
and other utilities.

SYSTEM SOFTWARE

The CYBERPLUS system software supports the channel and direct
memory connection to the CYBER 170/800 host system. A CYBERPLUS interface call allows you to obtain a CYBERPLUS processor, multiple CYBER-
PLUS processors, or up to 64 CYBERPLUS processors. A CYBERPLUS interface call also allows you to load a CYBERPLUS processor or multiple
CYBERPLUS processors. The CYBERPLUS code to be loaded resides as a
CYBER 170/800 file or in a CYBER 170/800 host system user library.

A CYBERPLUS subroutine call allows you to transfer data that is
used by the code to the CYBERPLUS that has been loaded. A CYBERPLUS
subroutine call initiates execution of the CYBERPLUS processor or
processors. There are two modes of operation for this call. The de-
fault call is a synchronous call. The CYBER 170/800 host execution is
suspended and waits for completion of the CYBERPLUS task.

The second mode allows the user to run in both a parallel and a
multiparallel mode. An application task can execute simultaneously
on a CYBERPLUS processor and the CYBER host. It is possible, then, to
have multiple CYBERPLUS processors executing different tasks, all simultaneously. Extending this concept to the ring capability, CYBERPLUS
allows the user to have an applications code running in 16 CYBERPLUS
processors on a ring, all providing a piece or part of the application
requirement.

Thus, an application task can command the power of 64 CYBERPLUS
processors, all executing on the same job step.

ASSEMBLER/SIMULATOR/COMPILER

The CYBERPLUS cross assembler, MICA, provides the capability to
develop and assemble the CYBERPLUS assembly code for the CYBERPLUS
processor using the CYBER 170/800 host.

The simulator provides the ability to simulate up to 16 processors
on a CYBER ring interface. You can develop code and debug the algorithms using the simulator, and never require the high performance
CYBERPLUS processor.

A FORTRAN cross compiler, ANSI 77, is included on the CYBERPLUS

product. It allows you to take subroutines already executing on the
CYBER host, recompile the code using the cross compiler, and produce
code that can be executed in the CYBERPLUS system. With the shell subroutine interface you call the CYBERPLUS Interface code in the same
manner you would call the subroutine that executes in the CYBER 170/800
host.

DEBUG FACILITY

The CYBERPLUS debug facility allows a user to simultaneously execute CYBERPLUS code and debug the task via an interactive terminal
running under the Network Operating System. It provides the capability
to set break points, start/stop execution, and to read and write the
CYBERPLUS memories. Using the debug facility, you maintain complete
control over the execution of the CYBERPLUS processor from an interactive terminal.

SUMMARY

The CYBERPLUS Systems provides the computation and expandability
to now address the total problem and not require the application
designer to scale down the task to fit the computer system.

CYBERPLUS PROCESSOR

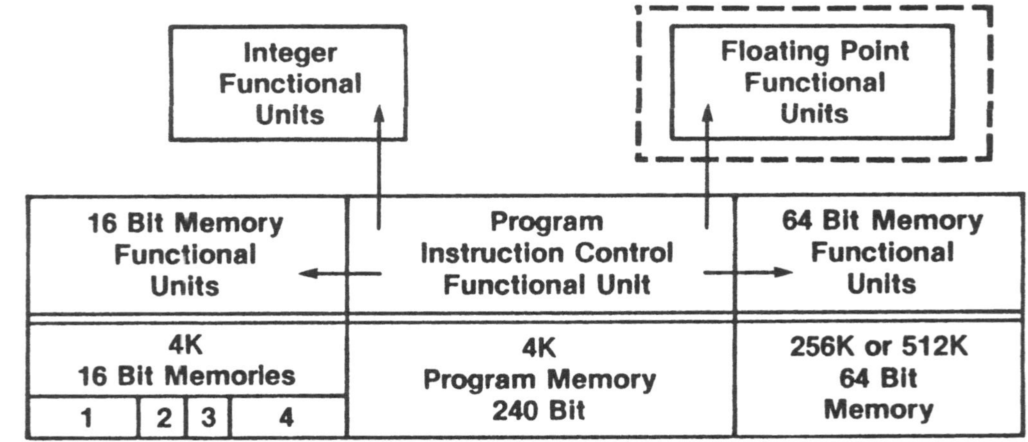

- **Program Instruction Control Function Unit**
  - **Executes every cycle**
  - **Initiates functional units in parallel**
- **Functional Units Initiate Every Cycle**

CYBER 170/800-CYBERPLUS INTERCONNECTS

- **Channel Interface**
  - Requires a dedicated CYBER channel
  - 12/16 bit translation capability
- **Memory Interface (Option)**
  - Requires CYBER 170-835/845/855
  - Supports up to 4 processors
  - 60/64 bit translation capability
  - Hardware protection for memory transfers

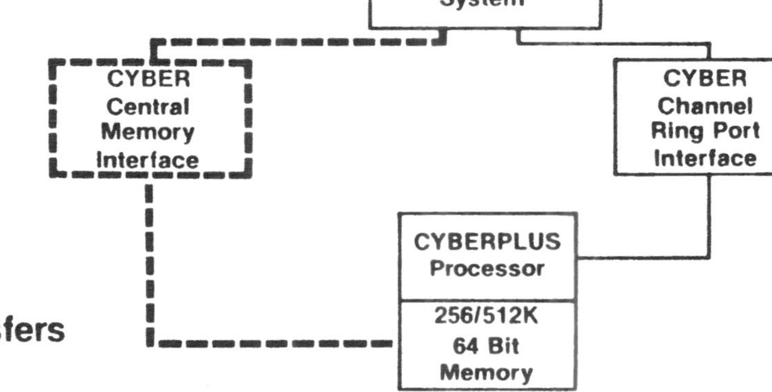

CYBERPLUS
CYBER CHANNEL CONNECTION

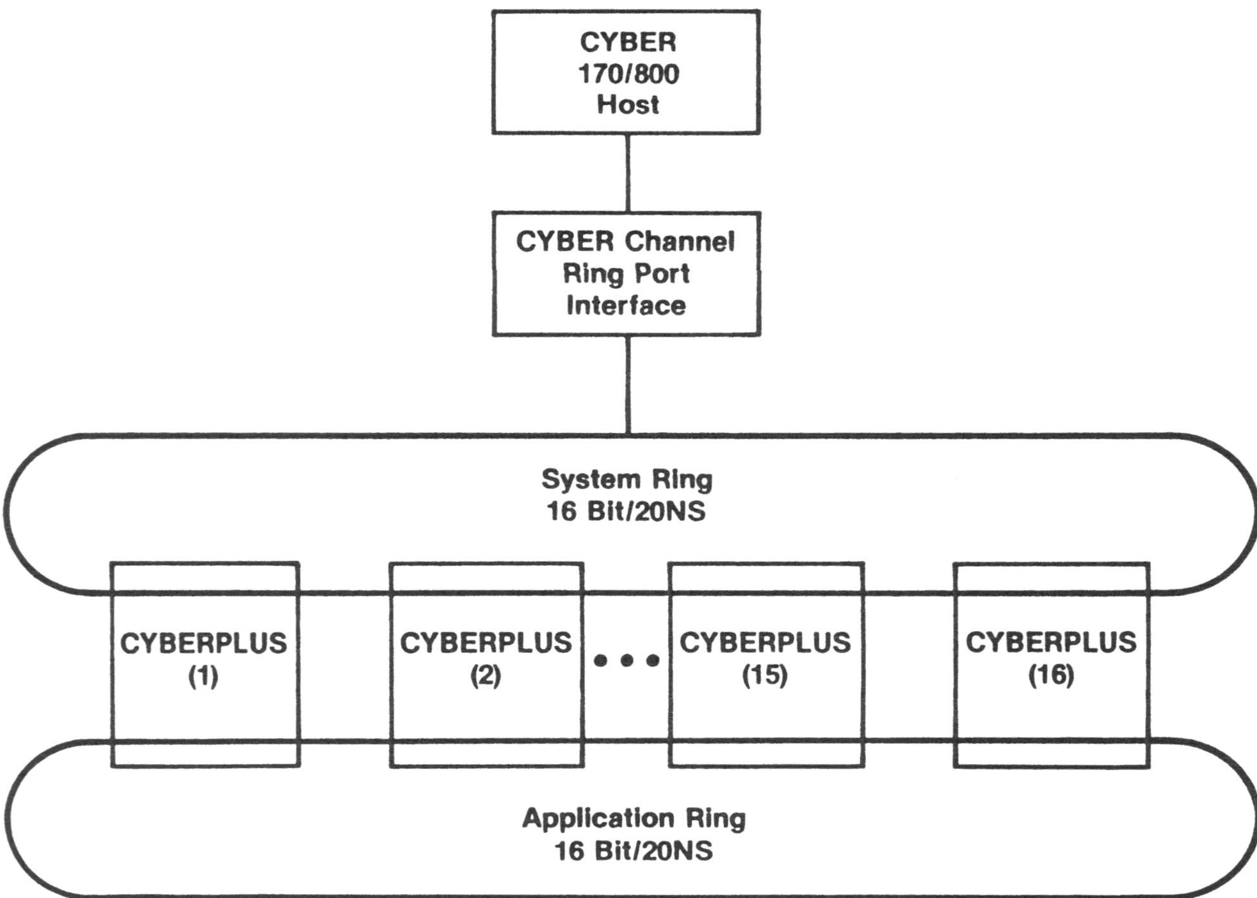

CYBERPLUS
CYBER MEMORY CONNECTION

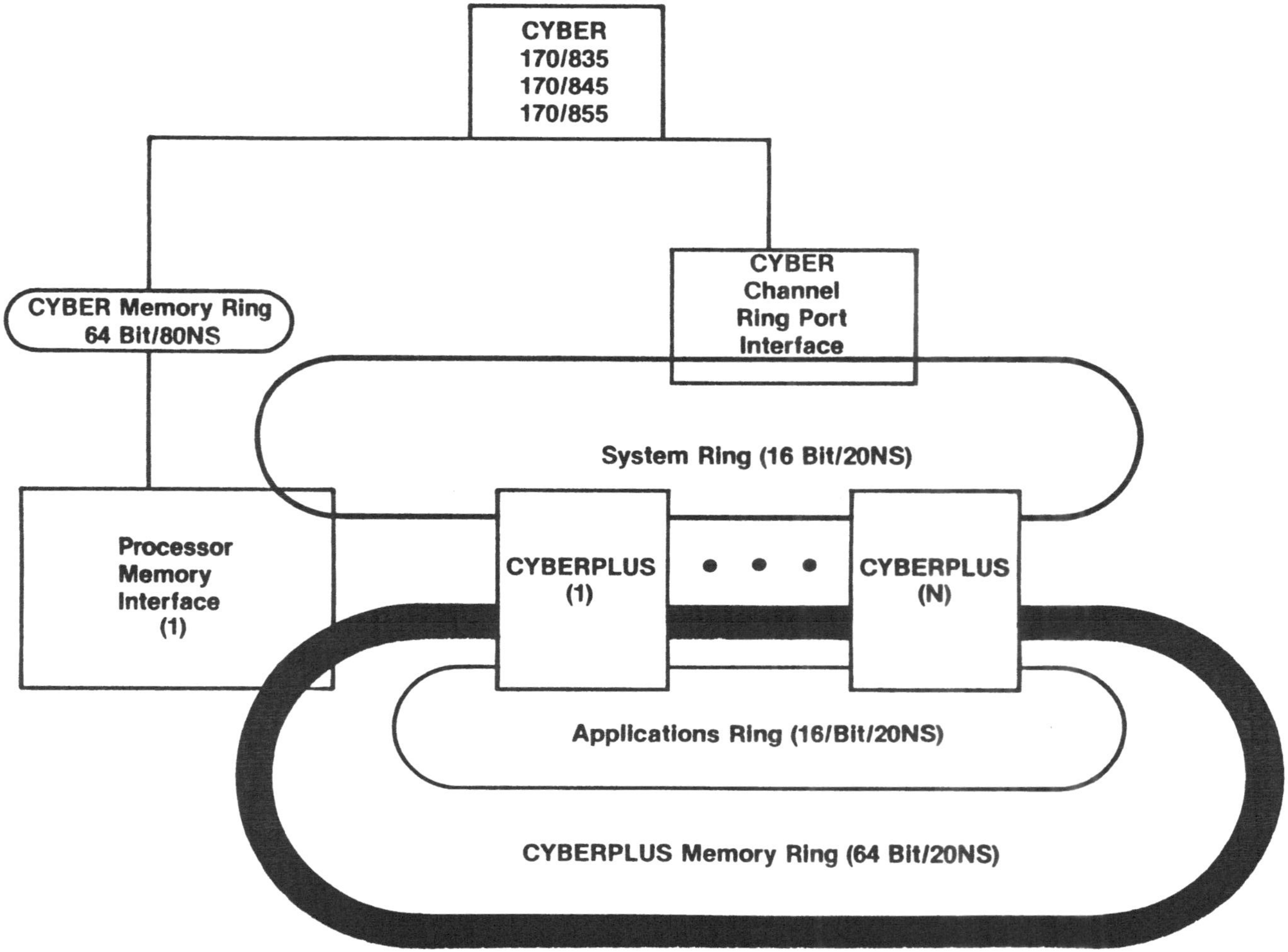

EIN SIGNALPROZESSOR MIT WIRT-GAST-KOPPLUNG
ÜBER GEMEINSAME SPEICHERBEREICHE
Peter Strobach und Ulrich Appel
FB-ET, Datenverarbeitung, Hochschule der Bundeswehr München
Werner-Heisenberg-Weg 39, D-8014 Neubiberg

Eine Rechenanlage zur Echtzeitsignalverarbeitung besteht aus einem Vektorrechenwerk mit Speicher (Signalprozessor), einem universellen Steuerrechner und einer Kopplungsschnittstelle. Bei kleinen Signalverarbeitungsanlagen auf Mikroprozessorbasis, die hier betrachtet werden, ist die Kopplung zwischen Steuerrechner und Signalprozessor meist als DMA-Interface realisiert. In Zeiten der DMA-Datenübertragung befinden sich Steuerrechner und Signalprozessor im Wartezustand. Mit dem hier vorgestellten 16 Bit Festkomma Signalprozessor soll verdeutlicht werden, daß eine Kopplung über gemeinsame Speicherbereiche an Stelle des DMA-Interface die Wartezeiten des Signalprozessors vermeidet und damit zur Erhöhung des Durchsatzes beiträgt. Bei der Kopplung über gemeinsame Speicherbereiche (shared memory) werden Teile des Signalprozessorspeichers abwechselnd für den Zugriff vom Steuerrechner oder vom Signalprozessor freigegeben. Die komplexe 1024 Punkte FFT wird in 2 msec berechnet. Die Zykluszeit beträgt 100 nsec. Als Steuerrechner dient ein Motorola 68000 System. Auf dem Signalprozessor sollen neue Algorithmen der digitalen Signalverarbeitung realisiert werden.

Dem Entwickler kleiner Signalverarbeitungssysteme stehen in jüngster Zeit Vektorrechenwerkskomponenten zur Verfügung, die speziell für Mikroprozessoranwendungen geeignet sind, aber bereits die Architekturmerkmale großer Arrayprozessoren aufweisen. Auch die Verarbeitungsgeschwindigkeit liegt in einem Bereich, der bisher nur großen Vektorrechnern vorbehalten war /1/. Die Nutzung dieser hohen Rechengeschwindigkeit ist jedoch nicht möglich, wenn die Kopplung zwischen Steuerrechner und Signalprozessor als DMA-Interface realisiert wird. Es stellt sich nun die Forderung, auch die Kopplung so auszuführen, daß durch die Datenübertragung keine Rechenzeit verlorengeht. Dies kann erreicht werden, wenn der gesamte Speicher des Signalprozessors auch im Adressraum des Steuerrechners abgebildet wird. Dadurch kann der Steuerrechner direkt auf einzelne Bereiche des Signalprozessorspeichers schreibend oder lesend zugreifen, während der Signalprozessor in anderen Speicherbereichen aktiv ist. Die Zugriffsrechte auf den so verteilten Signalprozessorspeicher werden vom Steuerrechner vergeben und in einem Signalprozessor-Statusregister abgelegt.

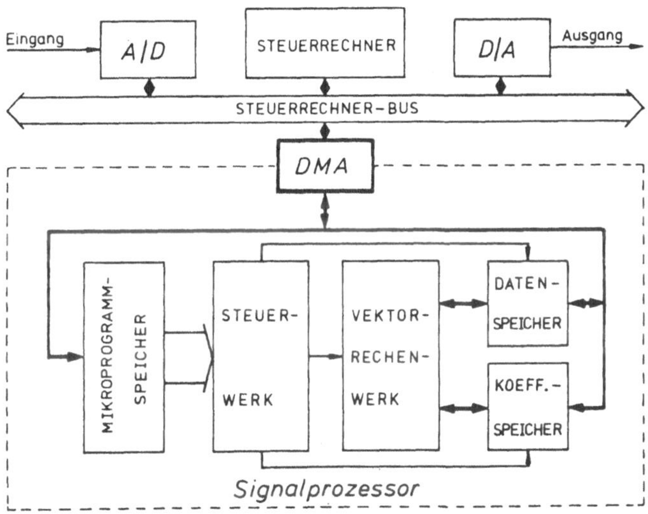

Bild 1: Architektur eines Signalverarbeitungssystems
mit DMA-Kopplung zwischen Signalprozessor und
Steuerrechner.

In der Initialisierungsphase überläßt der Signalprozessor seinen gesamten Speicher dem Steuerrechner. In der Rechenphase werden die Zugriffsrechte auf zwei Datenspeicher abwechselnd umgeschaltet, sobald der Signalprozessor den Algorithmus in einem Datenspeicher ausgeführt hat. Die Umschaltdauer für die Zugriffsrechte ist vernachlässigbar klein. Bild 2 verdeutlicht die Situation im Adressraum des Steuerrechners. Die mit schwarzen Balken gekennzeichneten Speicherbereiche sind für den Zugriff des Signalprozessors freigegeben und daher für den Steuerrechner gesperrt. In der Rechenphase arbeitet der Signalprozessor abwechselnd in Datenspeicher 1 und Datenspeicher 2.

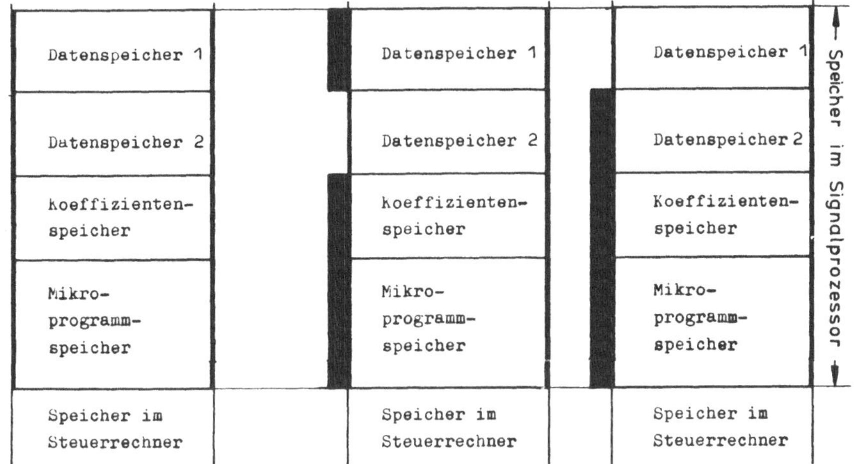

Bild 2: Zugriffsrechte im Adressraum des Steuerrechners.

Bild 3 zeigt das Blockschaltbild des Versuchssystems mit Kopplung über
ein shared memory. Die interruptgesteuerte parallele Schnittstelle
dient zur unterbrechungsfreien Übergabe einzelner Datenwerte während
der Rechenphase.

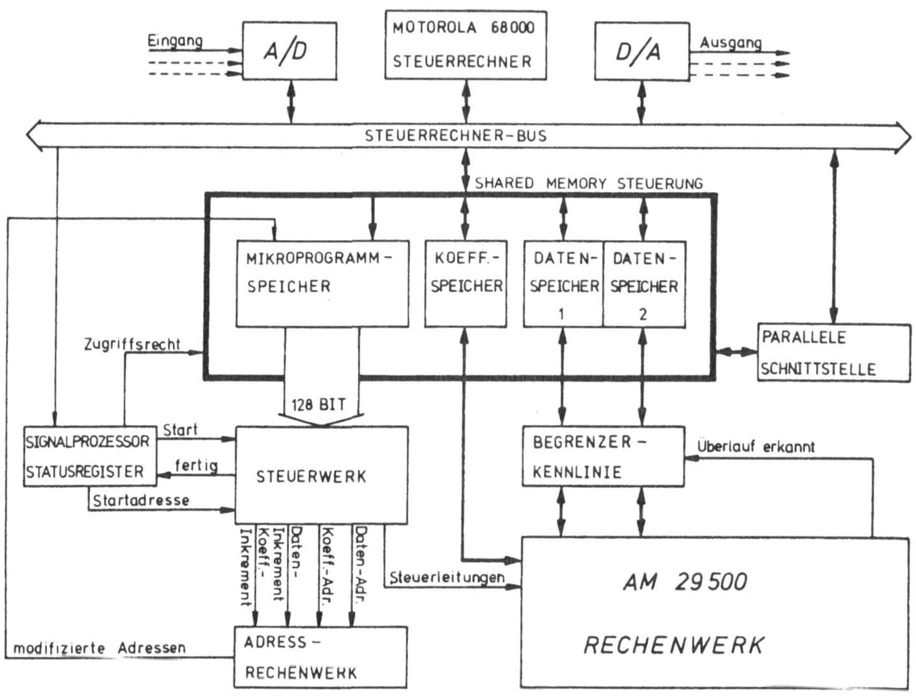

Bild 3: Architektur des Versuchssystems mit Kopplung
zwischen Signalprozessor und Steuerrechner über
gemeinsame Speicherbereiche (shared memory).

Die shared memory Steuerung besteht aus einem Bussystem, das die einzelnen nach Funktion getrennten Speicherbereiche mit dem Bus des Steuerrechners oder mit dem Signalprozessor verbindet. Die Busschalter
werden in Abhängigkeit vom Inhalt des Signalprozessor-Statusregisters,
den Adressen des Steuerrechners und des aktuellen Mikrobefehls ange-
steuert. Die beiden Datenspeicher des Signalprozessors zerfallen in
jeweils 1K Worte Realdaten und 1K Worte Imaginärdaten. Der Koeffizientenspeicher umfaßt 2K Worte. Der Mikroprogrammspeicher besteht aus 8
Segmenten mit jeweils 1K Worten. Während der Initialisierungsphase
wird der Mikrocode des gewünschten Algorithmus segmentweise in den
Mikroprogrammspeicher ab der gewünschten Startadresse übertragen. Der
Signalprozessor arbeitet mit horizontaler Mikroprogrammierung. Der
Mikrobefehl hat eine feste Länge von 128 Bit.

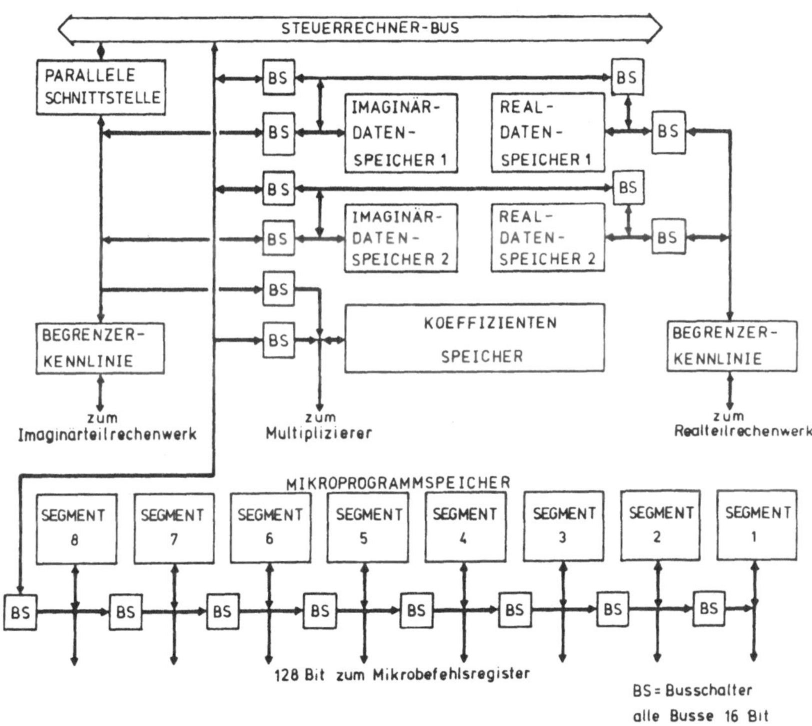

Bild 4: Speicherbereiche des Signalprozessors mit verbindender Busstruktur innerhalb der shared memory Steuerung.

Zusätzlich zur Koeffizientenadresse und Datenadresse ist im Mikrobefehl noch jeweils ein Inkrementfeld vorgesehen. Siehe Bild 5. Dies ermöglicht eine Adressmodifikation durch unbedingte Addition von Adresse und Inkrement getrennt für Daten und Koeffizienten. Die Adressmodifikation mit Rückspeichern der aktualisierten Adressen in den Mikroprogrammspeicher wird in jedem Taktzyklus ausgeführt. Diese Modulo-Speicherlänge Adressierung erlaubt zusammen mit dem bedingten Sprungbefehl jede gewünschte Adressierungssequenz. Das Adressrechenwerk arbeitet zweifach überlappt und besteht aus jeweils 2 Byte Slice Prozessoren für die Koeffizientenadressmodifikation und für die Datenadressmodifikation.

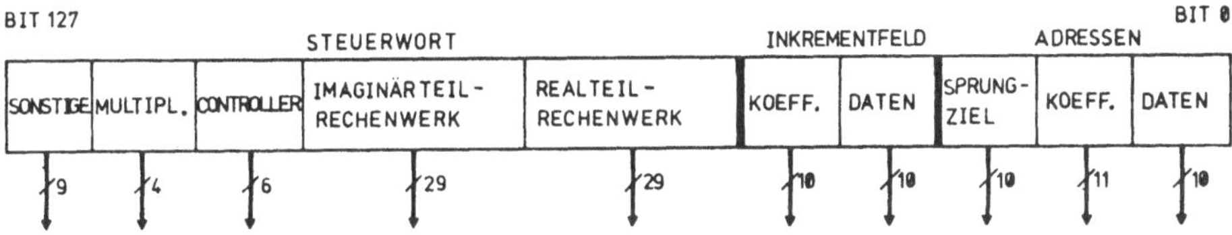

Bild 5: 128 Bit breites Mikrowort des Signalprozessors.

Bild 6 veranschaulicht, wie die einzelnen Baugruppen des Signalprozessors durch Register entkoppelt sind und somit zeitlich überlappt
betrieben werden. Man erkennt, daß auch der Controller zweifach überlappt betrieben wird, da seine Reaktionszeit zusammen mit der Zugriffs-
zeit des Mikroprogrammspeichers sonst größer als die Zykluszeit von
100 nsec wäre.

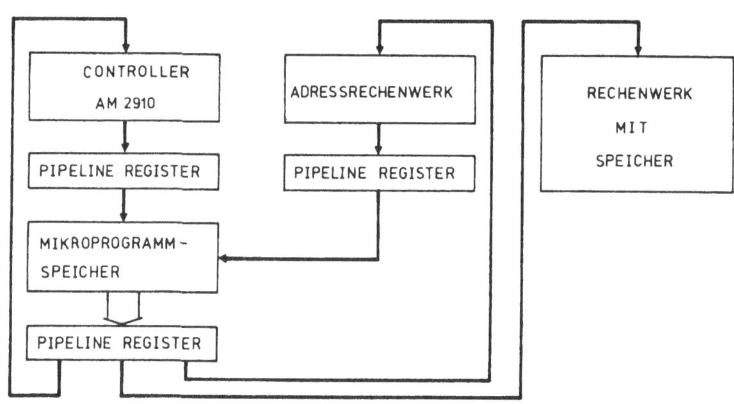

Bild 6: Zeitlich überlappter Betrieb der Baugruppen im Signalprozessor. Das Rechenwerk wird nur einfach überlappt
betrieben.

Für das Rechenwerk wurde die in Bild 7 dargestellte AM 29500 Architektur gewählt. Sie begünstigt die Verarbeitung komplexer Daten. Für Re-
alteil und Imaginärteil steht jeweils ein eigenes Teilrechenwerk zur
Verfügung, dem auch ein getrenntes Steuerwort im Mikrobefehl zugeordnet ist. Bei der FFT kann der Multiplizierer zu hundert Prozent ausgelastet werden. Jedes Teilrechenwerk besteht aus vier Byte Slice Prozessoren AM 29501 /2/. Die Akkumulation von Vektorteilprodukten kann
wahlweise mit 16 Bit oder mit 24 Bit interner Wortbreite erfolgen. Einer der vier Prozessoren erweitert jedes Teilrechenwerk in den höheren
Bits, um interne Überläufe zu verhindern. Am Ende einer längeren Akku-
mulationsroutine überprüft eine Überlauferkennungslogik vor dem Abspeichern, ob die vom vierten Prozessor abgedeckten acht Bit (guard
bits) alle Null sind und somit das Ergebnis in dem mit 16 Bit darstell-
baren Zahlenbereich liegt. Falls dies nicht erfüllt ist, wird an Stelle
des falschen Ergebnisses die größte oder - falls der Zahlenbereich un-
terschritten wurde - die kleinste Zahl des Zahlenbereichs im Speicher
abgelegt (Begrenzungsarithmetik). Auf dem als Steuerrechner eingesetzten 68000 System existiert ein komfortables Bedienprogramm für
den Signalprozessor.

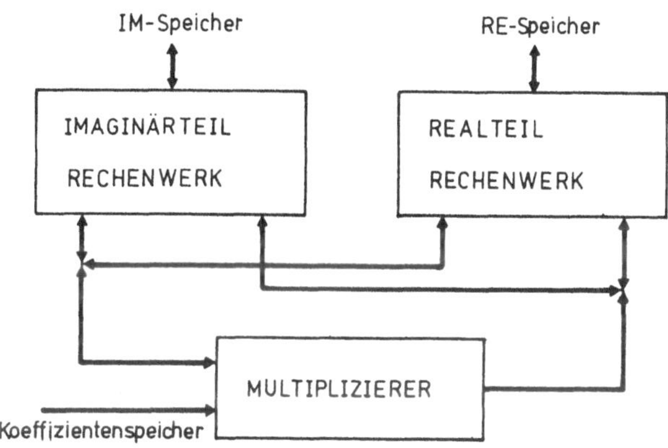

Bild 7: AM 29500 Architektur des Rechenwerks, die besonders FFT und komplexe Rechnung begünstigt. Jedes Teilrechenwerk besteht aus vier Byte Slice Prozessoren AM 29501. Der Multiplizierer ist vom Typ AM 29517.

Der Benutzer kann sich über ein am Sichtgerät angebotenes Menü mit dem Gesamtsystem vertraut machen und aus einer beliebig erweiterbaren Mikroprogrammbibliothek die gewünschte Routine auswählen. Die Mikroprogramme werden am Großrechner mit den dort vorhandenen Hilfsmitteln (Mikroassembler) erstellt, zu einer Bibliothek zusammengebunden und in den Speicher des 68000 Systems übertragen.

Abschließend seien noch zwei Beispiele für die Implementierung von Algorithmen auf dem neuen Signalprozessor angegeben.

1. FIR-Filter mit Grad n=512

Es existieren zwei prinzipiell unterschiedliche Vorgehensweisen bei der Implementierung von FIR-Filtern. Bei der naheliegenden Lösung im Zeitbereich wird direkt die Differenzengleichung des Filters in ein Mikroprogramm codiert. Die Rechenzeit für diese Lösung steigt linear mit dem Filtergrad an und beträgt in diesem Beispiel n=512 Taktzyklen pro Abtastwert. Günstiger für große n ist die Lösung im Spektralbereich, wobei das Spektrum des Filterausgangssignals aus dem Produkt der Übertragungsfunktion des Filters mit dem Spektrum von Teilfolgen der Länge n des Eingangssignals entsteht (schnelle Faltung). Eine günstige Wahl für die Transformationslänge bei der overlap and add Methode /4/ beträgt N=2n=1024 Punkte. Im Zeitbereich müssen dann die überlappten Bereiche der Ergebnisteilfolgen elementweise addiert werden, um das Ausgangssignal zu erhalten.

Bild 8 veranschaulicht diesen Algorithmus zur schnellen Faltung.

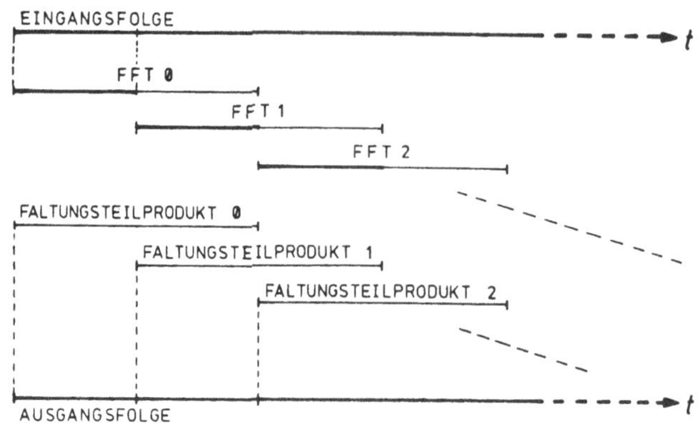

<u>Bild 8:</u> Schnelle Faltung einer Impulsantwort der Länge n mit
gleichlangen Teilfolgen eines Signals. Nach Multiplikation der überlappten Teilspektren der Länge 2n des Signals mit der Übertragungsfunktion des Filters und an-
schließender Rücktransformation in den Zeitbereich erhält man die Faltungsteilprodukte. Das Ausgangssignal
entsteht durch die elementweise Addition der sich zeitlich überlappenden Faltungsteilprodukte.

Die im Verhältnis 2:1 überlappte FFT benötigt 4N ld N Taktzyklen für
eine Transformation. Die Multiplikation des Spektrums einer Teilfolge
mit der rein reellen Übertragungsfunktion des Filters nimmt 2N Taktzyklen in Anspruch. Für die Methode der Filterung mittels schneller
Faltung ergibt sich damit eine gesamte Signalprozessorrechenzeit von
4 + 8 ld N Taktzyklen pro Abtastwert. Für N=1024 erhält man eine Rechenzeit von 84 Taktzyklen pro Abtastwert.

Zu Beginn der Verarbeitung wird in der Initialisierungsphase zunächst
die Sinus- und Cosinustabelle für die FFT in die ersten 1024 Worte des
Koeffizientenspeichers übertragen. Danach kann aus der Impulsantwort
mittels FFT die Übertragungsfunktion berechnet und für die gesamte Ver-
arbeitungszeit resident in weiteren 1024 Worten des Koeffizientenspeichers abgelegt werden. Nun werden mit dem Interrupt des A/D-Wandlers
512 Datenwerte des Eingangssignals in den für den Steuerrechner gerade
zugänglichen Realdatenspeicher eingetragen, nachdem zuvor die Ergebnis-
daten zyklisch in einen der drei Puffer für die Faltungsteilprodukte
übertragen wurden. Dort erfolgt vor der Ausgabe an das D/A-Interface
die Addition der zeitlich überlappten Bereiche.

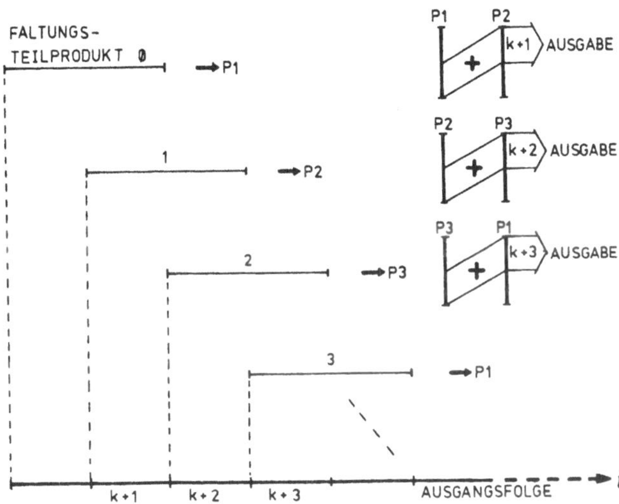

Bild 9: Berechnung der Ausgangsfolge aus überlappten Faltungsteil-
produkten mit dem Steuerrechner durch zyklischen Eintrag
in drei Ringpuffer P1,P2,P3 und anschließende elementweise
Addition mit Ausgabe.

Während dieser Aktionen des Steuerrechners kann der Signalprozessor
ungehindert im zweiten Datenspeicher das Eingangssignal in den Spektralbereich transformieren, mit dem Spektrum der Impulsantwort des
Filters multiplizieren und anschließend das Ergebnis wieder in den
Zeitbereich zurücktransformieren. Im ersten Datenspeicher wird vom
Steuerrechner bereits die nächste Teilfolge des Eingangssignals bereitgestellt. Nach Vertauschen der Zugriffsrechte kann der Signalprozessor ohne Zeitverzögerung mit dem neuen Datensatz weiterrechnen.

Bild 10 veranschaulicht den zeitlich überlappten Betrieb von Steuerrechner und Signalprozessor. Bei einer Rechenzeit von 84 Taktzyklen
pro Abtastwert kann mit dem neuen Signalprozessor das FIR-Filter vom
Grad n=512 mit einer maximalen Abtastfrequenz von etwa 110 kHz betrieben werden. Um die Echtzeitbedingung sicher zu erfüllen, sollte eine
ausreichende Zeit für den HALT-Zustand am Ende der Signalprozessor-
routine vorgesehen werden, indem die Abtastfrequenz etwas kleiner als
der theoretische Grenzwert festgelegt wird.

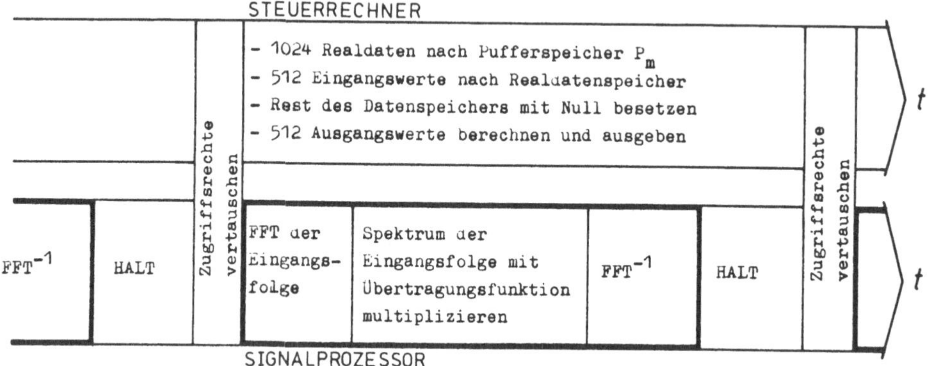

Bild 10: Zeitliche Koordinierung von Steuerrechner und Signalprozessor.

2. Adaptive Störsignalunterdrückung mit LMS-Filter

Ein Nutzsignal s sei mit einer Störung m_o behaftet. m_o ist in unbekannter Weise zeitvariant aber nur schwach mit s korreliert. Es steht ein Referenzsignal m zur Verfügung, das stark mit m_o aber wiederum schwach mit s korreliert ist. Unter diesen Voraussetzungen ist ein System angebbar, das die Störung m_o im Nutzsignal optimal unterdrückt /5/. Der adaptive Entstörer in Bild 11 besitzt zwei getrennte Eingänge. Am Nutzsignaleingang liegt das gestörte Signal $s+m_o$, während am Referenzeingang das Signal m anliegt, welches die Information über die Störung enthält. Es kann gezeigt werden, daß unter den genannten Voraussetzungen eine Minimierung der Störleistung im Ausgangssignal z erreicht werden kann, wenn nur m so gefiltert und vom gestörten Nutzsignal subtrahiert wird, daß die Leistung des Signals z minimiert wird /5/.

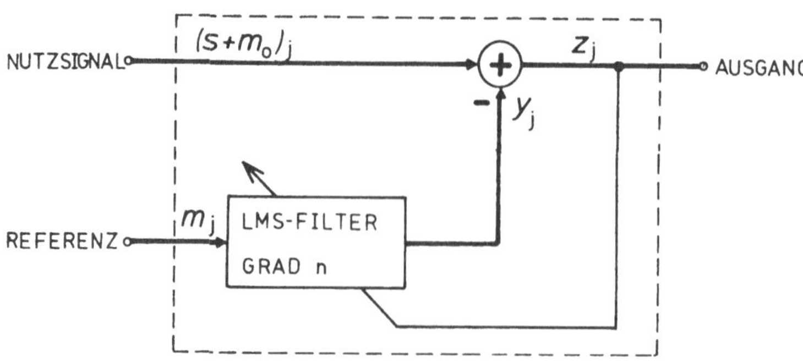

Bild 11: System zur adaptiven Störsignalunterdrückung mit einem LMS-Filter vom Grad n.

Bei der Realisierung auf dem Signalprozessor muß in jedem Abtastintervall des Eingangssignals zuerst die Filterung des Referenzsignals m
durchgeführt werden. Dies geschieht durch Multiplikation des Zustands-
vektors $\underline{M}_j$ zum Zeitpunkt j mit dem Vektor der Impulsantwort $\underline{W}_j$.

$$(1) \quad y_j = \underline{M}_j^T \cdot \underline{W}_j \; ; \; \underline{M}_j = \begin{bmatrix} m_j \\ m_{j-1} \\ \cdot \\ \cdot \\ \cdot \\ m_{j-n+1} \end{bmatrix} \; ; \; \underline{M}_{j+1} = \begin{bmatrix} m_{j+1} \\ m_j \\ m_{j-1} \\ \cdot \\ \cdot \\ \cdot \\ m_{j-n+2} \end{bmatrix} \; ; \; \underline{W}_j = \begin{bmatrix} w_{1j} \\ w_{2j} \\ \cdot \\ \cdot \\ \cdot \\ w_{nj} \end{bmatrix}$$

In der Initialisierungsphase wird ein günstiger Startvektor $\underline{W}_o$ im Koeffizientenspeicher abgelegt. Für $\underline{M}_j$ wird ein Ringpuffer in einem Imaginärdatenspeicher angelegt. In jedem Abtastintervall wird ein neuer
Wert m_j in den Ringpuffer eingetragen, während für $(s+m_o)_j$ eine feste
Speicherzelle im gleichen Imaginärdatenspeicher vorgesehen ist. Das
entstörte Ausgangssignal ergibt sich aus der Beziehung:

$$(2) \quad z_j = (s+m_o)_j - y_j$$

Das Ausgangssignal z_j wird im Realdatenspeicher übergeben.

Zum Schluß erfolgt die Adaptation des LMS-Filters, indem die Impulsantwort $\underline{W}_j$ für den nächsten Abtastwert optimiert wird.

$$(3) \quad \underline{W}_{j+1} = W_j + 2kz_j\underline{M}_j$$

Dabei ist k ein konstanter Konvergenzfaktor. Der aktualisierte Vektor
$\underline{W}_{j+1}$ wird wieder in den Koeffizientenspeicher zurückgeschrieben. Zur
Berechnung von Gleichung (3) sind 2n Taktzyklen pro Abtastwert erforderlich. Alle Operationen des adaptiven Systems werden im Signalprozessor ausgeführt.

Vergleich DMA-Interface - shared memory

Betrachten wir hierzu die klassische Architektur eines Echtzeitsignal-
verarbeitungssystems, wie in Bild 1 dargestellt. Der Steuerrechner sei
wiederum ein MC 68000, der mit einem DMA-Controller MC 68450 erweitert
wird. Der Signalprozessor habe dieselbe Rechenleistung, wie der vorgestellte Versuchsprozessor, verfügt jedoch über kein shared memory. Das
DMA-Interface arbeitet im Übertragungsmodus mit 2 Adressen und benötigt
1,25µsec für die Übertragung eines Datenwerts zwischen dem Steuerrech-

ner und dem Signalprozessor. Implementieren wir nun das FIR-Filter aus Beispiel 1. Aufgrund der 2-fach überlappten FFT müssen in einem Abtastintervall 4 Datenwerte zwischen dem Signalprozessor und dem Steuerrechner übertragen werden, wozu 5 µsec Übertragungszeit notwendig sind, in denen der Signalprozessor angehalten werden muß. Erst danach kann der Signalprozessor die Verarbeitung aufnehmen, wozu - wie in Beispiel 1 gezeigt - 8,4 µsec notwendig sind. Im Gegensatz zur Lösung mit shared memory, wo das Abtastintervall nur geringfügig größer als 8,4 µsec gewählt wird, addiert sich hier die Übertragungszeit des DMA-Interfaces zur Signalprozessorrechenzeit, wodurch das Abtastintervall auf einen Wert größer als 13,4 µsec beschränkt werden muß. Für dieses Beispiel erhält man durch Einsatz der shared memory Kopplung eine Steigerung des Durchsatzes um etwa 60%.

Zusammenfassung und Ausblick

In diesem Beitrag wurde ein Signalprozessor vorgestellt, dessen Architektur sich an großen Array-Prozessoren orientiert. Durch den Einsatz neuester Bausteine für Array/Signalprozessoranwendungen konnten die mechanischen Abmessungen wesentlich reduziert und gleichzeitig die Taktrate erhöht werden. Das System ist vor allem für den Einsatz in der statistischen Zeitreihenanalyse gedacht, wo bei Abtastfrequenzen bis zu 100 kHz auch äußerst komplizierte und rechenaufwendige Algorithmen noch in Echtzeit ablaufen sollen.

Die hohe Flexibilität der Architektur und der Programmierbarkeit eröffnet jedoch zusätzlich die Möglichkeit, den neuen Signalprozessor als "Entwicklungssystem" für Spezialprozessoren, die nur für einen bestimmten Algorithmus (z.B. FFT, Convolution oder Bildfilterung) gezüchtet sind, einzusetzen. Denkbare Strukturen eines zu entwickelnden Spezialprozessors könnten in dem neuen Signalprozessor abgebildet und für den spezifischen Algorithmus optimiert werden. Dabei erhält man gleichzeitig die Hardware des zu entwerfenden Spezialprozessors als einen Ausschnitt der Hardware des Entwicklungssystems.

Derartige Spezialprozessoren kämen bei konsequentem Einsatz von kundenspezifischen LSI-Schaltungen mit einem Bruchteil der Platinenfläche des "Muttersystems" aus, das noch auf einer Leiterplatte mit 42 cm Kantenlänge aufgebaut ist. Sie könnten als separates System ohne Steuerrechner bei Abtastraten bis in den MHz-Bereich hinein eingesetzt werden.

Literatur:

1. Bernard New and Lyle Pittroff (1982): Record signal processing
   rates spring from chip refinements, Electronics, July 1982

2. Advanced Micro Devices (1983): Bipolar Microprocessor Logic
   and Interface Databook

3. Bernard Widrow, John McCool, Michael G. Larimore, C. Richard
   Johnson, Jr. (1976): Stationary and Nonstationary Learning
   Characteristics of the LMS Adaptive Filter, Proceedings of the
   IEEE, vol. 64, no. 8, August 1976

4. Lawrence R. Rabiner, Bernard Gold (1975): Theory and Application
   of Digital Signal Processing, Prentice Hall

5. B. Widrow et al. (1975): Adaptive Noise Cancelling: Principles
   and Applications, Proc. IEEE, vol. 63, Dezember 1975.

<u>LEISTUNGSFÄHIGKEIT VON MEHRPROZESSORSYSTEMEN MIT</u>

<u>iAPX 432-PROZESSOREN, KREUZSCHIENENVERTEILER UND</u>

<u>PUFFERSPEICHERN</u>

Werner Hoffmann   Axel Lehmann
SIEMENS AG   Institut für Informatik IV
Erlangen   Universität Karlsruhe

<u>Zusammenfassung</u>

In dem vorliegenden Beitrag wird die Leistungsfähigkeit von Mehrprozessorsystemen mit
Prozessoren des Typs INTEL iAPX 432 quantitativ bewertet. Die Leistungsbewertungen basieren auf Simulationen der Programm- und Organisationsabläufe, die bei objektorientierter und nebenläufiger Verarbeitung zwischen Verarbeitungseinheiten und Arbeitsspeicher auf der Maschinenbefehlsebene zu beobachten sind.
Im Mittelpunkt der nachfolgend erläuterten Untersuchungen stehen zunächst Analysen,
die sich mit der Effizienz von Kreuzschienenkoppelwerken ("crossbars") zur Verbindung
der Prozessoren mit einem gemeinsamen Hauptspeicher befassen. Anschließend wird analysiert, in welchem Maße durch Einführung lokaler Daten- und Befehlspuffer ("cache
memories") je Prozessor die Zahl der Zugriffskonflikte im Kreuzschienenkoppelwerk
verringert und der Befehlsdurchsatz als Folge davon gesteigert werden kann. Die Analysen erstrecken sich dabei hauptsächlich auf Abhängigkeiten der Systemleistung von
der Zahl der Prozessoren, der Dimensionierung und Verwaltung der Pufferspeicher sowie
der Hauptspeichermodularisierung unter Berücksichtigung des Adressierungsverhaltens
der ablaufenden Prozesse.

1. <u>Einleitung</u>

Die gegenwärtige Entwicklung digitaler Verarbeitungssysteme ist wesentlich geprägt
durch den Einsatz hochintegrierter Schaltkreise (VLSI), durch steigende Komplexität
von Hardware und Software sowie durch vermehrte Anwendungsbereiche und kurze Innova-
tionszyklen bezüglich der Entwicklung neuer Architekturen und Systemanordnungen. Vor
diesem Hintergrund gewinnen detaillierte Leistungsbewertungen neben Analysen der Zuverlässigkeit als Entscheidungshilfen für Entwurf, Auswahl und Modifikation der Systeme zunehmend an Bedeutung.
Die Leistungsanalysen betreffen im vorliegenden Fall homogene und symmetrische Mehrprozessorsysteme auf der Basis von Prozessoren des Typs INTEL iAPX 432 mit virtuellem
Speicher. Mit wachsender Komplexität derartiger Mehrprozessorsysteme sind system- und
lastunabhängig gehaltene, qualitative Leistungsabschätzungen wie etwa die aus /BCB 74/,

/WOJ 74/, /PAT 81/ bekannten Analysen nicht aussagekräftig genug, um Entscheidungshilfen für den Systementwurf oder für Systemmodifikationen zu geben. Vor allem für
detaillierte Entwurfsentscheidungen sind weitergehende quantitative Leistungsdaten
erforderlich, die hauptsächlich Analysen über Strukturierung und Organisation von
Speichersystemen und Verbindungswegen in Abhängigkeit von der Zahl der Verarbeitungseinheiten betreffen. Dabei sind neben der Systemarchitektur auch kennzeichnende Eigenschaften von System- und Anwendersoftware in Leistungsbewertungen einzubeziehen, wie
beispielsweise im vorliegenden Fall Prozeßabläufe mit objektorientierter Verarbeitung.
Das Ziel der vorliegenden experimentellen Untersuchungen bestand darin, einige Alternativen der Strukturierung, Dimensionierung und Verwaltung von Mehrprozessor-Arbeits-
speicher-Subsystemen sowohl in Bezug auf deren systeminterne Effizienz als auch hinsichtlich deren Effektivität aus Benutzersicht zu bewerten. Im Mittelpunkt der diskutierten Leistungsbewertungen stehen Analysen quantitativer Abhängigkeiten zwischen
der Zahl der Prozessoren und
  ° der Zahl der Hauptspeichermodule bzw.
    der Zahl der Hauptspeicherzugriffspfade,
  ° der Konflikthäufigkeiten und Auftragsverzögerungen im Kreuzschienenkoppelwerk
    aufgrund von Hauptspeicherzugriffen,
  ° der Entlastung eines globalen Hauptspeichers durch den Einsatz prozessorlokaler
    Daten- und Befehlspuffer.
Um die Bewertungen auf konkrete, quantitative Leistungsdaten stützen zu können, wurde
von einer detaillierten Modellierung der dynamischen Befehls- und Organisationsabläufe durch Simulation in einer Systemstruktur nach Bild 1.1 ausgegangen. Diese basieren auf Anwendungen eines speziellen Modellierungskonzepts, dessen Merkmale und
Werkzeuge im zweiten Kapitel kurz erläutert werden /LEH 80/, /LEH 82B/. Besondere Bedeutung wird dabei der Nachbildung des dynamischen Ablaufs objektorientierter Anwen-
der- und Systemprozesse beigemessen. Im dritten Kapitel sind wesentliche Simulations-
ergebnisse der Leistungsmodellierungen zusammengefaßt. Um Effizienz und Effektivität
von Kreuzschienenkoppelwerken und lokalen Verarbeitungspuffern besser beurteilen zu
können, werden dabei Mehrprozessorsysteme ohne Lokalspeicher den Mehrprozessorsystemen
mit Puffern gegenübergestellt. Den Abschluß dieses Beitrags bildet eine zusammenfas-
sende Bewertung.

2. Bewertungskonzept und Analysewerkzeuge

Ausgehend von dem in /LEH 80/ und /LEH 82B/ vorgeschlagenen Modellierungskonzept sind
die verwendeten Leistungsmodelle gekennzeichnet durch eine strikte Trennung zwischen
Last- und System-Modellen. Diese Trennung ermöglicht es einerseits neben künstlich er-
zeugten Lastprofilen - sogenannten synthetischen Programmen - auch den Ablauf aufge-
zeichneter, realer Systemlasten in einem System-Modell nachzubilden. Aufgrund des ge-

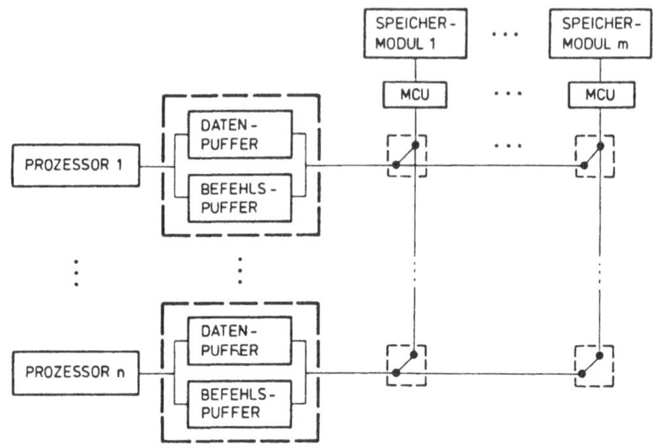

Bild 1.1:   Mehrprozessorsystem mit Kreuzschienenverteiler

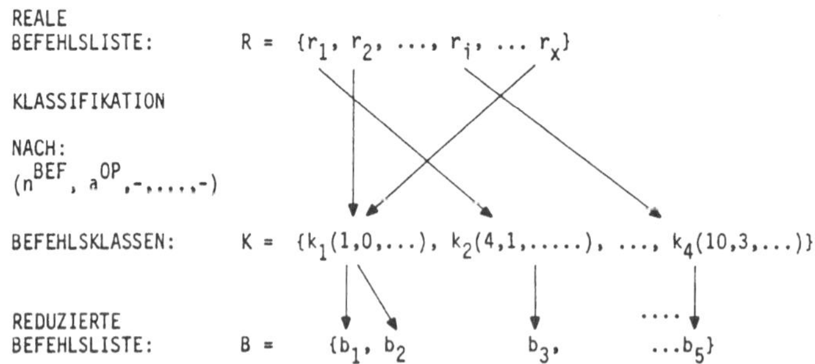

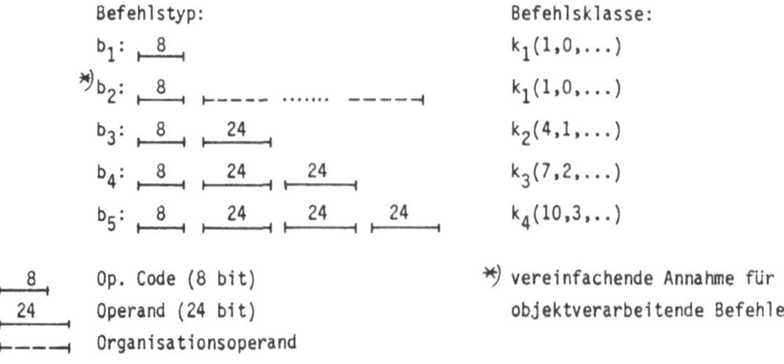

Bild 2.1:   Befehlszusammensetzung synthetischer Programme

forderten Detaillierungsgrades und der hieraus resultierenden Komplexität der Leistungsmodelle wurden diese in Form eigen- und aufzeichnungsgesteuerter Simulationsmodelle realisiert.

2.1 Last-Modell

Wie bei Analysen von Systementwürfen meist der Fall, so konnte auch bei der vorliegenden Anwendung bislang nicht auf ein real existierendes, repräsentatives Lastprofil zurückgegriffen werden. Erschwerend kam hinzu, daß bislang fast keine statistisch relevanten Analysen über das dynamische Verhalten objektorientierter, in ADA geschriebener Programme vorliegen, etwa über die Nebenläufigkeit auszuführender Prozesse.
Einzige Grundlage für die Lastmodellierungen bildete deshalb ein für diesen Zweck entwickelter, in ADA geschriebener "Benchmark". Dieser synthetische "Benchmark" basiert auf Datensammlungen über das statistische und dynamische Verhalten einiger Programme, vorwiegend aus dem Bereich der Systemprogrammierung. Im Gegensatz zum sogenannten "Whetstone-Benchmark" mit relativ viel Gleitpunktarithmetik enthält dieser "Benchmark" nur Integer-Arithmetik und läßt sich außerdem kennzeichnen durch die Verwendung von Zeiger- und Strukturvariablen sowie durch einen modularen Programmaufbau. Dieser synthetische "Benchmark" enthält eine dynamische Befehlsfolge von 283 Maschinenbefehlen (iAPX 432, Release 2), wobei 181 auf sogenannte einfache Standardbefehle entfallen und 102 auf mächtigere, objektverarbeitende Befehle /HOL 83/. Wegen der für eine aufzeichnungsgesteuerte Leistungsmodellierung zu geringen Zahl an Befehlen und einer zu geringen Flexibilität gehen die nachfolgenden Analysen von der Erzeugung synthetischer Programme mit entsprechender Befehlszusammensetzung und ähnlichem Adressierungsverhalten aus.
Durch Klassifikation sämtlicher Befehle der realen Maschinenbefehlsliste nach Zahl der Speicherzugriffe zum Befehlslesen (n^{BEF}) und nach der Zahl der Speicheroperanden je Befehl (a^{OP}) konnten vier Befehlsklassen ermittelt werden (siehe Bild 2.1). Sämtliche Befehle einer Befehlsklasse k_i, $i \in \{1, 2, 3, 4\}$ weisen ein ähnliches Speicherreferenzverhalten zur Befehlsausführung auf und werden deshalb auch durch einen Befehlstyp b_j, $j \in \{1, 2, ... 5\}$ in den synthetischen Programmen repräsentiert. Eine Ausnahme bildet die Befehlsklasse k_1, bei der zur Repräsentation einfacher Standardbefehle der Befehlstyp b_1, zur Repräsentation objektverarbeitender Befehle jedoch ein Befehlstyp b_2 vorgesehen wurde /HOL 83/.
Hinsichtlich des Datenflusses und der Speicherverwaltung wurde von einer 'reentrant'-Programmierung und einer Unterteilung des Programmadreßraums in Seiten fester Größe ausgegangen (siehe Bild 2.2). Beim Auftreten eines Bereichswechsels während der Programmausführung, beispielsweise durch einen CALL-Befehl, erfolgt sowohl im Befehls- als auch im Datenbereich ein Sprung in einen anderen Adreßbereich (CO → UP, OP 1 → OP 2). Nach Ausführung eines Rücksprungs in den Ausgangsadreßbereich (UP → CO, OP 2 → OP 1), beispielsweise durch einen RET-Befehl, wird an den gekellerten Absprungadressen

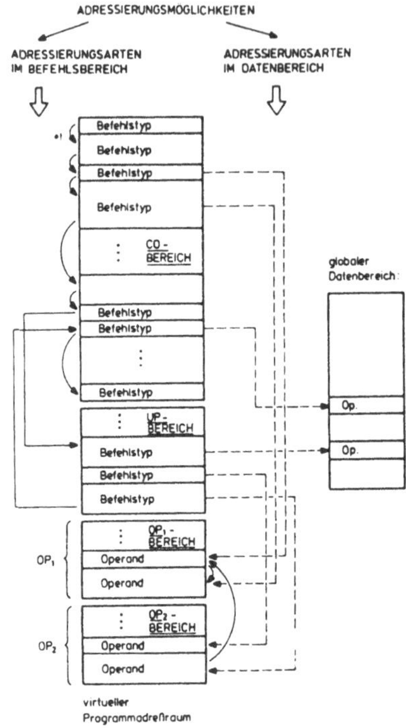

Bild 2.2:   Adressierungsverhalten synthetischer Programme /LEH 82B/

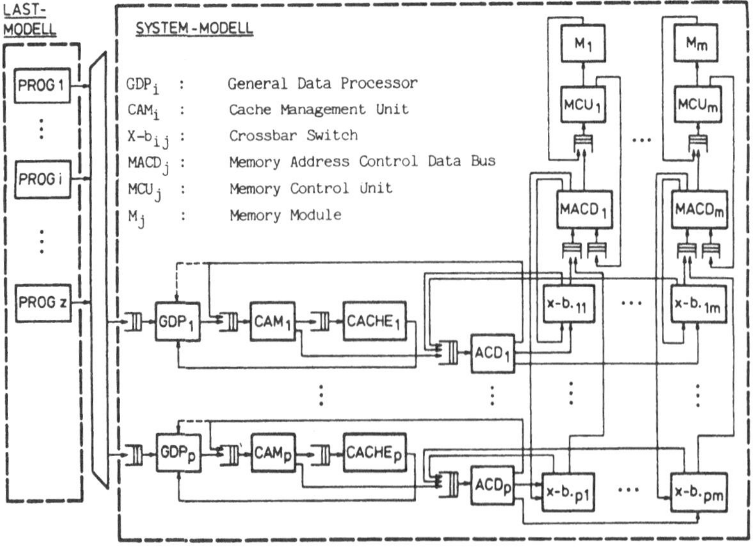

Bild 2.3:   Wartenetz zur Modellierung eines iAPX 432-Mehrprozessorsystems

die Programmausführung fortgeführt. Außerdem können zur Programmausführung Zugriffe
auf globale Daten erfolgen, die für mehrere Prozessoren zugreifbar sind und aus Gründen
der Datenkonsistenz eine gesonderte Behandlung erfahren /HOL 83/.

2.2 System-Modelle

Das Ablaufgeschehen von Befehls- und Organisationsabläufen zwischen Prozessoren, Kreuzschienenkoppelwerk und Speichermodulen wurde nun in Form von Warteschlangennetzen nach-
gebildet. Unter Berücksichtigung der eingangs genannten Zielvorstellungen wurde ein
Wartenetz zur Modellierung eines Mehrprozessorsystems ohne lokale Puffer implementiert
sowie ein weiteres Wartenetz für ein Mehrprozessorsystem mit lokalen Befehls- und Datenpuffern. Der strukturelle Aufbau der analysierten Mehrprozessorsysteme ist in Bild
2.3 am Beispiel einer Anordnung mit prozessorlokalen Pufferspeichern dargestellt.
Die Modellierung des dynamischen Ablaufs lesender bzw. schreibender Speicherzugriffe,
die Organisation des Puffernachladens und das entsprechende Bedien- und Wartezeitver-
halten ist in detaillierter Form /HOL 83/ zu entnehmen.

3. Modellierungs- und Bewertungsergebnisse

Mit den beiden Modellen für Mehrprozessorsysteme ohne lokale Puffer und für Mehrpro-
zessorsysteme mit lokalen Befehls- und Datenpuffern wurde der Einfluß folgender System-
parameter auf die Systemleistung ermittelt:
  - Zahl der Prozessoren (1, 2, 4 und 8)
  - Zahl der Speicherbusse (1, 2 und 4)
  - Kapazität des Befehlspuffers (1 und 2 Sektoren)
  - Kapazität des Datenpuffers (2, 4 und 8 Sektoren)
  - Sektorgröße (128, 256, 512 und 1k Bytes)
  - Puffer-Nachladestrategien ("blockweise auf Anforderung" oder "sektorweise voraus-
    schauend" ("prefetch"))
Unverändert in sämtlichen Simulationen blieben die Systemparameter der Organisations-
form für Pufferspeicher ("Sektor - assoziativ") und der Schreibstrategie ("write
through") sowie ein Maschinentakt von 10 MHz. Die Lastparameter (siehe Tabelle 3.1)
zur Erzeugung synthetischer Programme sind dem im Abschnitt 2.1 erwähnten synthetischen
"Benchmark" entnommen und wurden ebenfalls jeweils unverändert gelassen.

Befehlszusammensetzung:

Bef.typ	Wahrsch.	Operanden-Länge(Bytes)	Wahrsch.	Lesen/Schreiben	Wahrsch.
b_1	0,01	1	0,20	Lesen	0,62
b_2	0,36	2	0,27	Schreiben	0,38
b_3	0,13	4	0,25		
b_4	0,32	6	0,13		
b_5	0,18	8	0,08		
		10	0,05		
		16	0,02		

- Mittlere Anzahl von Operanden bei Befehlen vom Typ b_2: 18 Operanden (à 4 Bytes)

Dynamisches Adressierungsverhalten:

Parameter	Befehle	Daten
Sprungwahrscheinlichkeit	0,20	0,30
Vorwärtssprungwahrscheinlichkeit	0,60	0,55
Mittlere Sprungweite (Bytes)	32	32
Bereichswechselwahrscheinlichkeit (CO → UP)	0,10	
Bereichswechselwahrscheinlichkeit (OP1 → OP2)		0,10
Zugriffswahrscheinlichkeit auf globale Daten		0,20

Tabelle 3.1: Lastparameter

3.1 Mehrprozessorsysteme ohne lokale Puffer

Mehrprozessorsysteme ohne lokale Puffer unterschiedlicher Leistungsfähigkeit entstehen durch Variation der Prozessorzahl und der Speicherbuszahl. Die Zahl der Speichermodule pro Speicherbus ist im Modell generell auf einen Modul beschränkt. Bild 3.1 enthält den mittleren Befehlsdurchsatz für die verschiedenen Konfigurationen. Mit acht Prozessoren und einem Speicherbus ist etwa die dreifache Leistung gegenüber einem Einzelprozessorsystem zu erwarten. Die Busauslastung steigt von 14,6 % bei Systemen mit einem Prozessor auf 44,7 % bei Systemen mit acht Prozessoren (siehe Bild 3.2). Eine

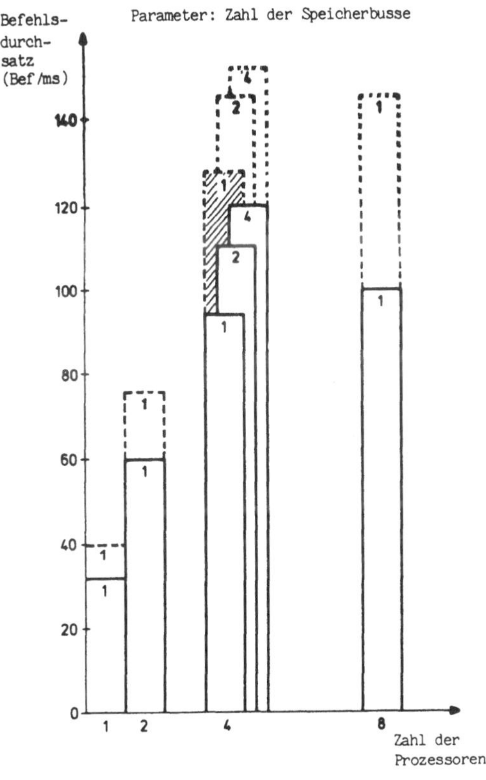

Bild 3.1:   Befehlsdurchsatz

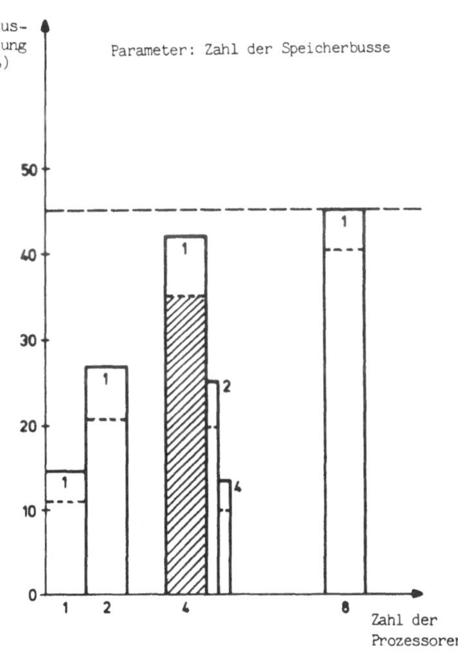

Bild 3.2:   Mittlere Busauslastung

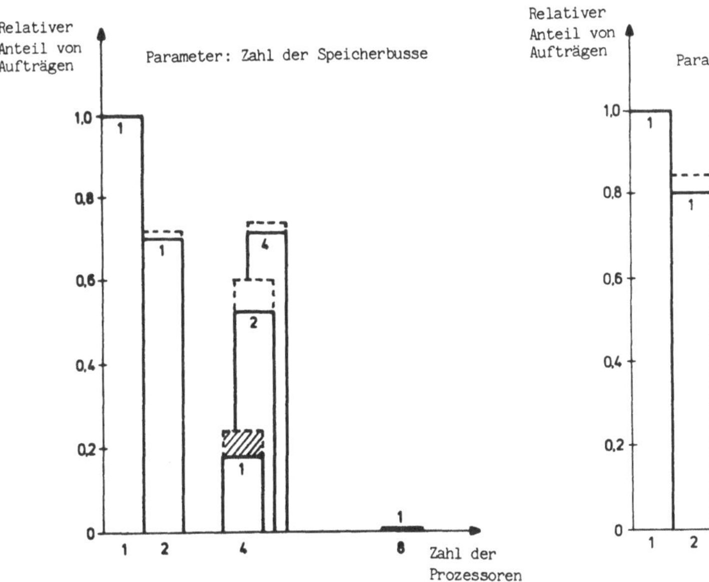

Bild 3.3:   Speicheraufträge mit
            sofortigem Speicherzugriff

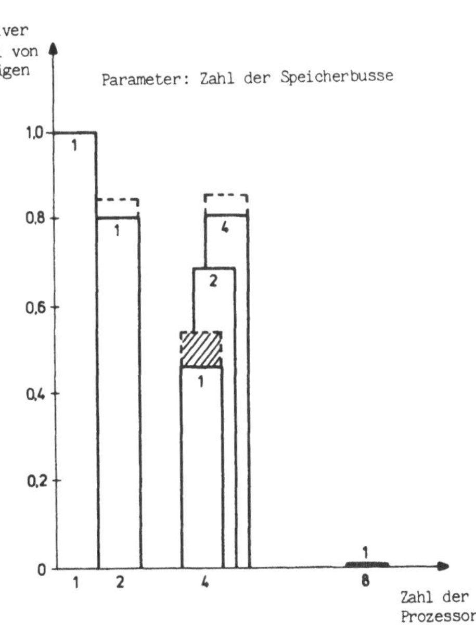

Bild 3.4:   Speicheraufträge mit
            sofortiger Speicherbuszuteilung

Erläuterungen: ☐ ohne Puffer   ⌐ ⌐ mit Puffer   ▨ Standardkonfiguration

höhere Busauslastung ist nicht erreichbar. Ursache dafür sind Zugriffskonflikte in der
MCU und die organisatorische Restriktion, daß höchstens drei Aufträge auf einem Speicherbus gleichzeitig vorhanden sein können. Die Bilder 3.3 und 3.4 zeigen den relativen
Anteil der Speicheraufträge mit sofortigem Speicherzugriff bzw. mit sofortiger Speicherbuszuteilung. Am Beispiel eines Systems mit vier Prozessoren wird deutlich, daß
eine Erhöhung der Zahl der Speichermodule bzw. Speicherbusse in die Größenordnung der
Prozessorzahl die Speicherzugriffs- und die Buskonflikte drastisch reduziert. Entsprechend deutlich steigt der Systemdurchsatz und damit die Effektivität aus Benutzersicht an.

3.2 Mehrprozessorsysteme mit lokalen Puffern

Bei Mehrprozessorsystemen mit lokalen Puffern galt es in erster Linie, Einflüsse unterschiedlich dimensionierter und verwalteter Pufferspeicher auf die Systemleistung insgesamt zu analysieren. Als wesentliche Einflußgrößen sind hauptsächlich Pufferkapazität, Block- und Sektorgröße, Nachladestrategie und Schreibstrategie für Befehls- und
Datenpuffer zu nennen.

3.2.1 Standardkonfiguration

Um den Einfluß einzelner Parameter exakt erfassen zu können, wurde eine Standardkonfiguration ausgewählt, diese punktuell verändert und die resultierenden Leistungsdaten
mit denen der Standardkonfiguration verglichen. Die Standardkonfiguration ist charakterisiert durch folgende Systemparameter:

Zahl der Prozessoren:	4
Zahl der Speicherbusse:	1
Kapazität des Befehlspuffers:	2 Sektoren
Kapazität des Datenpuffers:	4 Sektoren
Sektorgröße:	512 Bytes
Datenpuffer-Nachladestrategie:	"blockweise auf Anforderung"

Ein Sektor im Datenpuffer kann genau eine Seite des Operandenbereichs lokaler Daten
aus dem virtuellen Adreßraum eines Programms aufnehmen. Bei Anwendung der Nachladestrategie "blockweise auf Anforderung" wird bei jedem Zugriffsfehler ("miss") im Datenpuffer ein Block von vier Bytes nachgeladen. Dagegen wird bei der Nachladestrategie
"sektorweise vorausschauend" ("prefetch") beim ersten Zugriff auf eine Datenseite, die
noch nicht im Puffer vorhanden ist, die gesamte Seite vorausschauend eingelagert. Der
Befehlspuffer war demgegenüber so organisiert, daß grundsätzlich blockweise mit einer
Blockgröße von 16 Bytes aus dem Hauptspeicher nachgeladen wurde.

Die bei der Modellierung der Standardkonfiguration erhaltenen Leistungsmerkmale sind in den Bildern 3.1 bis 3.4 und in der Tabelle 3.2 schraffiert dargestellt bzw. umrandet.

3.2.2 Analysen mit der Nachladestrategie "blockweise auf Anforderung"

Bei Mehrprozessorsystemen mit prozessorlokalen Puffern und der Nachladestrategie "blockweise auf Anforderung" ergibt sich gegenüber Systemen ohne Puffer eine Erhöhung des Befehlsdurchsatzes zwischen 23,8 % bei einem Ein-Prozessorsystem und 44,7 % bei einem Acht-Prozessorsystem (siehe Bild 3.1). Diese Effektivitätsverbesserung ist auf einen technologischen und einen strukturellen Effekt zurückzuführen. Der technologische Effekt des Einsatzes bipolarer Halbleiterspeicher als Puffer bewirkt, daß sich die mittleren Speicherzugriffszeiten verkürzen. Dieser Effekt ist unabhängig von der Prozessoranzahl. Der strukturelle Effekt liegt in einer Reduktion der Zahl der Hauptspeicher- und Bus-Zugriffskonflikte und ist abhängig von der Prozessoranzahl. Das Gewicht dieser strukturellen Maßnahme nimmt mit wachsender Prozessorzahl zu. Dies zeigt sich auch in unterschiedlichen Reduktionsfaktoren r für Systeme ohne Puffer (z.B. r = 0,385 bei 8 Prozessoren) und für Systeme mit Pufferspeicher (r = 0,45). Unter dem Reduktionsfaktor ist dabei die relative Leistung eines einzelnen Prozessors in einem Mehrprozessorsystem gegenüber einem Einzelprozessorsystem zu verstehen.
Bei Einführung lokaler Pufferspeicher sinkt die Busauslastung absolut gesehen von 14,6 % auf 11,1 % bei einem Monoprozessorsystem und von 44,7 % auf 40,4 % bei einem System mit acht Prozessoren (siehe Bild 3.2). Als Folge davon steigt auch der relative Anteil der Speicheraufträge mit sofortigem Speicherzugriff bei Systemen mit Puffer deutlich gegenüber dem bei Systemen ohne Puffer an (Bild 3.3). Daraus kann entsprechend der geringeren Busauslastung auf eine geringere MCU-Auslastung geschlossen werden, was zu einer deutlichen Reduzierung der Zahl der Hauptspeicherzugriffskonflikte führt. Deshalb nimmt auch der relative Anteil der Speicheraufträge mit sofortiger Speicherbuszuteilung bei Einführung von Puffern zu (siehe Bild 3.4). Die Pufferfehlerrate des einzelnen Daten- oder Befehlspuffers ist jedoch unabhängig von der Anzahl der Prozessoren und Speicherbusse.
Pufferkapazität und Sektorgröße haben einen starken Einfluß auf die Trefferraten in den Puffern und damit auf die Gesamtleistung des Systems. In Tabelle 3.2 sind der Befehlsdurchsatz und die Puffer-Fehlerraten in Abhängigkeit von Puffergröße und Pufferunterteilung dargestellt. Mit der Puffer-Nachladestrategie "blockweise auf Anforderung" lassen sich die Modellergebnisse folgendermaßen analysieren: Allgemein gilt, daß merkliche Durchsatzverbesserungen erst ab einer Pufferkapazität von 1k bis 2k Bytes erzielt werden können. Gegenüber einer Befehlspuffergröße von 256 Bytes und einer Datenpuffergröße von ebenfalls 256 Bytes steigt der Befehlsdurchsatz bei einer Befehlspuffergröße von 1k Bytes und einer Datenpuffergröße von 4k Bytes um 8,5 %, bei einer Befehlspuffergröße von 2k Bytes und einer Datenpuffergröße von 8k Bytes sogar um 15,1 %.

Um entscheiden zu können, ob sich die Implementierung einer bestimmten Pufferspeicher-kapazität als effizient erweist, ist nach /LEH 82B/ abzuschätzen, welche Bedeutung der Dimensionierung von Sektoranzahl und Sektorgröße bei dem angenommenen Lastprofil zukommt. Ausgehend von einer Standarddimensionierung der Sektoranzahl von vier Sektoren im Datenpuffer und zwei Sektoren im Befehlspuffer bewirkt eine Verkleinerung des Befehlspuffers auf einen Sektor bei konstanter Sektorgröße (512 Bytes) eine Erhöhung der Pufferfehlerrate von 20 % auf ca. 22 %, was sich jedoch bezüglich des Systemdurchsatzes nur unwesentlich bemerkbar macht. Der Befehlsdurchsatz sinkt von 128,07 Befehlen/ms auf 127,13 Befehle/ms. Auch bei anderen untersuchten Sektorgrößen zeigen sich qualitativ vergleichbare Verhältnisse. Eine Halbierung bzw. Verdoppelung der Datenpuffergröße bei konstanter Sektorgröße (und Befehlspuffergröße) erweist sich demgegenüber als wirkungsvoller. Beispielsweise verändert sich die Pufferfehlerrate bei einer Sektorgröße von 512 Bytes von 22,1 % auf 25,0 % bzw. 18,6 %, der Durchsatz von 128,07 Befehlen/ms auf 125,10 Befehle/ms bzw. 132,10 Befehle/ms.
Reduziert man andererseits bei konstanter Sektoranzahl die Sektorgröße von 512 Bytes auf 256 Bytes, so steigt die Fehlerrate im Befehlspuffer von 20,0 % auf 21,1 %, im Datenpuffer von 22,1 % auf 25,1 %. Als Folge davon sinkt der Befehlsdurchsatz von 128,07 Befehlen/ms auf 125,20 Befehle/ms bei zwei Sektoren Befehlspuffer und 4 Sektoren Datenpuffer. Vergrößert man die Sektorgröße von 512 Bytes auf 1k Bytes, so fallen die Puffer-Fehlerraten auf 19,9 % und 19,3 % und der Befehlsdurchsatz steigt auf 132,8 Befehle/ms. Damit erweist sich der Datenpuffer bei dem hier angenommenen Lastprofil als wesentlich empfindlicher gegenüber einer Veränderung der Sektorgröße als der Befehlspuffer (siehe Tabelle 3.2).

3.2.3 Analysen mit der Nachladestrategie "sektorweise vorausschauend"

Mit der vorausschauenden Datenpuffernachladestrategie "prefetch" ergeben sich gegenüber der Nachladestrategie "blockweise auf Anforderung" völlig andere Verhältnisse (siehe Bilder 3.5a-c und Tabelle 3.2). Die Fehlerraten im Datenpuffer liegen zwar bei "prefetch" im Bereich von 0,2 % bis 4,5 %, während sie bei "blockweise" Nachladen 19,8 bis 22,2 % betragen. Jedoch ist der Befehlsdurchsatz generell um 12 - 36 % niedriger (im Bereich von 94,23 Befehle/ms bis 122,98 Befehle/ms). Letzterer ist auch wesentlich stärker von der Sektorgröße abhängig. Dies bedeutet, daß Leistungsgewinne, die durch niedrigere Fehlerraten im Datenpuffer erzielt werden können, insbesondere bei großen Sektorgrößen durch die längeren Transferzeiten für das Einlesen vollständiger Sektoren wieder zunichte gemacht werden. Entsprechend ist auch die Busauslastung bei "prefetch" wesentlich höher (ca. 43 %) als bei "blockweise" Nachladen (ca. 35 %). Dieses höhere Verkehrsaufkommen bei "prefetch" kann darauf zurückgeführt werden, daß zahlreiche Daten transferiert werden ohne benutzt zu werden.
Die Tatsache, daß in einem Datenpuffer mit 2 Sektoren und einer Sektorgröße 1k Bytes der Befehlsdurchsatz niedriger ist als bei einer Sektorgröße von 128 Bytes läßt sich

Datenpuffer-größe (Bytes)	Befehlspuffer-größe (Bytes)	Nachladestrategie "blockweise"			Nachladestrategie "prefetch"	
		Durchsatz (Bef/ms)	Fehlerrate Datenpuffer	Fehlerrate Befehlspuffer	Durchsatz (Bef/ms)	Fehlerrate Datenpuffer
2 x 128 = 256	2 x 128 = 256	121,79	27,7 %	22,2 %	94,23	4,5 %
4 x 128 = 512	1 x 128 = 128	121,81	26,9 %	23,9 %	-	-
4 x 128 = 512	2 x 128 = 256	122,56	26,9 %	22,2 %	96,73	4,2 %
2 x 256 = 512	2 x 256 = 512	123,75	26,8 %	21,1 %	91,17	2,5 %
8 x 128 = 1k	2 x 128 = 256	124,27	25,4 %	22,2 %	100,74	3,8 %
4 x 256 = 1k	1 x 256 = 256	124,45	25,4 %	22,6 %	-	-
4 x 256 = 1k	2 x 256 = 512	125,20	25,3 %	21,1 %	96,02	2,2 %
2 x 512 = 1k	2 x 512 = 1k	125,10	25,0 %	20,0 %	86,08	1,4 %
8 x 256 = 2k	2 x 256 = 512	127,89	22,8 %	21,1 %	103,90	1,8 %
4 x 512 = 2k	1 x 512 = 512	127,13	22,1 %	22,1 %	-	-
4 x 512 = 2k	2 x 512 = 1k	128,07	22,1 %	20,0 %	97,79	1,1 %
2 x 1k = 2k	2 x 1k = 2k	128,46	22,7 %	19,9 %	82,40	0,8 %
8 x 512 = 4k	2 x 512 = 1k	132,10	18,6 %	20,0 %	110,40	0,7 %
4 x 1k = 4k	1 x 1k = 1k	130,97	19,3 %	22,1 %	-	-
4 x 1k = 4k	2 x 1k = 2k	132,18	19,3 %	19,9 %	99,12	0,5 %
8 x 1k = 8k	2 x 1k == 2k	140,23	12,8 %	19,8 %	122,98	0,2 %

Tabelle 3.2:   Durchsatz und Fehlerraten in Abhängigkeit der
Puffergröße und -unterteilung

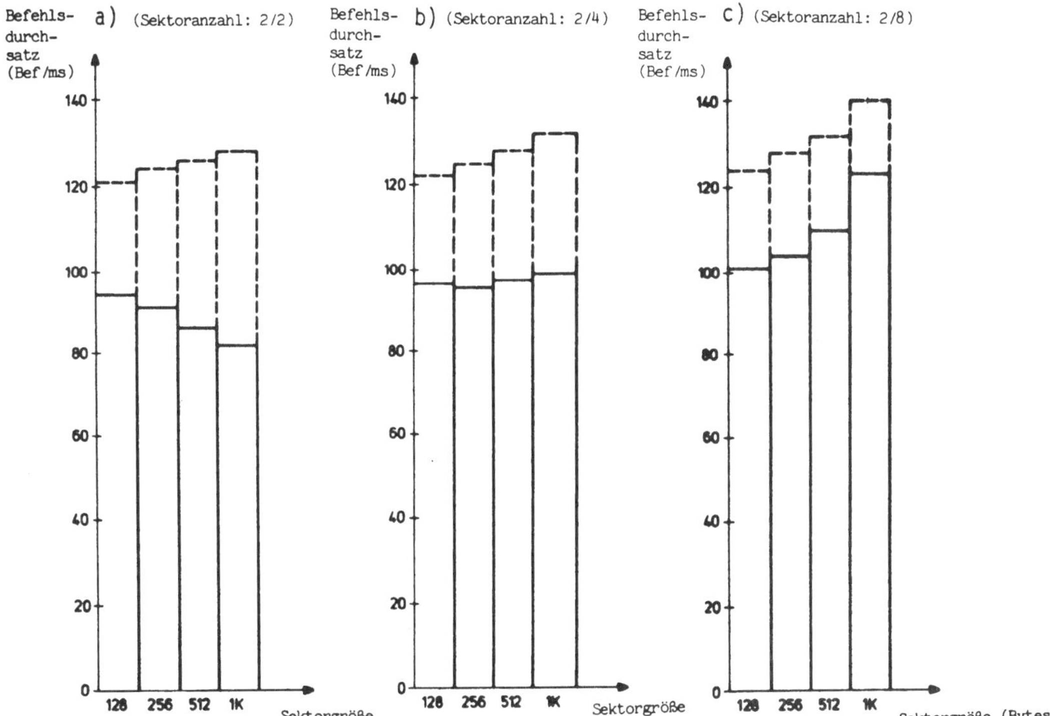

Bild 3.5:   Mittlerer Befehlsdurchsatz bei "prefetch" im Vergleich zu "blockweise"
Nachladen

folgendermaßen analysieren (siehe Bild 3.5a). Wird die Sektorgröße verdoppelt, so halbiert sich nicht die Fehlerrate, sondern sie sinkt nur um ca. 40 %. Die Transferzeiten für das Einlesen eines Sektors verdoppeln sich jedoch, so daß insgesamt eine Leistungsreduktion eintritt. Entgegengesetzt ist die Effizienz eines Puffers mit 8 Sektoren. Hier bewirkt eine Verdoppelung der Sektorgröße eine Reduzierung der Fehlerrate um mehr als 50 %, so daß insgesamt eine Leistungsverbesserung eintritt (Bild 3.5c). Bei 4 Sektoren ist der Befehlsdurchsatz praktisch unabhängig von der Sektorgröße (Bild 3.5b). Bei konstanter Datenpuffergröße ist es deshalb immer günstiger, den Puffer in mehrere kleine Sektoren zu unterteilen, obwohl die Fehlerrate dadurch leicht steigt. Bei einer Größe von 2k Bytes beträgt der Befehlsdurchsatz beispielsweise 82,40 Befehle/ms bei 2 Sektoren zu je 1k Bytes, andererseits beträgt der Durchsatz 103,90 Befehle/ms bei 8 Sektoren zu je 256 Bytes.

4. Zusammenfassende Bewertung

Die Ergebnisse der Leistungsanalysen von iAPX 432-Mehrprozessorsystemen in Abhängigkeit von der Realisierung des Primärspeichers sind in Tabelle 4.1 zusammengefaßt, wobei als Bewertungskenngröße für die Effektivität der Systeme aus Benutzersicht der Befehlsdurchsatz gewählt wurde. Es zeigt sich, daß Mehrprozessorsysteme mit einem Speicherbus bis höchstens vier Prozessoren effizient arbeiten. Die effektive Prozessorzahl, d.h. die relative Leistung gegenüber Monoprozessorsystemen, beträgt dann etwa Faktor 2,9 bei Systemen ohne Puffer sowie Faktor 3,2 bei Systemen mit Pufferspeichern. Durch Hinzunahme eines weiteren Busses läßt sich dieser Faktor auf 3,4 bzw. 3,6 steigern, bei vier Bussen sogar auf Faktor 3,7 bzw. 3,8.
Durch Einführung lokaler Prozessorpuffer kann die Effektivität eines Monoprozessorsystems bei einer mittleren Puffergröße um größenordnungsmäßig 25 % erhöht werden, bei einem Vier-Prozessorsystem um etwa 35 % (1 Bus) bzw. etwa 27 % (4 Busse). Dies bedeutet, daß Effektivitätsverbesserungen durch Einführung von Pufferspeichern um so ausgeprägter festzustellen sind, je stärker die Leistung eines Systems zuvor durch Bus-Konflikte und die Hauptspeichermodularisierung begrenzt war. Dabei ist jedoch zu berücksichtigen, daß der Anteil der Zugriffe auf globale Daten einen wesentlichen Einfluß auf die Effektivität von Pufferspeichern hat. Bedingt die Programmstruktur der parallel ablaufenden Prozesse einen hohen Anteil globaler Daten, die nicht in den lokalen Datenpuffern gehalten werden können, so kann dies bedeuten, daß durch Einführung lokaler Prozessorpuffer nur geringe Effektivitätsverbesserungen möglich sind. Als Alternative ist dann die Effektivität globaler Pufferspeicher je Hauptspeichermodul ("shared cache memories") zu analysieren /YPD 83/.
Pufferspeicherkapazität und -unterteilung beeinflussen die Systemeffektivität bei "blockweise" Nachladen geringer als bei der Nachladestrategie "prefetch". Im direkten Vergleich ist die Nachladestrategie "blockweise" in allen untersuchten Fällen der Strategie "prefetch" vorzuziehen. Wegen der starken Busbelastung von "prefetch" wird der

Unterschied bei Monoprozessorsystemen bzw. Systemen mit mehreren Bussen jedoch geringer ausfallen als bei den untersuchten Vier-Prozessorsystemen mit einem Bus, bei dem ein Befehlsdurchsatz mit "prefetch" um durchschnittlich 23,6 % unter dem bei "blockweise" Nachladen zu verzeichnen war.

| | | ohne Puffer | | | | mit Puffer | | | |
| | | Zahl der Prozessoren | | | | Zahl der Prozessoren | | | |
		1	2	4	8	1	2	4	8
1 Bus	Nachladestrategie "blockw."	32,58	60,20	94,69	100,35	40,33	76,55	121,79-140,23*	145,16
	Nachladestrategie "prefetch"							82,40-122,98*	
2 Busse				110,70				145,60	
4 Busse				119,50				151,73	

* je nach Pufferspeichergröße

Tabelle 4.1:   Befehlsdurchsatz bei Mehrprozessorsystemen ohne und mit Pufferspeichern (in Befehle/ms)

5. Literaturverzeichnis

/BCB 74/   Bell, J.   "An Investigation of Alternative
           Casasent, D.   Cache Organizations"
           Bell, C.G.   IEEE Transactions on Computers
                            Vol. C-23, Nr. 4, 1974

/BRD 81/   Briggs, F.A.   "Cache Effectiveness in Multipro-
           Dubois, M.   cessor Systems with Pipelined
                            Parallel Memories"
                            IEEE-Proceedings of the Internatio-
                            nal Conference on Parallel Processing, 1981

/HOL 83/   Hoffmann, W.   "Leistungsfähigkeit eines Mehrpro-
           Lehmann, A.   zessorsystems mit Kreuzschienenverteiler
                            und lokalen Pufferspeichern"
                            Interner Bericht Nr. 10/83,
                            Fakultät für Informatik, Universität
                            Karlsruhe, 1983

/LEH 80/   Lehmann, A.   "Performance Evaluation and
Prediction of Storage Hierarchies"
Performance Evaluation Review,
ACM-SIGMETRICS,
Vol. 9, Nr. 2, 1980

/LEH 82A/   Lehmann, A.   "Performance Predictions for Pro-
spective Memory Architectures in a
Multiprocessor Environment"
Proceedings of the 4th Int. Conf.
on Computer Capacity Management,
San Francisco, 1982

/LEH 82B/   Lehmann, A.   "Leistungsanalyse mehrstufiger
Speicherhierarchien in Mehrprozessor-
systemen durch hybride, hierarchische
Modellierung"
VDI-Verlag, Reihe 10, Angewandte
Informatik, Nr. 20
Dissertation, 1982

/NIE 76/   Niedereichholz,J.   "Pufferspeicher-Architekturen"
Elektronische Rechenanlagen,
18. Jahrgang, Heft 3, 1976

/PAT 81/   Patel, J.H.   "A Performance Model for Multi-
processors with Private Cache
Memories"
IEEE-Proceedings of the Inter-
national Conference on Parallel
Processing, 1981

/SCÜ 78/   Schünemann, C.   "Speicherhierarchie - Aufbau und
Betriebsweise"
Informatik-Spektrum, Band 1,
Heft 1, 1978

/SMI 82/   Smith, A.   "Cache Memories"
Computing Surveys, Vol. 14,
Nr. 3, 1982

/WOJ 74/   Wojtkowiak, H.   "Strukturelle Abhängigkeiten in
einem virtuellen Speicher"
Elektron. Rechenanlagen, Heft 1,
1974

/YPD 83/   Yeh, P.C.   "Performance of Shared Cache for
            Patel, J.H.   Parallel-Pipelined Computer Systems"
            Davidson, E.S.   SIGARCH Newsletter, Vol. 11, Nr. 3
(Sympos. on Computer Architecture), 1983

EINE ARCHITEKTUR FÜR HÖCHSTLEISTUNGSRECHNER

MIT CACHE-SPEICHER[*]

von

U. Hollberg und P.P. Spies

Institut für Informatik der Universität Bonn

Abt. II - Betriebssysteme

Der Beitrag beschäftigt sich mit einer neuartigen Klasse von IBM/370 kompatiblen Rechnern. Die Architektur kombiniert bekannte Ansätze zur Leistungssteigerung von Rechensystemen: Pufferspeicher als oberste Ebene der Speicherhierarchie, Pipelining der Ausführung der Befehle eines Prozesses und gleichzeitige Bearbeitung mehrerer Prozesse. Die Komponenten dieses Pipeline Mehrprozessor Rechners mit Cache und ihre Kooperation werden detailliert beschrieben. Zur Bewertung der Leistung des Systems wird ein parametrisiertes Simulationsmodell benutzt.
Experimente mit dem Simulationsmodell zeigen - bei Verwendung einer Technologie, die mit der der IBM 3081 vergleichbar ist - einen Durchsatz von mehr als 30 MIPS für dieses System.

1. Einleitung und Motivation

Rechensysteme lassen sich konzeptionell in eine Hierarchie von abstrakten Maschinen gliedern, deren oberste die Benutzerschnittstelle definiert und deren unterste eine reale Maschine ist. Die Architektur eines Rechners bzw. einer Rechnerfamilie ist durch die Eigenschaften der Maschinenbefehlsebene definiert; sie ist die unterste für den Programmierer sichtbare Maschine. Darunterliegende Mikromaschinen sind austauschbar, solange sie die Eigenschaften der Maschinenbefehlsebene sicherstellen. Auf diese Weise kann die Architektur einer Rechnerfamilie über einen weiten Leistungsbereich kostengünstig implementiert werden.

Wir gehen in diesem Beitrag von einer vorgegebenen Maschinenbefehlsebene aus; wir untersuchen Möglichkeiten zur Leistungssteigerung konventioneller Universalrechner durch strukturelle Maßnahmen.

Die erste Maßnahme ist die Verwendung eines Speichersystems mit Cache. Von-Neumann-Rechner erhalten ihre Befehle und Daten aus dem Arbeits-Speicher; die Leistung solcher Rechner hängt daher wesentlich von der des Arbeits-Speichers ab. Es hat sich gezeigt, daß die Verkürzung der Lese-Schreib-Zeit des gesamten Arbeits-Speichers nicht so kosteneffizient möglich ist wie die Einführung einer zweistufigen Speicherhierarchie, deren oberste Stufe klein und schnell und deren unterste Stufe groß und langsam ist. Die oberste Stufe ist der Cache-Speicher; er soll möglichst die Objekte enthalten, die gerade

* Dieses Projekt wird vom Wissenschaftlichen Zentrum Heidelberg der IBM Deutschland GmbH gefördert.

vom Prozessor benötigt werden. Objekte, die nicht im Cache enthalten sind, werden in der untersten Stufe, im Hauptspeicher, realisiert. Möglichkeiten zur effizienten Verwaltung des Cache mit einfach implementierbaren Strategien sind bekannt; sie erreichen Cache-Trefferraten von 95% und mehr (/KAPLA73/, /SMITH82/).

Für die Motivation der weiteren Maßnahmen betrachten wir ein Rechensystem, das aus einem Prozessor P und einem Speicher S besteht. Der Prozessor P besitzt interne Register und führt Maschinenbefehle aus. P sendet Lese-Anforderungen für Befehle und Eingabe-Daten sowie Schreib-Anforderungen und Ausgabe-Daten an den Speicher. Der Speicher S besteht aus einem Verwalter, einem Cache-Speicher, einem Haupt-Speicher und einem Bus für Nachrichtentransporte vom und zum Haupt-Speicher. S erfüllt alle Lese- und Schreib-Anforderungen von P.

Für das angegebene Rechensystem betrachten wir nun ein Bedienungsmodell mit zwei Bedienern P und S; P modelliert den Prozessor, S modelliert den Speicher. Die stochastische Variable TP sei die Ausführungsdauer eines Befehls durch P unter der Annahme, daß der Befehl selbst und alle seine Operanden in Registern von P gespeichert werden; TP ist die Bedienzeit von P. Die stochastische Variable TS sei die Ausführungsdauer einer Lese- oder Schreib-Operation; TS ist die Bedienzeit von S. Für die Erwartungswerte von TP und TS setzen wir $E[TP]$, $E[TS] < +\infty$ voraus.

Wir nehmen an, daß die Bediener P und S unabhängig und unter voller Last arbeiten. Seien $RP \triangleq 1/E[TP]$ und $RS \triangleq 1/E[TS]$. Den Durchsatz des Systems definieren wir durch

$$R \triangleq \min \{RP, RS\}.$$

Bei dieser Definition ist optimistisch angenommen, daß einer Operation von P eine Operation von S zugeordnet ist.

Das System arbeitet prozessor-beschränkt, wenn R = RP gilt; es arbeitet speicher-beschränkt, wenn R = RS gilt; es arbeitet ausgeglichen, wenn RP ~ RS gilt.

Die Bedienzeit TS ist abhängig von den Charakteristika der Speicher-Komponenten. Sei p die Wahrscheinlichkeit eines Cache-Treffers, der vorliegt, wenn eine Lese- oder Schreib-Operation auf dem Cache ausgeführt wird. Zudem sei TSH(TSM) die Ausführungsdauer einer Lese- oder Schreib-Operation unter der Hypothese eines Cache-Treffers (keines Cache-Treffers). TSM erfaßt insbesondere die Ausführung einer Lese- oder Schreib-Operation auf dem Haupt-Speicher und entsprechende Nachrichtentransporte. Damit ergibt sich

$$E[TS] = p\,E[TSH] + (1-p)\,E[TSM].$$

Für die Herleitung von Bedingungen, unter denen das System speicher-beschränkt arbeitet, seien

$$E[TP] \triangleq b\,E[TSH] \text{ mit } b > 0 \quad \text{und}$$
$$E[TSM] \triangleq a\,E[TSH] \text{ mit } a \geq 1.$$

Das System arbeitet speicher-beschränkt genau dann, wenn $b \leq p + a(1-p)$ gilt. Mit $q \triangleq 1-p$ ist diese Bedingung äquivalent mit

$$1/(1 + q(a-1)) \leq 1/b.$$

Abbildung 1.1. zeigt $1/(1 + q(a-1))$ für verschiedene Werte von a als Funktion von q. Sie zeigt deutlich den entscheidenden Einfluß von q bei großen a-Werten.

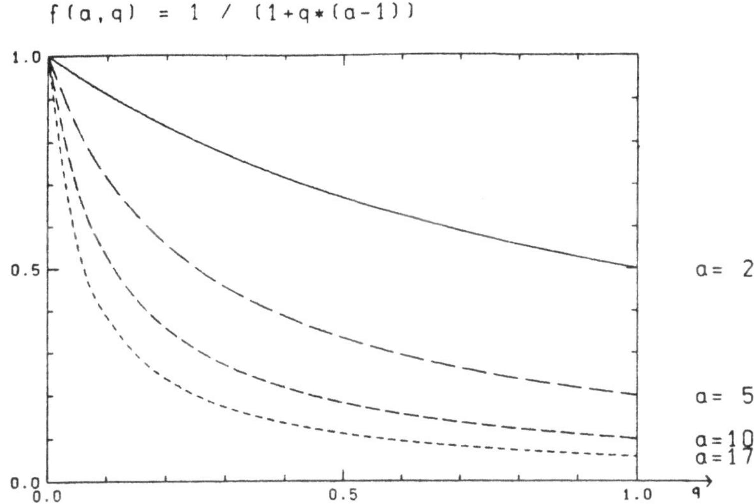

Abbildung 1.1.: Untere Schranken von 1/b für speicher-beschränkte Systeme

Tabelle 1.2. verdeutlicht diesen Einfluß. Sie zeigt für b = 1, verschiedene Werte von a und c ∈{0,7, 0,9, 0,95, 0,98} die Cache-Treffer-Wahrscheinlichkeit p, die erforderlich ist um RS = c*RP zu erreichen.

	a = 2	a = 5	a = 10	a = 17
RS = 0,7*RP	p = 0,57	p = 0,89	p = 0,95	p = 0,97
RS = 0,9*RP	p = 0,89	p = 0,97	p = 0,99	p = 0,993
RS = 0,95*RP	p = 0,95	p = 0,99	p = 0,994	p = 0,997
RS = 0,98*RP	p = 0,98	p = 0,995	p = 0,998	p = 0,999

Tabelle 1.2.:   Cache-Treffer-Wahrscheinlichkeiten, die für ausgeglichenes Systemverhalten erforderlich sind.

Mit diesen Analyse-Ergebnissen motivieren wir zwei weitere Maßnahmen des vorgeschlagenen Rechner-Konzepts.

Wir gehen zunächst von den beiden folgenden Annahmen aus:

- Es ist nicht möglich, durch Speicherverwaltungsstrategien die hohen Cache-Treffer-Wahrscheinlichkeiten zu erreichen, die nach Tabelle 1.2. für ausgeglichenes Systemverhalten auf hohem Niveau erforderlich sind.

- Durch Technologie-Fortschritte lassen sich Durchsatzsteigerungen für Prozessoren einfacher und billiger erreichen als für Speicher (/FOLBE77/); von-Neumann-Rechner werden mit fortschreitendem Technologie-Stand zunehmend speicher-beschränkt.

Auf der Grundlage dieser Annahmen schlagen wir für die Steigerung des Durchsatzes von Rechensystemen die beiden folgenden Maßnahmen vor:

- Ausführung der Befehle eines Prozesses durch einen Pipeline-Prozessor.

- Gleichzeitige Ausführung der Befehle mehrerer Prozesse.

Von der Ausführung der Befehle eines Prozesses durch einen Pipeline-Prozessor erwarten wir zwei positive Effekte. Jeder Befehl wird in einer Folge von Phasen ausgeführt;

Phasen aufeinanderfolgender Befehle werden gleichzeitig ausgeführt, falls die Abhängigkeiten zwischen den Befehlen dies erlauben. Hiervon erwarten wir eine Durchsatzsteigerung des Prozessors. Bei der Ausführung der Phasen eines Befehls werden die Adressen
seiner Operanden erarbeitet. Entsprechende Anforderungen können frühzeitig an den Spei-
cher-Verwalter gerichtet werden. Zugriffe zum Haupt-Speicher können frühzeitig gestartet werden, falls kein Cache-Treffer vorliegt. Wir erwarten eine Verkürzung der Wartezeiten auf Speicher-Operanden. Zudem können für die Verwaltung des Speichers Anforde-
rungs-Strategien benutzt werden; es werden nur solche Operanden angefordert, die mit
Sicherheit für die Ausführung von Befehlen nötig sind. Lediglich für Befehle werden
vorausschauende Anforderungen gestellt (die ggf. widerrufen werden).

Von der gleichzeitigen Ausführung der Befehle mehrerer Prozesse erwarten wir ebenfalls
positive Effekte für den Durchsatz des Systems. Die Parallelisierung der Ausführung der
Befehle eines Prozesses wird beschränkt durch die Abhängigkeiten zwischen aufeinanderfolgenden Befehlen (/RAMAM77/). Wir erwarten, daß Abhängigkeiten zwischen den Befehlen
verschiedener Prozesse seltener sind als Abhängigkeiten zwischen den Befehlen eines
Prozesses. Zudem erwarten wir, daß die Ausführung der Befehle gewisser Prozesse fort-
schreiten kann, während andere auf Speicher-Operanden warten. Wartezeiten einzelner
Prozessoren können in einem Mehrprozessor-System genutzt werden. Alle Prozessoren benutzen denselben Cache-Speicher. Programm und Daten können mehreren Prozessen gemeinsam
oder aber für die Prozesse privat sein.

Die vorgeschlagene Architektur kombiniert die drei Maßnahmen, die wir angegeben haben.
Aus einfachen, eng kooperierenden Komponenten wird ein

Pipeline-Mehrprozessor-System mit Cache

konstruiert, das - mit der Technologie der IBM 3081 - eine Leistung von über 30 MIPS
erreicht.

In den folgenden Kapiteln 2. und 3. wird die Architektur, die wir jetzt skizziert haben, für Rechner der Familie IBM/370 im Detail beschrieben. Kapitel 4. enthält die Beschreibung eines Simulationsmodells für Leistungsanalysen. Ergebnisse dieser Analysen
sind in Kapitel 5. angegeben. Der Beitrag schließt mit einer Zusammenfassung und einem
Ausblick.

2. Entwicklung einer neuen Architektur

Auf der Maschinenbefehlsebene bestehen Rechner der Familie IBM/370 aus einem Arbeitsspeicher, einer CPU mit der Fähigkeit, Operanden in Registern zu speichern und Maschinenbefehle auszuführen, und EA-Kanälen, die hier nicht betrachtet werden sollen
(/IBM82/).

Die Ausführung von Maschinenbefehlen der /370 läßt sich in folgende logische Phasen
zerlegen, von denen je nach Befehlscharakteristik manche entfallen:

1 - Laden des Befehls aus dem Speicher.

2 - Dekodieren des Befehls.

3 - Bestimmung der Adresse des nächsten auszuführenden Befehls:

    a) der sequentiell nächsten oder

b) des Sprungziels.

c) Zudem ist bei bedingten Sprüngen die Sprungentscheidung zu treffen.

4 - Berechnung der Adressen der Speicheroperanden aus den Inhalten von Basis- und Indexregister und dem Displacement.

5 - Laden des/der Speicheroperanden in Puffer.

6 - Ausführen der Operation auf den Operanden:

a) Laden des Operanden aus Registern oder Puffern.

b) Ausführen der Operation.

c) Schreiben des Ergebnisses in Register oder Operandenpuffer.

7 - Schreiben des Pufferinhalts in den Speicher.

Der Maschinenbefehlsvorrat der /370 läßt sich den Phasen, die auszuführen sind, entsprechend in Klassen einteilen:

Registerbefehle:	1 - 2 - 3a - - - 6	(0-Adreß)
Sprungbefehle:	1 - 2 - 3b,c - 4	(1-Adreß)
Ladebefehle:	1 - 2 - 3a - 4 - 5 - 6	(1-Adreß)
Speicherbefehle:	1 - 2 - 3a - 4 - - 6 - 7	(2-Adreß)
Transportbefehle:	1 - 2 - 3a - 4 - 5 - 6 - 7	(2-Adreß)

Die Klasse der Transportbefehle benutzen zwei Speicheroperanden. Diese Befehle werden unterklassifiziert in:

Transport: Kopiert Bytes von der Quelle zur Senke.

Vergleich: Vergleicht die Bytes beider Operanden.

Logik: Verknüpft beide Operanden und schreibt das Ergebnis in die Senke.

Die sieben Phasen eines Maschinenbefehls können durch die Stationen einer Pipeline bearbeitet werden, d.h. die Bearbeitung der ersten Phase des i+1-ten Befehls beginnt, bevor die Bearbeitung der letzten Phase des i-ten Befehls abgeschlossen ist. Dabei ist jedoch auf semantische Zusammenhänge zwischen den Befehlen eines Programms zu achten, die zur Benutzung gemeinsamer Objekte führen. Vier Arten von Konflikten können auftreten.

- Operandenkonflikt: Befehl Bi berechnet den Wert eines Operanden in einem Register oder im Speicher, den der Befehl Bi + j liest.

- Adreßrechnung: Befehl Bi berechnet den Wert eines allgemeinen Registers, das der Befehl Bi + j zur Adressierung eines Speicheroperanden benutzt.

- Conditions-Code: Befehl Bi berechnet den Wert des Condition-Codes, der von Bi + j zur Sprungentscheidung benötigt wird.

- Sprungbefehl: Befehl Bi ist Sprungbefehl; die Adresse von Bi + 1 steht erst fest, wenn Bi ausgeführt ist.

Alle Abhängigkeiten führen zur Verzögerung der Bearbeitung von Bi + j, falls Bi noch nicht die Phase abgeschlossen hat, auf deren Ergebnis Bi + j wartet.

Bei den sieben Phasen bedeutet das:

- Phase P5(i+j) wartet auf Phase P7(i); für $j \leq 2$ ergibt sich eine Blockade.

- Phase P4(i+j) wartet auf Phase P6c(i); für $j \leq 2$ ergibt sich eine Blockade.
- Phase P3c(i+j) wartet auf Phase P6c(i); für $j \leq 3$ ergibt sich eine Blockade.
- Phase P1(i+j) wartet auf Phase P4(i).

Neben diesen internen Blockaden können zusätzlich externe Blockaden durch Cache-Misses in den Phasen P1, P5 und P7 auftreten. Die Dauer dieser Blockaden hängt jedoch nur von der Leistungsfähigkeit des Cache / der Speicherhierarchie ab und von der Menge der Zugriffe, die sie zu bewältigen hat. (Seitenfehler führen zum Prozeßwechsel und zur Aktivierung des Betriebssystems. Sie sollen daher hier nicht betrachtet werden.)

2.1. Vereinfachung der Pipeline

Es gibt einige Modifikationen, die die Implementierung der Pipeline vereinfachen:

<u>Sequentieller Kontrollfluß</u>: /370 Rechner führen sequentielle Befehlsfolgen aus. Sprungbefehle beenden eine Folge und verweisen auf die nächste. Da die Maschinenbefehle der /370 verschieden lang sind (2,4 oder 6 Bytes), muß zur Berechnung der sequentiellen Folgeadresse der Befehl dekodiert sein, d.h. Phase P1(i+1) muß auf P3a(i) warten. Lädt man jedoch sequentiell Speicherworte in einen Puffer, aus dem einzelne Befehle (byteweise) entnommen werden können, so benötigt die Phase P1 nicht mehr die Adresse des Folgebefehls und kann ohne Blockade Befehle laden.

<u>Operandenzugriff</u>: Um zu erreichen, daß kein Cache-Miss in Phase P7 auftritt, wird auch für zu schreibende Speicheroperanden in Phase P5 ein Cache-Zugriff angefordert. (Wir werden in 2.3. sehen, daß dies keine zusätzlichen Kosten verursacht.)

<u>Sprungbefehle</u>: Die Adressen der Sprungziele werden genauso berechnet, wie die von Speicheroperanden. Daher fallen die Phasen P3b und P4 zusammen.

<u>Operandenkonflikte</u>: P5(i+j) benötige den Wert eines Speicheroperanden, den P6(i) berechnet ('Operandenkonflikt'). Für kleine j ist es erforderlich, P5(i+j) zu übergehen und das Ergebnis von P6(i) aus einem Puffer zu lesen. Erst wenn sichergestellt ist, daß P5(i+j) den gültigen Wert aus dem Cache lesen kann, wird der Puffer freigegeben.

Nun hat die Pipeline den folgenden Aufbau:

P1 - Lade sequentielle Worte aus dem Cache in den Befehlspuffer.

P2 - Entnimm dem Befehlspuffer einen Befehl und dekodiere ihn; berechne dabei seine Adresse (Phase P3a).

P3 - Für bedingte Sprungbefehle: triff die Sprungentscheidung.

P4 - Berechne die Adressen der Speicheroperanden oder des Sprungziels aus den Inhalten von Basis- und Indexregister und dem Displacement; übermittle das Sprungziel an Phase P1.

P5 - Lade den/die Speicheroperanden in Puffer; reserviere die Lines, in die geschrieben werden soll.

P6 - Führe den Befehl auf seinen Operanden aus:
    - lade die Operanden aus Registern oder Puffern,
    - führe die Operation aus und
    - schreibe das Ergebnis in Register oder Puffer.

P7 - Kopiere den Puffer-Inhalt in den Cache.

<u>Blockaden</u> können noch auftreten durch:

Cache-Miss:	in P1(i) und P5(i),
Adreßrechnung:	P4(i+j) wartet auf P6(i),
Sprungadresse:	P1(i+1) wartet auf P4(i),
Sprungentscheidung:	P3(i+j) wartet auf P6(i).

2.2. Mehrere Prozessoren

In konventionellen Rechnern fallen die Aufgaben der Phasen P1 bis P5 dem <u>Vorbereiter</u> (Instruction-Unit) und die Phase P6 und P7 dem <u>Ausführer</u> zu (Execution-Unit). Mit den bisherigen Festlegungen treten Blockaden nur in den Phasen des Vorbereiters auf. Der Ausführer führt vorbereitete Befehle auf gepufferten Operanden mit einer Geschwindigkeit aus, die nur von der Art der auszuführenden Operation abhängt.

Cache-Misses treten bei etwa 1 - 10% der Zugriffe auf. Die Dauer zur Behebung eines Cache-Miss ist beträchtlich (mindestens 15 Maschinenzyklen bei der 3081, 12 für das Lesen aus dem Hauptspeicher, 2 für den Bus, 1 für den Miss, /PADEG81/). Über die Häufigkeit des Auftretens der übrigen Blockaden und deren Dauer ist uns aus der Literatur nichts bekannt. Hinzu kommt, daß viele der auszuführenden Befehle trivial sind (Sprünge, Lade- oder Speicherbefehle, siehe /PEUTO81/); sie können vom Ausführer in einem Zyklus ausgeführt werden. Eine Überschlagsrechnung ergibt, daß der Ausführer unter den o.gen. Annahmen im Durchschnitt nur zu einem Drittel ausgelastet ist.

Es liegt deshalb nahe, mehrere Vorbereiter zu verwenden. Mehrere Vorbereiter, die jeweils einen Prozeß bearbeiten, können einen Cache und einen Ausführer gemeinsam benutzen. Die Leerphasen des Ausführers, die durch Blockierungen der Vorbereiter entstehen, können mit ausführbereiten Befehlen anderer Vorbereiter gefüllt werden. So kann die Auslastung des Ausführers und des Cache wesentlich gesteigert werden. Dies erfordert einen Registersatz für jeden Vorbereiter, dem dem Ausführer zugänglich ist.

In konventionellen Rechnern ist die Grenze zwischen Vorbereitern und Ausführer zwischen Phase 5 und Phase 6 der Pipeline gezogen. Die Vorbereiter laden die Speicheroperanden für den Ausführer in Puffer. Für die Operanden der Befehle mehrerer Vorbereiter würden entsprechend viele Puffer benötigt. Der Aufwand zur Sicherstellung der Konsistenz über alle gepufferten Operanden wächst mit deren Anzahl beträchtlich. Wenn dafür gesorgt werden kann, daß die Operanden ausführbereiter Befehle mit Sicherheit in einem Maschinenzyklus aus dem Cache geladen werden, entfällt der Aufwand für die Pufferung im Prozessor und für die Sicherstellung der Konsistenz. Die Vorbereiter müssen sicherstellen, daß sich die Operanden eines Befehls im Cache befinden, bevor der Befehl an den Ausführer gegeben wird. D.h. die Vorbereiter veranlassen den Cache, die Lines der benötigten Operanden zu reservieren; diese Reservierung darf erst enden, wenn der Ausführer die Operation ausgeführt hat.

2.3. Aufteilung des Cache

Programme der /370 benutzen virtuelle Adressen zur Identifikation von Speicheroperanden. Diese virtuellen Adressen werden in die entsprechenden realen Adressen bezüglich des

Hauptspeichers übersetzt. Mit den realen Adressen wird im Cache assoziativ die entsprechende Line ausgewählt und ihr Inhalt gelesen oder geschrieben. Es sind zwei Aufgaben zu bewältigen:

- ermitteln der Position der gesuchten Line im Cache (laden, falls erforderlich) und
- lesen aus oder schreiben in die Line.

Die erste Aufgabe wird erfüllt, wenn die Vorbereiter vom Cache die Position einer Line erfragen. Der Cache stellt dann fest, ob sich die Line im Cache befindet und gibt als Antwort die physikalische Adresse der Line im Cache zurück. Falls die Line nicht im Cache ist, wird sie geladen; ihre physikalische Adresse wird an den Vorbereiter geschickt, sobald die Line geladen ist. Diese physikalische Adresse wird in den Befehl eingetragen. Der Ausführer fordert mit dieser Adresse den gewünschten Operanden an. So ist es möglich, die Speicheroperanden schnell aus dem Cache zu laden und zurückzuschreiben. Darüberhinaus ersparen wir uns ausgiebige Pufferung und den damit verbundenen Aufwand.

Da nun die Positionsbestimmung und die Zugriffe auf die Daten des Cache getrennt ablaufen, bietet es sich an, den Cache in einen Cache-Verwalter zur Adreßumsetzung und zur Behandlung von Cache-Misses und in einen Cache-Puffer zur Datenhaltung aufzuteilen. Dieser Ansatz hat einige Vorteile:

- Cache-Misses treten schon bei der Übersetzung auf, nicht erst beim Zugriff.
- Der Ausführer kann in kürzerer Zeit lesen oder schreiben, da die Übersetzungen schon durchgeführt sind.
- Der Cache-Puffer ist ein direkt adressierbarer Speicher und daher schneller als konventionelle Caches.
- Es werden keine Datenpuffer zwischen Vorbereiter und Ausführer benötigt.

3. Definition der Architektur

In diesem Kapitel wird die Funktionsweise der in Kapitel 2. vorgestellten Komponenten und die Art der Kooperation zwischen ihnen spezifiziert.

Die vier Stationen der Vorbereiter sind:

    IFETCH   - Befehlslader (P1),
    IDECODE   - Befehlsdekodierer (P2, P3),
    OADRESS   - Operanden-Adreß-Berechnung (P4)
    OREQUEST - Operandenanforderer (P5a).

Die drei Stationen des Ausführers sind:

    LOADER   - Operanden-Lader (P5b),
    ALU   - Operationsausführer (P6),
    STORER   - Operanden-Speicherer (P7).

Die zwei Komponenten des Cache sind:

    Cache-Verwalter und
    Cache-Puffer.

3.1. Vorbereiter: IFETCH

Die Länge eines Befehls ist abhängig von seinem Typ 2, 4 oder 6 Bytes und kann erst bei seiner Dekodierung festgestellt werden. Daher lädt der Befehlslader sequentiell Worte aus dem Cache und stellt sie dem Dekodierer in einem Schieberegister zur Verfügung, aus dem sie byteweise entnommen werden. Auf diese Weise ist auch das Problem der über Linegrenzen hinwegreichenden Befehle gelöst.

Nach erfolgreichen Sprüngen wird dem Befehlslader die neue Zieladresse mitgeteilt und das Schieberegister ggf. gelöscht. In dem Sonderfall eines kurzen Vorwärtssprungs kann sich der Zielbefehl schon im Schieberegister befinden, so daß es nur teilweise gelöscht werden muß.

IFETCH reserviert jeweils die Line im Cache, aus der gerade Befehle geladen werden. Bei sequentiellen Linewechseln und nach Sprungbefehlen mit Linewechsel gibt er diese Line frei und fordert die neue an. Anschließend schickt er eine Prefetch-Anforderung für die der neuen Line sequentiell folgende an den Cache (entspricht der 'tagged prefetch' - Strategie /SMITH82/).

3.2. Vorbereiter: IDECODE

Der Dekodierer entnimmt dem Schieberegister Befehle byteweise. Die Basisadresse des Schieberegisters ist immer die Adresse des ersten Bytes, das es enthält. Der Dekodierer kann davon die Befehlsadresse ablesen.

Sprungbefehle werden vom Dekodierer vollständig ausgeführt.

- Unbedingte Sprünge: Die Programmausführung wird mit dem Zielbefehl fortgesetzt. Die Adresse dieses Befehls kann Ergebnis einer noch nicht beendeten Adreßrechnung sein; daher muß evtl. auf das Ende dieser Berechnung gewartet werden (Blockade 'Adreßrechnung').

- Bedingte Sprünge: Die Programmausführung wird evtl. mit dem Zielbefehl fortgesetzt. Für die Adresse dieses Befehls gilt das für Fall a) Gesagte. Zusätzlich ist zu entscheiden, ob die Sprungbedingung erfüllt ist. Diese Bedingung ist ein Prädikat für den Wert des Condition-Codes, der durch einen Testbefehl gesetzt wird. Wenn dieser Befehl noch nicht ausgeführt ist, muß darauf gewartet werden (Blockade 'Sprungentscheidung').

Liegt ein Sprungbefehl vor, so geht der Dekodierer in einen Wartezustand über bis die Adresse des Sprungziels berechnet ist oder - bei bedingten Sprüngen - das Condition-Code-Register den Entscheidungs-Wert enthält. Ist das der Fall und führt er zur Entscheidung 'kein Sprung', so muß die Berechnung des Sprungziels nicht abgewartet werden. Falls die Adresse berechnet ist, bevor der Wert des Condition-Codes gültig ist, schickt IDECODE eine PREFETCH-Nachricht für die Line des Sprungziels an den Cache.

3.3. Vorbereiter: OADRESS

Die Befehle der /370 haben zwei Register- oder Speicheroperanden. Registeroperanden werden durch einen numerischen Namen benannt. Die Namen von Speicheroperanden bestehen aus drei Teilen: Basisregister, Indexregister und Displacement. Aus diesem dreiteiligen

Namen wird vor der Befehlsausführung durch Addition der Registerinhalte und des Displacement die virtuelle Byteadresse des Speicheroperanden berechnet. Da die Registerinhalte Ergebnis einer Berechnung sein können, die noch nicht beendet ist, muß evtl. gewartet werden (Blockade 'Adreßrechnung').

Bei Sprungbefehlen wird die Adresse des Sprungziels dem Dekodierer mitgeteilt, damit er mit dieser Adresse die Dekodierung fortsetzen kann. Die übrigen Befehle werden in OREQUEST weiterbearbeitet.

3.4. Vorbereiter: OREQUEST

Ein Befehl kann maximal zwei Speicheroperanden benutzen. Es handelt sich um Bytefolgen, die durch Namen und Länge beschrieben sind. OADRESS hat aus den Namen die entsprechenden virtuellen Adressen berechnet. Die Länge ergibt sich implizit aus dem Befehlscode oder ist explizit angegeben.

OREQUEST sorgt dafür, daß die im Befehl bezeichneten Speicherbereiche im Cache-Puffer zur Verfügung stehen. Die Adressen der Speicheroperanden beziehen sich auf Bytefolgen, die auf beliebigen Byteadressen beginnen. Insbesondere können Speicheroperanden Line-Grenzen überschreiten, so daß für einen solchen Operanden mehrere Lines vom Cache angefordert werden müssen.

Mit dem Anfordern einer Line beginnt deren Benutzung; mit dem Zugriff des Ausführers endet sie. Während einer Programmausführung werden i.a. mehrere Operanden in einer Line benutzt, so daß sich mehrere Benutzungen bezüglich einer Line überlappen können. Für den Cache-Verwalter sind nur der Beginn der ersten Benutzung und das Ende der letzten Benutzung einer Line interessant, da in diesem Intervall die Line nicht aus dem Cache-Puffer verdrängt werden darf. OREQUEST führt über die überlappten Benutzungen einer Line Buch, um dem Cache-Verwalter diese Zeitpunkte mitteilen zu können.

3.5. Ausführer: LOADER

Die erste Station des Ausführers führt die Befehlsströme aller Vorbereiter zusammen, und sorgt dafür, daß für den Ausführer möglichst wenig Leerphasen entstehen.

Falls der nächste auszuführende Befehl eine Speicheroperanden hat, wird dieser aus dem Cache-Puffer in den Operanden-Puffer geladen, aus dem das Rechenwerk, wie aus allen anderen Registern, lesen kann. Für Befehle mit zwei Speicheroperanden erfolgt ein zweiter Ladevorgang in einen zweiten Operandenpuffer.

Bis der Cache-Puffer den Operanden liefert, wählt der LOADER den übernächsten auszuführenden Befehl aus. Dabei verfolgt er eine einfache Strategie: Der Befehlsstrom eines Vorbereiters wird ausgeführt, bis er abbricht oder ein Befehl mit Operanden-Konflikt erreicht ist. Dann wird der nächste Vorbereiter entsprechend bedient.

Operanden-Konflikte (Read-after-Write) können dadurch entstehen, daß ein Befehl Bk einen Speicheroperanden verändert, der vom nachfolgenden Befehl B k+1 gelesen wird (/RAMAM77/). Ist der Operand von B k+1 Teil des Ergebnisses von Bk, so kann der Ausführer den Ergebnis-Puffer als Operandenpuffer für den Befehl B k+1 benutzen ('forewarding', /ANDER67/, /TOMAS67/). Die teilweise Überlappung erfordert das Verschieben und Mischen

des Ergebnisses (k) und des Operanden (k+1). In diesem Fall darf der Lader nicht beide
Befehle unmittelbar nacheinander ausführen; er muß mindestens einen Befehl eines ande-
ren Vorbereiters/Prozesses dazwischensetzen. So kann dieser Konflikt ohne spezielle
Hardware umgangen werden.

3.6. Ausführer: ALU

Diese Komponente führt die gewünschte Operation aus und benutzt dabei die Registerope-
randen und/oder den/die Speicheroperanden aus den Operandenpuffern. Ist der Befehl mit
'Forewarding' markiert, so wird der Speicheroperand aus dem Ergebnis-Puffer gelesen.
Wurde ein Speicheroperand verändert, so wird er in den Ergebnis-Puffer eingetragen.

3.7. Ausführer: STORER

Der Storer schreibt den Inhalt des Ergebnis-Puffers in den Cache-Puffer zurück und gibt
die entsprechende Line frei. Damit ist die Befehlausführung beendet.

3.8. Cache-Verwalter und Cache-Puffer

Der Cache ist in einen Cache-Verwalter und einen Cache-Puffer aufgeteilt. Der Cache-Verwalter führt Reservierungen durch, übersetzt virtuelle Adressen in physikalische Cache-
Adressen, kommuniziert mit dem Hauptspeicher und überwacht den Inhalt des Cache-Puffers.
Der Cache-Puffer führt die Zugriffe zu den Daten durch.
Die Vorbereiter reservieren Speicheroperanden beim Cache-Verwalter. Dieser lädt Lines
in den Cache-Puffer, falls erforderlich, und gibt die physikalische Adresse der Line
im Cache-Puffer zurück. Bei der Ausführung der Befehle greift der Ausführer mit den
physikalischen Cache-Adressen auf die Daten im Cache-Puffer zu.

4. Ein Modell zur Leistungsanalyse

Experimente mit simulierten Rechenanlagen haben gegenüber solchen mit realen den Vorteil, daß beliebig viele Ereignisse und Zeitabläufe erfaßt werden können. Nur die Rücksicht auf die Laufzeit des Simulationsprogramms und auf den Auswertungsaufwand begrenzt
die Anzahl, die Dauer und die Detailliertheit der Experimente und die Beobachtung ihrer
Abläufe.
Das Ziel unserer Experimente ist die Leistungsanalyse unserer Architektur.Wegen der
strukturellen Änderungen unseres Vorschlags gegenüber den konventionellen Architekturen, können wir nicht auf die aus der Literatur bekannten günstigen Werte der Systemparameter (Cache, etc) zurückgreifen; wir müssen vielmehr für unsere Architektur günstige Werte ermitteln. Die Experimente müssen also so durchgeführt werden, daß neben
Leistungsaussagen auch die Ursachen für gute bzw. schlechte Leistungen erkennbar sind.

Das Simulationsprogramm ist in SIMULA (/DAHL70/) geschrieben und wie in Kapitel 3. beschrieben strukturiert. Es wird durch einen Bus, eine Speichersteuerung und eine Reihe
von Speicherblöcken vervollständigt. Der Cache-Verwalter schickt über den Bus Ladean-
forderungen an die Speichersteuerung. Diese lädt die entsprechenden Lines aus den entsprechenden Speicherblöcken und schickt sie über den Bus zurück. Im Cache veränderte

Lines werden über den Bus an die Speichersteuerung übertragen und von ihr in den entsprechenden Speicherblock geschrieben.

4.1. Parameter des Simulationsprogramms

Das Simulationsprogramm benötigt eine Reihe von Parametern, welche die Geschwindigkeiten der Komponenten festlegen. Für die Komponenten unseres Systems setzen wir eine Technologie voraus, die etwa der der IBM 3081 entspricht.

Zykluszeiten: ALU   26 nsek. ($\equiv$ 3081)

      Hauptspeicher: 312 nsek. ($\equiv$ 3081)

      Bus: 13 nsek. ($\equiv$ 0,5 * 3081)

      übrige Komponenten: 13 nsek. ($\equiv$ 0,5 * 3081)

Weitere Parameter legen die Dimensionierung des Systems fest:

    Anzahl der Speicherblöcke: 2 oder 4,

    Busbreite: 16 Bytes,

    Anzahl der Vorbereiter: 1 bis 5,

    Cache: Linegröße: 128 Bytes,

      Setgröße: 16 Lines,

      Anzahl Sets: 32 oder 64,

    Länge der Schieberegister schwischen der ersten und zweiten

    Station der Vorbereiter: 16 Bytes.

Das Simulationsprogramm erfaßt und protokolliert in Intervallen den Systemzustand:

- Die Auslastung aller Komponenten und ihrer Warteschlangen.

- Die Häufigkeit und Dauer von Blockaden durch Adreßrechnungen, Sprungbefehle und Cache-Misses.

- Die Verteilung der Verweilzeiten der Maschinenbefehle im System nach Befehlsklassen.

Aus diesen Zustandswerten lassen sich Leistungskenngrößen wie z.B. Durchsatz, Cache-Miss-Rate und Wartezeit der ausführbereiten Befehle auf Ausführung durch den Ausführer gewinnen.

4.2. Erzeugung der Arbeitslast

Zum Betrieb unseres simulierten Rechensystems benötigen wir eine Arbeitslast. Da das Rechensystem die Maschinenbefehlsebene simuliert, benötigen wir als Last Maschinenprogramme. Gemessene Programm-Traces, die einfachen statistischen Anforderungen bzgl. der Repräsentativität genügen, sind nur mit großem Aufwand zu gewinnen. Daher und aus Gründen der Variabilität haben wir einen Generator zur Erzeugung synthetischer Maschinenprogramme benutzt. Dieser Generator erzeugt einzelne Maschinenbefehle nach vorgegebenen Verteilungen mit Pseudozufallszahlengeneratoren. Zur Erzeugung greifen wir im wesentlichen auf Untersuchungen von Peuto und Shustek (/PEUTO81/) zurück, die das Verhalten bei der Ausführung einer großen Anzahl von Maschinenbefehlen mehrerer Programme statisch ausgewertet haben. Einige Verteilungen sind aus dieser Veröffentlichung nicht zu entnehmen (auch nicht aus anderen); sie mußten daher geschätzt werden. Im folgenden wird erklärt, welche Attribute von Maschinenbefehlen für unsere Untersuchungen wesentlich sind. Die Verteilungen sind, falls nichts anderes gesagt ist, aus /PEUTO81/ entnommen.

ITYPE: Für den Befehlstyp wurde die folgende empirische Verteilung angenommen:
Register 30%, Laden 20%, Speichern 15%, Transport 15 %, Sprünge 20%.

IADR: Die virtuelle Adresse des Befehls wird nach einem Vorschlag von Peuto und Shustek (/PEUTO81/) bestimmt. Die Ausführungsdistanz ist der Abstand zwischen zwei aufeinanderfolgenden erfolgreichen Sprüngen (in Bytes). Die Bytes zwischen solchen Sprüngen werden mit Befehlen der übrigen Klassen und mit nichterfolgreichen Sprüngen gefüllt. Verteilungen für die Sprungweite, die Ausführungsdistanz und die Befehlsklassen sind in /PEUTO82/ angegeben.

IL: Die Befehlslänge 2, 4 oder 6 Bytes ergibt sich aus ITYPE.

CCSET: Der Befehl berechnet einen neuen Wert für den Condition-Code.

CCUSE: Der Befehl benutzt den Condition-Code (nur für Sprungbefehle).

RCD: Der Register-Konflikt-Abstand ist eine natürliche Zahl und wird wie folgt bestimmt: Der Befehl i schreibe einen Wert in ein Register r. Einer der folgenden Befehle i+j benutze das Register r zur Adressierung eines Speicheroperanden. j ist der Register-Konflikt-Abstand des Befehls i+j bezüglich des Registers r. RCD des Befehls i+j ist der kleinste Register-Konflikt-Abstand aller Register.

L: Die Länge des Speicheroperanden.

LADR: Die Adresse des zu lesenden Speicheroperanden.

STADR: Die Adresse des zu schreibenden Speicheroperanden. Für beide ist die Basisadresse gleichverteilt, und das Displacement negativ exponentiell verteilt.

LSTOP: Der Befehl liest aus dem Speicheroperanden, der durch 'STADR' bezeichnet ist.

SSTOP: Der Befehl schreibt in den Speicheroperanden, der durch 'STADR' bezeichnet ist.
Durch beide werden die Untergruppen von Transportbefehlen bestimmt:

      Transport: not LSTOP and SSTOP

      Vergleich: LSTOP and not SSTOP

      Logik: LSTOP and SSTOP

Natürlich werden nicht alle Attribute für alle Befehlstypen benötigt; die Befehlsklassen benutzen folgende Attribute:

Registerbefehle: ITYPE, IADR, IL, CCSET,

Ladebefehle: ITYPE, IADR, IL, CCSET, L, LADR, RCD,

Speicherbefehle: ITYPE, IADR, IL, L, STADR, RCD,

Transportbefehle: ITYPE, IADR, IL, L, LADR, STADR, RCD.

5. Leistungsaussagen

In den ersten Produktionsläufen mit dem Simulationsmodell lag unser Hauptaugenmerk auf dem erreichbaren Durchsatz (MIPS) in Abhängigkeit von der Anzahl der Vorbereiter, der Größe des Cache und der Blockung des Hauptspeichers.

Mit der in Kapitel 4. festgelegten Arbeitslast und den anderen dort festgelegten Systemparametern wurden Experimente durchgeführt. Die einzelnen Experimente sind mit Sxy bezeichnet. Dabei weist S auf synthetische Arbeitslast hin. x gibt die Anzahl der Vorbereiter an. y mit Werten aus 1 bis 4 kennzeichnet Speichervarianten, und zwar:

$$y = 1 : \text{Cache-Größe} \quad 64K, \; 2 \text{ Hauptspeicherblöcke,}$$
$$y = 2 : \text{Cache-Größe} \quad 128K, \; 2 \text{ Hauptspeicherblöcke,}$$
$$y = 3 : \text{Cache-Größe} \quad 64K, \; 4 \text{ Hauptspeicherblöcke,}$$
$$y = 4 : \text{Cache-Größe} \quad 128K, \; 4 \text{ Hauptspeicherblöcke.}$$

Jeder Lauf modelliert zehn Millisekunden Simulationszeit. Das Modell führte dabei zwischen 90 000 und 290 000 Befehle aus. In den Bildern 5.1. bis 5.4. ist der Durchsatz über der Cache-Miss-Rate aufgetragen. Eine Startphase von 0,5 Millisekunden wurde nicht betrachtet. Die Bilder enthalten eine lineare Regressionsgerade durch die Messpunkte eines Laufes, welche die Tendenz der Abhängigkeit des Durchsatzes von der Cache-Miss-Rate andeutet. Die vertikalen und horizontalen gestrichelten Linien markieren die Mittelwerte der einzelnen Experimente.

In der Tendenz war dieses Verhalten zu erwarten. Eine höhere Cache-Miss-Rate vermindert den Durchsatz, mehr Vorbereiter erhöhen den Durchsatz und die Cache-Miss-Rate. Die Verdoppelung der Cache-Größe vermindert die Cache-Miss-Rate und erhöht den Durchsatz. Mehr Hauptspeicherblöcke erhöhen den Durchsatz insbesondere in den Experimenten mit mehreren Vorbereitern.

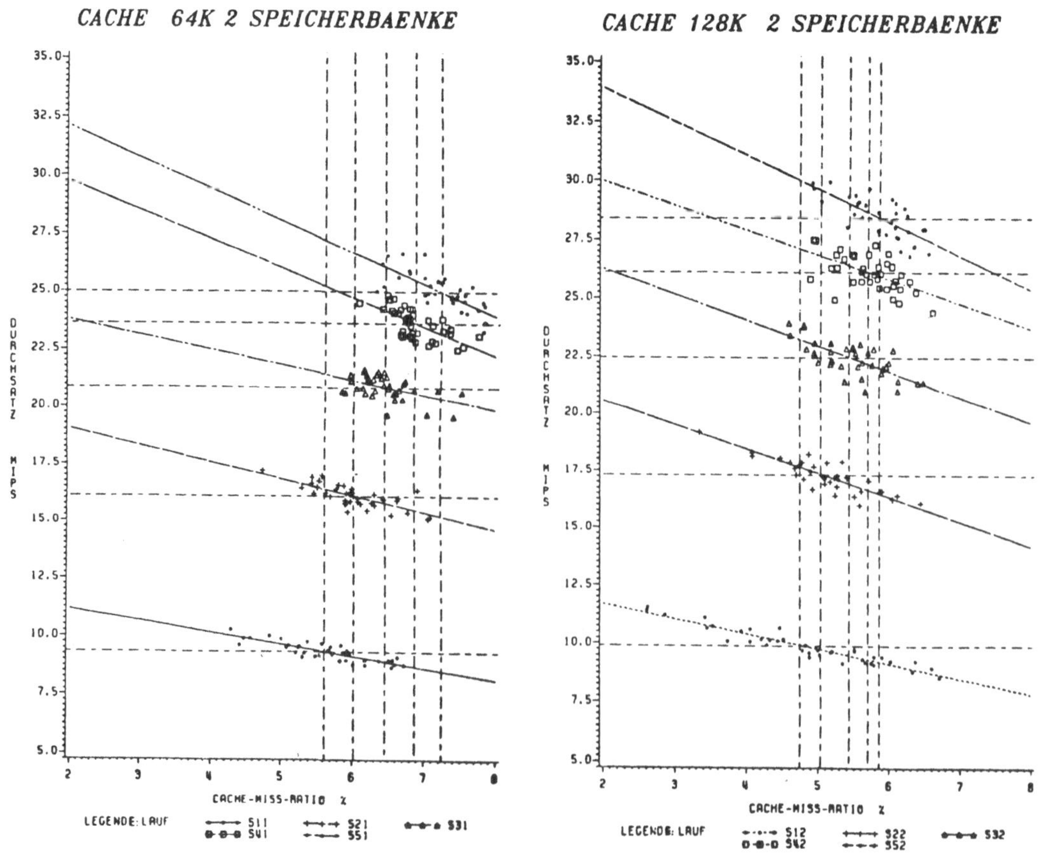

Abbildungen 5.1. und 5.2.: Durchsatz der Systeme mit 64K bzw. 128K Cache und zwei Hauptspeicherbänken

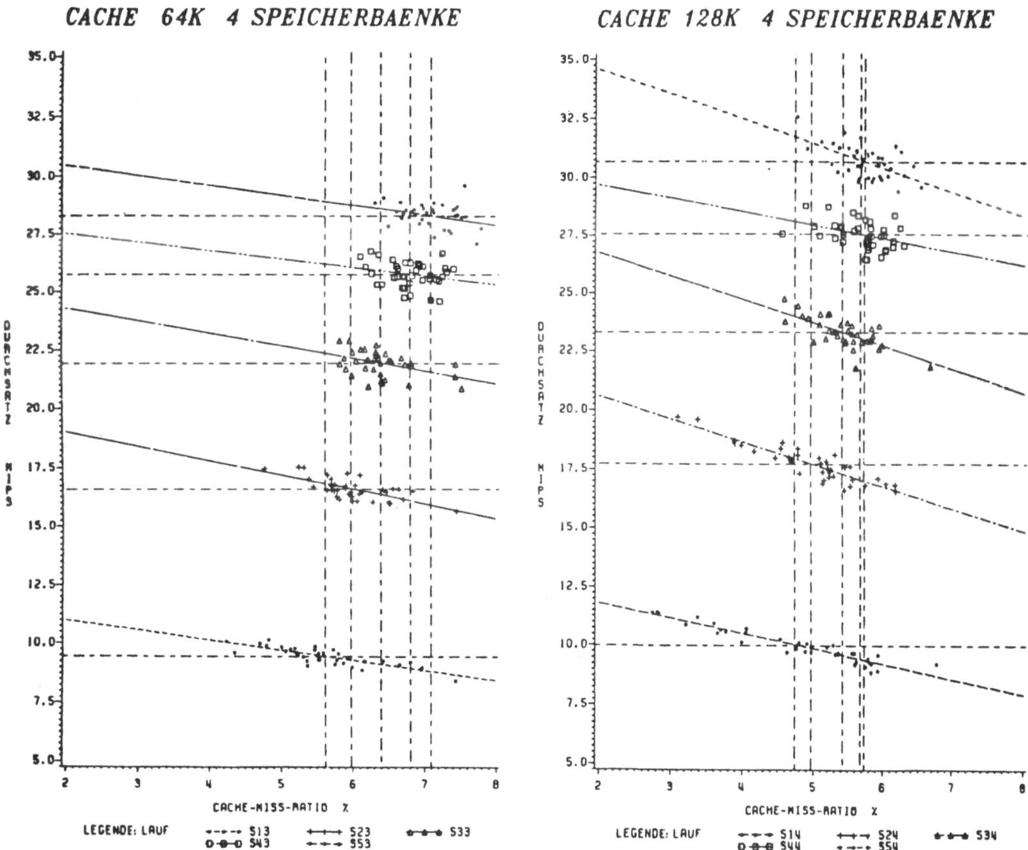

Abildungen 5.3. und 5.4.: Durchsatz der Systeme mit 64K bzw. 128K Cache und vier Hauptspeicherbänken

Die Ergebnisse zeigen klar den positiven Einfluß der Anzahl der Vorbereiter auf die Leistung und den nur schwachen Einfluß auf die Cache-Miss-Rate.
In Tabelle 5.5. sind einige Leistungskenngrößen zusammengestellt.

Vergleichen wir zunächst die Läufe Sx4: Hier hat das System eine Cache-Kapazität von 128kBytes und vier Speicherblöcke. Durch das Hinzufügen eines Vorbereites steigt der Durchsatz von 10,0 auf 17,7 MIPS um 77%; zwei zusätzliche Vorbereiter steigern den Durchsatz von 10,0 auf 23,3 MIPS um 133%;drei zusätzliche Vorbereiter steigern den Durchsatz um 176% auf 23,3 MIPS; insgesamt fünf Vorbereiter erhöhen den Durchsatz auf das Dreifache. Die Cache-Miss-Rate von 4,7%, 5,0%, 5,4%, 5,7% und 5,7% zeigt, daß der Cache noch kein Engpaß geworden ist. Die Auslastung des Ausführers und der immer kleiner werdende Gewinn durch zusätzliche Vorbereiter lassen jedoch vermuten, daß der Ausführer - bei dieser Arbeitslast - mit sechs oder sieben Vorbereitern zu über 90% ausgelastet wäre. Der Bus könnte noch mehr Vorbereiter verkraften.
Der Vergleich der Läufe mit kleinerem Cache zeigt einen beträchtlichen Anstieg der Cache-Miss-Rate, der mittleren Ladezeit und der Busauslastung.

Programme - abhängig; in diesen Zusammenhang gehören auch Kalt- bzw. Warmstart-Effekte. Detaillierte Untersuchungen der Abhängigkeiten der Leistung unseres Systems von den Lastparametern stehen noch aus.

Die Erfahrungen, die über Einprozessorsysteme mit Speicherhierarchie gewonnen wurden, lehren, daß Speicherstrategien den Multiprogramming-Grad einbeziehen müssen. Dieser Aspekt ist auch für die von uns vorgeschlagene Architektur von Interesse. In unseren Systemen ist es möglich, die Anzahl der jeweils aktiven Vorbereiter und damit den Multiprocessing-Grad zu steuern. Die Nutzung dieser Möglichkeiten und ihr Einfluß auf die Leistung des Systems sind noch zu untersuchen.

Einige Programme haben einen hohen Anteil an arithmetischen Operationen. Für solche Programme kann der Rechner in seiner Leistung durch die des Prozessors beschränkt werden. Es ist möglich den Ausführer in mehr oder weniger spezialisierte Funktionseinheiten aufzuteilen. Unsere Architektur ist für solche Ausführer gut geeignet, da sie - wegen der hohen Auslastung - auch teure Ausführer kosteneffizient betreiben kann.

Es scheint vernünftig, die Komponenten der Vorbereiter um eine Transporteinheit zu erweitern, die Daten zwischen Registern und dem Cache transportiert, ohne den Ausführer zu belasten. Messungen haben gezeigt, daß etwa 50% der auszuführenden Befehle Sprünge und Transporte sind.

Literatur
____

/ANDER67/ D.W. Anderson, F.J. Sparacio, R.M. Tomasulo
           The IBM System/360 Model 91: Machine Philosophy and Instruction-Handling
           IBM Journal of Research and Development V.11, N.1, Jan. 1967

/CONNO79/ W.D. Connors, J.S. Florkowski, S.K. Patton
           The IBM 3033: An Inside Look
           DATAMATION, May 1979, pp.198-218

/CW82/   Computerwoche
           IBM ersetzt 3081D und bringt 3084-MP Modell
           Computerwoche, 10. Sept. 1982

/DAHL70/   O.J. Dahl, B. Myrhaug, K. Nygaard
           SIMULA 67 Common Base Language
           Norwegian Computing Center, 1970

/FOLBE82/ O.G. Folberth, J.H. Bleher
           Grenzen der digitalen Halbleitertechnik
           NTZ-Nachrichtentechnische Zeitung, V.30, N.4, 1977, pp.307-314

Lauf	MIPS	Ausführer tätig	Cache Miss-Rate	mittl. Ladezeit	Bus- Auslastung	bearb. Befehle
S11	9,3	24,0%	5,6%	4o5ns	19,1%	88800
S12	9,9	25,4%	4,7%	399ns	17,1%	94011
S13	9,4	24,3%	5,6%	393ns	19,3%	89626
S14	1o,o	25,7%	4,7%	389ns	17,3%	94875
S21	16,1	42,2%	6,o%	467ns	35,5%	153052
S22	17,3	45,4%	5,o%	453ns	32,1%	164512
S23	16,6	43,5%	6,o%	436ns	36,4%	157492
S24	17,7	46,5%	5,o%	424ns	33,9%	168400
S31	2o,9	55,5%	6,4%	552ns	48,7%	198486
S32	22,5	59,9%	5,4%	521ns	44,5%	213401
S33	21,9	58,4%	6,4%	484ns	51,1%	208153
S34	23,3	62,3%	5,4%	462ns	46,4%	221321
S41	23,6	63,o%	6,9%	682ns	58,o%	224627
S42	26,1	69,9%	5,7%	614ns	53,6%	247912
S43	25,7	68,9%	6,8%	543ns	63,3%	244546
S44	27,6	74,1%	5,7%	5o5ns	57,1%	261684
S51	25,o	66,8%	7,2%	85Ons	63,9%	237398
S52	28,4	76,6%	5,9%	728ns	59,6%	269781
S53	28,3	76,3%	7,1%	612ns	72,3%	268652
S54	3o,7	83,3%	5,7%	549ns	64,4%	291340

Tabelle 5.5.: Leistungskenngrößen der analysierten Systeme.

Die Läufe Sx1 und Sx3 unterscheiden sich durch die verdoppelte Anzahl Hauptspeicher-
bänke. Diese Parametervarianten wurden gewählt um herauszufinden, ob die Cache-Ladezeit dadurch signifikant kürzer wird. Das würde dazu führen, daß Blockaden durch Cache-
Misses schneller behoben werden könnten, und hätte daher einen positiven Einfluß auf
den Durchsatz.

In der Tat gewinnt die Cache-Ladezeit mit der Anzahl Vorbereiter an Einfluß auf den
Durchsatz. Der Vergleich der Läufe S52 und S53 zeigt, daß die verkürzte Ladezeit dieselbe Durchsatzsteigerung bewirkt, wie die verdoppelte Cache-Größe. Die Ergebnisse mit
mehr als vier Vorbereitern deuten darauf hin, daß Hauptspeicher mit höherem Durchsatz
Verkleinerungen des Cache kompensieren können.

6. Zusammenfassung und Ausblick

Ausgehend von den Engpässen, welche die Leistungsfähigkeit konventioneller Rechner mit
Cache-Speicher mindern, haben wir eine neue Architektur für IBM/37O-kompatible Rechner
entwickelt. Wir haben die Komponenten unseres Systems und ihr Zusammenwirken beschrieben. Wir haben das Leistungsverhalten unseres Systems mit einem Simulationsmodell analysiert. Der dabei erreichte Durchsatz zeigt, daß die vorgeschlagene Architektur für
die Realisierung von Höchstleistungsrechnern interessant ist. Die vorgeschlagene Architektur kombiniert Pipelining für die Ausführung der Befehle eines Prozesses mit
Multiprocessing. Sie erreicht kurze Befehlsausführungszeiten; der Cache-Speicher wird
sehr gut genutzt.

Die Leistung aller Rechensysteme mit Speicherhierarchie ist in hohem Maße von den Eigenschaften der jeweiligen Last - insbesondere von der Lokalität der auszuführenden

/IBM82/   IBM Corporation
            IBM System /370 Principles of Operation
            IBM-Order-No. 7000-8, July 1982

/KAPLA73/   K.R. Kaplan, R.O. Winder
            Cache-based computer systems
            IEEE Computer, V.6, N.3, March 1973, pp. 3o-36

/PADEG81/   A. Padegs
            System /360 and Beyond
            IBM Journal of Research and Development, V.25, N.5, Sept. 1981

/PEUTO81/   B.L. Peuto, L.J. Shustek
            An Instructing Timing Model of CPU Performance
            IEEE 4th Annual Symposion on Computer Architecture, New York 1977,
            pp. 165-178

/RAMAM77/   C.V. Ramamorthy
            Pipeline Architecture
            ACM-Computing Surveys, V.9, N.1, March 1977

/SMITH82/   A.J. Smith
            Cache Memories
            ACM-Computing Surveys, V.14, N.3, Sept. 1982

/TOMAS67/   R.M. Tomasulo
            An Efficient Algorithm for Exploiting Multiple Arithmetic Units
            IBM Journal of Research and Development, V.11, N.1, Jan. 1967

<u>DB-Cache für UDS</u>

K. Unterauer
Siemens AG
D ST DB1
8000 München 83

<u>Zusammenfassung</u>

Es wird über die Implementierung eines neuen Recoveryverfahrens für
das Datenbanksystem UDS (= Universelles Datenbanksystem) berichtet.
Als Ausgangspunkt wurde das DB-Cache-Verfahren (1) gewählt. Die Implementierung erfolgt(e) in 3 Stufen (Simulationsprogramm, Prototyp, Produktversion). Die Ergebnisse der beiden ersten Stufen und die Erfahrungen mit der Vorgehensweise werden vorgestellt.

1. Einleitung

Ein besonders kritischer Teil in Datenbanksystemen ist die Recoverykomponente. Einerseits sollte die Recoverykomponente möglichst fehlerfrei arbeiten, da mit ihrer Hilfe Fehler des Systems abgefangen und
nicht zusätzliche produziert werden sollen. Andererseits erfordert
die Protokollierung von Sicherungsdaten zusätzliche physikalische
I/O's, so daß die Recoverykomponente leicht zum Engpaß des Datenbankbetriebs werden kann. Der vorliegende Beitrag beschäftigt sich nur mit
dem zweiten Problem, also mit der Verbesserung der Performance.

Aufgabe der Recoverykomponente eines Datenbanksystems ist die Wiederherstellung einer konsistenten Datenbank im Fehlerfall. Angelpunkt für
die Definition der Konsistenz ist die Transaktion.

Eine Transaktion ist eine Folge von Änderungsoperationen auf einer
Datenbank, die der Benutzer als logische Einheit betrachtet, und von
der er erwartet, daß sie entweder vollständig oder überhaupt nicht
durchgeführt wird.

Daraus folgt, daß eine Datenbank genau dann konsistent ist, wenn sie
nur Änderungen erfolgreich abgeschlossener Transaktionen enthält.Somit
ergeben sich für die Recoverykomponente folgende Aufgaben.

1. Rücksetzen im laufenden Betrieb:
   Kann eine Transaktion aus irgendeinem Grund nicht zu Ende gebracht
   werden (Fehler beim Anwender oder im Datenbanksystem), so muß sie
   zurückgesetzt werden.

2. Wiederherstellung der Datenbank nach Systemabsturz:
   Nach einem Systemabsturz muß die Recoverykomponente dafür sorgen,
   daß alle Änderungen abgeschlossener Transaktionen in die Datenbank
   eingebracht werden und alle Änderungen nichtabgeschlossener Transaktionen aus der Datenbank entfernt werden.

3. Wiederherstellung nach Plattenfehler:
   Auch nach einem Plattenfehler muß es möglich sein, eine konsistente
   Datenbank zu erzeugen.

2. Bisheriges und neues Verfahren

Einheit der Recovery im alten wie im neuen Verfahren ist die Datenbankseite. Die Datenbankseite ist gleichzeitig die I/O-Transporteinheit
für den Zugriff auf die Platte.

Bisheriges Verfahren

Das bisherige Verfahren benutzt für die Sicherung zwei Dateitypen:

Beforeimage-Datei: In dieser wird der Zustand der Seiten vor der
Änderung gesichert. Für jede aktive Transaktion gibt es eine Beforeimage Datei.

Afterimage-Datei: In dieser Datei wird der Zustand der Seiten nach
der Änderung gesichert.

Die Änderung einer Seite besteht aus folgenden Schritten (Fig. 1):

1. Schreiben eines Beforeimages.

2. Ändern der Seite im Datenbankpuffer.

Bei Transaktionsende:

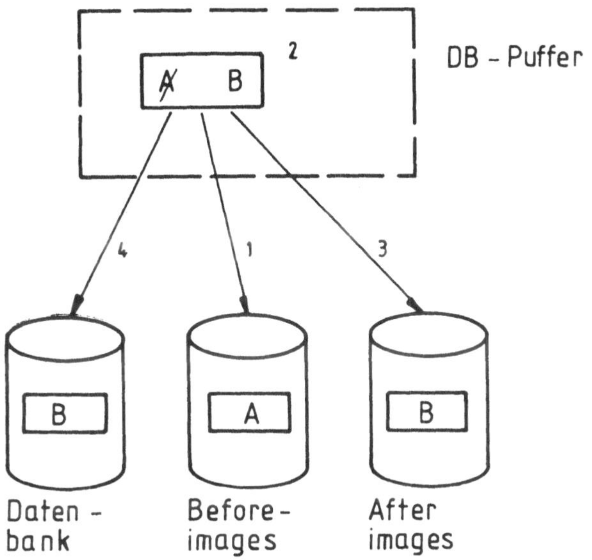

Fig. 1: heutige UDS-Sicherung

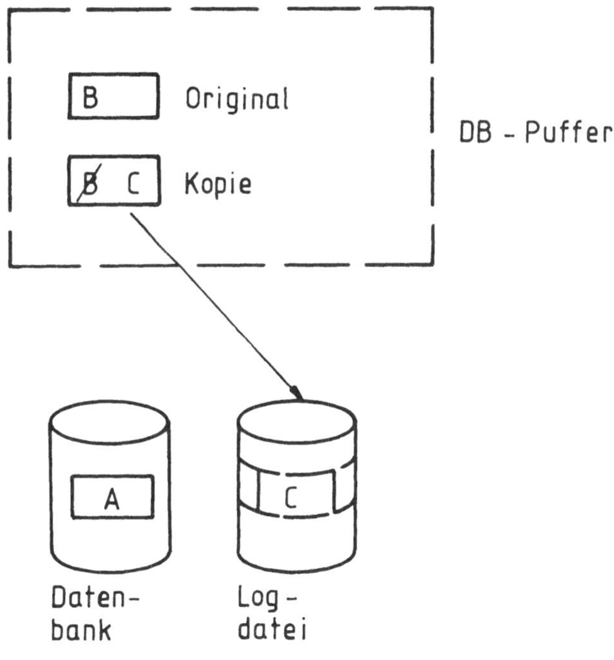

Fig. 2: Sicherung beim DB - Cache

3. Schreiben eines Afterimages.

4. Schreiben der geänderten Seite auf die Datenbank.

Das Recoveryverfahren sieht dann folgendermaßen aus:

1. Rücksetzen einer Transaktion im laufenden Betrieb geschieht mit Hilfe der Beforeimages.

2. Wiederherstellen nach Systemabsturz: Änderungen abgeschlossener Transaktionen sind in der Datenbank. Nichtabgeschlossene Transaktionen werden mit Hilfe der Beforeimages zurückgesetzt.

3. Plattenfehler: Nach einem Plattenfehler wird eine Kopie der Datenbank mit Hilfe der Afterimages aktualisiert.

Neues Verfahren

Das neue Recoveryverfahren wurde aus dem DB-Cache-Verfahren (1) entwickelt. Für die Sicherung verwendet das DB-Cache-Verfahren eine Logdatei die sequentiell geschrieben wird.

Die Änderung einer Seite besteht aus folgenden Schritten (Fig. 2):

1. Anlegen eines zweiten Exemplars der Seite. Dieses zweite Exemplar nennen wir Kopie. Das ursprüngliche Exemplar nennen wir Original.

2. Ändern der Kopie im Datenbankpuffer.

Bei Transaktionsende:

3. Schreiben sämtlicher Afterimages aller von der Transaktion geänderten Seiten auf die Logdatei. Die Afterimages werden sequentiell mit Chained-I/O (d. h. ein I/O Vorgang umfaßt bis zu 16 Seiten) geschrieben.

4. Löschen der alten Originale. Die Kopien werden zu (neuen) Orignalen erklärt.

Das Recoveryverfahren sieht dann folgendermaßen aus:

1. Rücksetzen im laufenden Betrieb: Löschen der von der Transaktion geänderten Kopien.

2. Wiederherstellung nach Systemabsturz: Die abgeschlossenen Transaktionen werden mit Hilfe der Afterimages nachgefahren.

3. Plattenfehler: Eine Kopie der Datenbank wird mit Hilfe der Afterimages aktualisiert.

Vergleich

Vergleicht man die Anzahl der physikalischen Schreibvorgänge in beiden Verfahren, so ergibt sich:
bisheriges Verfahren: für jede geänderte Seite sind 3 physikalische I/O's erforderlich (Beforeimage, Afterimage, Datenbank);
neues Verfahren: bei Transaktionsende sind n/16 I/O's erforderlich (n = Anzahl der von der Transaktion geänderten Seiten). Weitere I/O's sind erforderlich, wenn Seiten (Originale) aus dem Datenbankpuffer verdrängt werden.

Aus diesem Vergleich ergibt sich, daß das neue Verfahren zu einer wesentlichen Einsparung von I/O's führt.

3. Vorgehensweise

Um schon frühzeitig Aussagen über die zu erwartenden Performancegewinne zu erhalten und um das Risiko möglichst gering zu halten, wurde eine Implementierung in 3 Stufen beschlossen:

Stufe 1: Erstellung eines Simulationsprogramms zur Verifizierung der vorausgesagten I/O-Reduzierung. Das Simulationsprogramm enthält die vollständigen Algorithmen zur Pufferverwaltung, Sicherung und Recovery. Als Input für das Simulationsprogramm dienen Pagereferenzstrings, die aus realen Anwendungen gewonnen wurden. Als Output wird eine Logdatei erzeugt, aus deren Inhalt man die benötigten Werte ermitteln kann. Eine Datenbank existiert nicht.

Stufe 2: Erstellung eines Prototypen durch Einbau des Simulationsprogramms in das bisherige UDS. Ziel war es, Leistungsmessungen im realen Betrieb durchführen zu können. Dabei wurden die wesentlichen

Teile der bisherigen Zugriffskomponente durch die Komponenten des
Simulationsprogramms ersetzt. Nur für das Eröffnen und Schließen von
Dateien und die Verwaltung des Katalogs werden Teile der bisherigen
Zugriffskomponente benutzt.

Stufe 3: Erstellen einer Produktversion. Diese Stufe ist noch nicht
abgeschlossen.

4. Ergebnisse

Simulationsprogramm

Das I/O-Verhalten des bisherigen und des neuen Verfahrens wurde anhand von Pagereferenzstrings, die aus realen Anwendungen gewonnen wurden, ermittelt. Dabei wurde die Datenbankpuffergröße von 64 Seiten bis
1024 Seiten variiert. Die Erwartungen hinsichtlich der I/O-Reduzierung
konnten bestätigt werden.

Ein String, der aus ca. 15.000 logischen Reads, 5.000 logischen
Writes, 1.000 Update-Transaktionen und 1.000 Retrieval-Transaktionen
bestand, brachte folgende Ergebnisse:

physikalische Reads:

Puffergröße	64	128	256	512	1024
bish. und neues Verf.	5.000	3.500	2.800	2.500	2.300

Da die Anzahl der physikalischen Reads allein von der Ersetzungsstra-
tegie abhängt, ist hier keine Änderung zu erwarten.

physikalische Writes:

Puffergröße	64	128	256	512	1024
bish. Verf.	3.500	3.500	3.500	3.500	3.500
neues Verf.	2.300	1.900	1.500	1.100	700

Da beim bisherigen Verfahren bei Transaktionsende geschrieben werden
muß, führt eine Vergrößerung des Datenbankpuffers nicht zu einer Reduzierung der Schreibvorgänge. Beim neuen Verfahren werden Schreibvorgänge nur dann ausgelöst, wenn eine Seite ersetzt werden muß. Mit
größerem Puffer verringern sich dementsprechend die Zahl der Schreibvorgänge. Dieses Verfahren kann also große Hauptspeicher sinnvoll
nutzen.

Gesamt I/O:

bisheriges Verfahren: Anzahl Reads + 3 x Anzahl Writes (da jeder
Schreibvorgang auf die Datenbank zu einem Schreibvorgang auf die
Beforeimage-Datei und einem Schreibvorgang auf die Afterimage-Datei
führt).
Neues Verfahren: Anzahl Reads + Anzahl Writes + Anzahl I/O's auf
Logdatei (= ca. 1.200).

Puffergröße	64	128	256	512	1024
bish. Verf.	15.500	14.000	13.300	13.000	12.800
neues Verf.	8.500	6.600	5.500	4.800	4.200

Prototyp

Die Leistung des Prototyps wurde mit der bisherigen UDS-Version mit
Hilfe einer Standardmeßanwendung verglichen. Dabei wurden folgende
Ergebnisse erzielt: Gleicher Durchsatz bei Retrieval-Transaktionen.
Bei Update-Transaktionen wurde der 3-fache Durchsatz erzielt. Für
diese Durchsatzsteigerung sind zwei Faktoren verantwortlich. Erstens
verkürzte sich durch die Einsparung von I/O-SVC's die Pfadlänge um
den Faktor 2. Zweitens wurde eine erheblich höhere CPU-Auslastung erzielt, da der I/O-Engpaß beseitigt wurde.

Vorgehensweise

Die Vorgehensweise, einen neuen Algorithmus zuerst in einem Simulationsprogramm und in einem Prototypen zu testen, hat sich gut bewährt.
Von der ersten Stufe an wurde darauf geachtet, Software zu erstellen,
die in den weiteren Stufen übernommen werden kann. So bildet das
Simulationsprogramm den Kern des Prototypen, der wiederum zur Produktversion ausgebaut wird. Gleichzeitig ist eine schrittweise Verifizie-

rung der Performanceerwartungen möglich. Damit können Fehlinvestitionen von vornherein vermieden werden.

Literatur

(1) Elhardt, K.
Das Datenbankcache.
Dissertation, TUM 1982

INSTRUMENTENRECHNER FÜR INTERPLANETARE MISSIONEN

F. Gliem
TU Braunschweig, Institut für Datenverarbeitungsanlagen
3300 Braunschweig, Hans-Sommer-Str. 66

1. Einführung

Raumsonden ermöglichen "in-situ"-Messungen im interplanetaren Raum sowie in der Magnetosphäre, Atmosphäre und auf der Oberfläche der Planeten, Monde, Asteroiden und Kometen. Eine Sonde ist typisch mit etwa 10 Meß- und Beobachtungsinstrumenten bestückt, die über das Telemetriesystem mit einer Erdstation kommunizieren. Die Datenrate ist abhängig von der Sendeleistung, dem Gewinn der beiden Antennen, dem Quadrat der Entfernung und der Rauschtemperatur des Empfängers, außerdem bei Sonden, die in eine Atmosphäre eindringen, noch von deren Dämpfung. Typische Datenraten für Sonden im inneren Sonnensystem bis zur Jupiterbahn liegen zwischen 10 und 100 Kbps /1-2/. Bei Atmosphärensonden sind die Verhältnisse wegen der Rundstrahlcharakteristik der Antenne und der starken Dämpfung in dichter Atmosphäre viel ungünstiger. Typische Datenraten liegen bei 100 bps (PIONEER VENUS PROBE zur Erde, GALILEO PROBE zum GALILEO ORBITER /3, 4/).

In fast alle Instrumente ist heute ein Digitalrechner integriert, der den von den Sensoren ausgehenden Datenstrom an die für das Experiment verfügbare Datenrate anpaßt und den Ablauf des Experiments in Abhängigkeit vom Kommandostatus, und vielfach auch von den Meßergebnissen, steuert. Entlang des Informationsflusses können wir ein Instrument aufteilen (Bild 1) in die Funktionsblöcke Sensoren, Sensorelektronik und Instrumentenrechner, für den die Kurzbezeichnung DPU (= Digital Processing Unit) eingeführt ist. Wegen der speziellen Umweltbedingungen und der knappen Resourcen (Masse, Energie, Bitrate) ist die DPU extrem an ihre individuelle Aufgabe angepaßt und eng mit der Sensorelektronik

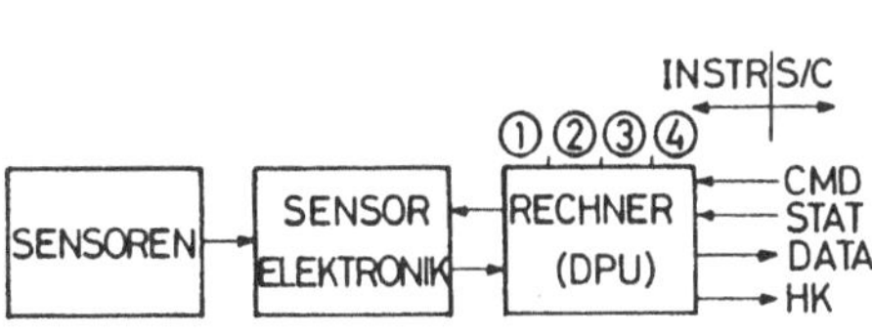

Bild 1: Funktionsblöcke eines Instruments

verzahnt. Die Trennungslinie zwischen Sensorelektronik und DPU ist fließend und wird häufig mehr nach der räumlichen Anordnung als nach der Funktion gezogen. Für die Schnittstelle zum Telemetrie-Subsystem der Sonde hat sich bit-serielle, byteweise Übertragung als Quasi-Standard herausgebildet. Die Details (Pegel, Zuordnung der elektrischen Pegel zu den logischen Zuständen, etc.) werden leider für jede Mission speziell festgelegt. Vor- und Nachteile eines Übergangs auf "packet telemetry" zur Sonde werden noch diskutiert.

2. Interplanetare Missionen

Die Bahnen aller Planeten liegen bemerkenswerterweise nahezu in derselben Ebene (Ekliptik), in der die Erde um die Sonne läuft (Bild 2).

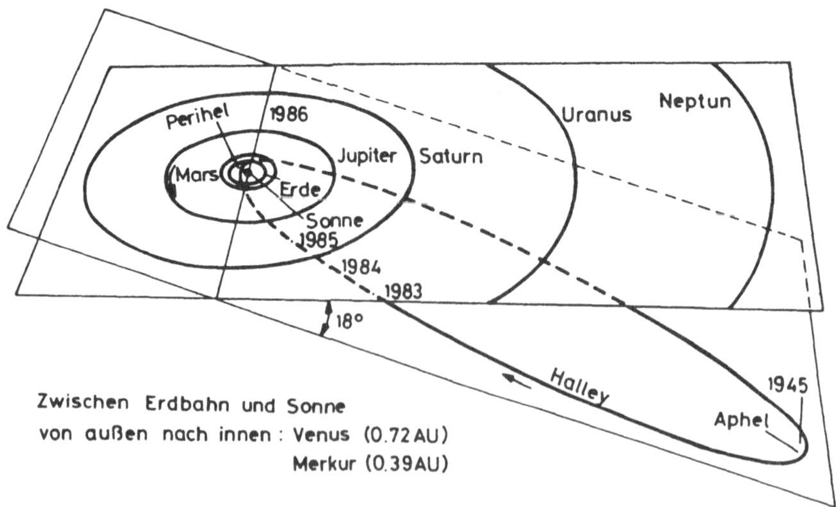

Bild 2: Bahnen der äußeren Planeten und des Kometen Halley /7/

Missionen zu den Planeten liefern während des Anfluges auch Messungen aus dem interplanetaren Raum, allerdings nur aus der Ekliptikebene. Eine interplanetare Bahn senkrecht zur Ekliptik kann von der Erde aus direkt nicht erreicht werden, weil bei dem Start in polarer Richtung die Unterstützung durch die Erddrehung fehlt. Bis heute haben wir keine "in situ"-Messungen von Orten weit außerhalb der Ekliptik.

Mit der russischen Sonde LUNIK 1 begann im Januar 1959 die Reihe der
interplanetaren Sonden (Bild 3). LUNIK 1 verfehlte wegen einer Bahnab-
weichung den Erdmond und wurde dadurch zum ersten Raumflugkörper, der
das Schwerefeld der Erde verlassen hat und die Sonne umrundet.

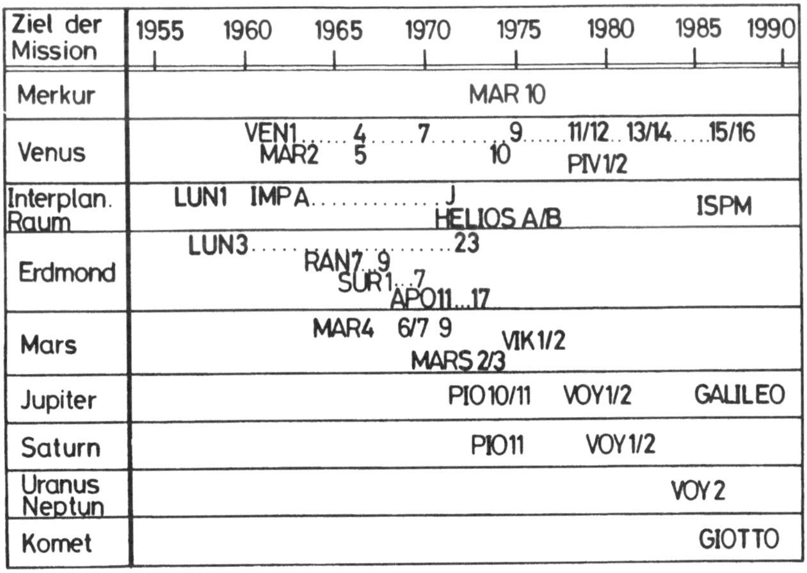

Ziel der Mission	1955	1960	1965	1970	1975	1980	1985	1990
Merkur					MAR 10			
Venus		VEN1 MAR2	4 5	7	9 10	11/12 PIV1/2	13/14	15/16
Interplan. Raum		LUN1 IMPA		J	HELIOS A/B			ISPM
Erdmond		LUN3	RAN7 9 SUR1	23 7 APO11...17				
Mars			MAR4	6/7 9 MARS 2/3	VIK 1/2			
Jupiter					PIO 10/11	VOY 1/2		GALILEO
Saturn					PIO 11	VOY 1/2		
Uranus Neptun							VOY 2	
Komet								GIOTTO

Bild 3: Interplanetare Meilenstein-Missionen
         Abkürzungen: APOLLO, International Solar Polar Mission,
         Interplanetary Monitoring Platform, LUNIK, MARINER,
         PIONEER, PIONEER VENUS, RANGER, SURVEYOR, VEGA, VENERA
         VIKING, VOYAGER

Die frühen planetaren Missionen waren auf unsere beiden Nachbarplane-
ten gerichtet, nämlich Venus und Mars. Der der Sonne nächste Planet
Merkur wurde bisher erst durch einen Vorbeiflug erkundet (MARINER 10,
März 1974, Distanz 700 km). Messungen innerhalb der Merkurbahn wurden
von den beiden deutsch-amerikanischen HELIOS-Sonden ab 1974 durchgeführt, die sich in ihrem Perihel der Sonne bis auf 0,28 AU näherten.

Die Erkundung der großen äußeren Planeten Jupiter und Saturn begann mit den Vorbeiflügen von PIONEER 10 und 11 am Jupiter (Dezember 1973, 130 000 km, bzw. Dezember 1974, 43 000 km, Flugzeit 1 Jahr und 8 Monate). Die Bahnablenkung durch die Jupitermasse sowie drei Kurskorrekturen zwischen 1975 und 1978 brachten PIONEER 11 in eine Bahn, die ihn im September 1969, d.h. 6 1/2 Jahre nach dem Start, den Planeten Saturn in etwa 20 000 km Distanz ($\approx 1/3\ R_S$) passieren ließ.

Die amerikanischen interplanetaren Missionen stützten sich auf 2 Sondentypen, nämlich die spinstabilisierten PIONEER-Sonden und die 3-Achsen-stabilisierten MARINERsonden. Spinstabilisierte Sonden sind vorteilhaft für Instrumente, die kontinuierlich Partikeleigenschaften in Abhängigkeit von der Raumrichtung messen. Drei-Achsen-stabilisierte Sonden eignen sich besser zur Objektbeobachtung.

Den beiden PIONEER-Sonden folgten zwei Sonden vom MARINER-Typ mit den Namen VOYAGER 1 und 2. Beim Jupiter-Vorbeiflug im März bzw. Juli 1979 gelang die spektakuläre Entdeckung des aktiven Vulkanismus auf dem Jupitermond Io /16/. Der Mond Io ist in der Größe etwa dem Erdmond oder Merkur vergleichbar. Sowohl die Aufnahmen von VOYAGER 1 wie von VOYAGER 2 zeigten Eruptionen bis zu etwa 100 km Höhe. Beide Sonden wurden von der Jupitermasse in eine Bahn zum Saturn geschwenkt und passierten diesen im November 1980 bzw. August 1981 nach 3 1/4 bzw. 4 Jahren Flugzeit. VOYAGER 2 wird auf seinem Weiterflug im Januar 1986 Uranus passieren und im September 1989 Neptun.

Der Wissensstand über unser Sonnensystem ist z.B. in /13, 14/ knapp zusammengefaßt. In /13/ und /15/ erscheinen laufend Zusammenfassungen neuerer Ergebnisse.

Von den zur Zeit in Vorbereitung befindlichen interplanetaren Missionen seien drei herausgegriffen: GALILEO PROBE, ISPM (= International Solar Polar Mission), GIOTTO.

Die GALILEO-Mission /4, 5/ setzt in Nachfolge von VOYAGER 1/2 die Erkundung des Jupiter fort. In Jupiternähe entläßt das Raumfahrzeug eine Atmosphärensonde (Probe) in eine ballistische Bahn zum Jupiter und schwenkt selbst in eine orbitale Bahn. Dabei dient der Orbiter zunächst als Relaisstation für die in die Jupiteratmosphäre eindringende Probe, um dann in weiteren Umläufen durch aktive Kursänderungen die Jupitermonde in nahen Vorbeiflügen zu erkunden. Bild 4 zeigt das Missionsprofil der in der Jupiteratmosphäre niedergehenden Probe. Der

Nullpunkt der Höhenskala liegt durch Konvention bei einem Atmosphären-
druck von 1 bar. Wichtige Randbedingungen für die Auslegung der Elektronik sind: (1) die hohe Strahlungsdosis beim Durchgang durch den
Strahlengürtel des Jupiter ($\leq$ 100 Krad an der Außenhaut der Sonde, ab
etwa 10 Jupiterradien), (2) die starken Abbremskräfte beim Eintauchen
in die Atmosphäre, 250 (400) g, (3) der Druckanstieg auf etwa 25 bar,
(4) der Temperaturanstieg auf etwa 170° an der Außenhaut der Sonde,
bzw. etwa 80° im Inneren. Die Energieversorgung der Probe erfolgt aus

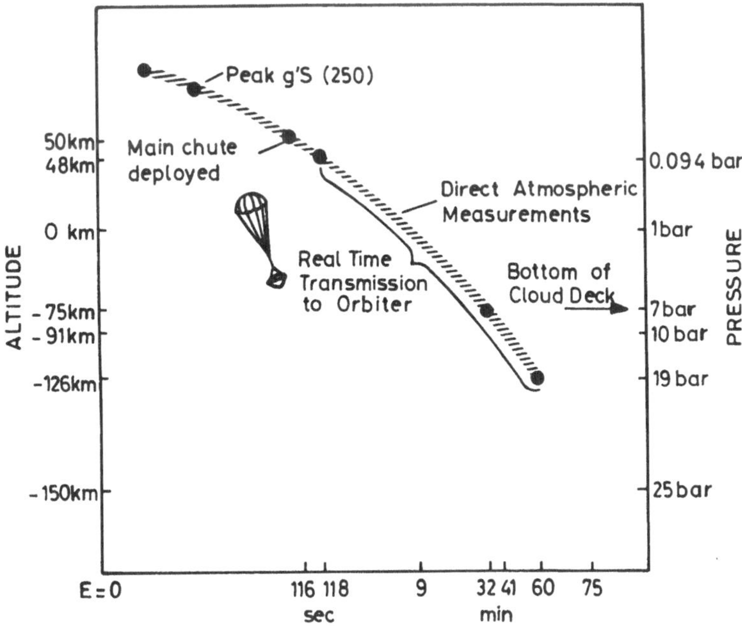

Bild 4: Abstieg der GALILEO PROBE in die Jupiteratmosphäre /4/

einer Li-SO$_2$-Primärbatterie, die für das Meßintervall von etwa einer h
eine elektrische Leistung von 500 W liefert. Davon wird der Hauptteil
von den zentralen Einrichtungen der Sonde verbraucht: (1) 2 L-Band-
Sender (1.387 GHz, 23 W Ausgangsleistung), (2) Redundantes Komman-
do/Daten-Übertragungssystem, (3) Pyrotechnik, Überwachungsfunktionen,
(4) Energieverteilung. Für die 6 physikalischen Instrumente an Bord
der Probe bleiben etwa 65 W, d.h. nur 13 % der verfügbaren elektrischen Leistung. Ein ähnliches Bild liefert die Massenbilanz. Von der
Gesamtmasse der Probe (330 kg) entfallen etwa 2/3 (213 kg) auf Hitze-
schilde und Fallschirm und nur 8,5 % (28 kg) auf die Instrumentierung.

Bei ISPM /6/ wird wie bei PIONEER 10/11 und VOYAGER 1/2 die Masse des Jupiter dazu benutzt, die Raumsonde in eine andere Bahn, hier senkrecht zur Ekliptik umzulenken (swing by). Auf dieser Bahn überfliegt sie nacheinander beide Pole der Sonne und eröffnet damit zum ersten Mal die Möglichkeit, das aus den Polregionen abströmende solare Plasma zu analysieren. Die Energieversorgung erfolgt wegen der zeitweise großen Entfernung zur Sonne aus einem thermoelektrischen Generator, der durch die Zerfallswärme radioaktiver Isotope beheizt wird. Dieser Generator liefert eine elektrische Leistung von etwa 260 W. Davon stehen für 9 physikalische Instrumente 60 W (23 %) zur Verfügung. Von der Gesamtmasse (300 kg) entfallen 55 kg (18 %) auf die 9 Instrumente.

GIOTTO /7-12/ ist die ESA-Mission zum Kometen Halley. In Bild 2 ist die Bahn des mit einer Periode von 76 Jahren umlaufenden Kometen Halley eingezeichnet. Im Januar 1986 wird er wieder sein Perihel durchlaufen. 2 Monate später, im März 1986 wird GIOTTO die den Nukleus des Kometen umgebende Gashülle (Koma) in einem Abstand von weniger als 1000 km vom Nukleus durchqueren. Die spinstabilisierte GIOTTO-Sonde ist dabei in Konkurrenz zu den beiden russischen Sonden VEGA 1/2, die zunächst Venus-Landesonden absetzen und dann auf einen Kurs zum Kometen Halley einschwenken, sowie zu einer japanischen Sonde (MS-T5). Diese werden zwar einige Tage vor GIOTTO ankommen, sich allerdings dem Nukleus nur auf 10 000 und 3000 km bzw. 1 Million km nähern. Der Anteil der 10 Experimente an der Gesamtmasse von GIOTTO (950 kg) beträgt 54,4 kg (15 %). Die Energieversorgung erfolgt aus Akkumulatoren, die während der Anflugphase von einem Solargenerator geladen werden. Während der Meßzeit (4 h) stehen etwa 210 W zur Verfügung, davon 62 W (30 %) für die 10 Instrumente.

3. Umweltbedingungen

Die Auslegung der Bordelektronik muß auf die folgenden Umweltbedingungen Rücksicht nehmen: (a) Strahlungsbelastung, (b) Weiter Temperaturbereich, (c) Hohe mechanische Belastung (Start, Eintauchen in Atmosphäre, Landung), (d) Keine Reparaturmöglichkeit. Indirekt aus Umweltbedingungen abgeleitete Forderungen sind: (e) Niedrige Energieaufnahme und (f) Niedrige Masse.

In Bild 5 ist die Reihenfolge angegeben, in der nach meiner Beurteilung diese 6 Randbedingungen bei GALILEO PROBE, ISPM und GIOTTO die Auslegung der Instrumentenrechner bestimmen. Strahlungsbelastung und niedrige Energieaufnahme stehen an vorderster Stelle. Bei vielen Missionen, z.B. bei GALILEO und ISPM ist die Partikelstrahlung für die Elektronik die einschneidenste Umweltbedingung. Die Quellen der Partikelstrahlung im interplanetaren Raum sind die Sonne und eine Vielzahl ferner galaktischer Objekte /17, 18/.

Restriktion	Galileo Probe	ISPM	Giotto
Partikel-Strahlung	1	1	3
Temperaturbereich	4	4	4
Mech. Belastungen	4	4	4
Fehlende Rep. Mögl.	4	4	4
Niedrige Leistungsauf.	2	2	1
Niedrige Masse	3	3	

Bild 5: Rangfolge (1 bis 4) der entwurfsbestimmenden Umweltbedingen für die Instrumentenrechner bei GALILEO PROBE, ISPM und GIOTTO

Ungefährlich ist der Sonnenwind. Er wird gebildet aus ständig von der Sonne abströmendem Plasma (Elektronen + Ionen). Die Ionen sind ganz überwiegend Wasserstoffionen (= Protonen). In der Nähe der Erdbahn hat der Sonnenwind eine Dichte von etwa 5 Ionen/cm^3 und eine mittlere Geschwindigkeit von etwa 500 km/s. Die dieser Geschwindigkeit entsprechende Partikelenergie ($\approx$ 2 KeV für Protonen) ist so niedrig, daß die Sonnenwindpartikel schon in einer dünnen Folie vollständig steckenbleiben.

Gefährlich ist dagegen die in gelegentlichen "bursts" auftretende solare kosmische Strahlung. Darunter versteht man Teilchenpopulationen etwa derselben atomaren Zusammensetzung, aber mit wesentlich höherer Energie (> 30 KeV bei Elektronen, > 300 KeV bei Protonen). Diese energetischen Teilchen stammen aus Beschleunigungsprozessen innerhalb lokaler Sonneneruptionen (flares). Die "bursts" dauern typisch einige Tage an.

Die galaktische kosmische Strahlung besteht überwiegend aus Protonen mit kleinen Anteilen höherer Elemente. Im Gegensatz zur gerichteten solaren kosmischen Strahlung ist sie omnidirektional, zeitunabhängig und erstreckt sich zu höheren Energien. Das Bild 6 zeigt ein typisches Gesamtspektrum der kosmischen Strahlung /19/. Bei Energien < 1GeV/Nucleon besteht eine starke Abhängigkeit von der solaren Aktivität.

Neben der kosmischen Strahlung im freien interplanetaren Raum sind die Strahlungsgürtel innerhalb der planetaren Magnetosphären von großer Bedeutung. Elektrisch geladene Partikel des anströmenden Sonnenwindes werden von der Magnetosphäre eingefangen und beschleunigt. Besonders hohe Intensitäten treten in äquatorialen Ringstrukturen auf (Van Allen Gürtel der Erde) /17, 20, 21/. Von den Planeten haben nur Erde, Jupiter und Saturn starke Magnetfelder mit entsprechend ausgeprägten Strahlungsgürteln /22, 23/. In der Jupiter-Magnetosphäre sind außerdem noch hochenergetische, schwere Ionen (S, O) zu berücksichtigen, deren Ursprung man in den vulkanischen Eruptionen des Mondes Io vermutet /23, 24/.

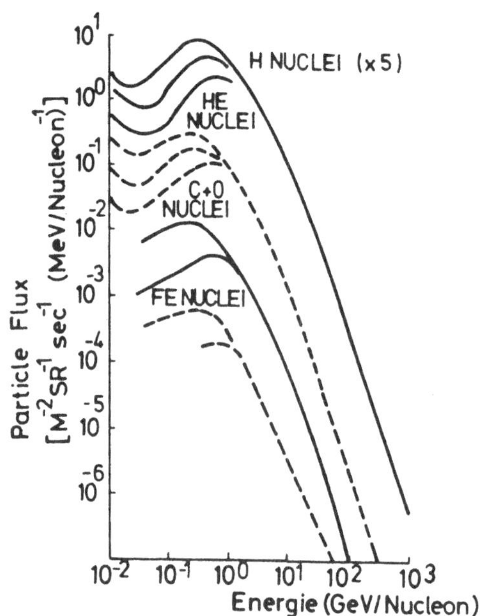

Bild 6: Spektrum der kosmischen Strahlung /19/. Bei Energien < 1 MeV/Nucleon besteht eine starke Abhängigkeit von der solaren Aktivität.

4. Strahlungsschäden

Bei interplanetaren Missionen beruhen die Strahlungsschäden an elektronischen Bauteilen ausschließlich auf der Bombardierung mit geladenen Teilchen (Elektronen, Ionen). Dabei sind zwei Schädigungsmechanismen von Bedeutung, von denen der eine integral auf oberflächennahe

Halbleiterstrukturen wirkt, der andere dagegen momentan auf Strukturen im Halbleiterinneren. Bei nuklearer Strahlungseinwirkung werden die Strahlungschäden dagegen im wesentlichen von hochenergetischen Neutronen sowie Röntgen- und Gammastrahlung verursacht /25/.

Der integrale Schädigungsmechanismus besteht darin, daß geladene Teilchen beim Eindringen in ein Material ihre Energie durch Stöße an die Hüllelektronen der Materialatome abgeben und so diese ionisieren. Die im Volumenelement deponierte Energie (Dosis) wird in Rad gemessen. Es ist 1 Rad = 10^{-2} J/kg = $6,24 \cdot 10^{-7}$ MeV/g. Die kinetische Energie der betrachteten Teilchen im KeV- und MeV-Bereich ist sehr viel größer als die Ionisationsenergie (einige eV), sodaß längs der Partikelbahn sehr viele Elektronen/Lochpaare erzeugt werden. Im Halbleiter (Si) werden die überschüssigen Ladungsträger sofort durch Rekombination abgebaut, im Isolator (SiO_2) sind sie dagegen permanent. Dabei besteht zwischen Elektronen und Löchern der Unterschied, daß die Elektronen frei wandern können, die Löcher aber von Haftstellen (traps) im SiO_2 und an dessen Oberfläche eingefangen werden, so daß sich eine der Dosis proportionale positive Ladung im SiO_2 aufbaut. Erfolgt dies im Gateoxid eines MOS-Transistors, so wird dessen Schwellenspannung verschoben, erfolgt dies in der Passivierung, so können im darunterliegenden Si parasitäre Inversionskanäle erzeugt werden.

Die biologische Strahlungsschädigung wird in rem gemessen. Es gilt die Umrechnung 1 rem = 1 Rad für Elektronen, $\approx 0,1$ Rad für Protonen, $\approx 0,05$ Rad für schwere Ionen. Die für den Menschen unschädliche Dosis liegt bei 25 rem, die Grenze zur letalen Dosis liegt bei 250 rem /26/. Bei der GALILEO- und der ISPM-Mission müssen die elektronischen Bauteile eine Elektronen/Protonen-Dosis von etwa 50 KRad ohne Beeinträchtigung ihrer Funktion überstehen. Dies ist mehr als das 200-fache der für den Menschen letalen Dosis. Hochintegrierte MOS-Bauteile (RAMs, Mikroprozessoren usw.) aus Standardprozessen haben eine Toleranzdosis von etwa 1 KRad /27, 28/. Für Protonen/Elektronen entspricht dies etwa 100/1000 rem, d.h. Standard- MOS-Bauteile sind etwa genauso empfindlich wie der Mensch.

Die von geladenen Teilchen in einem Masseelement deponierte Energie ist von der Energie der Teilchen abhängig. Für Elektronen mit einer Energie > 1 MeV gilt der nahezu konstante Umrechnungsfaktor 1 Rad $\hat{=}$ $3 \cdot 10^7$ Elektronen/cm^3. Für Ionen ist die Abhängigkeit derart, daß die im Masseelement deponierte Energie mit der Kernladungszahl steigt und

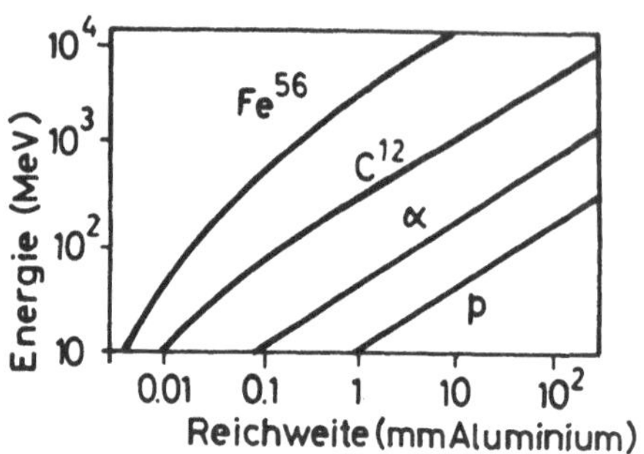

Bild 7: Reichweite von energetischen Ionen in
Aluminium /19/

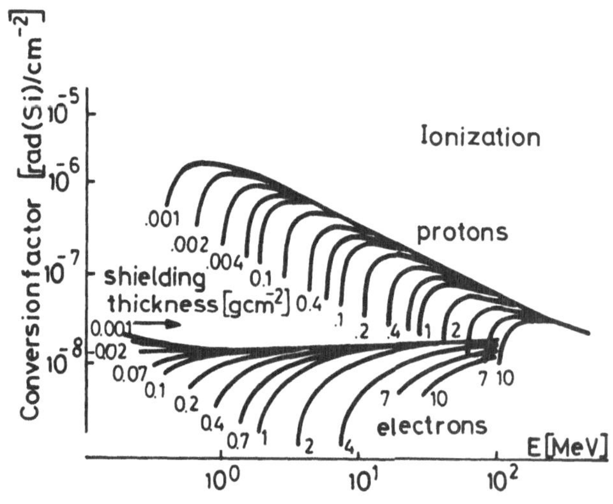

Bild 8: Dosisbeitrag monoenergetischer
Elektronen und Protonen in Abhängigkeit von der Abschirmdicke.

mit der Energie abnimmt. Von Ionen
mit gleicher Energie, aber verschiedener Masse erzeugen die
schweren Teilchen eine kürzere,
aber kräftigere Ionisationsspur
(Bild 7). Abschirmungen schneiden
den niederenergetischen Teil des
Energiespektrums ab, und zwar
scharf für Protonen und Ionen,
weich für Elektronen. Das Bild 8
liefert für monoenergetische Elektronen bzw. Protonen die Dosis pro
Partikel hinter einer Abschirmung
mit einer Massenbelegung bis zu
10 g/cm^2. Damit kann für ein bestimmtes Energiespektrum vor der
Abschirmung die Dosis hinter der
Abschirmung berechnet werden. Bild
9 zeigt das Ergebnis der
entsprechenden Berech-
nung für die ISPM-Sonde,
die wie die GALILEO-Son-
de den Strahlungsgürtel
des Jupiter durchquert.
Bei einem Sicherheits-
faktor von etwa 2 für
die Dosis wäre für Stan-
dard-MOS-Bauteile eine
Schirmung mit einer Mas-
senbelegung von 20 g/cm^2
nötig. Dies ist aus Ge-
wichtsgründen völlig un
realistisch und zeigt die
Notwendigkeit strah-
lungsresistender Spe-
zialbauteile.

Der Beitrag der schweren
Ionen zum integralen
Schädigungsmechanismus ist vernachlässigbar. Die höhere Energieabgabe

im Masseelement kann den sehr niedrigen Anteil an der Population bei weitem nicht aufwiegen. Dagegen sind schwere Ionen die alleinigen Verursacher des zweiten, momentan wirkenden Schädigungsmechanismus. Dieser besteht darin, daß durch Ionisation lokal in einem kleinen Halbleitervolumen eine so große Ladungsträgerdichte (typ 10^{18} e/cm^3 = 10^6 e/μm^3) erzeugt wird, daß in Sperrichtung vorgespannte pn-Übergänge leitend werden /29, 30/. Dies kann zu einer temporären Fehlfunktion führen (single event upset, soft error) oder - seltener, aber schwerwiegender - zum Übergang einer Vierschichtstruktur (pnpn bzw. npnp) in den dauerleitenden Thyristorzustand (latch up). Im Bauteil kann dann Strom direkt von der Versorgungsleitung nach Masse fließen und es innerhalb von ms thermisch zerstören .

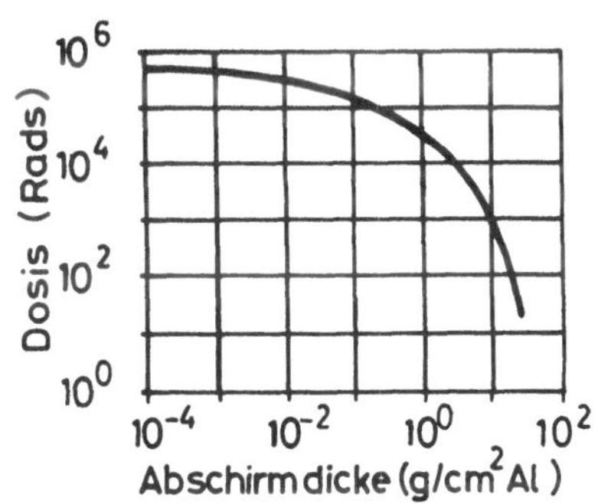

Bild 9: Dosis der ionisierenden Strahlung in Abhängigkeit von der Abschirmdicke bei ISPM.

Welche Teilchen können auf einer Weglänge von 1 μm eine Ionisationsladung von etwa 10^6 Elementarladungen erzeugen? Aus der mittleren Paarbildungsenergie für Si von 3,6 eV /31/ folgt für 10^6 Paarbildungen ein Energieverlust von E = 3,6 MeV/μm bei dem erzeugenden Teilchen. Aus Bild 7 entnimmt man für durch 0,1 - 1 mm Al moderierte Eisenionen (Z = 26) einen wegbezogenen Energieverlust von etwa dieser Größe, für Kohlenstoffionen (Z = 6) aber schon etwa eine Größenordnung weniger. Danach sind nur schwere Ionen (Z >> 6) gefährlich, und dies nur dann, wenn sie so hochenergetisch sind, daß sie die ohnehin vorhandene Abschirmung von typ 0,8 g/cm^2 passieren können und dann eine empfindliche Zone innerhalb des Chips durchqueren. Aus Bild 7 entnehmen wir, daß Fe-Ionen hierfür eine Mindestenergie von 8 GeV haben müssen. Aus dem (kleinen) Anteil der Ionen der Fe-Gruppe an der Gesamtpopulation (Bild 6) und dem experimentell zu bestimmenden relativen Anteil der sensitiven Teilchenspuren lassen sich für ein bestimmtes Bauteil die zu erwartenden Fehlerraten bestimmen.

5. Bauteile für Missionen mit hoher Strahlungsbelastung

Einen Überblick über die Strahlungsempfindlichkeit der verschiedenen Bauteilarten findet man in /32/, Angaben über die Toleranzdosen spezieller Typen in /33-36/.

Grundsätzlich sind bipolare Schaltungen ohne Lateraltransistoren (d.h. TTL, ECL, aber nicht I^2L) wegen ihrer im Inneren des Siliziums liegenden aktiven Zonen sehr viel unempfindlicher gegen ionisierende Strahlen als MOS-Transistoren. Der Nachteil gegenüber CMOS ist die hohe Ruhestromaufnahme. Das Verhältnis von mittlerer zu maximaler Schaltfrequenz liegt in einem digitalen System in der Größenordnung von 5 %. Vergleicht man alternative Realisierungen in Bipolar- und CMOS-Technik auf der Basis gleicher maximaler Schaltfrequenz, d.h. gleicher Verarbeitungsleistung, so verhält sich die mittlere elektrische Leistungsaufnahme beider Realisierungen etwa wie 10:1. Bei der Entwicklung strahlungsresistenter CMOS-Schaltkreise sind in den letzten 10 Jahren beachtliche Fortschritte gemacht worden /37/. Viele Schaltkreise der 4000er-Familie sind heute in strahlungsresistenter Ausführung (Toleranzdosis >100 KRad) allgemein verfügbar. Leider trifft dies für Mikroprozessoren noch nicht zu und für RAM- und ROM- Bausteine nur beschränkt. Aus Entwicklungen der Sandia-Laboratorien sind für NASA-Missionen eine strahlungsresistente (100 KRad) Ausführung des 8 Bit-Mikroprozessors 1802, des maskenprogrammierten ROMs 1834 (1Kx8) sowie ein niedrigintegriertes, statisches CMOS-RAM (TC 244, 256x4) verfügbar.

Eine aus 100 KRad-Bauteilen aufgebaute Elektronik benötigt z.B. für die ISPM- (und auch GALILEO-) Mission bei einem Sicherheitsfaktor von 2 für die Dosis eine Abschirmung von etwa 0,8 g/cm^2 = 3 mm Al (Bild 9). Diese Schirmung wird von der Sondenstruktur, den Einbauten (Elektronikboxen, Batterien, Verkabelung etc.), den Boxwänden (0,6 mm Al) und den innerhalb der Box benachbarten Platinen geliefert.

Die beiden schwerwiegendsten Engpässe sind, daß für den Programmspeicher nur maskenprogrammierte CMOS-ROMs zur Verfügung stehen und daß der Integrationsgrad der CMOS-RAMs mit 1 KBit/Baustein extrem niedrig ist. Bei den maskenprogrammierten ROMs stört die lange Lieferzeit von typ. 1/2 Jahr. Diese lange Zeit ist deshalb so ärgerlich, weil die für Raumsonden gebauten physikalischen Meßinstrumente Einzelentwicklungen

sind und daher erst verhältnismäßig spät alle Komponenten (Sensor-
mechanik, Sensoren, Sensorelektronik, DPU) zusammengefügt und in ihrem
Zusammenspiel getestet werden können. Bei den Tests entdeckte Mängel
versucht man vorzugsweise - weil im Prinzip dort die größte Flexibilität installiert ist - durch Programmänderungen zu beheben (Anpassung
von Konstanten, Einführung spezieller Skalenfunktionen, Änderungen im
Meßablauf etc.). Strahlungsresistente CMOS-PROMs sind leider nicht
verfügungbar. Die Toleranzdosis bipolarer PROMs liegt mit 100 KRad
ausreichend hoch, ist aber mit einer großen Leistungaufnahme (typ
500 mW/Baustein) verbunden. Abhilfe schafft die Technik des "power
strobing". Nur während des Zugriffs wird der für die Abwicklung des
individuellen Zugriffs benötigte Schaltungsteil an die Versorgungsleitung gelegt, die übrige Zeit aber abgetrennt (Bild 10) /38/. Mit einer

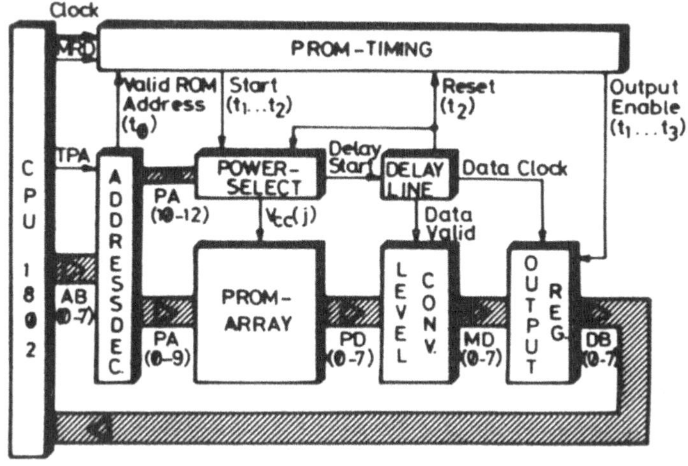

Bild 10: "Power Strobing" bei bipolarem PROM-Speicher

Einschaltzeit von 500 ns erhält man bei der Zugriffsrate des strahlungsresistenten 1802-Prozessors (2,5 10^5 Zugriffe je s) eine Leistungsaufnahme von 150 mW gegenüber 100 mW bei CMOS-ROMs. Die anteilige Masse (einschl. Platine, Mutterplatine und Box) für 8 K Byte erhöht
sich allerdings von 20 g auf ca. 80 g. Ursache hierfür ist der erhebliche Aufwand für die Spannungsschalter, die Pegelwandler und die Ablaufsteuerung.

Eine andere Möglichkeit ist, das Programm in bipolaren PROMs zu halten
und bei der Initialisierung in einen entsprechenden RAM- Bereich zu

laden. Dafür müßten aber hochintegrierte, strahlungsfeste RAM-Bausteine zur Verfügung stehen.

Ein wesentlicher Unterschied zu Rechnern für konventionelle Umgebungsbedingungen ist, daß die Bereitstellung von Speicherkapazität sehr aufwendig ist. Die Einsparung von Speicherplatz ist bei Missionen mit hoher Strahlungsbelastung (GALILEO, ISPM) immer noch ein vorrangiges Entwurfsziel.

6. Struktur

Innerhalb der DPU (Bild 1) können wir vier Ebenen unterscheiden: (1) Interface zur Sensorelektronik; (2) schnelle, ereignisgesteuerte Datenverarbeitung; (3) Mikroprozessorsystem für (a) Weiterverarbeitung und Formatierung der Meßdaten, (b) Bedienung der Sonden-Interfaces, (c) Dekodierung und Ausführung der Telekommandos, (d) Bedienung des Kommando-Interfaces zur Sensorelektronik; (4) Sonden-Interfaces für (a) ankommende Kommandos, (b) ankommende Statussignale, (c) abgehende HK-Daten (Housekeeping: Überwachung von Spannungen, Strömen, Temperaturen usw).

Die Ebenen (3) und (4) unterscheiden sich von Instrument zu Instrument nur wenig in ihrer Grundstruktur. Kern ist heute immer ein μP-System mit Arbeits- und Programmspeicher. Für den Konservatismus bei der Bauelementeauswahl wie die lange Zeitspanne von da bis zum Start ist kennzeichnend, daß PIONEER-VENUS (1978) die erste interplanetare Mission war, bei der ein Mikroprozessor (4004) eingesetzt wurde /3/. Für Missionen mit hoher Strahlungsbelastung (GALILEO, ISPM) gelten die Einschränkungen in Abschn. 5. Bei Missionen mit nur mäßiger Strahlungsbelastung (GIOTTO) werden auch andere CMOS-Prozessoren, -RAMs und -ROMs eingesetzt werden, wobei jeweils die Toleranzdosis dieser Bausteine und die Mindestdicke der Abschirmung ermittelt werden müssen.

Zur Erniedrigung der dynamischen Verlustleistung werden folgende Maßnahmen angewendet: (1) Herabsetzen der Taktfrequenz während der Warteschleifen des Hintergrundprogramms, wobei die Reaktionszeit auf DMA- bzw. Interrupt-Anforderungen die minimale Taktfrequenz bestimmt. (2) Eindeutige Ruhepegel bei schwimmenden Busleitungen, entweder pas-

siv durch Widerstände oder aktiv durch rückgekoppelte, nichtinvertie-
rende Gatter. (3) Abschotten von nur unidirektional benutzten, stark
kapazitätsbeladenen Busausläufern. Immer vorgesehen werden: (1) eine
Schaltung zur Auslösung des "power on"-Reset, die auch dann sicher arbeitet, wenn die Versorgungsspannung nur langsam ansteigt und (2) ein
"watch dog"-Zähler, der bei ordnungsgemäßem Programmablauf von diesem
immer vor Erreichen des Überlaufs zurückgesetzt wird, bei Überlauf
aber eine neue Initialisierung auslöst.

Anders als die Ebenen (3) und 4) sind die Ebenen (1) und (2) von Instrument zu Instrument sehr unterschiedlich ausgestaltet. Als typische
Beispiele betrachten wir das ISPM-Solar Wind Ion Spectrometer (SWICS)
und die Giotto-Halley Multicolour Camera (HMC). SWICS /39, 40/ gehört
zur Klasse der Partikelinstrumente. Seine Aufgabe ist es, für Ionen
mit Energien von 0,5 bis 80 KeV/Q das Intensitätsgebirge über der von
der Ionenmasse M und dem Masse-Ladungsverhältnis M/Q aufgespannten
Ebene zu bestimmen, und zwar kommandierbar über alle oder ausgewählte
Spinsektoren. Die durch einen Collimator eingetretenen Partikel durchlaufen nacheinander: (1) eine elektrostatische Ablenkstrecke zur Se-
lektion von Ionen eines bestimmten Energie-Ladungsverhältnisses E_0/Q,
(2) eine Nachbeschleunigungsstrecke (U_a = 15/30 KV), (3) eine Ge-
schwindigkeitsmeßstrecke (Länge d, Laufzeit T) und verlieren dann (4)
ihre Energie E in einem Halbleiterdetektor.

Das gemessene Wertepaar E/T (8/10 Bit) wird wegen des Potentialunterschiedes von 30 KV seriell über Optokoppler zum E/T-Interface der DPU übertragen (Bild 11). Die maximale Ereignisrate beträgt 25 KHz ($\hat{=}$ 500 Kbps). Aus E,T und dem durch die Deflektorspannung U_D eingestellten E_0/Q-Verhältnis lassen sich die Masse M und das Masse Ladungsverhältnis M/Q bestimmen. Vom Meßprinzip her sind die Bestimmungsgleichungen für M/Q und M einfach:

$$M/Q = 2 \, (E_0/Q + U_a) \, (T/d)^2$$
$$M = 2 \, E \, (T/d)^2.$$

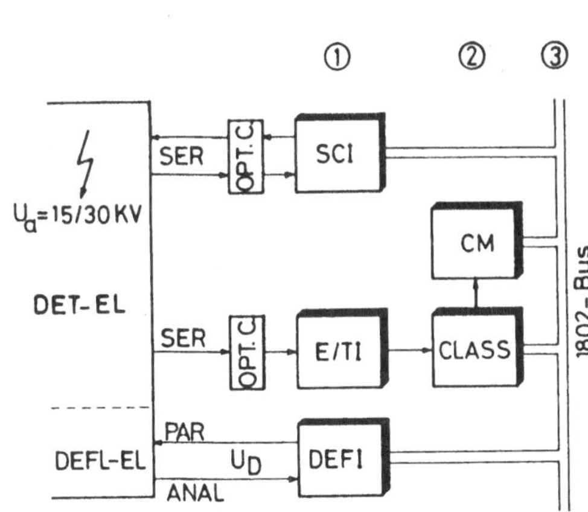

Bild 11: Die Hardware-Ebenen (1)
und (2) der SWISC-DPU

Im realen Instrument sind die Abhängigkeiten $M/Q = f(E_o/Q, U_a, T)$ und $M = f(E,T)$ wesentlich komplizierter und im Detail erst nach der Kalibrierung des Instrumentes bekannt. Die Klassifizierung nach M und M/Q erfolgt daher nicht arithmetisch, sondern durch lineare Interpolation in Tafeln für $M/Q = f(U_D, T)$ und $M = f(E,T)$ (Bild 12). Für jede der beiden Beschleunigungsspannungen U_a ist eine eigene (M/)Q-Tafel vorhanvorhanden. Für jedes Eingangswertepaar im Grobraster der U_D/T- bzw. E/T-Ebene enthalten die Tafeln einen Stützwert und die beiden orthogonalen Gradienten. Die Multiplikation mit den Abweichungen zum Grobraster (= niederwertige Bits U_L, T_L und E_L von U_D, T und E) erfolgt mit vier identischen Multiplikationstafeln. Die M-M/Q-Ebene ist in 512 unterschiedlich große Rechtecke (bins) aufgeteilt. Die Zuordnung der Binaadresse erfolgt

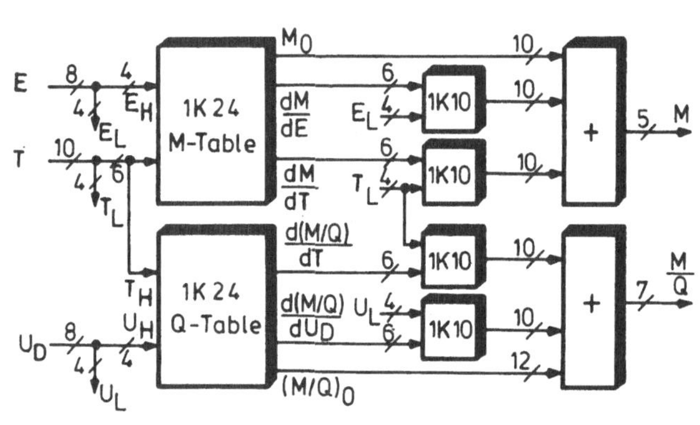

Bild 12: Bestimmung von M und M/Q durch lineare Interpolation in zwei Tafeln $M = f(E,T)$ und $M/Q = f(U_o,T)$

ebenfalls durch eine von M und M/Q adressierte Tafel. Die Multiplikationstafeln und die Binadresstafel stehen frühzeitig fest und sind daher als CMOS-ROMs ausgeführt. Die M- und (M/)Q-Tafeln werden demgegenüber erst endgültig bei der Kalibrierung fixiert und sind demzufolge in bipolaren PROMs mit "power strobing" implementiert. Die Klassifikation eines Ereignisses liefert je eine Binaddresse für die beiden Abteilungen des Zählspeichers CM (Bild 11). Diese Abteilungen werden vom /µP in der nachgelagerten DPU-Ebene (3) zyklisch mit unterschiedlichen Perioden (1 bzw 64 Spinperioden) gelesen. Dadurch erhält man zwei Intensitätsspektren, eins über der feingerasteten M-M/Q-Ebene mit niedriger Zeitauflösung (12 s x 64 $\approx$ 13 min) und ein zweites über der grobgerasterten M-M/Q- Ebene mit mittlerer Zeitauflösung (12 s).

Eine Übertragung aller E/T-Meßwerte (max 25 000/s) für eine Klassifikation am Boden ist mit der verfügbaren Datenrate (88 bzw 44 bps) völlig unmöglich. Für gewisse, seltene, durch ihre Lage in der M-M/Q-Ebene ausgezeichnete Ereignisse ist man aber an der Originalinformation interessiert. Diese E/T-Werte werden von der Klassifikation dem μP-System angeboten, dort nach einem prioritätsgesteuerten Verdrängungsschema zwischengespeichert und unter Beifügung einer Sektorkennung in den Datenrahmen eingefügt. Damit werden drei Typen von Meßergebnissen übertragen, die sich unterscheiden in der Art des bitratenbedingten Kompromisses zwischen den Forderungen nach: (a) hoher Auflösung in M und M/Q, (b) hoher Auflösung in der Zeit und (c) lückenloser Überdeckung der Zeit.

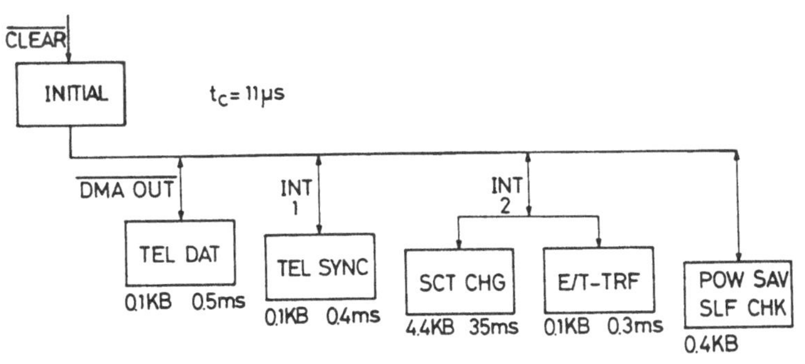

Die Programmierung erfolgt wegen des kostbaren Speicherplatzes vollständig in der Assemblerebene. Bild 13 zeigt die Programmstruktur des μP - Systems. Die beiden höchsten Prioritätsebenen

Bild 13: Programmstruktur der SWISC-DPU

(DMA, Interruptebene 1) sind der Telemetriebedienung zugeordnet. Unter DMA wird das Datenregister im Telemetrie-Interface byteweise nachgeladen (TEL DAT). In der Interruptebene 1 erfolgt die Synchronisation des Lesezeigers für den RAM-Bereich, indem der nächste Rahmen zur Übergabe an das Telemetrie-Datenregister vorbereitet wird (TEL SYNC). In der Interruptebene 2 werden die sensorseitigen Einrichtungen bedient. Beim "E/T-Transfer" wird auf eine entsprechende Anforderung der Klassifikation ein ausgewähltes E/T-Wertepaar in den Arbeitsspeicher übernommen und gegebenenfalls anschließend ein neues Selektionsmerkmal an die Klassifikation übergeben. "Sector Change" wird nach jeweils 1/8-Spin durch den Sektorzähler im Sonden-Interface ausgelöst. Hier erfolgt nacheinander die Bedienung des "Sensor Control"-Interfaces SCI, des Deflektor-Interfaces DEFI, und des Zählspeichers CM. Über das "Sensor-Control"-Interface wird seriell ein Kommandostring zu der auf

Hochspannungspotential liegenden Detektorelektronik übertragen und anschließend Zur Verifikation zusammen mit einer Reihe von Zählerinhalten rückübertragen. Bei diesen Zählergebnissen handelt es sich um Raten (Protonen, -Teilchen, bestimmte Koinzidenzen), die so hoch sind, daß sie nicht als Einzelereignis über den seriellen E/T-ADC-Optokoppler-Kanal übertragen werden können. Sie müssen demzufolge schon in der Detektorelektronik gezählt werden. Über das Deflektor-Interface wird nach je einer Spinperiode eine neue Deflektorspannung eingestellt und im Rückkanal eine der Deflektorspannung proportionale Analogspannung auf ihren korrekten Wert überwacht. Die Reihenfolge der Deflektorspannungswerte ist von den Meßergebnissen abhängig. Die Routinen "Sector Change" und "E/T-Transfer" unterbrechen sich nicht gegenseitig, damit die sektorbezogene Einordnung des ausgewählten E/T-Wertes nicht durch einen Sektorwechsel zerrissen wird. Unter "Sector Change" erfolgen außerdem die Vorbereitung des nächsten Datenrahmens mit Kompression der Zählraten (spezielle Gleitkomma-Darstellung), die Bedienung des Kommando-Interfaces und die Eintragung der kommandierten Aktionen in eine sektorbezogene Ausführungsliste. Niedrigste Priorität haben die durch "power on reset" angestoßene Initialisierung, sowie die Routinen "Power Saving" durch Reduktion der Taktfrequenz und "Self Check". Der vom Volumen her größte Programmteil ist "Sector Change" mit ca. 4 K Byte und einer maximalen Ausführungszeit von 35 ms. Insgesamt belegt das Programm etwa 5 K Byte.

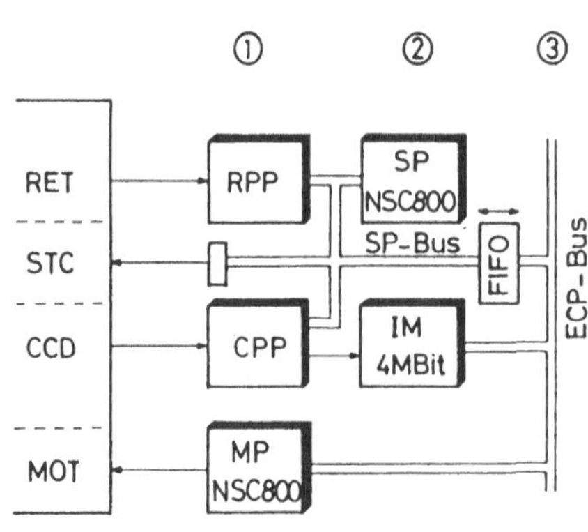

Bild 14: Die Hardware-Ebenen 1 und 2 der HMC-DPU

In Bild 14 ist die Struktur der DPU-Ebenen (1) und (2) der GIOTTO-Halley Multicolour Camera (HMC) /10 / dargestellt. GIOTTO ist eine spinstabilisierte Sonde und damit als Teleskop-Plattform leider weniger günstig als eine dreiachsenstabilisierte Sonde. Die Strahlungsbelastung ist vergleichsweise niedrig (<1 KRad innerhalb der Box, nur kosmische Strahlung, Missionsdauer nur 8 Monate), so daß bei der Bauteileauswahl viel mehr Freiheiten bestehen als bei GALILEO und SWICS. Die Fokalebene der Camera ist mit 4 CCD-Zeilensensoren und

einem Reticon-Zeilensensor /41/ ausgerüstet. Die wesentlichen Aufgaben
der DPU sind: (a) Die Ausrichtung der um 2 Achsen schwenkbaren opti-
schen Teleskopachse derart, daß in jedem Spin das Kometenbild mindestens einmal durch den (die) zur Beobachtung benutzten Zeilensen-
sor(en) geht. Dies ist zu Beginn der Beobachtung (4 h vor Vorbeiflug)
das empfindlichere und einen größeren Aspektwinkel erfassende Reticon,
später die vier höher auflösenden CCD-Zeilen. (b) Die Vorhersage der
Spinphase, bei der der nächste Zeilendurchgang erfolgt. (c) Die Auslösung der nächsten Aufnahme kurz vor dem vorhergesagten Zeilendurchgang
und die Steuerung der CCD-Taktung derart in Abhängigkeit von der Geschwindigkeit der Bildbewegung in der Fokalebene, daß eine unverzerrte
Aufnahme entsteht. (d) Die Analyse des Bildinhaltes und die Übertragung eines mit der Telemetrierate (20 Kbps) verträglichen Ausschnitts.
(e) Die Formatierung der Daten und die Bedienung der Sondenschnitt-
stellen (Daten, Kommandos, Statussignale). (f) Die Steuerung des Expe-
rimentablaufs. (g) Die Erzeugung der Pulssequenzen für die Ansteuerung
der Schrittmotoren. Ständig wird ein Vierfarben-Vollbild in dem Bildspeicher IM gehalten und kontinuierlich segmentweise in den Datenstrom
eingefügt bzw. nach dem Vorbeiflug als "bestes Bild" zusammenhängend
übertragen, sofern die Sonde das erwartete Staubbombardement überlebt
hat.

Die Funktionen (a) bis (d) und (g) sind in den DPU-Ebenen (1) und (2)
angesiedelt, (e) und (f) dagegen in den telemetrienahen Ebenen (3) und
(4). Jeder der drei Aufgabengruppen (a) bis (d), (e) bis (f) und (g)
ist ein 8 Bit-CMOS-Mikroprozessor (NSC 800) zugeordnet. Der Signalprozessor SP wird dabei durch einen externen Multiplizierer und die in
diskreter CMOS-Logik (teilweise "high speed" CMOS) ausgeführten Pre-
prozessoren RPP für den Reticonkanal und CPP für den CCD-Kanal unterstützt.

Der Bildspeicher IM faßt 4 Farbauszüge mit je 128 K Pixel zu 8 Bit,
insgesamt 4 MBit. Diese Kapazität kann bei vertretbarem Gewicht nur
mit hochintegrierten 64 K RAMs realisiert werden. Zum Zeitpunkt der
Entscheidung waren nur dynamische NMOS-RAMs in "kommerzieller" Qualität im keramischen DIP-Gehäuse verfügbar. Messungen der Toleranzdosis
an kleinen Losen verschiedener Hersteller lieferten im einzelnen Los
enggestreute Toleranzdosen zwischen etwa 300 Rad und 3 KRad /42/. Der
obere Wert ist bei der niedrigen Strahlungsbelastung von GIOTTO hinreichend, und der Speicher würde daher mit Bausteinen dieses Typs implementiert. Der hohe Integrationsgrad der RAM-Bausteine läßt eine

1 Bit-Hamming-Fehlerkorrektur im Rahmen des Massenbudgets zu, obwohl bei der niedrigen Wortbreite von 8 Bit damit eine Vergrößerung der internen Speicherkapazität um 50 % auf 6 Mbit verbunden ist. Selbst bei einer sehr pessimistischen Annahme für die Ausfallrate dieser "kommerziellen" Bausteine ($1000 \cdot 10^{-9}$/h) eine bessere Überlebenswahrscheinlichkeit des Speichers erreicht, als ohne Hammingkorrektur mit qualifizierten Bausteinen ($50 \cdot 10^{-9}$/h) /43 bis 45/.

Anders als bei SWICS werden in der HMC-DPU umfangreiche arithmetische (trigonometrische) Rechnungen durchgeführt und zwar hauptsächlich in dem mit Multiplizierer ausgerüsteten "Signal-Prozessor" SP. U.a. werden die Parameter der Drehbewegung der Sonde (Spin und Nutation) durch einen Korrelationsalgorithmus ermittelt und ständig aktualisiert /46/. Die "software" der HMC-DPU teilt sich wie folgt auf die drei Prozessoren auf: 32 KByte SP, 2 KByte MP, 8 KByte ECP. Diese im Vergleich zu SWICS großen Programmkapazitäten sind mit Standard-CMOS-PROMs implementiert.

7. Zuverlässigkeit

Ein Maß für die Zuverläsigkeit ist die Überlebenswahrscheinlichkeit am Ende der Hauptmissionsphase. Sie hängt ab von der Qualität des elektrischen Entwurfs, der Qualität der Verarbeitung und der Qualitätsklasse der Bauteile. Die Schwachstellen des Entwurfs spiegeln sich zum großen Teil in der Empfindlichkeit gegen Parameteränderungen wieder und können durch systematische Veränderung von Parametern (Versorgungsspannungen, Temperatur, Taktfrequenz, usw.) ermittelt und beseitigt werden.

Tab. 1 gibt einen Überblick über die verschiedenen Qualitätsklassen und ihre ungefähre Entsprechung /44/. Grundsätzlich kann Bausteinqualität gegen Redundanz getauscht werden. Redundanz kostet aber Masse und bei heißer Redundanz auch Verlustleistung. Der Einsatz von Masse für Redundanz in der DPU ist mit Abstrichen auf der Sensorseite und damit bei der wissenschenschaftlichen Ausbeute verbunden, der Einsatz von höherqualifizierten Bausteinen dagegen "nur" mit einer entsprechenden Kostenerhöhung. Solange diese gedeckt werden kann, wird von den Experimentatoren für Bausteine mit höherer Qualitätsklasse

Qual. Level	π_Q	Equivalent US Mil Specs		
		ICs	Trans. Diodes	Res. Cap.
E1	0.5	A	--	S
E2	1	B	JAN-TX-V	R
E3	3	-	JAN-TX	P
E4	8	C	JAN	M
com	75	com	com	com

$\lambda = \pi_Q (\pi_T \cdot \lambda_T + \pi_E \cdot \lambda_E)$: Part failure rate

π_Q: Quality factor

π_T: Temperature factor
= 1 at 41°C junction temp.
10 at 70°C

π_E: Environment factor
= 1 for space
5 for countdown
50 for launch transfer

λ_T, λ_E: listed dep. on number of equiv. gates/device, e.g.
6 10^{-9}/h for $\leq$10 gates

Tab. 1: Definition der Baustein-Fehlerrater in der ESA Spezifikation QRA 14

optiert. Diese Tendenz ist aber auch vielfach vom übergeordneten Standpunkt aus richtig. Solange nämlich bei dem betreffenden Projekt an bestimmten Stellen diese höherqualifizierten Bauteile sowieso benötigt werden, würde nur deren Losgröße vermindert, und die Kostenersparnis wäre verhältnismäßig gering. Welche Überlebenswahrscheinlichkeit läßt sich nun ohne Redundanz mit Bauteilen der Klasse E2 erreichen? Typisch liefert die Analyse der Fehlermöglichkeiten (FMCA) von DPUs ohne Redundanz, daß die Bausteine, deren Ausfall zum Totalverlust führt, eine Gesamtfehlerrate von etwa 10^{-5}/h liefern. Dieser Wert entspricht etwa 650 in Serie liegenden ICs der Klasse E2 mit 21-30 Gatterfunktionen. Die Wahrscheinlichkeit, daß innerhalb von 5 Jahren kein Totalausfall eintritt, hat bei Bausteinen der Klasse E2 mit 0,92 einen akzeptablen Wert, ist aber bei Bausteinen der Klasse E4 mit 0,5 unakzeptabel. Ein Ausfall der in anderen Pfaden liegenden Bausteine führt nur zur Degeneration durch Verlust von Teilfunktionen (Daten einzelner Sensoren, bestimmte Bereiche der Meßwerte, bestimmte Teile des Meßprogramms, etc.). In diesem Zusammenhang muß bedacht werden, daß die Sensoren in vielen Fällen die Hauptschwachstellen sind. Sind diese dagegen unkritisch, z.B. beim Fluxgate-Magnetometer, bei dem der Sensor aus einem passiven Ringkern besteht, so ist die Auslegung der Instrumentenelektronik auf eine angepaßt hohe Überlebenswahrscheinlichkeit durchaus sinnvoll. Ein Beispiel hierfür ist das Magnetometer für die NASA-ISPMSonde /47/. Die NASA-ISPM-Sonde sollte gemeinsam mit der ESA-ISPM- Sonde gestartet werden, wurde dann aber leider ein Opfer der Budget- Kürzungen. Bei diesem Instrument ist der Datenpfad von der Sensorelektronik bis zum Telemetrie-Interface aus zwei redundanten Zügen aufgebaut, allerdings aus Gewichtsgründen mit nur einem Spannungskonverter.

Anders ist die Situation bei den zentralen Subsystemen der Sonde, für die eine Überlebenswahrscheinlichkeit von etwa 0,98 gefordert wird. Hier, wie auch bei den Instrumenten für Erdsatelliten mit ihrem weniger kritischen Massenbudget, ist Parallelredundanz sehr verbreitet /3, 4, 44/ Es ist zu erwarten, daß dieser Trend auch auf die Instrumente für die masseempfindlichen interplanetaren Sonden übergreift, weil die kommerziellen Bauteile in ihrem Integrationsgrad den qualifizierten Bauteilen immer weiter vorauseilen. Hierfür gibt es eine Reihe von Gründen, z.B. weil sich die Kosten der qualifizierten Fertigung beim Hersteller nicht auszahlen, und weil Bauteile mit Spitzentechnologie nicht mehr unbedingt aus Fertigungsstätten in USA oder Europa kommen. Der sich ausweitende Abstand im Integrationsgrad eröffnet die Möglichkeit, durch die Kombination von kommerziellen VLSI-Bauteilen und Redundanz eine höhere Überlebenswahrscheinlichkeit zu erreichen als bei gleichem Gewicht mit Bauteilen der höchsten Qualitätsklasse erreichbar ist.

8. Aufbautechnik

Spezifische Forderungen an die Aufbautechnik sind: (1) Niedrige Masse; (2) Hohe mechanische Belastbarkeit; (3) Einfacher Austausch von Baugruppen während der Testphase; (4) Einhaltung sehr niedriger Störstrahlungspegel (EMC = Electro Magnetic Compatibility); (5) Keine im Vakuum stark ausgasenden Materialien; (6) Wärmeabführung durch Wärmeleitung wegen der im Vakuum fehlenden Konvektionskühlung; (7) magnetische Reinheit.

Die Reihenfolge gibt etwa die Rangordnung wieder, in der diese Kriterien Einfluß auf die Auslegung haben.

Die Masse hält man niedrig durch: (a) Möglichst hohen Integrationsgrad der Bauteile; (b) Massearme Gehäuse mit kleinem Flächenraster und niedriger Bauhöhe; (c) Dichte Packung der Gehäuse; (d) Verwendung von Mikro-Miniatursteckern; (e) Ausnutzung des Platinenstapels zur mechanischen Versteifung der Box.

Die Maßnahmen a bis c und e sind auch günstig für die mechanische Belastbarkeit. Starke mechanische Belastungen liefern die Vibrationen beim Raketenstart sowie gegebenenfalls die starke Abbremsung und die Vibrationen beim Eintritt in die Atmosphäre und beim Landen. Von der Projektleitung (NASA, ESA) werden jeweils missionsspezifische Testlevel festgelegt. Diese sind z.B. bei GALILEO PROBE, auszugsweise für eine Achse /48/:

Sinus-Vibration:

		Random-Vibration:	
10-25 Hz, 1 Oktave/30 s, 1 cm pp		50 Hz, 4 min, $1,7\ g^2/Hz$	
25-60 Hz	, 13,4 g	20-50 Hz	, + 6 db/oct
60-500 Hz	, 3,4 g	50-300 Hz	, - 6 db/oct

Beschleunigung: 400 g über 5 s

Durchweg verwendet man heute modifizierte Ausführungen der allgemein üblichen Tochter-Mutterplatinen-Bauweise. Tochter- und Mutterplatine sind über einen vielpoligen Mikrominiaturstecker im 50 mil (1,27 mm)-Raster verbunden. Bis zu etwa 80 Kontakten ist der einreihige, besonders leichte MILSTRIP-Stecker eingeführt (10 g/Paarung bei 80 Kontakten), für höhere Kontaktzahlen der zweireihige MEB-Stecker (28 g/Paarung bei 128 Kontakten). Frühere Bauarten, die im Hinblick auf die mechanische Festigkeit und die Fehlermöglichkeiten der Steckverbindungen auf die Austauschmöglichkeit der Tochterplatinen verzichtet haben (Lötverbindung zwischen Tochter- und Mutterplatine, Tochterplatinen im Leporello- Faltstapel ohne Mutterplatine, Ausschäumen) erfüllen nicht die Forderung (3) und werden daher kaum noch angewendet.

Die übliche Gehäuseform ist das Flat-Pack-Gehäuse mit Anschlußfahnen im 50 mil-Raster, die flach aufgelötet werden. Die große Anschlußdichte führt zu einer entsprechend großen Leiterbahndichte. Eine dichte Bestückung ist nur auf Multilayer-Schaltkarten möglich. Für Tochterplatinen sind 4 Signallagen und 2 Lagen für eine maschenförmige, d.h. niederinduktive Zuführung der Versorgungsspannungen üblich.

Leider sind meist nicht alle Bausteintypen im FP-Gehäuse beschaffbar. Dies führt dann auf einigen Tochterplatinen zu Mischbestückungen mit den üblichen DIP-Gehäusen im 100 mil Anschlußraster. Die wenigen DIP-Bausteine stören nicht so sehr durch ihren größeren Flächenbedarf als dadurch, daß sie einen größeren Abstand zwischen den Tochterplatinen mit einer entsprechenden Erhöhung der Mutterplatinen- und Boxmasse nötig machen. Eine sehr interessante Gehäuseform ist der "leadless chip carrier" (LCC), der die Kontaktierungen im 50 mil-Raster am Gehäuseboden längs aller 4 Seiten anordnet /49-51/. Leider bestehen noch Probleme mit der Zuverlässigkeit der Lötverbindungen unter thermischer Wechselbelastung, insbesondere bei den attraktiven größeren Gehäusen für hohe Kontaktzahlen. Die Ursache des Problems sind Unterschiede im Ausdehnungsfaktor der Platinen (glasfaserverstärktes Epoxydharz) und der Gehäusekeramik. Ansätze zur Lösung dieses Zuverlässigkeitsproblems unter Beibehaltung der eingeführten Multilayertechnologie, d.h. nicht mit Metallkern- oder Keramik-Multilayern, sind vorhanden /52-54/.

Wählt man als Vergleichsmaß den Flächenbedarf eines FP-Gehäuses mit 16 Anschlußfahnen ($1,85 \ cm^2 = 1 \ FP_\square$) bzw. den Brutto-Massenbeitrag desselben Bausteins ($1,5 \ g = 1 \ FP_M$), so erhalten wir folgende Vergleichstabelle /55/

16 - Contact - FP	$1 \ FP_\square$	$1 \ FP_M$
16 - - DIP	1,3	2,8
28 - - DIP	3,7	8,2
28 - - LCC	1,1	1,2
40 - - DIP	5,1	10,4
44 - - LCC	2,0	2,2

Unter Brutto-Massenbeitrag ist zu verstehen die Massensumme aus Gehäuse, anteiliger Tochterplatinenfläche, anteiliger Mutterplatinenfläche und anteiligem Kartenstecker. Nicht enthalten ist die anteilige Boxmasse. Für grobe Schätzungen kann man sie durch Anbringen des Faktors 1,2 berücksichtigen. Die Zahlen zeigen deutlich die Attraktivität des LCC-Gehäuses bei hohen Kontaktzahlen, d.h. bei hochintegrierten Bausteinen, deren relativer Anteil an der Bausteinpopulation ständig größer wird.

Ein großer Teil des Gewichtsvorteils geht wieder verloren, wenn die LCC-Gehäuse erst auf einen keramischen Zwischenträger gelötet werden, der dann als Pseudo-DIP-Baustein eingebaut wird. Diese Bauform ist z.B. von dem 256 KBit-CMOS-RAM-Modul HM 92560 her bekannt. Echte Hybridbausteine bringen wegen des hohen Gewichts von großen, hermetisch dichten Flachgehäusen keinen Gewichtsvorteil. Sie kommen daher und auch wegen der bei niedrigen Stückzahlen hohen Kosten nur selten zur Anwendung. In größerem Umfang eingesetzt wird ein im Auftrag von ESA entwickelter 64K CMOS Hybridbaustein, der in einem 1,25" x 1,25"-

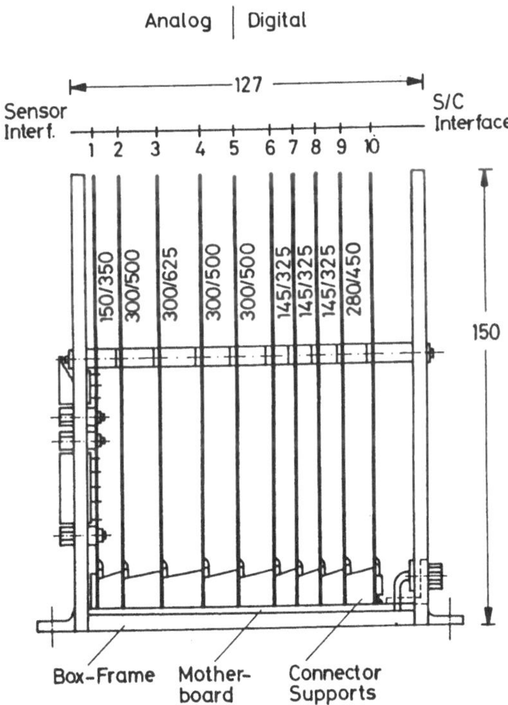

Bild 15: Schnitt durch die Elektronik-Box des GALILEO LDR/EPI-Experimentes.

Gehäuse 16 4K-CMOS-RAMs sowie einige Peripherieelemente enthält.

Bild 15 zeigt den Platinenstapel in der Elektronik-Box des GALILEO- Doppel-Experiments (LDR/EPI). Die Zahlenpaare wie z.B. 145/325 sind die Bestückungshöhe und das Platinenraster in mil. Zur DPU gehören die Platinen 6-9 sowie Platine 5 teilweise. Nach links schließt sich die Sensorelektronik an. Die Platine 10 ist der Spannungskonverter. Auf jeder der 114 x 136 mm^2 großen DPU-Platinen sind 80 Plätze für Standard-FPs mit 16 Kontaktfahnen sowie eine Restfläche von 7 cm^2 für Platinenstecker und freien Platinenrand. Der Platinenstapel wird durch einen zentralen (geteilten) Bolzen fest zusammengepreßt. Weiter werden die Platinen an drei Seiten vom Gehäuse geführt, hier durch Sicken im Beplankungsblech, häufiger aber durch Kämme. Spezielle Halterungen fixieren die Tochterplatine gegenüber der Mutterplatine und sorgen für eine mechanische Entlastung der empfindlichen Stecker.

Bei der GIOTTO-HMC-DPU werden wesentlich größere Platinen (140x212 mm^2 mit Mittelbolzen) benutzt, weil hier die mechanischen Beanspruchungen geringer sind als bei der in die Jupiteratmosphäre stürzenden GALILEO-Sonde. Häufiger findet man bei Missionen mit mäßiger mechanischer Beanspruchung findet man Platinen etwa mit den "GALILEO"-Maßen, aber dann ohne Mittelbolzen. Generell geht der Trend zu größeren Platinen. Vor 10 Jahren galten die bei den HELIOS-Experimenten 2, 4 und 6 eingesetzten Platinen mit 42 FP- Plätzen auf 110 x 90 mm^2 /56/ als groß.

9. Ausblick

Die Missionsplanung von NASA/ESA für den Rest dieses Jahrhunderts wird sich wahrscheinlich an dem vom Space Science Board der National Accademy of Science und dem NASA-Solar System Exploration Committee (SSEC) vorgeschlagenen Programm (Tab. 2) orientieren. Für die Missionen zu den inneren Planeten wird aus Kostengründen die Verwendung modifizierter Erdsatelliten empfohlen, für die Missionen zu Kometen und Asteroiden wie zu den äußeren Planeten eine Weiterentwicklung der MARINER-Sonden mit einer GALILEO-PROBE für die Erkundung der Atmosphäre des großen Saturnmondes Titan sowie der Planeten Saturn und Uranus.

Inner planets	Small bodies	Outer planets
Venus Radar Mapper	Comet Rendezvous	Titan Probe/Radar Mapper
Mars Geoscience/Climatology Orbiter	Comet Atomized Sample Return	Saturn Orbiter
Mars Aeronomy Orbiter	Main Belt Multiasteroid Orbiter/Flyby	Saturn Probe
Mars Surface Probe		Uranus Probe
Lunar Geoscience Orbiter	Near-Earth Asteroid Rendezvous	
Venus Atmospheric Probe		

Tab. 2: Missionen in dem SSED-Kernprogramm für die Zeit bis zum Jahr 2000 /57/

Auch für die Instrumente wird aus Kostengründen die stetige Weiterentwicklung der jetzigen Generation angestrebt. Bei den Missionen zu den inneren Planeten sowie den Kometen und Asteroiden wird die Instrumentenelektronik den allgemeinen Fortschritt zu immer höher integrierten, leistungsfähigeren Bausteinen ausnutzen können. Fernprogrammierung über dem Kommandoweg wird die Instrumente zu flexibler Anpassung an unerwartete Szenarien befähigen /58, 59/.

Anders ist die Situation für die Missionen zu den äußeren Planeten mit ihren starken Strahlungsgürteln. Hier hängt die Fortentwicklung der Experimentelektronik ganz stark vom technologischen Fortschritt auf dem Spezialgebiet der strahlungsresistenten, hochintegrierten CMOS-Schaltkreise ab. Eine Koordinierung der hierauf gerichteten Aktivitäten in USA, Japan und Europa wäre geboten, wird jedoch nicht leicht zu erreichen sein, weil ein großer Teil der Arbeiten in den USA Bestandteil klassifizierter Programme ist.

Literatur

/1/ M.F. Easterling: From 8 1/3 Bits/s to 100 000 Bits/s in Ten Years, IEEE Communications Soc. 9. 15-6, pp 12-15 (1977)

/2/ J.R. Kolden, V.L. Evanschuk: Planetary Telecommunication Development During the Next Ten Years, ibidem, pp 16-19

/3/ R.O. Fimmel et al.: Pioneer Venus, NASA SP 461, Washington (1983)

/4/ Project Galileo, Mission and Spacecraft Design, AIAA 21st Aerospace Science Meeting, Reno (1983)

/5/ C.M. Yeates, T.C. Clark: The Galileo Mission to Jupiter, Astronomy 10-2, pp 6-22 (1982)

/6/ G. Deike et al.: ISPM - Erster Schritt in die dritte Dimension des Sonnensystems, Dornier Post, 3, pp 51-55 (1979)

/7/ R.J.M. Olson: Giotto's Portrait of Halley's Comet, Scientific American, 240-5, pp 134-141 (1979)

/8/ E. Keppler: Erforschung der Kometen durch in-situ-Messungen, Vorbeiflug am Halleyschen Kometen, Z. Flugwiss. Weltraumforsch. 4-3, pp 157-162 (1980)

/9/ R.D. Auer et al.: Europäische Raumsonde GIOTTO, Dornier Post, 4, pp 44-49 (1981)

/10/ Scientific and experimental aspects of the Giotto mission, ESA, SP-169 (1981)

/11/ GIOTTO - Das Europäische Raumfahrzeug zum Halleyschen Kometen, Dornier Post, 2, pp 68-74 (1983)

/12/ Soviets to Aid Halley's Comet Observations, Aviation Week and Space Technology, 120-1, p 20 (1984)

/13/ Scientific American, 233-3, pp 22-173 (1975)

/14/ E. Keppler: Sonne, Monde und Planeten, München (1982)

/15/ Space Science Reviews, D. Reidel Publishing Comp., Dordrecht/ Boston

/16/ T.V. Johnson, L.A. Soderblom: Io, Scientific American, 249-6, pp 60-71 (1983)

/17/ J.A. Van Allen: Interplanetary Particles and Fields, in /13/

/18/ E. Keppler: Der Sonnenwind reicht weit in den Weltraum hinaus, Umschau 80-19, pp 586-591 (1980)

/19/ D. Bender et al.: Satellite Anomalies from Galactic Cosmic Rays, IEEE Trans. on Nucl. Sc., NS-22, pp 2675-2680 (1975)

/20/ R. Bäuerlein u. K. Wohlleben: Strahlenschädigung von Halbleiterbauelementen durch Elektronen- und Protonenstrahlung, Raumfahrtforschung, 1, pp 16-23 (1968)

/21/ K. Bogus: The Space Radiation Environment, Proc from ESA Radiation Presentation, Sept. 1977

/22/ E.N. Parker: Magnetic Fields in the Cosmos, Scientific American, 249-2, pp 36-46 (1983)

/23/ M.H. Acuna et al.: Physics of the Iovian and Saturnian Magneto-
spheres, Space Science Review, 35-3, pp 269-292 (1983)

/24/ J.M. Lenorovitz: NASA Altering Circuits on Jupiter Probe, Aviation Week and Space Technology, 119-31, pg 62 (1983)

/25/ D.K. Myers: What happens to semiconductors in a nuclear environment?, Electronics, 51-6, pp 131-133 (1968)

/26/ B. Bröcker: DTV-Atlas zur Atomphysik, München (1976)

/27/ M. Schlenther et al.: "In Situ" Radiation Tolerance Tests of MOS
RAMs, IEEE Trans. on Nucl. Sc., NS-25-6, pp 1209-1215 (1978)

/28/ D.K. Myers: Ionizing Radiation Effects on Various Commercial NMOS
Microprocessors, IEEE Trans. on Nucl. Sc, NS-24-8, pp 2169-2171
(1977)

/29/ J.F. Leavy, P.A. Poll: "Radiation-Induced Integrated Circuit
Latch-up, IEEE Trans. on Nucl. Sc., NS-16, pp. 96-103 (1969)

/30/ J.M. Stephen et al.: "Cosmic Ray Simulation Experiments for the
Study of Single Event Upsets and Latch-Up in CMOS-Memories, IEEE
Nuclear Symposium, July 1983

/31/ J.F. Ziegler, W.A. Lanford: Effect of Cosmic Rays on Computer Memories, Science, 206, pp 776-788 (1979)

/32/ V.A.J. van Lent et al.: Radiation Design Handbook for the Jupiter
Probe, NASA CR 152011, May 1977

/33/ D. Bräuning et al.: Datensammlung strahlungsgetesteter elektroni-
scher Bauteile, GfW-Handbuch, Herausgeber DFVLR, Nov. 1977

/34/ A. Stanley et al.: Radiation Design Criteria Handbook, JPL Technical Memorandum 33-763, Pasadena Cal., August 1976

/35/ A. Stanley et al.: Voyager Electronic Parts Radiation Program,
JPL Publication 77-41, Pasadena Cal., Sept. 1977

/36/ W. Price et al.: Total Dosc Radiation Effects Data for Semiconductor Devices, JPL Publication 81-66, Pasadena Cal., Dec. 1981

/37/ A. Holmes-Siedle, R.F.A. Treeman: Improving Radiation Tolerance
in Space-Borne Electronics, IEEE Trans on Nucl. Sc., NS-24-6,
pp 2259-265 (1977)

/38/ E. Krahn et al.: Mikroprozessor-Programmspeicher für Missionen
mit hoher Strahlungsbelastung, DGLR-Vortrag 81-082-1, Aachen,
Mai 1981

/39/ G. Gloeckler et al.: Solar Wind Composition Studies on the Out-
of-Ecliptic Mission, University of Maryland, Dept. of Physics and
Astronomy, College Park MD (1977)

/40/ F. Gliem et al.: Real Time Classification of Solar Wind Ions by
the SWICS Experiment of the ESA-ISPM-Mission, Z. Flugwiss. Weltraumforsch. 7-3, pp 178-183 (1983)

/41/ Datenblatt RL-1872 Solid State Line Scanners, EG & G RETICON,
Sunnyvale, Cal.

/42/ P. Berger, M. Gärtner: Selection of Suitable 64 K DMOS Memory Devices for the Mass Memory of the Giotto Camera, Inst. f. DV-Anlagen der TU Braunschweig (1982)

/43/ F. Gliem: Die Ausfallwahrscheinlichkeit von Speichermodulen mit
Fehlerkorrektur, Elektronische Rechenanlagen, 20-4, pp 170-177,
(1978)

/44/ M. Gärtner, F. Gliem: Reliability Design of an Image Integration
Memory for a Spaceborne Telescope, Preprints Eurocon 82, Copenhagen, Part I, pp 508-512 (1982)

/45/ ESA/ESTEC Product Assurance Division, Spec. QRA-14, Issue 4,
Failure Rates (1976)

/46/ F. Gliem: Die Acquisitionsmode der Halley Multicolour Camera
(HMC) für die Giotto Mission, DGLR-Vortrag 83-116, München (1983)

/47/ H. Eichel et al: Magnetometer Data Processing on Spin Stabilired
Spacecrafts, Z. Flugwiss. Weltraumforsch. 7-2, pp 112-120 (1983)

/48/ NASA AMES Research Center, GALILEO PROBE, Science Instruments and
Related Requirements, Spec. JP-512, Oct. 1978

/49/ P.R. Jones: Leadless carriers, components increase board density
by 6:1, Electronics, 54-71, pp 137-140 (1981)

/50/ J. Lyman: Chip-carriers, pin-grid arrays change the pc-board
landscape, Electronics, 54-26, pp 66-75 (1981)
/51/ B. Woodruff: Rectangular chip-carriers double memory-board density, Electronics, 55-2, pp 119-123 (1982)
/52/ K. Smith: Huge alumina substrates shrink avionics computer,
Electronics, 56-1, pp 81-82 (1982)
/53/ J. Orcutt: Printed circuits get a new border, Electronics, 55-7,
pp 141-145 (1982)
/54/ M.E. Refaie: Chip-package substrate cushions dense, high-speed
circuitries, Electronics, 55-14, pp 135-141 (1982)
/55/ M. Gärtner et al.: Mass Estimate for the Giotto-HMC-DPU, Institut für DV-Anlagen der TU Braunschweig, DA-82/1, (1982)
/56/ F. Gliem et al.: Die Bordrechner der HELIOS-Magnetometer-Experi-
mente E2 und E4, Raumfahrtforschung 20-1, pp 16-19 (1976)
/57/ D. Morrison, N.W. Hinners: A Program for Planetary Exploration,
Science 220, pp 561-567 (1983)
/58/ H.J. Katerle: Fernprogrammierbare Prozeßrechner als Hilfsmittel
für Experimentatoren, Z. Flugwiss. Weltraumforsch. 2-1, pp 52-58
(1981)
/59/ M. Markwitz et al.: Beispiele zur Elektronik in der Raumfahrt,
Luft- und Raumfahrt, 2-4, pp 117-123 (1981)

ANFORDERUNGEN AN ZUKÜNFTIGE STRUKTUREN VON BETRIEBSSYSTEMEN AM BEISPIEL DER WEITERENTWICKLUNG DES BS2000

H.Meißner
H.Stiegler

Siemens AG, München, Unternehmensbereich Datentechnik

Abstract:
General purpose operating systems have to be open with respect
to evolution and varying configurations of software, hardware and
data. Therefrom requirements arise for system structures which
turn out to be not completely covered by the traditionally widely
accepted concepts for system structuring e.g. as "Information
Hiding" and "Uses Hierarchy". Enhanced structuring concepts are
discussed as well as the way of applying them to the operating
system BS2000.

1. Einleitung

Betriebssysteme mit tausenden von Einsatzfällen unterliegen einerseits dem Zwang zur Erhaltung ihrer Schnittstellen, um massive
Softwareinvestitionen der Betreiber zu sichern, sind aber andererseits einem starken Evolutionsdruck ausgesetzt, um die wachsenden
Anforderungen der Betreiber zu erfüllen. Das Charakteristikum von
sog. "General Purpose Systemen" ist, daß bezüglich dieser Punkte
ein System nicht monolithisch ist, sondern sich aus vielen Einzelprodukten, wie Datenbanksystemen, Transaktionsmonitoren, Bibliotheks-
und Binder-/Ladersystemen, ... zusammensetzt. Eine Grenze zwischen
einem "eigentlichen" Kernbetriebssystem und solchen anderen Einzelprodukten ist schwer zu ziehen, weil auch dieses Kernsystem je
nach Zusammensetzung des Gesamtsystems bei den einzelnen Betreibern
verschieden sein kann.

Die Einzelprodukte eines Gesamtsystems sind weder vollständig isoliert betrachtbar, wenn man ihre Weiterentwicklung diskutiert,
noch kann die Weiterentwicklung aller Teile als ein einziges kon-
zeptuell abgeschlossenes System behandelt werden. In der Tat werden
aus den vielfältigen Einzelprodukten so viele und verschiedene
Softwarekonfigurationen zusammengesetzt, wie es ebenfalls üblich
ist, daß Betreiber je nach ihren Bedürfnissen verschiedene Hardware-
konfigurationen einsetzen.

So betrachtet, haben auf dem Markt befindliche General Purpose
Systeme vom Standpunkt der gültigen Lehre (vgl. /Parnas 74/, /Parnas
76/) aus gesehen keine idealen Systemstrukturen. Üblicherweise
nimmt man an, daß hierin im wesentlichen die Ursachen für die Probleme der Systemweiterentwicklung und -wartung liegen. Bei genauer
Analyse der oben geschilderten Situation ergibt sich allerdings,
daß die bestehenden Probleme auch nicht von den bisher als ideal
geltenden Systemstrukturen gelöst werden, sondern daß hier neue
bisher nicht in Allgemeinheit behandelte Anforderungen entstanden
sind.

Klassische Anforderungen an Systemstrukturen waren bislang an der
einmaligen Konstruktion eines geschlossenen Systems orientiert,
inzwischen dominieren dagegen die Forderungen nach Weiterent-
wickelbarkeit und der Offenheit bzgl. der Konfiguration aus
einzelnen Teilen (vgl. Kap. 2). Lösungsansätze, um die daraus
resultierenden Strukturforderungen abzudecken, werden in Kap. 3
umrissen. Kap. 4 schildert Techniken zur Realisierung zukunfts-
orientierter Systemstrukturen, wie sie bei der Weiterentwicklung
des BS2000 angewendet werden. In Kap. 5 werden Unterschiede der
geschilderten Strukturprinzipien zu traditionell diskutierten aus-
gewiesen; an einfachen Beispielen wird gezeigt, inwiefern die zugrundeliegende Begriffswelt der gültigen Lehre nicht mehr ausreichend ist.

2.   Aufgabenstellung

2.1   Funktionsverbesserungen und -erweiterungen

2.1.1 Modularisierung der Systemauslieferung

Ein General Purpose System wird bei jedem Kunden in Form einer
anderen Menge von Einzelprodukten betrieben. Die Weiterentwicklung jedes der Einzelprodukte erfolgt in einer Folge von Versionen.
Um an die Betreiber von unterschiedlichen Einzelprodukten eine
Weiterentwicklung möglichst frühzeitig freigeben zu können, hat
jedes Produkt ein unabhängiges Versionsraster.

Wegen der ständigen Weiterentwicklung und der damit sich ergebenden laufenden Vergrößerung der Einzelprodukte entsteht die Notwendigkeit, auch diese Einzelprodukte zu zerlegen, die dabei gebildeten
Teile als Programmbausteine (vgl. /DIN44300/) mit eigenem Versionsraster zu versehen und separat auslieferbar zu machen. Auf diese
Weise sollen kürzere Lieferzeiten erzielt und Risiken beim Ersetzen
von Einzelprodukten minimiert werden.

2.1.2 Modularisierung der Entwicklungsarbeiten

General Purpose Systeme bestehen schon bei ihrer ersten Ausliefe-
rung aus einer inherent großen Menge von Programmen, so daß sie
sinnvollerweise von mehreren hundert Leuten entwickelt werden
müssen (vgl. /Brooks 76/). Durch sukzessive Funktionserweiterungen
und den Zwang, alte Schnittstellen langfristig beizubehalten, wird
die Menge der Programme so umfangreich, daß auch zur Wartung und
Weiterentwicklung viele Entwickler benötigt werden. Die Gesamt-
menge aller zu einem System gehörenden Programme muß also auf eine
Vielzahl kleiner Entwicklungsmannschaften aufgeteilt werden, die
oft sogar verteilt an mehreren geographischen Orten arbeiten. Man
unterteilt die Programme dementsprechend in Programmbausteine,
die bzgl. Design, Programmierung und Test getrennt weiterentwickelt
werden.

Um die Weiterentwicklungsfähigkeit eines Programms sicherzustellen,
müssen programmiertechnische Schnittstellen (also im wesentlichen Abhängigkeiten auf Quellsprachenebene) zwischen den Programm-

bausteinen so gehalten werden, daß jede Entwicklungsmannschaft möglichst autark arbeiten kann.

2.2 Betriebliche Flexibilität

Im Rahmen der immer stärker werdenden Forderung, Gesamtsysteme über lange Zeiträume ohne Unterbrechung zu betreiben (24-Stunden-betrieb), muß auch der Betrieb eines Einzelprodukts bzgl. Beginn und Ende von anderen Einzelprodukten unabhängig sein. Instanzen (vgl. /DIN 44300/) der Programme von Einzelprodukten sollen von-einander unabhängig

- ins System eingebracht

- gestartet, angehalten und im Fehlerfall neugestartet und wiederaufgesetzt werden können.

Dazu müssen Instanzen im laufenden Betrieb miteinander konnek-tierbar und diskonnektierbar sein. Die Auswirkung des Anhaltens oder auch des Wiederaufsetzens einer Instanz, oder ihr Ersetzen durch eine andere Instanz auf die anderen Teile des Systems muß beherrschbar sein. Z.B. muß klar sein, welche anderen ihre Aufgaben nicht mehr, nur noch teilweise, oder erst nach einem Wiederaufsetzen des eigenen Laufs erbringen können. Hieraus er-gibt sich die Forderung, daß die Schnittstellen zwischen Programm-Instanzen in ihren funktionalen Wechselwirkungen klassifiziert sind, so daß - möglichst automatisch - Start, Beendigung und Wieder-aufsetzen von Instanzen koordiniert werden können.

Die vielen Einzelprodukte eines General Purpose Systems sollen mög-lichst frei miteinander kombinierbar zum Ablauf gebracht werden kön-nen. Insbesondere tritt immer wieder der Bedarf auf, daß die Pro-gramme eines Produkts in einem System mehrfach installiert sind. Dies kann z.B. notwendig sein, weil die Programme des Produkts pa-rarallel in zwei Versionen eingesetzt werden sollen, oder weil damit eine vollständigere Trennung der Bearbeitung verschiedener Datenbe-stände erreicht werden soll. Dies hat Auswirkungen auf die zu bil-denden Instanzen eines Programms, dessen Betriebsmittel instanzen-spezifisch und nicht programmspezifisch installiert werden müssen.

3. Lösungsansätze

3.1 Strukturierung in Programmbausteine

3.1.1 Entkopplung von Auslieferungseinheiten

Einzelne Teilfunktionen eines Betriebssystems lassen sich nur dann unabhängig von den übrigen Funktionen des Betriebssystems weiterentwickeln und separat an Kunden ausliefern, wenn diese Weiterentwicklungen keine Änderungen an den Objektschnittstellen dieser Teilfunktionen zu den übrigen Funktionen des Systems zur Folge haben. Dies ist gewährleistet, wenn die von den Teil-funktionen angebotenen Objektschnittstellen dabei entweder über-haupt nicht geändert oder allenfalls aufwärtskompatibel erweitert werden und wenn die von den Teilfunktionen benutzten Schnitt-stellen nur aus auf Objektebene aufwärtskompatibel garantierten zusammengesetzt sind. Aufwärtskompatibilität auf Objektebene garantiert, daß beim Austauschen einer Teilfunktion keine Übersetzungen, sondern lediglich Bindevorgänge durchzuführen sind. Diese Bindevorgänge können entweder statisch bei Systemgenerierung oder dynamisch beim Systemaufbau oder gar im laufenden Betrieb erfolgen. Im zuletzt genannten Fall sind allerdings im Regelfall zusätzliche Maßnahmen erforderlich (vgl. 3.2.1).

Separat auslieferbare Teilfunktionen eines Betriebssystems nennen wir "Auslieferungseinheiten". Das Abgrenzen von Auslieferungseinheiten unter den genannten Schnittstellen-Randbedingungen nennen wir "Entkopplung".

Bei der Entkopplung von Auslieferungseinheiten ist es günstig, Schnittstellenbeziehungen einer Auslieferungseinheit zu übrigen Teilen des Systems einzeln zu betrachten. Auf diese Weise kann eine Auslieferungseinheit eine zur Entkopplung geeignete Schnittstelle benutzen, ohne daß andere Benutzer dieser Schnittstelle Auslieferungseinheiten sein müssen und ohne daß der Anbieter dieser Schnittstelle als Auslieferungseinheit abgegrenzt sein muß.

Die Bildung von zur Entkopplung geeigneten Schnittstellen ist umso einfacher, je schmaler und abstrakter diese Schnittstellen gewählt werden. Überaus hilfreich ist dabei das bekannte Prinzip des "Information Hiding" (/Parnas 72/). Wenn gleichzeitig die von den einzelnen Auslieferungseinheiten betreuten Betriebsmittelschnittstellen auf Objektebene privatisiert, d.h. jeweils nur innerhalb einer Auslieferungseinheit verwendet werden, so kann damit entscheidend zur Gewinnung schmaler Schnittstellen zwischen Auslieferungseinheiten beigetragen werden. Eine Systemtabelle kann z.B. als komplexe Schnittstelle zwischen Auslieferungseinheiten vermieden werden, wenn auf sie nur von einer einzigen Auslieferungseinheit zugegriffen wird und wenn sich alle anderen Auslieferungseinheiten statt des Zugriffs besser über funktionell hochwertige Funktionsaufrufe mit entsprechend schmalen und abstrakten Schnittstellen an diese ausgezeichnete Auslieferungseinheit wenden.

Bei der Festlegung von Auslieferungseinheiten wird angestrebt, daß die Garantie der Aufwärtskompatibilität möglichst alle Auslieferungseinheiten-Versionen überdeckt. In der Praxis kann dieser Idealfall nicht erreicht werden und man sieht vor, daß jede Auslieferungseinheit mindestens mit zwei Versionen der jeweiligen anderen Auslieferungseinheit verträglich ist. Schnittstellen, die dies ermöglichen nennt man "entkoppelnde Schnittstellen". Für die minimalen Verträglichkeitsbeziehungen der Versionen Vi zweier Auslieferungseinheiten AE1 und AE2 bedeutet dies:

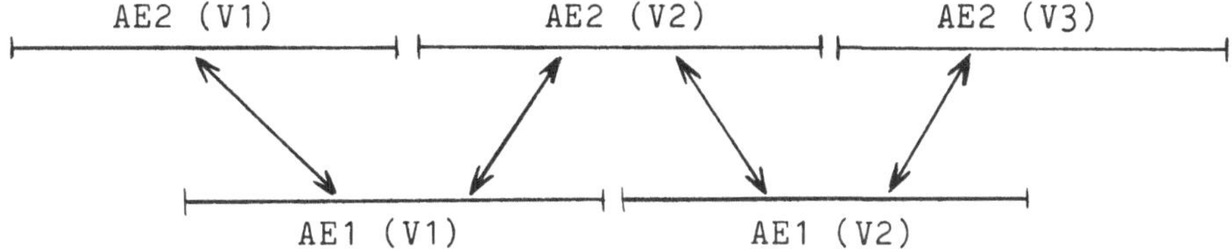

Beispiele für die Anwendung der Technik der Entkopplung von Auslieferungseinheiten sind im BS2000 für Spoolfunktionen, Datenbankfunktionen, Datenfernverarbeitungsfunktionen, ... gegeben.

3.1.2 Entflechtung von Entwicklungseinheiten

Grundsätzlich ist die Technik der Entkopplung von Auslieferungseinheiten nicht nur zur Modularisierung der Systemauslieferung,
sondern auch zur Modularisierung der Entwicklungsarbeiten geeignet. In der Praxis reicht dies aber nicht aus, weil die Syntax und teilweise auch die Semantik auf Objektebene nicht immer
die angestrebte logische Programmierung auf Quellebene ermöglicht. Andererseits bedeutet die Technik der Entkopplung für
die Modularisierung der Entwicklungsarbeiten unnötige Zwänge,
weil die Forderung nach unabhängiger Entwickelbarkeit von Teilfunktionen des Systems nicht unbedingt Schnittstellenabgrenzungen
auf Objektebene erfordert. Aus diesen Gründen ist es notwendig,
derartige Abgrenzungen auf Quellebene durchzuführen. Wir sprechen
dabei von der "Entflechtung" sogenannter "Entwicklungseinheiten"
durch Ausformung geeigneter programmtechnischer Schnittstellen
auf Quellebene.

Es ist unmittelbar einsichtig, daß die für die Entkopplung anzuwen-
denden Maßnahmen und Prinzipien ganz analog auch für die Entflechtung gelten; man hat sie lediglich statt auf die Objektebene auf
die Quellebene anzuwenden. Dabei ist insbesondere die Makrotechnik
ohne Einschränkungen als Mittel zur Entflechtung einsetzbar.

Die Unterschiede zwischen der Bildung von programmtechnisch entflechtenden Schnittstellen zur Modularisierung der Entwicklungsarbeiten und von versionstechnisch entkoppelnden Schnittstellen
zur Modularisierung der Systemauslieferung zeigt folgende Darstellung. Einerseits sind zwei Auslieferungseinheiten AE1 und AE2
dargestellt, andererseits die äquivalenten Entwicklungseinheiten
EE1 und EE2. Der funktional gemeinsame, z.B. als Makro realisierte
Programmbaustein M dient der Abbildung einer entflechtenden Schnittstelle EFS auf eine entkoppelnde Schnittstelle EKS.

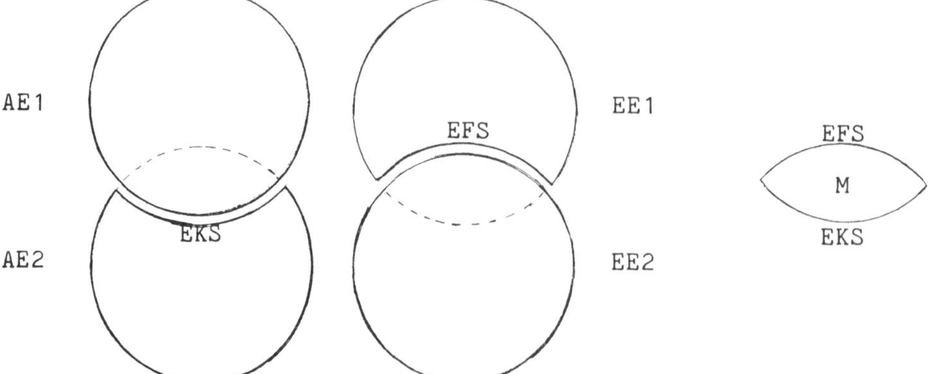

Zur Effizienz läßt sich sagen, daß Funktionsverknüpfungen zwischen
Entwicklungseinheiten im Systemablauf in der Regel performanter
organisierbar sind als zwischen Auslieferungseinheiten (nicht immer
ist dies jedoch ausnutzbar). Dagegen erfordern Weiterentwicklungen

in Entwicklungseinheiten normalerweise Übersetzungen größerer Teile
des Systems; für die Weiterentwicklung von Auslieferungseinheiten
entfällt dieser Aufwand.

Ein wichtiges Beispiel für die Anwendung der Technik der Entflechtung von Entwicklungseinheiten ist z.B. bei der Abgrenzung von
Systemfunktionen gegeben, die Hardware-Schnittstellen benutzen.
So kann z.B. das BS2000 derart in Entwicklungseinheiten zerlegt
werden, daß die Systemanpassung an die Änderung einer Hardwarekom-
ponente nur eine einzige Entwicklungseinheit betrifft.

3.2   Strukturierung in Instanzen

3.2.1 Dynamisch steuerbare Kooperationswege zwischen Instanzen

Einzelne Teilfunktionen eines Betriebssystems lassen sich im laufenden Betrieb dynamisch einfügen, herauslösen oder austauschen,
wenn es gelingt, bereits bestehende Abläufe in diesen Teilfunktionen
gezielt regulär oder zwangsweise zu beenden und neue Abläufe vor
deren Eintreten anzuhalten, abzuweisen oder umzulenken. Dazu sind
folgende Maßnahmen notwendig:

- jede derartige Teilfunktion darf nur von solchen Auftrag-
  gebern benutzt werden, die zuvor explizit oder implizit mit
  dieser Teilfunktion konnektiert worden sind,

- alle diese Konnektionen und die zugehörigen Diskonnektionen
  müssen vom Betriebssystem dynamisch verwaltet werden.

Im Falle der Nichtkonnektierbarkeit wegen Fehlens einer Teilfunktion können und sollten Alternativen ansteuerbar sein. Derartige
Alternativen können sowohl von der betreffenden Teilfunktion
(Optionalität, Redundanz,...) als auch vom Auftraggeber (Priorität,
Ablaufverhalten,...) abhängen. Hierbei können spezielle funktionelle Beziehungen zwischen Auftraggeber und Auftragnehmer berücksichtigt werden (vgl. 3.2.2).

Auch wenn in heutigen Betriebssystemen beim Fehlen einer Teilfunktion meist nur die Alternativen "Abbruch", "Ablehnung" oder "Warten"
unterstützt werden, so finden sich doch in zunehmendem Maße die
Alternativen "Umlenkung auf vollwertigen Ersatz" und "Auswahl einer
mit Einschränkungen arbeitenden Ersatzfunktion" (z.B. eingeschränkte
Spool-Funktion, primitivere Meldungsausgabe, ...). Dies setzt die
Untergliederung des Systems in Instanzen voraus, deren betrieb-
liche Abläufe so weit wie möglich unabhängig voneinander sind.
Dies läßt sich dann am besten erreichen, wenn jede Instanz über
private Betriebsmittel verfügt und somit koordinierungsfrei zu
anderen Instanzen alle Abläufe über seinen Betriebsmitteln abwickeln
kann (wobei Restart und Recovery eine herausragende Rolle spielen).

Klassische von Betriebssystemen bereitgestellte Mittel zur Instan-
zenbildung sind der Monitor (vgl. /Hoare 74/) und der Prozeß (als
Bewerber um die Zuteilung eines Prozessors). Aber auch Untergliede-
rungen innerhalb eines Prozesses, wie Subprozesse (vgl. /Jam Sti
77/) oder klassische "Programmläufe" kommen als Mittel zur Instan-
zenbildung in Frage.

Die volle Wirksamkeit derart gebildeter Instanzen ergibt sich,
wenn diese Instanzen mit ihren Aufrufern nicht direkt, sondern
indirekt über dynamisch steuerbare und kontrollierbare Koope-
rationswege verknüpft werden. Die Kooperation der Partner kann
dabei unabhängig gehalten werden von der Art des Kooperationswegs
und dessen Steuerung und Kontrolle (mit/ohne Domänenwechsel,
mit/ohne Prozeßwechsel, mit/ohne Rechnerwechsel, mit/ohne Koexistenz funktional äquivalenter Instanzen).

3.2.2 <u>Beherrschung der funktionalen Abhängigkeiten bei Instanzen</u>

Die Technik der Bildung von Instanzen kann genutzt werden, um die
Mehrfachinstallation eines Programms im laufenden System durchzuführen. Dabei wird jeder Programm-Inkarnation eine mit privaten
Betriebsmitteln arbeitende Instanz zugeordnet. Die Ansteuerung
solcher koexistent eingerichteter Instanzen eines Programms erfolgt mit Hilfe von individuell konfigurierten indirekten Koope-
rationswegen zwischen Auftraggeber- und Auftragnehmerinstanzen.
Dabei dient das restliche System wie eine virtuelle Maschine (vgl.
/Goldberg 73/).

Die Trennung von Betriebsmitteln zwischen Instanzen kann auch
dazu genutzt werden, um eine Systemfunktion in der Aufrufhierar-
chie mehrfach anzusiedeln und trotzdem Zyklenfreiheit der In-
stanzenbeziehungen zu erreichen (vgl. 5.2, Bsp. 2).

Bei Fehlfunktionen in einer Instanz sind Auswirkungen auf andere
Instanzen zu erwarten. Hat man vermieden, daß Betriebsmittel gemeinsam von mehreren Instanzen benutzt werden, so sind solche
Auswirkungen ausschließlich aufgrund von mittelbaren oder unmittelbaren Auftragsbeziehungen gegeben. Die Abhängigkeiten zwischen
Instanzen sind damit begrenzt und über die Auswertung der Auftragsbeziehungen beherrschbar. Dies kann z.B. dadurch geschehen,
daß eine Instanz A als Auftraggeber einer Instanz B bei Fehlern
in B neu gestartet wird oder auch nur einen Auftrag erneut an B
stellt.

Die möglichen Maßnahmen bei der Auswertung von Auftragsbeziehungen zwischen Instanzen wie "Umlenkung auf Ersatzfunktionen",
"Restart von Instanzen", "Recovery von Instanzen", ... erfordern
ein koordiniertes Eingreifen von dritter Seite. Dazu sind Klassi-
fizierungen der Schnittstellen zwischen Auftraggeber- und Auftrag-
nehmer-Instanzen hilfreich, damit erkannt werden kann, ob ein Auftraggeber stabil gegenüber Fehlern des Auftragnehmers ist oder
nicht, und ob ein Auftraggeber bzgl. Restart und Recovery vom
Auftragnehmer abhängig ist oder nicht.

3.3 <u>Zusammenhänge der Strukturierung in Programmbausteine
und Instanzen</u>

Die besprochenen Strukturierungsmaßnahmen arbeiten zwar nach
analogen Prinzipien ("Information Hiding", "Privatisierung der
Betriebsmittel"), sind jedoch wegen des unterschiedlichen
Montagezustands der betrachteten Objekte weitgehend unabhängig
voneinander durchführbar. Trotzdem empfehlen sich aufgrund der

Erfahrungen der Praxis und aus Gründen der Vereinfachung folgende
Relationen:

- Auslieferungseinheiten werden aus Entwicklungseinheiten erstellt, weil die Randbedingungen für Auslieferungseinheiten
  umfassender sind als diejenigen für Entwicklungseinheiten.

- Auslieferungseinheiten werden verwendet zum Aufbau von Instanzen,
  die selbständig start- und beendbar sind, um den Austausch von
  Auslieferungseinheiten im laufenden Betrieb zu ermöglichen.

4. <u>Anwendungstechniken</u>

Die aufgezeigten Ansätze, unterschiedliche nach dem jeweiligen
Montagezustand differenzierte Schnittstellenbezüge zu behandeln,
betreffen nicht nur Systemneuentwürfe, sondern helfen besonders
auch bei der Weiterentwicklung von existierenden Systemen. Aufgrund
der Marktforderungen und den Neuerungen auf dem Hardwaresektor
wird z.B. im BS2000 mit jeder Betriebssystemversion ein beachtli-
cher Anteil des Codes hinzugefügt oder geändert. Bei diesen Veränderungen können über mehrere Versionen hinweg langfristige Struk-
turziele berücksichtigt werden. Schrittweises Vorgehen bei der
Bildung von Entwicklungseinheiten, Auslieferungseinheiten und Instanzen erleichtert dabei die Anpassung vorhandener Realisierungen
an die Zielstruktur.

Folgende evolutionäre Maßnahmen sind in der Praxis nützlich:

- Klassifizierung von Schnittstellen zur Vorbereitung von
  Entflechtung und Entkopplung,

- Einführung von Kompatibilitätsgarantien für ausgewählte, an
  der Zielstruktur orientierte systeminterne Schnittstellen,

- Reduzierung von Abhängigkeiten auf Quellebene durch programmbau-
  steinmäßige Konzentration von Außenbeziehungen eines Programms
  in speziellen Schnittstellenmoduln,

- Einführung von interpretierbaren Schnittstellenversionsindika-
  toren für entkoppelnde Schnittstellen zeitlich vor der Separierung von Auslieferungseinheiten,

- Separierung der Instanzen von Programmen durch Einführung neuer
  entkoppelnder Systemschnittstellen und Abbildung bisheriger
  nichtentkoppelnder Schnittstellen auf die entkoppelnden Schnittstellen,

- frühzeitige Bereitstellung von Systemfunktionen, die der Strukturierung des Systems dienen, wie z.B. eine Verwaltungsfunktion
  für die Instanzen von Programmen, eine indirekt und dynamisch
  arbeitende Funktionsverknüpfung zwischen Instanzen, usw.

Ziel aller dieser Maßnahmen ist es, systemweit undifferenzierte
Schnittstellenbezüge soweit einzugrenzen, daß sie nur noch
einen Teil des Systems betreffen.

System
vor der
Strukturierung

System
nach der
Strukturierung

═══ Schnittstelle, die erhöhten Anforderungen entspricht (Entflechtung, Entkopplung, Domänenabschottung, ...)

⌒ Schnittstelle, die erhöhten Anforderungen nicht entspricht.

5. Vergleich mit bekannten Strukturprinzipien

5.1 Unterschiede des Ansatzes

Der geschilderte Lösungsansatz klassifiziert die Beziehungen
zwischen Funktionseinheiten eines Systems ausschließlich anhand
von Schnittstellenbezügen. Hierbei ergeben sich unterschiedliche
Schnittstellenbezüge je nach dem jeweiligen Montagezustand, in
dem eine Funktionseinheit betrachtet wird. Darüberhinaus werden
die Beziehungen zwischen Programmen und im System installierten
Instanzen von Programmen streng unterschieden. Verschiedene funk-
tionale Beziehungen zwischen Instanzen werden hierbei getrennt
betrachtet.

Üblicherweise wird neben "Information Hiding" als Strukturprinzip
eine hierarchische "Uses Hierarchy" (/Parnas 76/) gefordert. Parnas
definiert: "We say of two programs A and B that A uses B if correct
execution of B may be necessary for A to complete its work. That
is, A uses B if there exist situations in which the correct functioning of A depends upon the availability of a correct implementation of B... 'Uses' differs from 'Calls' in two ways:

(1) certain calls may not be instances of 'Uses'. If A is
    required only to 'Call' B... then A has fulfilled its
    specification when it has generated a correct call to B...

(2) a program A may use B even though it never calls it. The
    best illustration of this is interrupt handling...".

Unter Programm versteht Parnas hier offensichtlich den Teil einer
ablaufbereiten Instanz. Die Statik und Dynamik nicht differenzie-
rende Verwendung des Wortes Programm kommt daher, daß Parnas Probleme der Koexistenz mehrfacher Instanzen derselben Programme,
des Wiederanlaufs und der Parallelität von Instanzen nicht behandelt.
(Parnas weist zwar darauf hin, daß er auf verschiedenen Ebenen

der "Uses Hierarchy" eines von ihm entworfenen Systems eine "Wiederholung von Funktionen" hat mit dem einzigen Unterschied, daß die
jeweils höheren Funktionen jeweils mehr Betriebsmittel zur Verfügung
haben. Man muß aber annehmen, daß die "Funktionen" auf den verschiedenen Ebenen auch verschiedene Implementierungen haben).

Programmiertechnische und installationstechnische Abhängigkeiten
zwischen Funktionseinheiten (vgl. /DIN 44300/) sind bei Parnas
von vornherein außer Acht gelassen worden, da sein Augenmerk auf
die einmalige Erstellung einer geschlossen konzipierten Familie
von Gesamtsystemen gerichtet war. Aber auch viele Beziehungen
zwischen im Betrieb ablaufenden Instanzen erlaubt die "Uses
Hierarchy" nicht zu beschreiben, die im Fall der frei konfigu-
rierbaren General Purpose Systeme sinnvoll sind (vgl. 5.2). Die
Differenzierung der "Uses Hierarchy" auf Programme und ihre Ver-
schärfung gegenüber der "Call"-Beziehung inbezug auf "Correct functioning" kann diesen Mangel nicht beheben.

5.2   Anwendungsbeispiele

Beispiel 1:

Es bestehe die folgende Situation: Programm A benutzt Programm
B, und die Programme U1, U2 benutzen ihrerseits A. Von A zu B bestehe eine direkte Aufruf-Beziehung, derart, daß A Fehlfunktionen von B erkennen und an die Auftraggeber U1, U2 weitermelden
kann (z.B. "Zeitdienste fehlerhaft").

Für U1 möge dies ein korrektes Verhalten von A sein, für U2
aber nicht: für U2 ist die Leistung von A untrennbar mit dem
korrekten Funktionieren von B verbunden. Welche Leistung ist
mit "complete its work" gemeint: die von A ohne B, oder die an
der Schnittstelle von A angebotene Leistung, einschließlich der
Leistungen von B?

Bei Parnas ist die Konfiguration von Programmen und Instanzen
fest, deshalb schränkt er die Betrachtung ein auf eine Spezifikation eines Programms mit fest gewähltem Einschluß "untergeordneter" ebenso wie "benutzender" Programme.

Es besteht i.A. das Bedürfnis, alle Facetten der Kooperation von
A und B unabhängig von U1 und U2 zu beschreiben. Der beschriebene
Ansatz, Schnittstellen paarweise einschließlich aller funktionellen
Abhängigkeiten zu klassifizieren, ermöglicht dies in großer Allge-
meinheit, während die "Uses Hierarchy" hierfür schon die Einbezie-
hung möglicher Aufrufer erfordert.

Beispiel 2:

Eine zentrale Meldungsausgabefunktion benutze eine Dateizugriffsfunktion. Die Dateizugriffsfunktion benutze die Meldungsausgabefunktion. Die von der Dateizugriffsfunktion über die Meldungsausgabefunktion angesprochene Dateizugriffsfunktion greift auf getrennte Dateien
zu. Sind auch diese Dateien nicht lesbar - z.B. weil die Dateizugriffsfunktion selbst fehlerhaft ist oder zerstörte lokale Daten
hat, so werden Notausgabemeldungen ausgegeben, für die keine Dateizugriffsfunktion benötigt wird.

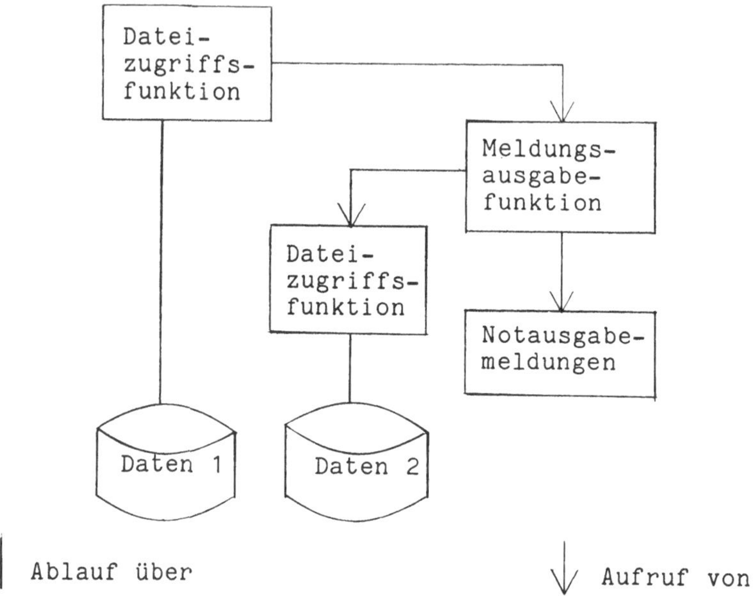

Parnas sieht diese Situation nicht vor, da er ein Programm nicht
relativ zu einer wählbaren Umgebung in einem System, sondern
nur in einer fest vom Systemkonstrukteur vorgegebenen Umgebung
betrachtet.

Die Ausweichmöglichkeit der Meldungsausgabefunktion beleuchtet,
wie vielfältige Abhängigkeiten bzgl. "Correct functioning" gleichzeitig existieren können. Die Meldungsausgabefunktion benötigt
zwar zum normalen Betrieb die Dateizugriffsfunktion, kann aber
auf die Eratzfunktion Notausgabemeldungen umschalten, wodurch
ein Notbetrieb aufrechterhalten wird. Erst der Ausfall auch dieser
Funktion führt zur Arbeitsunfähigkeit.

6. Schluß

In der gültigen Strukturlehre werden nur Beziehungen zwischen Programmen im ablauffähigen System betrachtet, und hier wird die Einhaltung einer "Uses Hierarchy" als hinreichend angesehen. Unter
den geschilderten Anforderungen an heutige General Purpose Systeme
ist es unserer Meinung nach dagegen notwendig, die Schnittstellen
zwischen Programmen zu betrachten, und hierbei die verschiedenen
Montagezustände (Quell-, Objekt- und Ablaufebene) zu unterscheiden.
Bei der Schnittstellengestaltung tritt neben der Anforderung nach
"Information Hiding" die nach "Privatisierung der Betriebsmittel".
Für Schnittstellen zwischen Instanzen des ablauffähigen Systems
ist eine differenzierte Klassifikation nach funktionalen Abhängigkeiten wichtig, um im Normalbetrieb und bei Störungsfällen das
System adäquat und flexibel konfigurieren und umkonfigurieren zu
können. Eine Strukturierung nach diesen Gesichtspunkten betrifft
in erster Linie die Grobstruktur eines Systems und kann evolutionär
eingeführt werden.

<u>Danksagung</u>

Dieser Beitrag beruht wesentlich auf Ergebnissen, die unter dem
Stichwort "Zielstruktur des BS2000" gemeinsam mit H.Böhner,
G.Dedie, H.J.Linder und A.Schmidt (alle Siemens AG München, Unter-
nehmensbereich Datentechnik) erarbeitet wurden.

<u>Literatur</u>

/Brooks 74/
F.P.Brooks: The mythical man-month. Addison-Wesley, Reading
1975.

/DIN 44300/
DIN 44300: Informationsverarbeitung Begriffe.
DIN-NI, Entwurf 44300/03.83, 1982

/Goldberg 73/
R.Goldberg: Architecture of virtual machines. ACM-SIGARCH-SIGOPS,
Workshop on Virtual Computer Systems 1973

/Hoare 74/
C.A.R.Hoare: Monitors - an operating system structuring concept.
Comm. ACM 17, 10 (1974)

/Jam Sti 77/
A.Jammel, H.Stiegler: Managers versus Monitors. Proc. IFIP
Congress 77, North Holland, Amsterdam 1977

/Parnas 72/
D. Parnas: On the criteria to be used in decomposing systems
into modules. Comm. ACM 15, 12 (1972)

/Parnas 74/
D.Parnas: On a "buzzword": Hierarchical structure. Proc. IFIP Congress
74, North Holland, Amsterdam 1974

/Parnas 76/
D.Parnas: Some hypothesis about the "uses"-hierarchy for operating systems. T.H. Darmstadt, Forschungsbericht BSI 76/1, 1976

Funktionsorientierte Hardware für Datenbanksysteme

H.Ch. Zeidler
Institut für Datenverarbeitungsanlagen
Technische Universität Braunschweig
Hans-Sommer-Str. 66
D-3300 Braunschweig

Zusammenfassung

Datenbanksysteme bilden eine immer stärker an Bedeutung zunehmende Komponente im Bereich der nichtnumerischen Datenverarbeitung. Im kommerziellen Bereich werden sie heute hauptsächlich zusammen mit anderen Aufgaben auf Universalrechnern betrieben, woraus sich eine Reihe von Nachteilen ergibt. Datenbankmaschinen, d.h. Spezialrechner mit einer aufgabenorientierten Struktur, können vor allem bei sehr großen Datenbanksystemen eine Lösung der Probleme darstellen. Es werden verschiedene im Laufe der Entwicklung von Datenbankmaschinen angewandte Strukturprinzipien aufgezeigt und abschließend die Relationale Datenbankmaschine RDBM vorgestellt, die z.Zt. an der TU Braunschweig implementiert wird.

1. Einleitung

Datenbanksysteme für eine wachsende Zahl von Anwendungsmöglichkeiten bilden eine immer stärker an Bedeutung zunehmende Komponente im weitgefächerten Bereich der nichtnumerischen Datenverarbeitung. Um den Forderungen der Benutzer z.B. nach Bedienungsfreundlichkeit, Datenschutz und -sicherheit und hohem Reaktionsvermögen trotz der immer größeren Datenbestände bis in den Gigabytebereich gerecht zu werden, hat man auch hier begonnen, angepaßte Rechensysteme mit spezieller Hard- und Software entsprechend den geforderten Eigenschaften zu entwickeln.

Normalerweise werden heute Datenbanksysteme neben anderen Anwendungen auf Universalrechnern unterschiedlicher Größe nach dem Von-Neumann-Typ betrieben. Daraus ergibt sich die traditionelle Struktur von Rechensystemen für Datenbanken, wie sie Bild 1 zeigt. Neben den Vorteilen, welche die Einbettung des Datenbankbetriebs in den Rahmen

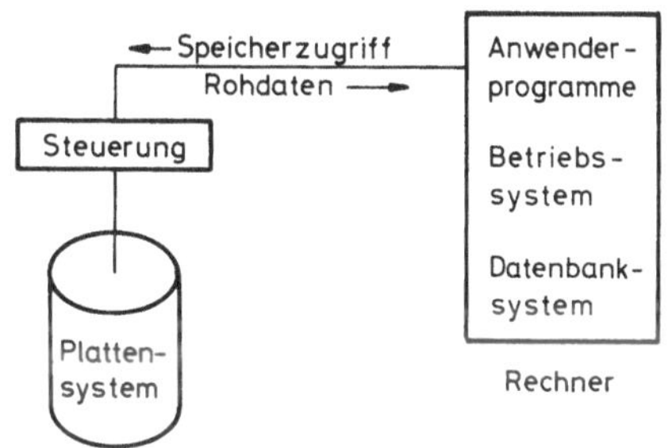

Bild 1: Datenbanksystem auf einem
Universalrechner

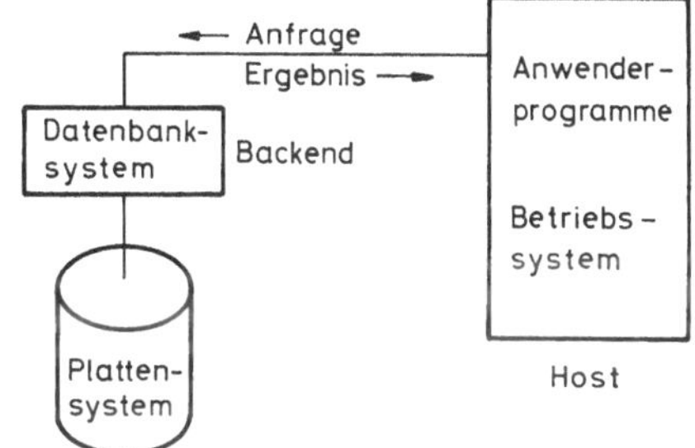

Bild 2: Datenbankmaschine als
Backend

von Mehrprogramm- und Mehrbenutzerbetriebssystemen bietet, ergeben sich eine Reihe von Nachteilen, wie z.B. schwierige Realisierung von gleichzeitigen Änderungsaufträgen mehrerer Benutzer, wenig zuverlässige Maßnahmen zur Sicherung gegen unberechtigten Zugriff und umständlicher Zugriff beim Einsatz in Rechnernetzen. Bei der Hardware werden vor allem zwei Engpässe sichtbar: Die Ein-/Ausgabekanäle und die CPU. Erstere sind hoffnungslos überlastet, wenn große Mengen von Rohdaten von den Sekundärspeichern in den Arbeitsspeicher des Hauptrechners transportiert werden müssen, damit letztlich nur einige wenige Informationen für die jeweilige Aufgabe herausgefiltert werden. Die Zentraleinheit hingegen wird für das Heraussuchen der relevanten Daten aus den physikalischen Sätzen unverhältnismäßig stark belegt, weil die Hardware von Universalrechnern mehr für die Ausführung schneller arithmetischer Operationen ausgelegt ist und weniger für Operationen wie z.B. effizientes Suchen von Datensätzen nach vorgegebenen Kriterien.

Zur Lösung der Probleme gibt es Überlegungen, das Datenbanksystem in einen getrennten Rechner, ein Backendsystem, auszulagern (Bild 2). Der einfachste Weg ist dabei der Einsatz eines zusätzlichen Universalrechners mit herkömmlicher Software, wodurch der Wirtsrechner (Host) von der Ausführung der Datenbankaufgaben entlastet wird. Entsprechend den Anforderungen gibt er die Aufträge an das Backendsystem weiter und erhält zu gegebener Zeit das Ergebnis. Dadurch wird der Wirtsrechner zeitlich entlastet, die oben geschilderten eigentlichen Probleme mit universeller Hardware erfahren jedoch nur eine Verlagerung in das Backendsystem.

Man begann deshalb bereits vor mehr als einem Jahrzehnt, Backendsysteme mit spezieller Rechnerstruktur zu entwerfen, deren Hardware wenigstens teilweise den geforderten Funktionen gerecht wurde. In frühen Lösungen (Kap. 2) wurde im wesentlichen das Durchsuchen der Daten durch spezielle Hardware unterstützt, so daß nur relevante Daten in den vorzugsweise als Steuerrechner aktiven Universalrechner des Backendsystems gelangten und die angesprochene Belastung der Kanäle und des Rechner-kerns entfiel. Weitergehende Datenbankfunktionen wurden zunächst im Wechselspiel zwischen Spezialhardware und Steuerrechner durchgeführt. Erst bei den "Datenbankmaschinen der zweiten Generation" (Kap. 3) wurde im Zuge einer stärkeren Orientierung an kommerziellen Anwendungen das gesamte Anforderungsspektrum eines Datenbanksystems in die Strukturüberlegungen mit einbezogen und weitere Funktionen durch geeignete Hardware unterstützt.

2. Slotnick-Maschinen

Alle Überlegungen zu den "Datenbankmaschinen der ersten Generation" beruhen auf den "Logic per Track"-Ideen von Slotnick (/SLOT 70/). Dieser schlug bereits 1970 vor, rotierende Speicher wie z.B. Festkopfplatten mit zusätzlicher Logik pro Schreib-/Lesekopf zu versehen, um damit "on the fly" Suchoperationen durchzuführen. Durch lineares Suchen, also ohne zusätzliche Referenzstrukturen, kann auf diese Weise nach dem assoziativen Zugriffsprinzip entsprechend einer von der Zentraleinheit an die Speicherperipherie gestellten Suchanfrage unterschiedlicher Komplexität eine Filterung der Rohdaten vorgenommen werden, so daß zur Weiterverarbeitung nur noch die relevanten Daten in den Hauptspeicher des Steuerrechners übertragen werden müssen. Auf diese Weise erreichte man ein pseudoassoziatives Verhalten von Massenspeichern, nachdem die Hardwarerealisierung von preiswerten assoziativen Halbleitermassenspeichern (wie auch heute noch) in unerreichbarer Ferne lag.

In mehreren Projekten wie CAFS(/MITC 74/), RAP(/OSSM 75/), SURE(/KLZE 76/, /LSZE 78/, /ZEID 78/) u.a. wurden Lösungen nach diesem Prinzip vorgeschlagen, die teilweise auch implementiert wurden. Alle Vorschläge stellen Systeme dar mit parallelen Zellen und einer deutlichen Datenbereich/Prozessor-Beziehung, oft auch als "cellular approach" apostrophiert, weil eine Anzahl von Zellen parallel die gleiche Funktion ausführt (functional relation). Die Struktur ist streng hierarchisch mit einem übergeordneten Steuerrechner, der die Befehle sendet und alle Aktivitäten überwacht. Querverbindungen zur Kooperation zwischen einzelnen Prozessoren sind bis auf eine Ausnahme nicht vorgesehen. Bezüglich der Zuordnung lassen sich verschiedene Alternativen unterscheiden.

2.1. "Processor per Track"-Strukturen

Bei "Processor per Track"-Maschinen (z.B. RAP, CASSM(/CLSU 73/), RARES(/LSSM 76/)) wird der Massenspeicher entsprechend den Spuren in Zellen aufgeteilt, die mit der ihnen zugeordneten Hardwarelogik Selektionsoperationen "online", d.h. im Vorbeiflug der Daten, innerhalb einer Umdrehung durchführen (Bild 3). Für den Fall, daß die ein-

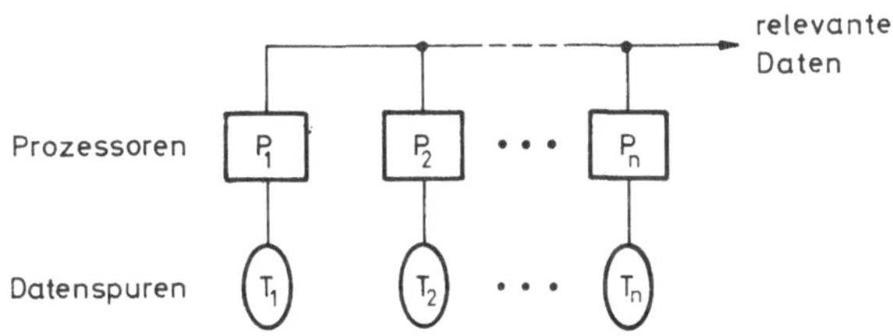

Bild 3: "Processor per Track"- Struktur

zelnen Zellenprozessoren die ausgewählten Daten nicht zum Hauptspeicher ausgeben können, weil z.B. der Bus besetzt ist, wird die Verarbeitung abgebrochen und nach Freigabe des Busses und einer oder mehreren Umdrehungen des Speichermediums wieder aufgenommen. Nachteilig für diese Struktur erweist sich die Tatsache, daß Festkopfspeicher nicht für sehr große Datenbanken verwendbar sind, da die begrenzte Anzahl von Daten pro Spur zu riesigen Spurzahlen und damit sehr vielen Prozessoren führen würde. Auch Magnetic Bubbles und CCD's bieten keine tragbare Lösung.

2.2. "Processor(s) per Device"-Strukturen

Neben der relativ starren "Processor per Track"-Struktur läßt sich die flexiblere Gruppe der "Processor(s) per Device"-Maschinen definieren, deren allgemeine Struktur Bild 4 zeigt. Geht man von einem Standard-Plattenspeicher mit beweglichen Schreib-/Leseköpfen und mehreren Oberflächen aus, so steht einer Reihe von Köpfen (bzw. Oberflächen) eine nicht notwendigerweise identische Anzahl von Selektionsprozessoren gegenüber. Die einfachste Form der Verbindung ist die Zuordnung eines Prozessors zu je einem Schreib-/Lesekopf. Dabei bearbeitet jeder Prozessor einen Datenstrom entsprechend den eingegebenen Selektionskriterien, so daß bei dieser Organisation ein ganzer Zylinder der Platte, d.h. eine Spur auf jeder Plattenoberfläche

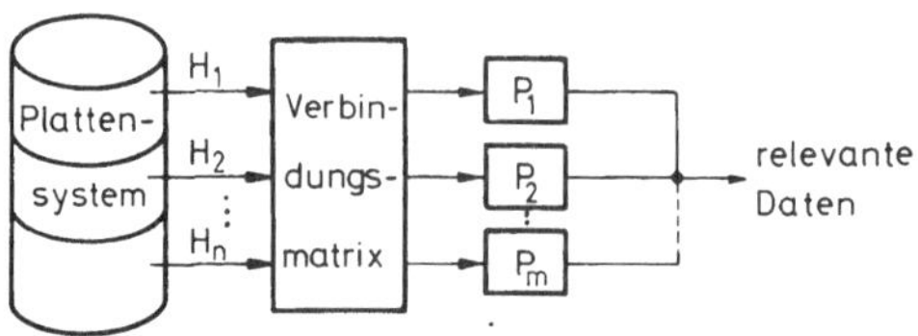

<u>Bild 4</u>:"Processor(s) per Device"-Struktur

in einer einzigen Plattenumdrehung durchsucht werden kann. DeWitt und Hawthorn (/DEHA 81/) bezeichnen diese Zuordnung auch als "Processor per Head"-Struktur im Gegensatz zu einer Klasse der "Processor per Disk"-Strukturen.

Entsprechend der Flynn'schen Einteilung entspricht diese Grundform einer "Single Instruction Single Data Stream"-Struktur (SISD). Hält man die Anzahl der Prozessoren unabhängig von der Anzahl der Schreib-/Leseköpfe und führt allen Prozessoren mit unterschiedlichen Suchkriterien nacheinander die einzelnen Datenströme zu, so ergibt sich eine "Multiple Instruction Single Data Stream"-Struktur (MISD). Zur Steigerung der Geschwindigkeit kann man die einzelnen Datenströme multiplexen und erreicht mit einem einzigen Prozessor eine "Single Instruction Multiple Data Stream"-Struktur (SIMD) bzw. mit einer Anordnung von vielen Prozessoren mit unabhängigen Anfragen eine "Multiple Instruction Multiple Data Stream"-Struktur (MIMD). Letztere Struktur z.B. weist der Suchrechner (SURE) auf, mit dem bei einer Datenrate von 7,3 MB/s bei 14 Prozessoren über 100 Mill. Byteoperationen pro Sekunde durchgeführt werden konnten.

Die vorgestellten Strukturen, im wesentlichen inhaltsorientierte Massenspeicher mit teilweise nachgeschalteten Funktionskomponenten, versprechen eine hohe Leistungsfähigkeit immer dann, wenn ein Datenbestand lediglich nach bestimmten Kriterien durchsucht werden soll. Für weiterführende (z.B. satzübergreifende) Funktionen haben sie gegenüber konventionellen Lösungen kaum Vorteile.

3. Funktionsorientierte Multiprozessorsysteme

Einhergehend mit dem Trend zu immer leistungsfähigeren und preiswerteren integrierten Schaltungen wurden auf der Grundlage der ersten Generation von Datenbankrechnern sehr bald verschiedene Vorschläge für unkonventionelle Strukturen entwickelt, die das gesamte Anforderungsspektrum eines Datenbanksystems wie Datenkonsistenz und -sicherung und andere zunächst weniger beachtete Forderungen berücksichtigen. So ist die Entwicklung der zweiten Generation von Datenbankmaschinen durch zwei Richtungen besonders gekennzeichnet: Durch den verstärkten Einsatz der Mikroprozessortechnik und die zielgerichtete Orientierung an kommerziellen Anwendungen von Datenbanksystemen.

Neben der fast überall eingeführten "Offline"-Verarbeitung der Daten zwischen Massenspeicher und Prozessor wird das Prinzip des Parallelismus noch umfassender auf allen Arbeitsebenen angewandt. Im Gegensatz zu den meisten Parallelrechnern, die nur Aufgaben einer regulären Struktur wie z.B. numerische Algorithmen bearbeiten, müssen bei einem Datenbanksystem die unterschiedlichsten Aufgaben bearbeitet werden. Es lassen sich im wesentlichen drei Ebenen für die Parallelverarbeitung definieren: Mehrere unabhängige Benutzeraufträge können von einer Datenbankmaschine gleichzeitig bearbeitet werden. Jeder dieser Aufträge wird in Teilaufgaben zerlegt, die parallel von einzelnen Komponenten ausgeführt werden können. Außerdem kann eine Teilaufgabe (wie bei den Slotnick-Maschinen) von mehreren Komponenten eines Typs bearbeitet werden.

Es entstanden unterschiedliche Konzepte, die sich im wesentlichen durch die Anbindung der Prozessoren an den Massenspeicher bzw. durch die Kommunikation zwischen den Prozessoren untereinander unterscheiden. Allen gemeinsam ist eine funktionsorientierte Spezialisierung der einzelnen Prozessoren, wobei Systeme mit dynamischer Zuordnung (homogene Systeme) und fester Zuordnung von Teilaufgaben (inhomogene Systeme) zu unterscheiden sind.

Grundsätzlich sind homogene Systeme mit gleichen Prozessoren wegen der Austauschbarkeit und der damit erreichbaren besseren Verfügbarkeit vorteilhaft. Hinsichtlich ihrer Leistungsfähigkeit bieten sie jedoch nicht den entsprechenden Fortschritt, da sie wegen der Verwendung für verschiedene Aufgaben eine universelle Struktur (z.B. nach dem Von-Neumann-Prinzip) haben müssen. Eine wirklich effiziente Lösung erscheint nur durch den Aufbau eines inhomogenen Systems realisierbar, bei dem die einzelnen Komponenten entsprechend ihrer spezifischen Aufgabe innerhalb des Systems entwickelt werden und die Hardware auf der Basis moderner hochintegrierter Speicher- und Mikroprozessorbausteine realisiert wird.

3.1. Homogene Systeme

Datenbankmaschinen, denen die Idee eines homogenen Systems zugrundeliegt, sind immer vollparallele Multiprozessorsysteme: Eine Reihe von gleichen Prozessoren haben Zugriff auf einen gemeinsamen Speicher, der als zentraler Cache dem Massenspeicher vorgelagert ist. Ein Verbindungssystem ermöglicht den oft gleichzeitigen Zugriff von zwei oder mehr Prozessoren auf den Datenspeicher und auch den Datenaustausch unter den Prozessoren (Bild 5). Dafür gibt es verschiedene technische Lösungsansätze wie Multiportspeicher, Bussysteme oder Kreuzschienenverteiler. Den Hauptnachteil der An-

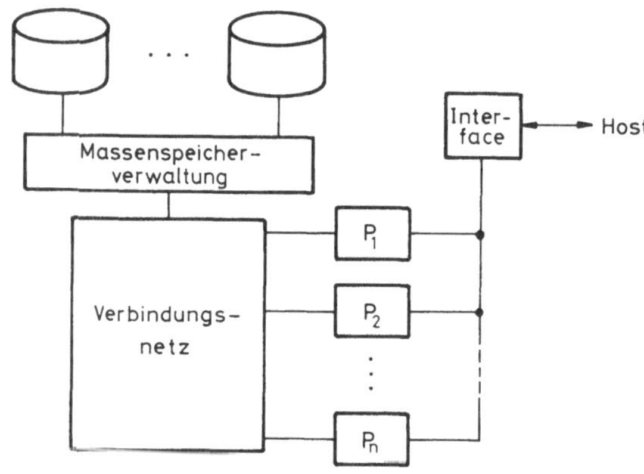

Bild 5: Homogene Multiprozessorstruktur
mit gemeinsamer Datenspeicherung

ordnung stellt der Engpaß beim Zugriff auf den Hintergrundspeicher dar, der die Anzahl der zugreifenden Prozessoren und damit den erreichbaren Grad an Parallelität begrenzt. Außerdem ergibt auch das Verbindungssystem einen Engpaß oder ist unverhältnismäßig aufwendig und damit sehr teuer. Wenn sich darüberhinaus bei hohen Transaktionsraten durch die notwendige Kommunikation zwischen den Prozessoren und dem Wirtsrechner das Interface als weiterer Engpaß erweist, wird die Leistungsfähigkeit der Maschine weiter sinken. Andererseits ist die Struktur sehr flexibel, weil ohne Beeinträchtigung durch Aufteilung der Daten oder Spezialisierung der Prozessoren die verschiedenen Datenbankoperationen den einzelnen Prozessoren frei zugewiesen werden können.

Auch die Strategie für die Überwachung und Versorgung der einzelnen Prozessoren kann unterschiedlich sein. Während z.B. DeWitt mit DIRECT (/DEWI 79/) ein asymmetrisches System vorstellt, bei dem die zentrale Steuerung einem übergeordneten Backendcontroller obliegt, zeichnen sich z.B. MICRONET (/SU 78/) und DBMAC (/MITE 81/) durch eine symmetrische Anordnung aus. Bei MICRONET handelt es sich allerdings um ein verteiltes Datenbankmaschinenkonzept, bei dem jeder lokale Bereich von seinem eigenen Prozessor bearbeitet wird. Insofern fällt es aus dem Rahmen der bisher betrachteten Host/Backend-Systeme. DBMAC dagegen ist eine typische Backendmaschine und ermöglicht auf Grund der Anordnung die Durchführung verschiedener Verarbeitungsstrategien wie z.B. Pipelining, vollparallele Verarbeitung mit freier Verteilung der Funktionen durch einen "Masterprozessor" oder auch die Steuerung nach dem Datenflußprinzip.

3.2. Inhomogene Systeme

Inhomogene Datenbankmaschinen zeichnen sich durch eine Reihe von Prozessoren aus, denen jeweils spezifische Funktionen zugeordnet sind und deren Hardwareaufbau an die besonderen Bedürfnisse angepaßt wird. Dabei lassen sich zwei Entwurfsrichtungen angeben, nämlich Pipelinearchitekturen und Vollparallelarchitekturen mit einem gemeinsamen Arbeitsspeicher. Ersteren liegt die inhärente Pipelinestruktur bei der Lösung von Datenverwaltungsaufgaben zugrunde, z.B. die Übernahme der Aufgabe vom Wirtsrechner, die Umsetzung der Aufgabe, die Zugriffspfadverwaltung und der eigentliche Datenzugriff. Bild 6 zeigt die Struktur eines auf diesem Konzept aufbauenden

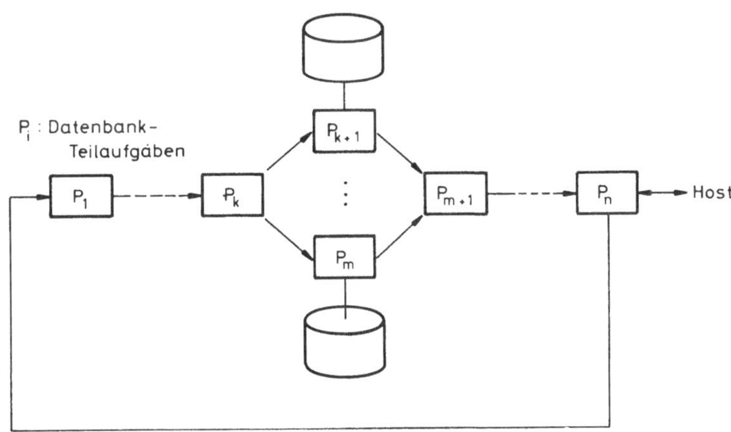

<u>Bild 6</u>: Beispiel für eine Pipelinestruktur

Entwurfs, bei dem noch eine Erweiterung der Parallelisierung vorgenommen werden kann, indem man mehrere Prozessoren mit einer Teilaufgabe (z.B. I/O) betraut. Ein bekannter Vorschlag in dieser Richtung ist der "Database Computer" DBC (/BHKA 79/).

Die andere Form der Kooperation stellt eine Vollparallelarchitektur mit funktionsorientierten Spezialprozessoren und einem gemeinsamen Arbeitsspeicher dar, auf den alle Prozessoren zugreifen können. Dieses Konzept mit lokalen Programmspeichern in den Spezialprozessoren und einem globalen Arbeitsspeicher für die Daten liegt dem Entwurf der Relationalen Datenbankmaschine RDBM zu Grunde, die z.Zt. an der TU Braunschweig implementiert und im folgenden Kapitel kurz beschrieben wird. Ausschlaggebend für diese Entscheidung war die besondere Flexibilität und die durch die Anpassung der Hardware erhoffte Leistungssteigerung. Die Flexibilität ergibt sich durch das gemeinsame Bussystem, das entsprechend den Erfordernissen der Aufgaben erweitert werden kann (z.B. mehrere Spezialprozessoren des gleichen Typs). Die hohe Leistungsfähigkeit hingegen wird durch die hardwaremäßige Anpassung der Prozessoren an ihre jeweilige Aufgabe und die damit verbundene Ausnutzung aller Leistungsreserven ermöglicht. Der Einsatz eines gemeinsamen Arbeitsspeichers bietet darüberhinaus einen einfachen Datenaustausch und damit verbunden eine wenig aufwendige Möglichkeit zur Synchronisierung der an einer gemeinsamen Aufgabe beteiligten Prozessoren.

4. Die Relationale Datenbankmaschine RDBM

Die RDBM ist eine auf der Grundlage des relationalen Datenmodells konzipierte Datenbankmaschine, die seit 1979 an der TU Braunschweig entwickelt und gebaut wird (z.Zt. wird das Gesamtsystem integriert). Das Ziel dieses relativ großen Forschungsprojekts, das in enger Zusammenarbeit zwischen dem Institut für Theoretische und Praktische Informatik (Prof. Dr. G. Stiege) und dem Institut für Datenverarbeitungsanlagen (Prof. Dr. H.-O. Leilich) durchgeführt wird, ist die Implementierung eines funktionsorientierten Spezialrechners; besonders zeitaufwendige Prozesse bei Datenbankoperationen werden durch spezielle Hardware unterstützt. Die Maschine ist als transaktionsorientiertes Mehrbenutzersystem konzipiert und bietet alle Funktionen, die von einem relationalen Datenbanksystem erwartet werden.

Eine genaue Beschreibung der Datenbankmaschine und eine detaillierte Diskussion des Systems können /AHLL 81/, /SZHL 83/ und /TEZE 83/ entnommen werden. In diesem Rahmen soll nur ein kurzer Überblick gegeben werden.

4.1. Systemkonfiguration

Die Systemkonfiguration der RDBM zeigt Bild 7. Das RDBM-System kann eigenständig von einem lokalen Benutzer, als Spezialknoten in einem Rechnerverbund und über eine Netzwerkschnittstelle oder als Backendmaschine, die über einen schnellen Kanal mit einem

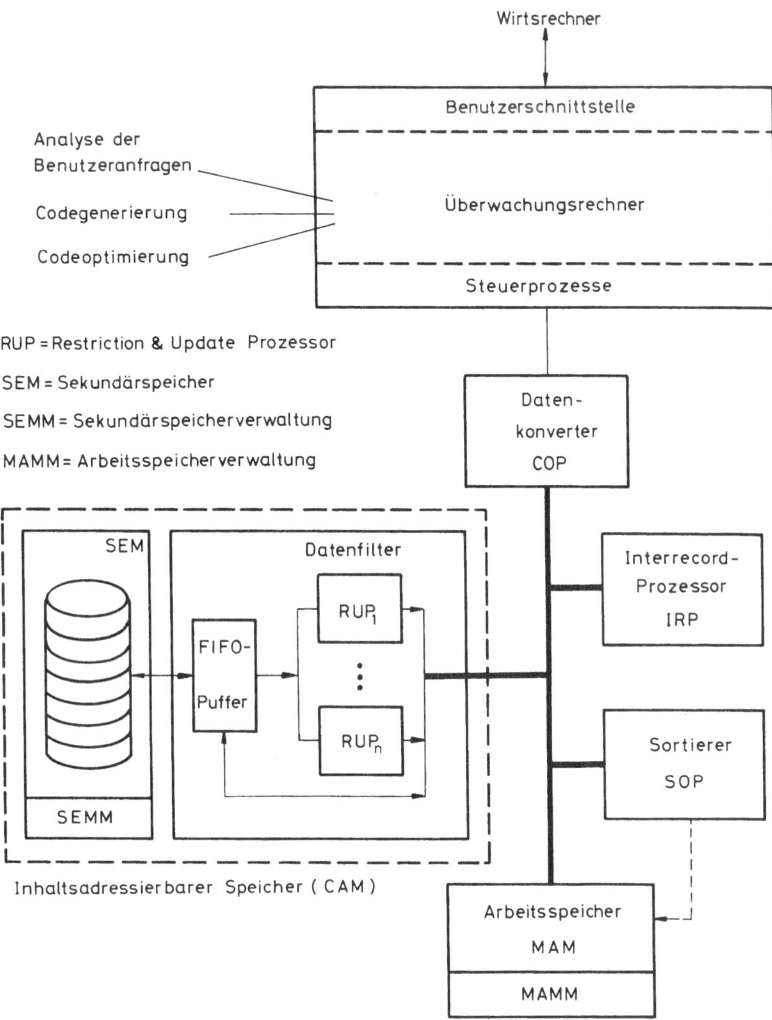

Bild 7 : RDBM-Systemkonfiguration

Wirtsrechner verbunden ist, betrieben werden. Es besteht aus drei wesentlichen Bestandteilen:

Ein <u>konventioneller Minirechner</u> (ND 100) bildet die Schnittstelle zum Wirtsrechner, überwacht das Gesamtsystem und führt alle nicht durch Spezialkomponenten unterstützten Operationen aus. So wird z.B. ein Datenbankaufruf durch die Software dieses Überwachungsrechners so in Elementaroperationen zerlegt, daß diese durch die nachgeschaltete Hardware ausgeführt werden können. Dies schließt die Aufrufvorbereitung wie Syntaxanalyse, Codegenerierung und -optimierung unter Benutzung von Statistiken über den Datenbestand ein. Die Folge von Datenbankoperationen wird an Steuerprozesse übergeben, welche die eigentliche Hardware - soweit möglich parallel - starten.

Der <u>Massenspeicher</u> bzw. Sekundärspeicher (Siemens, 72 MByte) besitzt eine eigene hardwareunterstützte Speicherverwaltung und ermöglicht mit Hilfe einer Reihe von Datenfiltern (Restriction and Update Processor RUP) einen quasiassoziativen und logischen Zugriff auf die Daten.

Das inhomogene <u>Multiprozessorsystem</u> besteht aus einer Reihe von Spezialprozessoren wie Datenkonverter (COP), Interrecordprozessor (IRP) und Sortierer (SOP), die alle auf einen gemeinsamen Datenspeicher zugreifen (shared memory). Dieser Arbeitsspeicher mit einer Kapazität von 1 MByte hat ebenfalls eine eigene Speicherverwaltung und ermöglicht den logischen Zugriff auf die Daten. Alle Komponenten sind durch ein Bussystem miteinander verbunden, auf dem Daten, Befehle und Statusmeldungen auf getrennten Leitungen übermittelt werden.

4.2. Datenfluß

Abschließend soll der Datenfluß zwischen den RDBM-Komponenten aus logischer Sicht betrachtet werden (Bild 8).

Generell werden Daten im relationalen Datenmodell als Relationen (Tabellen), Tupel (Sätze) und Attribute (Felder) abgespeichert. Soll nun ein Datenbankaufruf ausgeführt werden, verlangt zunächst der Steuerprozeß der Sekundärspeicherverwaltung die Bereitstellung der für den vorliegenden Auftrag relevanten Relationen. Die vom Sekundärspeicher abrufbaren Dateneinheiten werden als Segmente bezeichnet und setzen sich aus einer beliebigen Anzahl von physikalischen Seiten in diesem Speicher zusammen. Segmente werden über Namen angesprochen; die Sekundärspeicherverwaltung muß deshalb die Umsetzung der vom Steuerprozeß gelieferten Namen auf die Seitenadressen des Speichers vornehmen. Nach Ermittlung der Adressen werden die Daten aus dem Sekundär-

speicher gelesen und in einen FIFO-Puffer übergeben. Von dort entnehmen die Datenfilter die Daten tupelweise und verarbeiten sie gemäß den zuvor vom Überwachungs-
rechner geladenen Suchkriterien. Erfüllt ein Tupel die Qualifikation, wird es direkt
oder in veränderter Form dem Arbeitsspeicher des Multiprozessorsystems übergeben.

Die Datenfilter geben dort lediglich den Namen der Zielrelation an, für die die Daten
bestimmt sind; die Speicherzuweisung für die aufzubauende Zielrelation nimmt die
Arbeitsspeicherverwaltung selbst vor. Ist eine Zielrelation im Arbeitsspeicher auf-

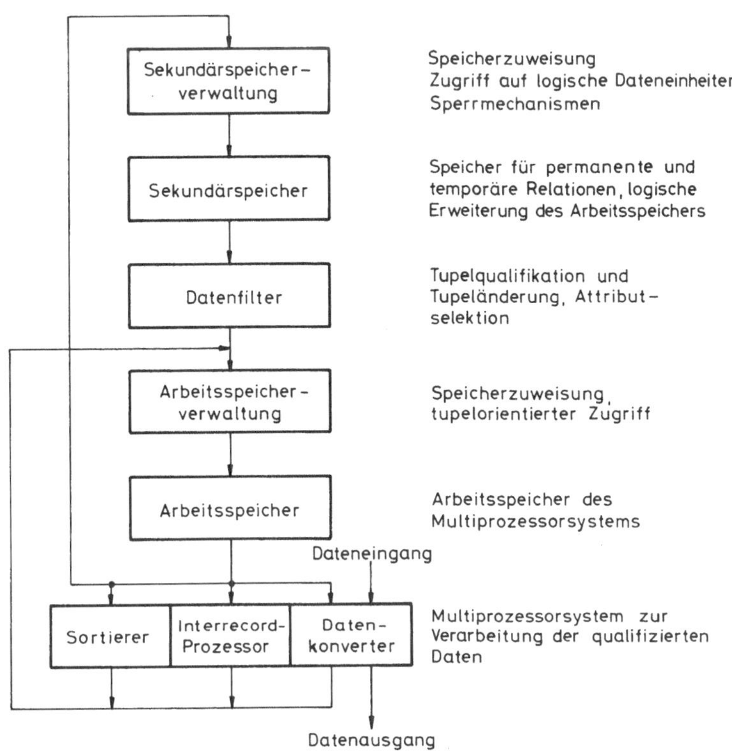

Bild 8 : RDBM – Datenfluß

gebaut, kann sie weiterverarbeitet werden. Im einfachsten Fall wird sie in den
Sekundärspeicher ausgelagert und dort entweder als neue permanente Relation oder,
wenn es sich lediglich um ein Zwischenergebnis handelt, als temporäre Relation
gespeichert. Sie kann aber auch durch andere Spezialprozessoren des Multiprozessorsystems weiterverarbeitet werden. In diesem Fall steht das Ergebnis erneut als Zielrelation im Hauptspeicher zur Verfügung.

5. Literatur

/AHLL 81/   Auer, H.; Hell, W.; Leilich, H.-O.; Lie, J.S.;
            Schweppe, H.; Seehusen, S.; Stiege, G.;
            Teich, W.; Zeidler, H.Ch.:
            "RDBM - A Dedicated Data Base Machine",
            Inf.Syst., Vol.6. No.2, pp.91-100, 1981

/BDWE 83/   Boral, H.; DeWitt, D.J.:
            "Database Machines: An Idea Whose Time has
            Passed? A Critique of the Future of Database
            Machines", Proc. 3. Int. Workshop on DBM,
            Munich, Sept. 1983

/BHKA 79/   Banerjee, J.; Hsiao, D.K.; Kannan, K.:
            "DBC - A Database Computer for Very Large
            Databases", IEEE TC, Vol. 28(6),
            pp. 414-429, 1979

/CLSU 73/   Copeland, G.P.; Lipovski, G.J.; Su, S.Y.:
            "The Architecture of CASSM: A Cellular
            System for Non-Numeric Processing",
            Proc. 1. Annual Symp. Comp. Arch., 1973

/DEHA 81/   DeWitt, D.J.; Hawthorn, P.:
            "A Performance Evaluation of Database
            Machine Architectures", Proc. VLDB 1981

/DEWI 79/   DeWitt, D.J.:
            "DIRECT - A Multiprocessor Organization for
            Supporting Relational Database Management
            Systems", IEEE Transactions on Computers 28(6),
            1979

/HELL 81/   Hell, W.:
            "RDBM - A Relational Database Machine
            Architecture and Hardware Design", Proc. 6.
            Worksh. Comp. Arch. Non Numerical Processing,
            Hyeres, June 1981

/KLZE 76/   Karlowsky, I.; Leilich, H.-O.; Zeidler, H.Ch.:
            "Content Addressing in Databases by Special
            Peripheral Hardware: A Proposal Called
            "Search Processor"", Informatik Fachberichte
            Band 4 , Springer Verlag Berlin 1976

/LSSM 76/   Lin, S.C.; Smith, D.C.P.; Smith, J.M.:
            "The Design of a Rotating Associative Memory
            for Relational Database Applications",
            TODS Vol.1, No.1, pp.53-75, March 1976

/LSZE 78/   Leilich, H.-O.; Stiege, G.; Zeidler, H.Ch.:
            "A Search Processor for Database Management
            Systems", Proc. VLDB 1978

/MITC 74/   Mitchell, R.W.:
             "New Hardware for Information Systems",
             IERE "Computers - Systems and Technology",
             Conf. Proc., Oct. 1974

/MITE 81/   Missikoff, M.; Terranova, M.:
             "An Overview of the Project DBMAC for a
             Relational Database Machine", Proc. 6th
             Workshop on Comp. Arch. for Non-Numerical
             Processing, Hyeres, June 1981

/OSSM 75/   Ozkarahan, E.A.; Schuster, S.A.; Smith, K.C.:
             "RAP - An Associative Processor for Data Base
             Management", AFIPS Conf. Proc., Vol.44, 1975

/SCHW 82/   Schweppe, H.:
             "Database Machines - A State of the Art
             Report", Informatik-Skripten Nr.3,
             TU Braunschweig, 1982

/SLOT 70/   Slotnick, D.L.:
             "Logic per Track Devices" in: Advances in
             Computers, Vol.10, (ed.: J. Tou) Academic
             Press, 1970

/SNOS 77/   Schuster, S.A.; Nguyen, H.B.; Ozkarahan,
             E.A.; Smith K.C.: "RAP.2 - An Associative
             Processor for Data Bases and Its Appli-
             cations", IEEE TC, Vol.C-28, No.6, pp.446-
             458, June 1977

/SU 78/   SU, S.Y. et al.:
             "MICRONET: A Microcomputer Network System
             for Managing Distributed Relational Databases",
             Proc. VLDB 1978

/SZHL 83/   Schweppe, H.; Zeidler, H.Ch.; Hell, W.;
             Leilich, H.-O.; Stiege, G.; Teich, W.:
             "RDBM - A Dedicated Multiprocessor
             System for Data Base Management",
             in Advanced Database Machine Architecture
             (ed.: D. Hsiao), Prentice Hall Inc., 1983

/TEZE 83/   Teich, W.; Zeidler, H.Ch.:
             "Data Handling and Dedicated Hardware for
             the Sort Problem", in Database Machines
             (ed. H.-O. Leilich, M. Missikoff)
             Springer Verlag Berlin, 1983 (Proc. IWDM-83)

/ZEID 78/   Zeidler, H.Ch.:
             "Zur Entwicklung eines Suchprozessors für
             einen Datenbankrechner", NTG-Fachberichte
             Band 62, VDE-Verlag Berlin, 1978

Höchst-integrierte Rechensysteme für CAE Arbeitsplatz Netzwerke

Dr. Ing. Helmut Schäfer

Hewlett-Packard GmbH / Systems Marketing Center - Europe
Herrenbergerstr. 130
D 7030 Böblingen

Unter dem Überbegriff CAE (Computer-Aided Engineering) soll im folgenden das weite Feld rechnerunterstützter, wenigstens teilweise i n -
t e r a k t i v e r Tätigkeiten von Ingenieuren und Wissenschaftlern
vereint sein.
CAE umfasst damit:

* reine Rechenanwendungen (Statistik, Simulation)
* rechnerunterstütztes Entwerfen (CAD = Computer Aided
  Design) im Maschinenbau, im Bauwesen und in der Elektrotechnik
* Messwertverarbeitung mit Rechenanlagen im Labor und in der
  Fertigung
* rechnerunterstütztes technisches Projektmanagement usw.

Die Automatisierung von Prozessen durch sog. run-only Systeme ist nicht
impliziert.
CAE-Anwendungen wurden bisher überwiegend auf Minicomputersystemen und
in grossen Timesharing Netzen betrieben. Speziell für das rechnerunter-
stützte Entwerfen gibt es daneben noch sog. turn-key Systeme, das sind
schlüsselfertige Systeme bestehend aus Rechner, Peripherie und Appli-
kationsprogramm.
Gegenwärtig vollzieht sich jedoch in diesem Bereich ein Wandel, der
von dem klassischen Konzept des z e n t r a l e n M i n i c o m -
p u t e r - / T i m e s h a r e S y s t e m s weg zu u n a b -
h ä n g i g e n A r b e i t s p l a t z R e c h n e r n führt,
die durch leistungsfähige N e t z w e r k e verbunden sind, Bild 1.

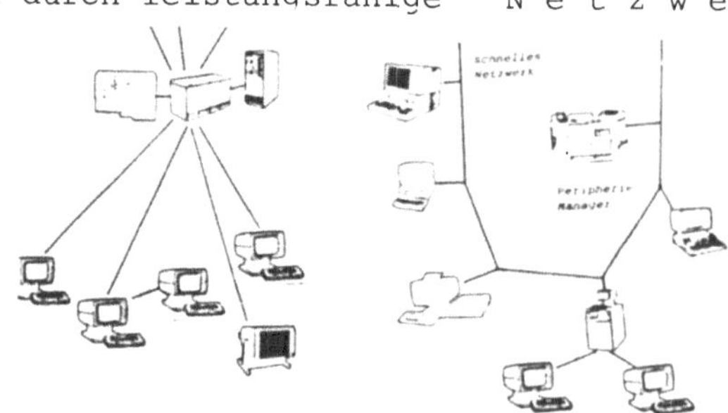

Bild 1: Zentrales Vielbenutzer-
system und Arbeitsplatz-
rechner Netzwerk

Die Gründe für diesen Wandel sind vielfach. Einige wesentliche Impulse
sind:

* Die Entwicklung der Elektronik für die Zentraleinheiten
  ('CPU'):
  Diese bestimmen einerseits in Vielbenutzersystemen die gesamte Rechenleistung, die einer grossen Zahl von Anwendern
  zur Verfügung steht (die Anwender sind i.d. R. teure Spe-
  zialisten !)
  Andererseits zeichnet die CPU bei modernen Systemen nur noch
  für 10 bis 20 % der Kosten. Die Aufteilung von an sich billiger CPU-Leistung auf viele Benutzer heisst also, dass am
  falschen Ort gespart wird.

* Dies wird besonders deutlich, wenn rechenintensive bzw. Arbeitsspeicher intensive und Ein-/Ausgabe intensive Programme
  die CPU, den Arbeitsspeicher und die Ein-/Ausgabeeinheiten
  blockieren. Beispiele sind Simulationsprogramme (z.B. Finite Elemente Programme, Programme für die Wettervorhersage)
  und Programme für den Rechnerunterstützten Entwurf im Maschinenbau oder in der Elektrotechnik ('CAD'). Auch die Aufteilung des Arbeitsspeichers und der Ein-/Ausgabeeinheiten auf
  viele Benutzer ist nur begrenzt wirtschaftlich.

* Zentrale Rechnerleistung bedeutet meist s t e r n f ö r -
  m i g e   Verkabelung der interaktiven Stationen. Diese ist
  teuer.
  Vor allem dann, wenn schnelle grafische Stationen über pa-
  ralle Übertragungswege anzuschließen sind. Deren Länge
  beträgt meist nur wenige Meter.

* Die Zentralisierung der Rechnerleistung impliziert auch,
  dass sich die Verfügbarkeit derselben auf singuläre Komponenten abstützt. Der Ausfall einer CPU beeinträchtigt die
  Arbeit vieler Benutzer.

Die n e u e   herausragende Forderung an die Konzeption heutiger tech-
nischwissenschaftlicher Rechensysteme ist, daß sie diesen Wandel in

* Zufügbare/wegnehmbare Module mit CPU-Leistung, Ein-Ausgabe-
  Leistung und Arbeitsspeicherkapazität. Dabei muß die Mini-
  malkonfiguration (eine CPU, eine Ein-/Ausgabeeinheit, kleiner
  Speicher) den Einsatz als <u>Arbeitsplatzrechner</u> ermöglichen,
  während höhere Ausbaustufen das Preis/Leistungsverhältnis
  moderner Minicomputer aufweisen sollten.

* kompakten und robusten Aufbau für Mobilität und Einsatz als
  Arbeitsplatzrechner vor Ort (großzügige Umgebungsbedingungen!)

* Leistungsfähige Netzwerke für den Zugriff auf teure, zentralisierte Peripheriegeräte und für den Datenaustausch zwischen
  Benutzern.

Neben diesen Forderungen bestehen natürlich die klassischen Entwurfs-
kriterien wie

* hohe Verarbeitungsgeschwindigkeit
* Unterstützung höherer Programmiersprachen und Unterstützung
  der Anwendungsprogramme zur Entwicklungszeit und zur Laufzeit
* niedrige Investitions- und Betriebskosten

Nachfolgend wird die 32-bit Computerfamilie HP9000 SERIE 500 darauf-
hin untersucht, in welchem Maße sie diese Kriterien erfüllt.
Dabei werden folgende Aspekte besonders herausgearbeitet:

1. Technologie
2. Systemarchitektur und Komponenten
3. Betriebssysteme und Netzwerke
4. Konfigurationen und Applikationssoftware

1. TECHNOLOGIE

Hohe Verarbeitungsgeschwindigkeit, Minicomputerleistung, Arbeitsplatz-
rechnerpreis, Kompaktheit, niedrige Betriebskosten..., die Summe dieser
Forderungen war mit den Ende der 70er Jahre verfügbaren Technologien
und Bausteinen nicht befriedigend zu erfüllen, da sie noch unverein-
bare Bedingungen wie 32-bit Wortbreite, Bausteine mit höchster Dichte

der logischen Elemente ('VLSI' - Bausteine mit Transistorabständen im Mikrometer Bereich) und -gemessen an konventionellen Minicomputern-niedrige Kosten für CPU, Ein-/Ausgabe und Arbeitsspeicher enthielt. Eine neue, 'Very Large Scale Integration' Technologie war zu entwickeln, die durch ihre Mikrometergeometrie einerseits kurze Signallaufzeiten und kleine Kapazitäten bringen würde (also hohe Taktfrequenz, d.h. Schrittgeschwindigkeit) und es andererseits gestatten würde, auf der technisch beherrschbaren Fläche von maximal 10 x 10 mm eine vollständige 32 bit CPU inklusive Speicherverwaltungseinheit und Selbsttestlogik unterzubringen.

Für höchste Integrationsdichte bei hoher Taktfrequenz und niedrigen Fertigungskosten war die sog. NMOS Technologie ('N channel Metal Oxide Semiconductor') am ehesten Erfolg versprechend. Sie war und ist die bevorzugte Technologie für schnelle VLSI-Bausteine (CPU, Speicher)/ Bur81/, wenn auch gegenwärtig die etwas langsamere CMOS Technologie an Bedeutung aufholt.

Der HP NMOS3 Prozess ist eine Weiterentwicklung bestehender N-Kanal Silizium Gate Technologien mit folgenden Merkmalen /Mik81/:

* 8 Masken werden benötigt für die Strukturierung der Halbleiterebenen bzw. Leiterbahnebenen
* 3 Leiterbahnebenen (Polysilizium, Metall-1 für Signale zwischen den Transistoren, Metall-2 für Versorgungsspannungen)
* 1um Transistorabstand, 1.5um Kanallänge
* z.B. 450 000 Transistoren auf 0.4 qcm Fläche bei inhomogener Struktur des Bausteins, mit zus. etwa 5 Watt Verlustleistung (CPU). Bei homogenen Strukturen (128 kbit RAM Baustein) auf derselben Fläche 660 000 Transistoren.
* 18 MHz 'worst case' Taktfrequenz im gesamten Umgebungstemperaturbereich von 0-55 Grad C (!).

Simultan und in ständiger Wechselwirkung mit der Entwicklung der NMOS3 Technologie wurde ein Satz von fünf Bausteinen entworfen, aus denen das gesamte digitale Logik- und Arbeitsspeichersystem des 32-bit Computers aufgebaut ist.

Bild 2 zeigt von liks nach rechts:
Den Ein-/Ausgabe Baustein, die Speichersteuerung, den (kleinen) Takt-
vervielfacher, den CPU Baustein und den Speicher Baustein.
Alle diese Bausteine benutzen denselben Takt und eine gemeinsame Stromversorgung. Ein 1-MegaByte System mit 3 CPU und 3 Ein-/Ausgabeeinheiten
benötigt genau 100 dieser Bausteine.

Bild 2: Die NMOS3 Familie

2. SYSTEMARCHITEKTUR UND KOMPONENTEN

2.1 Systemarchitektur

Die Systemarchitektur ist bestimmt von dem zentralen Speicher-Pro-
zessor-Bus 'MPB', Bild 3, über dessen 32 Datenleitungen Adressen und
Daten ausgetauscht werden zwischen den Prozessoren, Ein-/Ausgabeein-
heiten und Speichersteuerungen. Die Systembus-Struktur findet man in
heutigen Rechenanlagen häufig, da sie die Tür offen läßt für die Nachrüstung von Spezialprozessoren, z.B. Prozessoren für grafische Trans-
formationen. Andererseits wirft sie die Frage auf, ob sich der System-
bus als Flaschenhals für den Datendurchsatz entpuppt. Dies kann leicht
nachgeprüft werden: Der Austausch von Adressen/Daten kann über den MPB
theoretisch bei jedem Taktzyklus, also alle 55 ns erfolgen. Die Bandbreite ist somit 72 MByte/s. Da jeder zweite Zyklus für Adressen reserviert ist, bleibt eine D a t e n - Bandbreite von 36 MByte/s. Diese

kann zwar kurzzeitig völlig von der Kommunikation zwischen einer CPU
und einer Speichersteuerung in Anspruch genommen werden, doch zeigt
sich, daß eine CPU normalerweise mit weniger als 8 MByte/s auskommt,
da ein LOAD DIRECT oder STORE DIRECT etwa 0.5 us dauert. Eine Ein-/
Ausgabeeinheit beansprucht 6 MByte/s oder weniger.
Die Bandbreite reicht also mühelos für   m e h r e r e   CPU und Ein-/
Ausgabeeinheiten, Bild 3b.

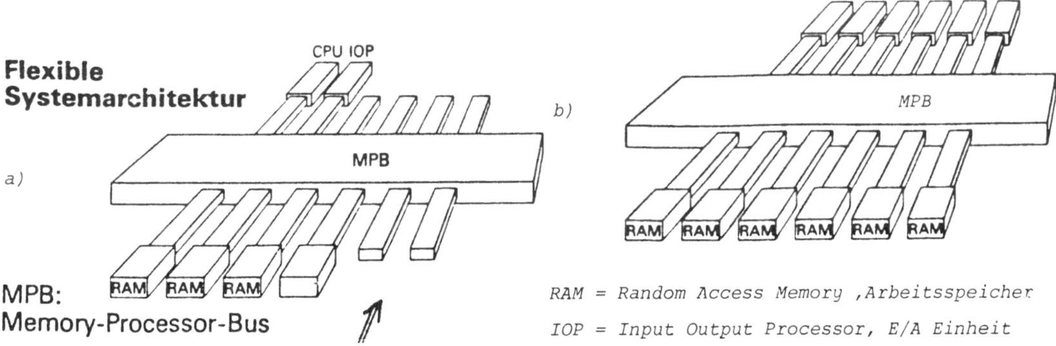

Bild 3: Schema der Systemarchitektur

Die in Bild 3 schematisch dargestellte modulare Systemstruktur illu-
striert Bild 4. Der gezeigte Kasten von etwa 28x15x15 cm beherbergt
den   g e s a m t e n   digitalen Teil des Rechners. (Die Stromversorgung
nimmt etwa gleich viel Raum ein!)
Die herausgezogene Platine enhält die 20 Bausteine umfassende RAM-
Speichermatrix (z.Zt. 256 KByte), die Speichersteuerung und den Takt-
vervielfacher (rechts oben).
Beim Einschieben der Platine in den Kasten erhält sie Kontakt mit einer
50 poligen Steckerleiste. 12 solche Steckerleisten bilden den Systembus
MPB.

Es ist diese   m o d u l a r e   Auf- bzw. Abrüstbarkeit, die es dem
Anwender einfach macht, sich den Erfordernissen seiner technisch-
wissenschaftlichen Aufgaben anzupassen: Häufig wird er mit einer kleinen
Minirechnerkonfiguration beginnen. Im Laufe der Zeit kommen weitere
Anwender/Aufgaben hinzu und es bietet sich die Nachrüstung einer CPU,
mehrerer Arbeitsspeichermodule und evtl. einer Ein-/Ausgabeeinheit an.
Die Kosten hierfür liegen erheblich unter denen einer zweiten Einheit.
Steigt nun die Auslastung weiter an, so kann dieser Pfad der Nachrüstung
weiter beschritten werden   o d e r   es wird eine weitere Grundeinheit

installiert und mit der ersten vernetzt. In diesem Fall können die vorhandenen CPU, Ein-/Ausgabeeinheiten und Speicher nach Gutdünken auf
die beiden Systeme verteilt werden, die außerdem auch noch an verschiedenen Orten vorteilhafter positioniert werden können.

Bild 4: Die Einsteckmodule

2.2   Komponenten

2.2.1 Zentraleinheit:

Die Zentraleinheit - es handelt sich um die erste 32-bit CPU auf einem
Baustein (seit der Einführung im Nov. 82 wurden andere monolithische
32-Bit CPU vorgestellt bzw. für die nahe Zukunft angekündigt z.B.
/Alp83/
- besitzt durch die hohe Integrationsdichte etwa gleichviel Schaltele-
mente wie 6 bis 8 monolithische 16-bit CPU Bausteine. Dies erlaubt es,
einen mächtigen Instruktionssatz zu implementieren und darüber hinaus
noch funktionelle Additive in den Baustein aufzunehmen, die früher
entweder als externe Bausteine oder eben gar nicht verfügbar waren.

Beispiele hierfür sind: Speicherverwaltung, Selbsttestschaltkreise und besondere Komponenten der arithmetischen und logischen Einheit ('ALU'). Wesentliche Merkmale moderner Zentraleinheiten sind:

A) Operationsprinzip und Implementierung des Instruktionssatzes

B) Verarbeitungsgeschwindigkeit

C) Unterstützung der Anwendungsprogramme bei Erstellung und Ablauf

D) Selbsttest

E) Unterstützung von Multi-Prozessor Systemen

Sie werden nachfolgend erläutert.

A) Operationsprinzip und Implementierung des Instruktionssatzes

Die CPU ist eine Von-Neumann Maschine mit 18 Spezialregistern, 4 Akkumulatoren. 8 Notizregistern und einem hardware Stapelspeicherkopf, Bild 5. Alle Register und Bussysteme sind mindestens 32 Bit breit.

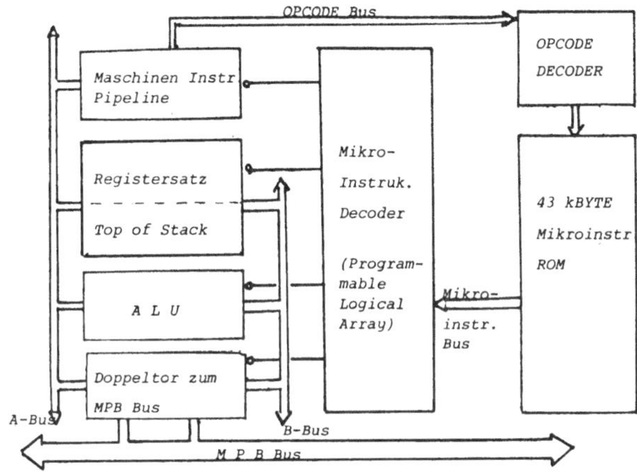

Bild 5   Vereinfachtes Schema der 32-bit CPU

Die vom MPB-Bus gelesene Maschineninstruktion wird vom 'opcode Decoder' interpretiert. Hieraus resultiert die Anfangsadresse des Mikroprogrammes, das die Instruktion in der CPU repräsentiert. Die CPU ist also - wie die meisten heutigen CPU - mikrocodiert und zwar quasi-horizontal, d.h. bestimmte Bitfelder der 38-Bit für die Register und ALU übersetzt /Gi81/.

Das Ergebnis ist ein leicht erweiterbarer, vielseitiger Instruktionssatz mit ca. 230 verschiedenen Befehlscodes, der in etwa 43 KByte (!) auf dem Baustein niedergelegt ist.

3) Verarbeitungsgeschwindigkeit

Die grundsätzlich serielle Verarbeitung von Instruktionen kann durch
zeitliche Überlappung aufeinanderfolgender Schritte parallelisiert,
d.h. beschleunigt werden. Eine gängige Form solcher Parallelarbeit ist
das sog. Instruction-Prefetching: Aufeinanderfolgende Maschinenbefehle
werden aus dem Arbeitsspeicher in eine CPU-residente 'Pipeline' gelesen,
während vorausgehende Befehle decodiert und ausgeführt werden.
Die hier betrachtete Zentraleinheit wendet Parallelarbeit ausserdem
noch auf zwei anderen Ebenen an:

1 : Die Phasen 'lesen', 'decodieren', 'ausführen' von u-Instruk-
    tionen werden ebf. überlappt. Die effektive u-Instruktions-
    Ausführungszeit reduziert sich damit auf einen Zyklus, d.h.
    55ns.
2 : In der ALU wird die Berechnung neuer Ergebnisse und die Über-
    prüfung vorausgegangener Ergebnisse parallel ausgeführt.

ALU und Registersatz haben erheblichen Anteil am Durchsatz der CPU:

* die am stärksten beanspruchten Funktionen sind festverdrahtet,
  d.h. sie sind schnell (z.B. 32-Bit Volladdiercr, 32-Bit Schie-
  ber/Extrahierer)
* der Datenaustausch zwischen Registern des Registersatzes und
  der ALU wird über zwei unabhängige Busse mit 72 MByte/s (!)
  ausgeführt
* Viele Operationen können direkt auf dem CPU residenten Teil
  des Stapelspeichers ausgeführt werden, benötigen also keinen
  Zugriff auf den Arbeitsspeicher.

Einige CPU-Maßzahlen sollen dies verdeutlichen (s.a. /Bey81/):

Mittlere Ausführungszeit einer u-Instruktion   :   0.055 us
Typische Ausführungszeit einer Maschinen-Instruktion :   1.0   us
32-Bit Ganzzahl Addition   :   0.390 us
32-Bit Ganzzahl Multiplikation   :   2.9   us
64-Bit Gleitpunkt Multiplikation   :   10.4 us
64-Bit Gleitpunkt Division   :   16.0 us

Anm.: Rechenzeiten schließen overhead für Ergebnistest ein

C) Unterstützung der Anwendungsprogramme bei Erstellung und Ablauf

Dies betrifft in erster Linie die Frage, in welchem Masse die CPU die
folgenden Fähigkeiten besitzt:

* Speicherverwaltung
* Unterstützung höherer Programmiersprachen
* Werkzeuge für den Programmtest

Speicherverwaltung:

Der Benutzer eines technischen Minicomputersystems erwartet heute, daß
ihm ein praktisch unbegrenzter Adressraum (z.B. 1GByte oder mehr) für
jedes seiner Programme zur Verfügung steht, ohne Interferenz mit anderen
Benutzern bzw. Programmen. Die Speicherverwaltung hat also für die Bereitstellung eines grossen logischen Adressraumes und dessen Übersetzung
in den physikalischen Adressraum zu sorgen. Daneben ist sie auch für
den Benutzerschutz, d.h. die Abschottung der von verschiedenen Programmen benutzten physikalischen Teiladressräume verantwortlich.
Die Speicherverwaltung wird zum Teil von der CPU und zum Teil vom Betriebssystem durchgeführt:
Im Arbeitsspeicher eines Minirechners oder Arbeitsplatzrechners befinden sich normalerweise mehrere Programme mit ihren Daten. Die Zentraleinheit muß den logischen Adressraum des gerade ablaufenden Programmes
in den physikalischen Teiladressraum des Programmes übersetzen. Hierfür werden im vorliegenden Fall sog. Segmenttabellen und ggf. auch sog.
Seitentabellen verwendet (Ein Codesegment besteht z.B. aus einem oder
mehreren Unterprogrammen. Seiten sind kleine Segmente von fester, jedoch wählbarer Größe. Seitenaufteilung wird typisch für sehr große Da-
tenfelder gebraucht, um diese stückchenweise in den Arbeitsspeicher
laden zu können.) Die Segmenttabellen bzw. die Seitentabellen enthalten
u.a. die absoluten Anfangs- und End-Adressen der Segmente die - zur Ge-
schwindigkeitserhöhung - in Spezialregister der CPU geladen werden.
Die Segmentgrenzen werden nicht nur zur Adressberechnung, sondern auch
zur Überwachung auf Verletzungen der Segmentgrenzen verwendet. Auch
diese Aufgabe wird von der CPU durchgeführt, während die Tabellen vom
Betriebssystem verwaltet werden.
Die 32-Bit CPU emittiert über den MPB-Bus eine 29-Bit Adresse, die von
den Speichersteuer Bausteinen als Byte-, Halbwort- oder Wort-Adresse
des physikalischen Speichers interpretiert wird.
Für den Fall, daß ein nicht im Arbeitsspeicher vorliegendes Segment

(oder Seite) angesprochen wird, kann die CPU die Verarbeitung der Instruktion unterbrechen, das Laden des Segmentes (der Seite) veranlassen, und anschließend die abgebrochene Instruktion erneut starten. Auf diese Weise können Programme ablaufen, deren Code/Daten die Größe des physikalischen Speichers übersteigt. Die CPU ermöglicht so die sog. virtuelle Speicherverwaltung durch das Betriebssystem.

Unterstützung höherer Programmiersprachen:

Moderne, blockorientierte Programmiersprachen verlangen die effiziente Unterstützung von Prozeduraufrufen, Listenverarbeitung, berechneten Sprüngen, Schleifen und Stringmanipulationen durch den Instruktionssatz. Im technischen Anwendungsbereich kommt die schnelle Abarbeitung von Ausdrücken, die Unterstützung rekursiver Funktionen und eine leistungsfähige Ein-/Ausgabe hinzu.
Der stack-orientierte Instruktionssatz, seine Adressierungsverfahren (unmittelbar, direkt, indirekt, indiziert, Kombinationen aus diesen), sowie die unterstützten Datentypen (Bitkette, Zeichenkette, Ganzzahl (16,32-bit), Gleitpunktzahl (32,64 bit), gepackte BCD Zahl) erfüllen die obigen Anforderungen glänzend.
Die CPU besitzt 32 Prioritätsebenen für externe und interne Unterbrechungssignale. Die externen Unterbrechungen haben ihre Ursache meist in Zustandsänderungen von Peripheriegeräten, auf die z.B. ein Benutzerprogramm wartete. Ein Beispiel ist das 'Messwert bereit' -Signal eines Messgerätes.
Die CPU kann eine Ein-/Ausgabeeinheit auch direkt zum Lesen/Schreiben eines Halbwortes veranlassen oder - für schnelle Massenspeicher und Grafikgeräte sehr wichtig - das selbständige Lesen/Schreiben von Blöcken durch die Ein-/Ausgabeeinheit anregen ('DMA' Ein-/Ausgabe).

Werkzeuge für den Programmtest:

Die NMOS3-CPU stellt ungewöhnliche Testhilfen bereit, die u.a. die schrittweise Ausführung von Maschinenbefehlen ermöglicht, automatische Haltepunkte definieren läßt, einen Beobachtungsmodus für Variablen ('TRACE') einrichtet u.v.a.m.
Es liegt dann natürlich an der Betriebssoftware, in wieweit sie dem Benutzer diese Werkzeuge zur Verfügung stellt.

D) Selbsttest

Für den Anwender ist eine rasche und zuverlässige Fehlererkennung und
Meldung zeit- und kostensparend. Auf dem CPU-Baustein sind deshalb an
strategisch wichtigen Stellen Testsignalableitungen angebracht, die
beim Einschalten oder auf Benutzerwunsch von einer Mikrocoderoutine
abgeprüft werden. Das Ergebnis ist ein eindeutiges FEHLER/FREI Signal
an den Benutzer.

E) Multi-Prozessor-Systeme

Wie schon bei der Betrachtung über die Bandbreite des MBP-Busses ausgeführt, ist das Rechnersystem auf den Betrieb mit mehreren Prozessoren
ausgerichtet. Neben ausreichender Busbandbreite sind hierzu weitere
Forderungen zu erfüllen:

1. die CPU muss Daten und Instruktionen mit anderen Prozessoren
   austauschen können. Zur Beschleunigung besitzt die CPU zwei
   gepufferte, unabhängige Tore zum MPB-Bus.
2. der Zugriff auf den Bus muss nach einem zuverlässigen Verfahren erfolgen. Im vorliegenden Fall werden den Prozessoren
   Kanalprioritäten zugeordnet. Zwei kommunizierende Prozessoren
   stehen in einem Master/Slave Verhältnis zueinander.
3. Sperrmechanismen sind für die konfliktfreie Inanspruchnahme
   der Resourcen notwendig.
4. Es muss geregelt sein, auf welcher Ebene sich die Zentraleinheiten die Arbeit teilen:

   * auf Maschineninstruktionsebene
   * auf Task-Ebene
   * auf Programmebene
   * auf Benutzerebene

Natürlich wird die Antwort auch vom Betriebssystem abhängen, jedoch ist
im vorliegenden Fall durch die CPU die Parallearbeit auf Task-Ebene
vorgezeichnet - und wird auch von beiden Betriebssystemen (s.u.) so
unterstützt.

2.2.2 Ein-/Ausgabeeinheit:

Die Ein-/Ausgabeeinheit steuert 8 unabhängige Kanäle mit direktem Speicher zugriff ('DMA') und einer gesamten Bandbreite von 5 bis 6 MByte/s.
Die DMA-Kanäle sind 16 bit breit und bedienen ihrerseits Standardschnitt-
stellen wie V24 Multiplexer, IEEE 488 Bus und 16-bit Parallelschnitt-
stelle. Letztere können für die Steuerung von 32-bit Peripherie auch
parallel geschaltet werden.

2.23 Arbeitsspeicher:

Der Arbeitsspeicher ist aus Modulen von (z.Zt.) 256 KByte zusammengesetzt, die jeweils von einer Speichersteuerung verwaltet werden, die
folgende Funktionen besitzt:

* Fehlererkennung von Doppelbitfehlern und Ausblenden des entsprechenden 4KWorte Blocks.
* Fehlerkorrektur von Einzelbitfehlern ohne Programmunter-
  brechung. Die fehlerhafte Speicherstelle wird durch ein Register der Speichersteuerung ersetzt - ohne Zeitverlust.
* Kommunikation mit CPU und Ein-/Ausgabeeinheiten. Die Speichersteuerung kann Adressen in dichter Folge verarbeiten, d.h.
  noch während das Datenwort zur ersten empfangenen Adresse
  geholt wird, können weitere Adressen verarbeitet werden.
  Diese Fähigkeit kombiniert sich mit dem doppelten Tor der
  Zentraleinheiten zum MPB-Bus so, daß sehr kurze Speicher-
  zykluszeiten von 110 ns (!) resultieren. Gemessen am Aufwand
  wäre der Gewinn durch einen zwischen CPU und Arbeitsspeicher
  liegenden Cache-Speicher gegenwärtig nicht überzeugend.
* Übersetzen der vom MPB-Bus empfangenen Adressen durch Asso-
  ziativspeicher.

3. BETRIEBSSYSTEME UND NETZWERKE

Betriebssysteme:

Für die HP 9000 Serie 500 kann der Anwender zwischen zwei Betriebssystemen wählen.

1. Das BASIC Betriebssystem für Echtzeitanwendungen im Labor
    und in der Fertigung und für interaktive Grafikanwendungen
    oder Datenbanken. Es unterstützt zwar nur ein Systemter-
    minal, doch können an die im Timeshare-Verfahren ablaufenden
    —bis zu 60—Anwendungsprogramme Benutzerterminals angeschlossen
    werden. Die implementierte Version von BASIC enthält Stan-
    dard-BASIC als 10 %-Untermenge. Die restlichen 90 % sind
    besonders auf technisch-wissenschaftliche Anwendungen zu-
    geschnitten und beinhalten Ein-/Ausgabe, 2D und 3D Grafik,
    Datenbanken, Matrizenbehandlung, Bitmanipulation, String-
    verarbeitung, Mittel zur Programmstrukturierung usw.
    Die BASIC Sprache wird bei der Eingabe Syntax-geprüft; das
    fertige Programm kann v o r der Laufzeit oder z u r
    Laufzeit compiliert werden.
    BASIC-Netzwerke: Das BASIC-Betriebssystem unterstützt ein
    Sternförmiges Netzwerk, in dessen Mittelpunkt eine Steuer-
    einheit für Peripheriegeräte, wie Platten oder Drucker den
    Zugriff der BASIC Arbeitsplatzrechner koordiniert. Der
    Durchmesser des Sterns kann bis zu 200 m betragen und ist
    somit z.B. für die Vernetzung eines Labors oder einer Fer-
    tigungshalle geeignet.

2. Das HP-UX Betriebssystem ist Hewlett-Packards Implementierung
    des verbreitetsten Betriebssystem-Standards 'UNIX' (%).
    HP-UX beruht auf BELL SYSTEM 3 und 5 und enthält wesentliche
    Komponenten des Berkeley UNIX 'bsd4.1' /BEL78/.

(%): UNIX ist ein Warenzeichen der AT&T Co./BELL Laboratorien, ETHERNET
     ist ein Warenzeichen der XEROX Corp.

Die besonderen Stärken von HP-UX liegen in den Bereichen

* Softwareentwicklung und Softwaremanagement
* Textverarbeitung
* 2D und 3D Grafik
* Datenbanken
* Netzwerke, v.a. auch Hersteller unabhängige Netzwerke. Für die breitbandige Verbindung der Arbeitsplatzrechner bzw. Minirechner steht das ETHERNET (%) Bussystem für Weglängen bis 500 m zur Verfügung. Die Software unterstützt den Durchgriff auf Dateien, Geräte und Prozesse der fernen Rechner. Weiterverkehrsnetze können mittels V.24-Verbindungen und UNIX-Standard Netzwerksoftware ('cu, uucp, uux') aufgebaut werden.

HP-UX ist z.Zt. noch ein reines Timesharing Betriebssystem mit sehr begrenzten Echtzeiteigenschaften. Die weitere Entwicklung sieht hier wesentliche Erweiterungen und die Implementierung auf zukünftigen Rechnerfamilien von Hewlett-Packard vor /CAW83/, /HPU83/.
Bild 6 gibt einen Überblick über die beiden Betriebssysteme.

BASIC   HP - UX

EINZELBENUTZER   EINZEL- ODER MEHRBENUTZER
MULTI-PROGRAMMING

EREIGNIS GESTEUERT   TIME-SHARE

SPEICHERRESIDENTE   VIRTUELLER SPEICHER
PROGRAMME

- HIERARCHISCHES   - HIERARCHISCHES
  FILE-SYSTEM   FILE-SYSTEM

BASIC RUN TIME COMPILER   FORTRAN 77 COMPIL., PASCAL, C

2D / 3D BASIC GRAFIC   2D / 3D
                                     GRAFIK - PAKET

Bild 6: BASIC und HP-UX Betriebssystem

4. KONFIGURATION und APPLIKATIONSSOFTWARE

Bild 7 zeigt eine Verwirklichung der in Bild 1 vorgestellten Konfiguration. Links die zentrale Minirechner Anordnung mit mehreren Sichtge-
räten, die natürlich auch weit entfernt stehen können (der eigentliche
Rechner ist im Vordergrund, Mitte, zu sehen. Links daneben eine 132 MByte
Platte und ein Drucker). Im rechten Bild sind die drei gerätemässigen
Ausführungen der HP 9000 Serie 500 in Arbeitsplatzrechner Konfiguration
angeordnet (Unterschrank, Tischrechner und Gestellversion).
Mit der Anwendung von Rechenanlagen sind auch Kosten verbunden. Die An-
lageninvestition für die im Bild·7b, Mitte gezeigte Tischrechnerversion
mit 0.5 MByte Arbeitsspeicher, Floppy Disk Speicher und Farbgrafik Bild-
schirm liegt bei etwa 85 TDM. Es geht aber auch teurer:
Die Unterschrankversion in Bild 7a mit 132 MByte Platte und Back-up
Band, HP-UX Betriebssystem mit C, FORTRAN77, PASCAL, 2D/3D Grafik,
Schnittstellen für 2-16 Sichtgeräte, 2.25 MByte Arbeitsspeicher und
zweite CPU (!) kostet 230 TDM (ohne Sichtgeräte).

Bild 7   a) Mehrbenutzersystem   b) Arbeitsplatzsysteme

Applikationssoftware:

Für Teilbereiche des CAE-Marktes bietet Hewlett-Packard schlüsselfertige Lösungen aus Rechner und Anwendungsprogrammpaket an (s.a /War83/).
Die Mehrzahl der Lösungen stammen jedoch von namhaften Softwarefirmen,
die ihre Programme auf die HP 9000 Familie portierten. Ihre Zahl wächst
beständig.

ZUSAMMENFASSUNG

Die Anwendung technischer Computersysteme unterliegt einem Wandel, der
von den klassischen zentralen Minicomputersystemen wegführt und zu dezentralen Arbeitsplatzsystemen mit jeweils wenigen Benutzern hinführt.
Diese Arbeitsplatzsysteme sind über schnelle Netzwerke mit Bus-, Ring-
oder Stern-Struktur verbunden, die den Datenaustausch und die gemeinsame Benutzung der teureren unter den Peripheriegeräten ermöglicht.
Der Beitrag diskutiert die Eignung der 32-bit Computerfamilie HP 9000
Serie 500 für beide Formen der Anwendung.

Ich danke der Hewlett-Packard Corp. für die Unterstützung dieses Bei-
trages.

LITERATUR

/Alp83/ Alpert,D.: "32-bit processor chip integrates major system
         functions", Electronics, Juli 1983, S. 113-119
/BEL78/ BELL SYSTEM TECHNICAL JOURNAL, Bd. 57, No. 6, 1978 (ganzes
         Heft)
/Bey81/ Beyers, J. et al.: "A 32-Bit VLSI CPU CHIP", IEEE Journal
         of Solid-State Circuits, Bd. SC-16, No.5, S. 537-542, Oct. '81
/Bur81/ Bursky, D.: "16 and 32-bit micro chips challenge minis and
         mainframes" Electronic Design, S. 131, Mai 1981
/CAW83/ "HP-UX - die UNIX Implementierung von Hewlett-Packard",
         Computer Advances Wien, 1983, S. 10-13
/Gi181/ Giloi, W.: "Rechnerarchitektur", Springer Verlag Berlin
         Heidelberg, New York, 1981
/HPU83/ "HP 9000 HP-UX Operating System", Datenblatt, PN 5953-9402
/Mik81/ Mikkelson, J. et al,: "An NMOS VLSI Process for Fabrication
         of a 32-Bit CPU Chip", IEEE Journal of Solid State Circuits,
         Bd. SC-16, No r, S. 542-547, Oktober 1981
/War83/ Ward, B.: "Ein integriertes CAD System für die Entwicklung von
         Logikschaltungen, sowie Leiterplatten-Layout", VDI-Berichte
         Nr. 492, S. 363-371, 1983

MICON - Ein Bausteinsystem

für freikonfigurierbare Rechnernetze

H. von Issendorff

FFM - FGAN

5307 Wachtberg-Werthhoven

Zusammenfassung

MICON ermöglicht den Aufbau von Rechnernetzen, die in Hard- und Software weitgehend frei konfiguriert werden können. Der Entwurf eines Rechnernetzes geschieht einerseits in der Netzebene, wo Rechnerknoten in beliebiger Zahl und Weise miteinander vernetzt werden können, und andererseits im einzelnen Knoten, der bezüglich Prozessorzahl und Speicher ausbaubar ist. In diesem Überblick werden die Bausteine und das Betriebssystem beschrieben und besondere Eigenschaften wie die automatische Systemgenerierung und die on-line-Konfigurierbarkeit vorgestellt.

Einleitung

Die meisten Architekturen der Vielrechnersysteme, die bisher in der Forschung untersucht wurden, weisen ausgeprägte Eigenheiten auf, mit denen neben anderen Zielen eine hohe DV-Leistung erreicht werden soll. Damit verbunden sind aber auch immer gewisse Einschränkungen, etwa in der Breite der Verwendbarkeit, in der Ausbaubarkeit, durch die Komplexität der Programmierung, usw.. Der zentrale Kreuzschienenverteiler des klassischen C.mmp /10/ ermöglicht z.B. den schnellen Zugriff auf eine gemeinsame Speicherbank, ist aber andrerseits mit tragbarem Aufwand nicht erweiterbar. C.mmp ist außerdem auf lokale Anwendungen beschränkt, da es nicht räumlich verteilt werden kann. Ähnliches gilt für Vielrechnersysteme, die wie z.B. UPPER /1/ auf einem zentralen Bus aufbauen. Auch wenn er extrem schnell ist, wird er mit wachsender Systemgröße irgendwann zu einer leistungsbegrenzenden Komponente. Bei einer anderen Klasse von Vielrechnersystemen besteht die Begrenzung der Ausbaubarkeit nicht oder zumindest praktisch nicht. Ein Vertreter dieser Klasse ist CM*, das bis zur Größe des virtuellen Adreßraums von 2^{28} Byte ausbaubar ist /9/. Seine Konfigurierbarkeit ist aber dadurch beschränkt, daß jeder Cluster nur zwei Einausgänge hat. Engere Vernetzungen zwischen mehreren Clustern, die bei manchen Anwendungen wünschenswert sein mögen, können deshalb nur indirekt und mit dem Nachteil größerer Zugriffszeiten realisiert werden. Das Erlanger EGPA /3/ ist vom Konzept her beliebig ausbaubar. Die Konfiguration ist hier durch die Pyramidenstruktur vorgegeben, die eine enge Rechnerkopplung ermöglicht und anscheinend ein für viele Anwendungen geeignetes Grundmuster ist. Freie Ausbaubarkeit bei begrenzter Konfigurierbarkeit weist auch der bei der GMD entwickelte Einheitsbausteinrechner EBR /8/ auf, der aus den zwei Elementarbausteinen Werk und Speicher aufgebaut wird.

Allen diesen Vielrechnersystemen ist gemeinsam, daß sie einer gegebenen DV-Aufgabe nur begrenzt angepaßt werden können und ihre Architektur oder Konfiguration den Entwurf der DV-Aufgabe i.a. erheblich beeinflußt. Das Ziel unserer Arbeit, aus der MICON hervorging, war es dagegen, genau dies zu vermeiden, d.h. den Entwurf eines DV-Systems frei von irgendwelchen vorgegeben Hardware-Restriktionen durchführen zu können. Der Entwurf eines DV-Systems sollte sich zunächst ausschließlich auf eine logische Gliederung und daraus resultierend auf den Software-Entwurf beschränken, dem dann erst nachfolgend das Rechensystem angepaßt wird. Ein solches Konzept führt auf die Zerlegung einer DV-Aufgabe in Teilaufgaben und ihre Darstellung als Datenflußnetz. Es entfällt dabei von vornherein die bei konventioneller Programmierung übliche Totalsequentialisierung. Diese Vorgehensweise wurde inzwischen zur Methodik der Netzwerkprogrammierung ausgebaut /6/. Dieses Konzept bietet aber auch auf der Hardware-Seite interessante Aspekte:
* Das Rechensystem kann der DV-Aufgabe nicht nur in der Leistung, sondern auch in

seiner räumlichen Verteilung angepaßt werden.
* Das DV-System kann inkrementell aufgebaut und auch noch nach der Implementation geändert oder erweitert werden.
* Das Rechensystem kann ganz oder teilweise redundant angelegt und so gegen Ausfälle geschützt werden.
* Hardware-Fehler können einfach lokalisiert und beseitigt werden.

MICON ist ein Bausteinsystem, das diesem Ziel entsprechend in besonderer Weise auf freie Konfigurierbarkeit ausgerichtet ist. Es ähnelt in diesem Ansatz DIRMU /7/, das z.Zt. in Erlangen aufgebaut und u.a. im Hinblick auf Fehlertoleranz untersucht wird. Im Gegensatz zu den vorher genannten Systemen ist von einem freikonfigurierbaren System i.a. keine hervorragende DV-Leistung zu erwarten. Die Wirtschaftlichkeit steht deshalb aber noch nicht in Frage! Die Hardware-Kosten solcher Systeme können bei Verwendung massenproduzierter Komponenten klein gehalten werden. Die gesamten Lebenszeitkosten werden in Anbetracht der vereinfachten Software-Erstellung und der einfachen System-Änderbarkeit noch günstiger sein.

MICON ist ein experimentelles System, dessen Zweck es ist, die Realisierbarkeit und Brauchbarkeit des Konzepts festzustellen. Es basiert auf den Ergebnissen aus Untersuchungen, die mit dem aus kommerziellen Minirechnern aufgebauten Vorgängersystem MCS gewonnen wurden /4/.

Das Bausteinkonzept

Das Bausteinsystem von MICON besteht aus vier Komponenten, dem Prozessor, dem Speichermodul, dem Bus und dem Kanal. Der Aufbau eines Rechensystems geschieht in zwei Ebenen, einmal als Netz von Rechnerknoten und zum anderen im Ausbau der Rechnerknoten. Die Rechnerknoten werden mit Hilfe der Kanäle zu beliebigen Netzen verbunden (Bild 1). Sowohl die Zahl der Rechnerknoten als auch die Vernetzung der Knoten untereinander sind frei wählbar. So ist es auch möglich, mehr als einen Kanal zwischen zwei Rechnerknoten zu haben. Eine Begrenzung der Verbindungsdichte ist lediglich technisch durch die Zahl der Stecker im knoteninternen Bus gegeben.

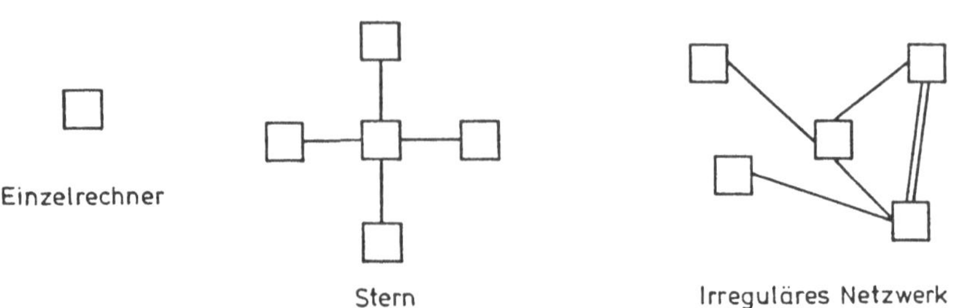

Bild 1: Entwurfselemente auf der Netzebene und
Beispiele für Netzkonfigurationen.

Die Verbindung der Rechnerknoten durch Kanäle bedeutet keine Einschränkung der Kommunikationsmöglichkeiten. Sie stellt lediglich die engste und damit schnellste Kopplung zwischen den Rechnerknoten dar. Statt als direkte Punkt-zu-Punkt-Verbindung kann man sich die Kanäle aber auch zu einem Bus gebündelt denken. Die einzige Wirkung wäre, daß dann die über die Kanäle laufende Kommunikation nicht mehr simultan, sondern nur noch sequentiell erfolgen könnte und ein Bus-Controller erforderlich würde, um dies zu bewerkstelligen. Dies könnte Wartezeiten verursachen und dadurch die Gesamtleistung des Netzes reduzieren. Ebenso wäre es prinzipiell auch möglich, einen Kanal aufzutrennen und ein anderes Kommunikationsmedium dazwischenzuschalten, z.B. ein Datennetz. Auch dieses hätte lediglich eine Verlangsamung der Bearbeitung zu Folge. Beides ist aber in MICON bisher nicht realisiert.

Die zweite Entwurfsebene liegt in den einzelnen Knoten. Diese können den lokalen Anforderungen entsprechend mehr oder weniger ausgebaut werden (Bild 2). Der Knotenbus ist im Prinzip eine Steckerschiene, auf der bis zu 16 Prozessoren und Speichermoduln gesteckt werden können. Der Adreßraum beträgt z.Zt. 64 K Worte. Er ist damit sicherlich für viele reale Anwendungen zu klein, für MICON und die damit vorgesehenen experimentellen Untersuchungen und Anwendungsbeispiele reicht er aber aus.

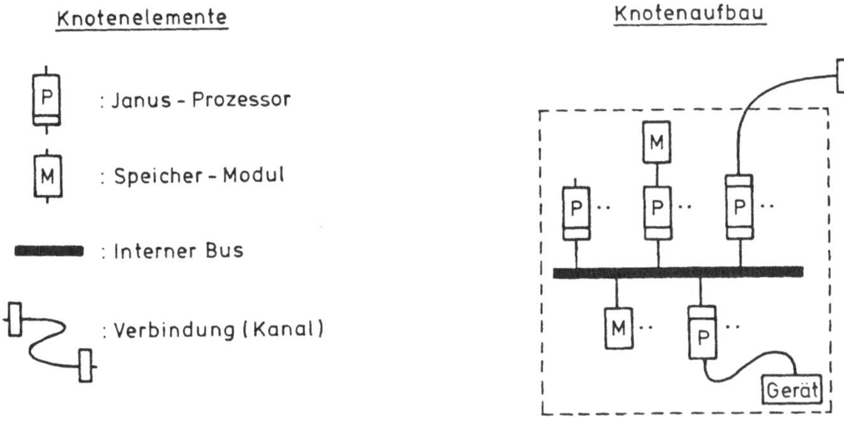

Knotenelemente **Knotenaufbau**

Bild 2: Entwurfselemente auf Knotenebene und
Darstellung des Knotenaufbaus

Der für die Sequentialisierung der Buszugriffe erforderliche Bus-Kontroller ist dezentralisiert. Jeder auf den Bus gesteckte Prozessor enthält einen Teil der Bus-Kontrolle. Die Zugriffsvergabe erfolgt nach dem daisy-chain-Verfahren: Jeder Prozessor, der Bus-Zugriff wünscht, meldet sich und erhält ihn spätestens im folgenden Auswahlzyklus (Bild 3). Die Bus-Zuteilung geschieht in bekannter Weise durch ein umlaufendes, von Prozessor zu Prozessor weitergereichtes Select-Signal. Da alle Prozessoren gleichberechtigt sind, gibt es bei der Zuteilung keine Prioritätenregelung. Das Select-Signal muß beim Umlauf über unbesetzte und mit Speicher-Moduln besetzte Stecker geführt werden. Für die Überbrückung freier Stecker ist deshalb eine Überbrückungsschaltung vorgesehen, die einzige auf dem sonst nur aus Steckern und Leitungen bestehenden Bus.

Wie unmittelbar zu erkennen ist, ist das Select ein zentrales Signal. Seine Unterbrechung würde den gesamten Knoten lahmlegen. Um hiergegen einen Schutz zu schaffen, wird das Select-Signal über zwei Leitungen geführt. Jeder Prozessor prüft das Vorhandensein beider Signale. Der Ausfall eines Signals führt zu einer Alarmmeldung, ohne daß aber sonst die Betriebsfähigkeit eingeschränkt wird.

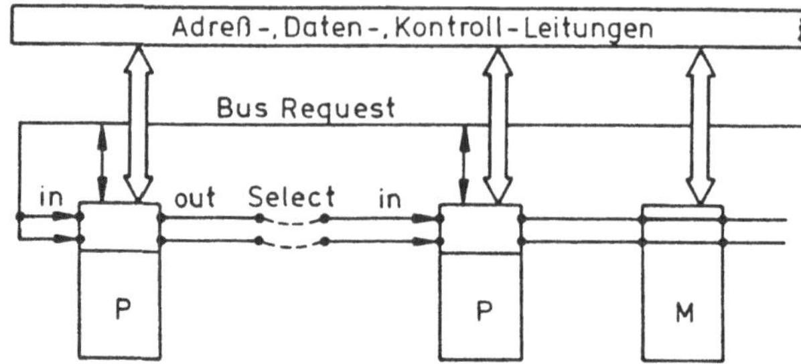

Bild 3: Dezentrale Kontrolle im knoteninternen Bus

Die Prozessoren im MICON dienen nicht nur zur Programmbearbeitung, sondern sind
außerdem auch in der Lage, die Funktion von Geräte-Controllern zu übernehmen oder
aber auch als Knotenkoppler zu dienen. Zu diesem Zweck sind alle Prozessoren mit
zwei identischen Schnittstellen versehen. Dieser zwei identischen Seiten wegen werden sie auch Janus-Prozessor genannt (Bild 4). Während die eine Schnittstelle den
Janus-Prozessor mit seinem Heimat-Knotenbus verbindet, von dem er auch elektrisch
versorgt wird, kann über die zweite Schnittstelle entweder ein Gerät, ein privater
Speicher oder ein Nachbarknoten angeschlossen werden. Der private Speicher erhöht
das Speichervolumen für jeden damit versehenen Prozessor um weitere 64 K Worte. In
der Rolle als Knotenkoppler besorgt der Janus-Prozessor den Transfer von Daten
zwischen den beiden Knoten. Wenn nichts zu transferieren ist, arbeitet er als
normaler Prozessor. Eine interessante Besonderheit liegt darin, daß der
Koppelprozessor als Arbeitsprozessor entweder seinem Heimatknoten oder dem
Nachbarknoten zugewiesen werden kann. Das eröffnet z.B. die Möglichkeit, einen
Knoten, der ausschließlich mit Knotenkopplern bestückt ist, logisch völlig von
ihnen zu entblößen. Näheres über die Prozessorverwaltung wird im Abschnitt über den
DV-Betrieb gesagt.

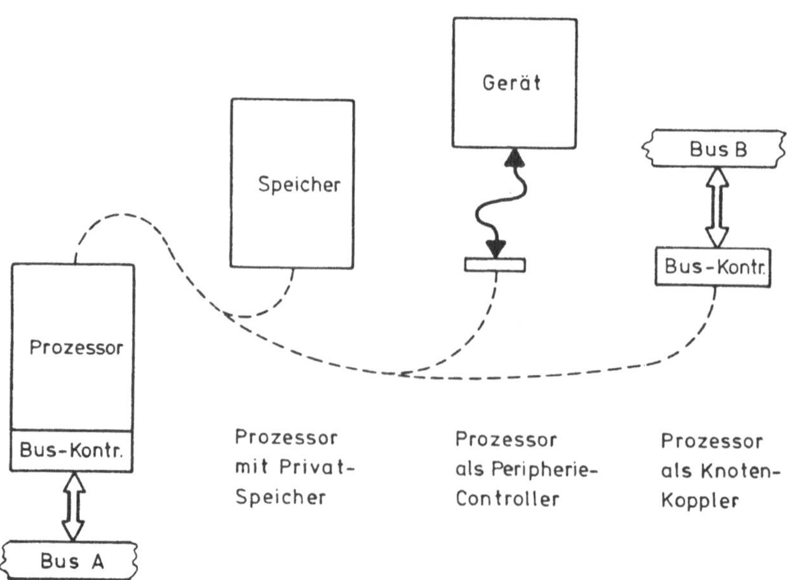

Bild 4: Nutzungsarten des Janus-Prozessors

Die Prozessoren sind mit AMD 2900 Bit-slice-Technik aufgebaut und haben 16 bit Wortbreite. Der Mikroprogrammspeicher hat bei einer Wortbreite von 88 bit eine Tiefe
von 4 K. Dieses relativ große Speichervolumen wird für experimentelle Zwecke benö-

tigt. So gibt es z.B. zur schnelleren Abwicklung der Kommunikation Befehle zur Unterstützung der Kommunikationseinleitung und für den Transfer von Datenblöcken. Daneben ist der Code des Betriebssystemkerns in den Mikroprogrammspeicher gelegt. Jeder Prozessor ist damit in der Lage, seinen Rechnerknoten selbständig oder im Verein mit mehreren zu verwalten, ohne daß das Betriebssystem vorher geladen werden muß. Ein Rechnerknoten ist also vom Moment des Einschaltens an autonom. Seit kurzem ist auch ein Pascal-P-Code Interpreter im Mikroprogrammspeicher implementiert. Das spart nicht nur einen zusätzlichen Übersetzungsvorgang, sondern ermöglicht es auch, bei der Programmbearbeitung eine unmittelbare Rückverbindung zum Pascal-Quellcode zu haben.

Jeder Prozessor enthält einen eigenen Wecker, der die Bearbeitung eines Prozesses nach einer einstellbaren Zeitspanne unterbricht. Zur Zeit beträgt sie 50 msec.

DV-Betrieb im MICON

Jeder Knoten im Rechnernetz hat sein eigenes Betriebssystem und ist damit ein autonomer Rechner. Innerhalb des Rechnernetzes gibt es damit keinerlei Hierarchie.

In ähnlich dezentraler Weise wie die Hardware ist auch die Software aufgebaut. Sie wird als Netz autonom ablauffähiger Prozesse dargestellt, die untereinander durch ihre Kommunikation vernetzt sind (Bild 5 a). Über dieses Prinzip ist bereits von uns verschiedentlich publiziert worden. Die Kommunikation erfolgt durch Botschaften /5/. Die Programmierung von Prozeßnetzen und die Erweiterung konventioneller höherer Sprachen zu Sprachen für verteilte Systeme wurde von W. Grünewald vorgestellt /2/. Inzwischen wurde darauf aufbauend die Methodik der Netzwerkprogrammierung entwickelt /4/. Sie enthält als Kern die Möglichkeit zur Reduktion von Prozeß-netzwerken durch Transformation. Bei vollständiger Transformation wird ein Prozeß-netzwerk in ein konventionelles Programm überführt. Die Netzwerkprogrammierung ist deshalb gleichermaßen vorteilhaft auch für den Entwurf und den Aufbau von komplexer Software für konventionelle Einprozeßrechner geeignet.

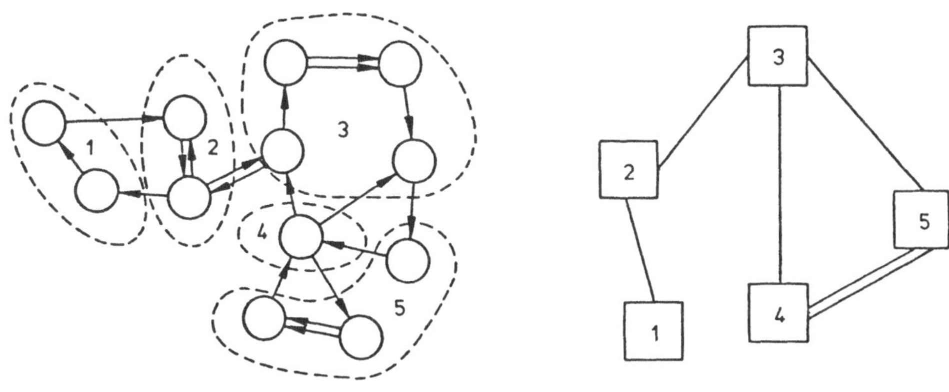

Bild 5: Beispiel eines Prozeßnetzes (Bild 5a) und seiner
Abbildung auf ein Rechnernetz (Bild 5b)

Die Vorgehensweise der Zerlegung in Teilfunktionen und ihrer Programmierung als Prozesse wird auch beim Aufbau des Betriebssystems beibehalten. Das Betriebssystem eines Rechnerknotens besteht aus einem Betriebssystemkern und einer ausbauabhängigen Zahl von Dienstprozessen. Jedes Peripheriegerät ist in einen Prozeß eingebettet und kann somit nur durch Kommunikation mit diesem Prozeß benutzt werden. Die Abwicklung der Kommunikationen zwischen Prozessen geschieht dagegen im BS-Kern. Dies ist sinnvoll, wenn sich die zwei kommunizierenden Prozesse im gleichen Rechnerknoten befinden. Aus Effizienzgründen werden aber auch Kommunikationen zwischen Prozessen, die in benachbarten Knoten liegen oder noch weiter entfernt sind, von den BS-Kernen wahrgenommen. Die BS-Kerne von Zwischenknoten arbeiten dabei als Übermittler.

Die Bearbeitung des Betriebssystemkerns geschieht durch alle Prozessoren des Knotens in völliger Gleichberechtigung. Es existiert also beim normalen Betrieb kein Masterprozessor zur Verwaltung und Arbeitsverteilung. Jeder Prozessor unterbricht gelegentlich seine Normaltätigkeit, d.h. die Bearbeitung von Prozessen, und versucht, Betriebssystemarbeiten auszuführen. Sind die getan, nimmt er sich einen neuen Prozeß und bearbeitet diesen. Auch hier wird also das Prinzip der Dezentralisierung konsequent eingehalten: Jeder Prozessor ist autonom und sucht selbst nach Arbeit. Die Unterbrechungen erfolgen immer dann, wenn ein Prozeß eine Kommunikationsanweisung erreicht, wenn die Bearbeitung durch den prozessoreigenen Wecker unterbrochen wird oder wenn ein Prozeß terminiert. Mit der Unterbrechung durch den Wecker wird sichergestellt, daß alle Prozesse eines Knotens in einem abschatzbaren Zeitabstand bearbeitet werden. Aus der Weckerzeitspanne w, der Zahl der im Knoten bearbeiteten Prozesse p und der Zahl der Prozessoren r ergibt sich mit w . p/ r die maximale Reaktionszeit des Rechners auf ein äußeres Ereignis, wenn p größer als r ist, sonst ist sie w.

Bei Arbeitsmangel für die Prozessoren ergibt sich das Problem, daß die arbeitslosen Prozessoren durch pausenlose Nachfrage den Knotenbus derart belasten, daß die Arbeit der restlichen Prozessoren behindert wird. Es wird dadurch gelöst, daß ein arbeitsloser Prozessor nach der ersten erfolglosen Nachfrage nur noch in einer einstellbaren Zeit von z. Zt. ca. 1 ms nachfragt.

Die Prozessoren arbeiten bei ihrer Betriebssystemverwaltung auf Listen, die im Speicher jedes Rechnerknotens angelegt sind. Der Zustand sämtlicher in einem Rechnerknoten vorhandenen Prozesse ist in der Prozeßliste registriert. Daneben gibt es eine Arbeitsliste, die alle zu bearbeitenden Prozesse enthält. Dazu gehören auch die, die auf die Ausführung einer Kommunikation warten. In einer Routing-Tabelle ist angegeben, über welche Kanäle die Kommunikationen mit externen Prozessen laufen sollen. Im Speicher ist ferner registriert, welche Prozessoren vorhanden sind und was an ihrer zweiten Schnittstelle angeschlossen ist. Ursprünglich wurde in der gleichen Weise auch der innerhalb des gesamten Adreßraums verfügbare Speicher registriert. Nachdem aber inzwischen jeder Speicher-Modul 64 K Worte hat und damit den gesamten Adreßraum ausfüllt, macht das keinen Sinn mehr.

System-Initialisierung

Da jeder Knoten eine andere Ausstattung bezüglich Prozessorzahl, Geräte und Verbindungen zu anderen Knoten haben kann, müssen die Betriebssystemlisten individuell generiert werden. In MICON geschieht das automatisch mit der System-Initialisierung. Mit dem elektrischen Einschalten normieren sich alle Prozessoren und sind damit einsatzbereit. Da der gemeinsame Speicher aber mit dem Einschalten gesperrt wird, können sie zunächst nicht aktiv werden. Ein als Platten-Controller arbeitender Prozessor wird sodann durch Knopfdruck mit der Initialisierung beauftragt. Er erhält allein Zugriff zum Speicher und lädt einen Initialisierungs-Prozeß, der die Betriebssystemlisten normiert und daran anschließend den Speicher freigibt. Alle Prozessoren tragen dann als erstes ihre Busadresse und ihre Verwendungsart im Speicher ein und versuchen danach, Arbeit zu bekommen, indem sie auf die Arbeitsliste zugreifen. Die als Knotenkoppler arbeitenden Prozessoren werden sodann beauftragt, ihrerseits den Initialisierungsprozeß zu übernehmen und die Initialisierung im Nachbarknoten in der gleichen Weise vorzunehmen.

Die Systemgenerierung und -initialisierung breitet sich so lawinenartig über das gesamte Netz aus. Mehrfachinitialisierung wird dadurch vermieden, daß ein Kennwort mitgeführt wird. Nur dort wird initialisiert, wo das Kennwort unbekannt ist. Eine erneute Initialisierung kann daher nur mit einem neuen Kennwort geschehen. Alle

Knoten, die selbst und deren Nachbarknoten initialisiert sind, melden ihre lokale Vernetzung an den Ursprungsknoten zurück. Dieser erhält so ein vollständiges Bild der Verbindungsstruktur des Netzes. Der Initialisierung folgt ein Ladeprozeß, der ein Prozeßnetz lädt und es in einer vom Programmierer vorgegebenen Weise über das Rechnernetz verteilt (Bild 5). Der Ladeprozeß erzeugt dabei aus der Verbindungsstruktur und der Prozeßverteilung für jeden Knoten eine Routing-Tabelle. Sie nennt den Knoten, an den der Inhalt einer Prozeßkommunikation gegeben werden soll, d.h. den eigenen Knoten, wenn die Kommunikation hier endet, oder aber einen Nachbarknoten, wenn der Zielprozeß in einem anderen Knoten liegt. Ist das gesamte Prozeßnetz geladen, werden die Prozesse in die Arbeitsliste eingetragen. Damit beginnt ihre Bearbeitung.

Fehlererkennung und on-line-Reparatur

In MICON ist es möglich, Speicher- und Prozessorkarten während des Betriebes ziehen und zustecken zu können. Hierfür ist auf jeder Karte ein verkürzter Pin und ein Längstransistor vorgesehen. Der verkürzte Pin erzeugt beim Ziehen, sobald er den Kontakt verliert, ein Signal, das die logische Sperrung zur Folge hat und beim Prozessor zusätzlich die Abspeicherung der Registerinhalte bewirkt. Der Längstransistor besorgt danach, d.h. mit einer gewissen Verzögerung, eine sanfte elektrische Trennung der Stromversorgung und vermeidet so Störimpulse auf dem Bus. Umgekehrt erfolgt beim Zustecken einer Karte zunächst nur der störungsfreie Anschluß. Handelt es sich um einen Prozessormodul, dann wird er wie bei der Einschaltung des Netzes sofort aktiv. Er normiert sich, trägt seine Position und seine Verwendungsart im Knotenspeicher ein und versucht sodann, eine Arbeit zu übernehmen. Handelt es sich um einen Speichermodul, so bleibt er erstmal noch gesperrt, bis festgestellt wird, daß er korrekt eingeschleust werden kann.

Hieraus ergeben sich interessante System-Eigenschaften. Z.B. ist es damit möglich, defekte Bauteile während des Betriebs zu entfernen und durch neue zu ersetzen. Diese Reparatur läßt sich in Minutenschnelle oder noch schneller ausführen, sodaß die Systemleistung kaum beeinträchtigt wird.

Eine andere Frage ist es natürlich, wie rechtzeitig Hardware-Fehler erkannt und in ihrer Wirkung auf die Software begrenzt werden können, so daß eine fehlerfreie Fortsetzung der Bearbeitung sichergestellt ist. In den Speichermoduln ist dieses Problem dadurch gelöst, daß Fehler über Fehlerkorrektur-Einrichtungen erkannt, korrigiert und gemeldet werden. Zusätzlich können jeweils zwei Speichermoduln, die an beliebiger Stelle auf dem Knotenbus gesteckt sein können, für den gleichen Adreßbereich vorgesehen werden. Sie werden simultan beschrieben, jeweils einer von ihnen aber nur gelesen. Im Fehlerfall wird die Lese-Funktion auf den anderen Speicher-Modul übertragen. Der defekte Modul kann ausgetauscht werden. Der neue Modul wird sofort in die Schreibzyklen integriert. Daneben erhält er eine Kopie des Inhalts seines Partner-Moduls. Nach Abschluß diese Vorgangs, d.h. nach wenigen Sekunden, ist der Speicherinhalt komplett und aktuell und der Modul damit auch wieder lesbar.

Bei den Prozessoren sind Einrichtungen zur Fehlererkennung und -korrektur nicht vorhanden. Ihre Funktionsfähigkeit kann nur durch einen Testprozeß festgestellt werden, der die Aktivität aller Prozessoren eines Rechnerknotens überprüft. Der Test könnte im Prinzip dahingehend erweitert werden, daß jeder Prozessor prüft, ob z.B. seine Nachbarn bestimmte Funktionen korrekt ausführen. Das ist aber bisher nicht realisiert. Der Testprozeß kann neben den Arbeitsprozessen zugeladen werden und ablaufen. Da im Fehlerfall nicht bekannt ist, wo in der Software Schaden entstanden ist, muß nicht nur der Prozessor ausgetauscht werden, sondern auch die Software normiert und neu aufgesetzt werden. Bei Anwendungen in der Prozeßtechnik ist das häufig akzeptabel. Ist das von der DV-Aufgabe her nicht zulässig, bleibt noch die Möglichkeit, durch Redundanzverfahren, d.h. durch Multiplizierung der kritischen Teile des Prozeßnetzes, ihre Verteilung auf mehrere Rechnerknoten und wiederholten Vergleich, die Korrektheit sicherzustellen.

On-line-Konfigurationsänderungen

Die Zieh- und Steckbarkeit der Modul-Karten während des Betriebes hat noch einen weiteren wichtigen Aspekt. Es wird damit möglich, die Ausstattung der Rechnerknoten unmittelbar der Anwendung anzupassen. So kann z.B. unter realen Bedingungen geprüft werden, wie viele Prozessoren in den einzelnen Rechnerknoten erforderlich sind, um eine akzeptable Leistung des gesamten Rechnernetzes zu erreichen.

Auch das Rechnernetz kann prinzipiell während des Betriebs erweitert werden. Zunächst ist es möglich, weitere Kanäle in das Netz einzufügen. Die Prozessoren, über die der Anschluß erfolgt, werden dabei zu Knotenkopplern. Kanäle, die parallel zu schon vorhandenen Kanälen gesteckt werden, werden unmittelbar als weiteres Betriebsmittel eingesetzt. Genauso wie sie während des Betriebes eingefügt werden können, können sie auch wieder entfernt werden. Auch hier besteht also die Möglichkeit einer on-line-Anpassung des Rechnernetzes an die realzeitlichen Erfordernisse einer gegebenen Anwendung.

Kanäle, die neue Vernetzungen bilden, werden zwar ebenfalls von den durch sie verkoppelten Rechnerknoten erkannt und registriert, sie können aber nicht ohne weiteres von einem laufenden Prozeßnetz genutzt werden. Hier ist vorher eine Unterbrechung nötig, in der eine neue Festlegung der Kommunikationswege zwischen den Prozessen unter Einbeziehung der neuen Kanäle erfolgt.

In der gleichen Weise ist es auch möglich, weitere Knoten an das vorhandene Netz anzuschließen. Ihre automatische Einbeziehung in die Prozeßnetzverarbeitung, d.h. eine kurze Unterbrechung mit Umverteilung der laufenden Prozesse, ist aber z.Zt. noch nicht realisiert. Bisher ist es noch erforderlich, die laufende Bearbeitung abzubrechen, die Prozesse neu zu verteilen und das System neu zu starten.

Stand der Arbeiten und Ausblick

Alle Bausteine von MICON sind inzwischen als Prototypen fertiggestellt. Seit Herbst 1983 ist ein Knoten mit zwei Prozessoren operationell. Das System wird 1984 auf 6 Knoten und insgesamt 24 Prozessoren ausgebaut. Sobald Netze mit mehreren Knoten aufbaubar sind, sollen daran Messungen über das Zeitverhalten in Abhängigkeit von der Zahl und der Verteilung der zu bearbeitenden Prozesse durchgeführt werden. Sodann soll auch das Routingproblem weiter bearbeitet werden. MICON wird ferner als Testbed für Prozeßnetze dienen, die mit Netzwerkprogrammierung /4/ erzeugt wurden. Vor allem soll damit die Wirkung und die Güte von Netzwerktransformationen gezeigt und gemessen werden.

MICON ist das Resultat der mehrjährigen Gemeinschaftsarbeit einer Gruppe. Hervorzuheben sind die Beiträge von W. Grünewald zum generellen Konzept, von K. v.d.Heide zur Realisierung, von L. Rößing zum Betriebssystem, von K. Kittmann zum Bus und W. Jansen zum Aufbau der fehlergeschützten Speicher. Allen Mitwirkenden sei an dieser Stelle gedankt.

Literatur

/1/ P.M.Behr, W.K. Gilois: "Ein Software-Konzept für verteilte Multicomputer-
     Systeme und seine Unterstützung durch die Architektur des UPPER-Systems"
     GI- 12.Jahrestagung, Informatik Fachberichte 57, Springer Berlin Heidelberg
     New York, S. 87-104 (1982)

/2/ W. Grünewald: "Distributed PascaL; Eine Sprachergänzung zur Programmierung
     verteilter Systeme" Fachtagung: Struktur und Betrieb von Rechnersystemen, Ulm.
     NTG-Fachberichte Bd. 80, S. 72-83 (1982)
/3/ W.Händler, U.Herzog, F.Hofmann, H.J.Schneider: "Multiprozessoren für breite
     Anwendungsbereiche: ERLANGEN GENERALPURPOSE ARRAY", in diesem Band
/4/ H.v.Issendorff, W. Grünewald: "An Adaptable Network for Functional Distributed
     Systems" 7 th Symp. on Comp.Arch., La Baule, IEEE Cat. Nr. 80 CH 1494-4c,
     S. 196 - 201 (1980)
/5/ H.v. Issendorff: "Kommunikation zwischen autonomen Prozessen in Mikrocomputer-
     netzen" Fachtagung: Struktur und Betrieb von Rechnersystemen, Ulm.
     NTG-Fachberichte Bd. 80, S. 60-71 (1982)
/6/ H.v.Issendorff: "Dezentrale Software-Erstellung durch Netzwerkprogrammierung"
     GI-13. Jahrestagung, Informatik-Fachberichte 73, Springer Berlin Heidelberg
     New York Tokyo, S. 146 - 160 (1983)
/7/ E. Maehle, S.C. Hu : "Ein Baukastenkonzept für fehlertolerante Multi-Mikropro-
     zessorsysteme" GI- 11. Jahrestagung, Informatik Fachberichte 50, Springer
     Berlin Heidelberg New York, S. 307 - 316 (1981)
/8/ Regenspurg, G: "Entwicklung von Zentralprozessoren aus Einheitsbausteinen"
     Elektronische Rechenanlagen, S. 61-64 und S. 125-129 (1979)
/9/ R.J. Swan et   al.: "CM* - A modular multi-microprocessor" AFIPS Conference
     Proceedings, Vol. 46, S. 637-644 (1977)
/10/ W.A. Wulf, C.G. Bell: "C.mmp - A multi-mini-processor" Proc. of the FICC,
     S. 765-777, (1972)

<u>MULTIPROZESSOREN FÜR BREITE ANWENDUNGSBEREICHE</u>

ERLANGEN GENERAL PURPOSE ARRAY

W. Händler, U. Herzog, F. Hofmann, H.J. Schneider

Institut für Mathematische Maschinen und Datenver-
arbeitung (Informatik)
Universität Erlangen-Nürnberg
Martensstrasse 3

D-8520 Erlangen/Germany

<u>Zusammenfassung</u>:

Es wurde eine Elementarpyramide aus 1 + 4 Prozeßrechnern aufgebaut und
betrieben. Sie wurde mit Sonderhardware und geeigneten Mikroprogrammen
für die in Erlangen entwickelte Vertikalverarbeitung als Form der Assoziativ-Verarbeitung ausgestattet, sowie mit Kommunikationshardware und
Instrumentierung versehen.

Das für den Monoprozessor vorhandene Betriebssystem wurde so modifiziert, daß es - in lokale und globale Dienste zerlegt - für das Multiprozessor-System geeignet war. Die Programmiersprache EGFORT (EGPA-
FORTRAN) wurde um das der Assoziativ-Verarbeitung zugrundeliegende
Mengenkonzept erweitert. Für die Programmerstellung, Verteilung von
Programmen und Daten und zur Ablaufsteuerung wurden elementare und höhere Hilfsmittel entwickelt. Auf der nunmehr mit allen notwendigen Voraussetzungen versehenen Anlage wurde eine Reihe typischer Anwendungen
implementiert und bewertet. Die Erfahrungen, die beim Aufbau und Betrieb
sowie bei der Anwendung und Bewertung des Pilot-Rechensystems gewonnen
wurden, sind eine wesentliche Grundlage für den Entwurf eines größeren
Multiprozessorsystems.

Insgesamt lassen die Ergebnisse des Projektes den Schluß zu, daß der
in Erlangen beschrittene Weg eine Alternative zum traditionellen Monoprozessor darstellt.

1. Einleitung

Die Entwicklung der elektronischen Datenverarbeitung ist von Anfang an
mitbestimmt worden durch die Zielsetzung der Leistungssteigerung der
Rechenanlagen. Neben dem überaus erfolgreichen Verfahren, die ständig
verbesserten physikalisch-technologischen Möglichkeiten zum Bau immer
schnellerer Rechner klassischer Bauart zu nutzen, gab es schon frühzeitig Ideen und Versuche, durch neuartige Strukturen und Organisa-
tionsprinzipien dieses Ziel aus einer anderen Richtung zu erreichen.

Das in Erlangen entwickelte Konzept neuer Rechnerstrukturen ging von
folgenden grundsätzlichen Überlegungen aus.

- Leistungssteigerung wird durch Vervielfachung von Rechnerkomponenten
  erreicht.

- Es sollen weitgehend handelsübliche Teile verwendet werden.

- Das Rechnersystem soll potentiell beliebig erweiterbar sein, um
  sich der Aufgabengröße anzupassen.

- Es wird eine hierarchische Organisationsform gewählt, um Ablauf-
  kontrolle und Delegierung von speziellen Teilaufgaben zu erleichtern.

- Die einzelnen Rechner sind mit einer stets gleichen beschränkten
  Nachbarschaft physikalisch verbunden, um die lokale Verbindungskom-

plexität in beliebig großen Strukturen konstant zu halten.

- Die Realisierung moderner Operationsprinzipien, wie Pipelining und
  Assoziativ-Verarbeitung, wird durch Verwendung mikroprogrammierbarer
  Prozessoren vorbereitet.

Diese Arbeit stellt die wichtigsten Ergebnisse des vom Bundesministe-
rium für Forschung und Technologie geförderten Projektes (DV 4906-081
2070) zusammen und resultiert aus den Forschungsarbeiten von vier Lehr-
stühlen.

2. Die EGPA-Pilot-Pyramide

Die von uns 1975 gewählte Verbindungstopologie hat sich für ein breites
Band von Anwendungen als günstig herausgestellt (vgl. Tabelle) /1/. Inzwischen sind andere Arbeiten erschienen, welche die Effizienz gerade
dieser Struktur, insbesondere auf dem Gebiet der Mustererkennung, nach-
weisen, /2/,/3/,/4/,/5/.

Die EGPA-Architektur besteht erstens aus einem Feld von Arbeitsprozessoren (A-Prozessoren), die durch gemeinsame Speicherblöcke (Multiport-
Speicher) verbunden sind. Jeder Prozessor kann auf seinen eigenen Spei-
cherblock und auf die seiner Nachbarn zugreifen. Das Feld ist nicht be-
randet, sondern toroidal geschlossen.
Aufgabe der A-Prozessoren ist die Bearbeitung von Anwenderprogrammen;
üblicherweise arbeiten mehrere A-Prozessoren gemeinsam an einem Problem
(Parallel-, Fließband- bzw. kombinierte Fließband- und Parallelarbeit).
Die zweite Ebene von Prozessoren (B-Prozessoren) überwacht je vier
A-Prozessoren und führt den Datentransport zwischen den A-Prozessoren
und der Peripherie durch /30/,/31/.
Die dritte (und evtl. höhere Ebenen) haben globale Überwachungs- und
Verwaltungsaufgaben, wie z.B. die Verteilung von Aufgaben bzw. Teilauf-
gaben auf das Feld. Eine 21er-Pyramide ist in Fig. 1 dargestellt.

In der ersten Projektphase (1978/79) wurde eine Pilotpyramide mit 5 AEG
80/60 Rechnern aufgebaut. Die Prozessoren der EGPA-Pilotpyramide sind
speichergekoppelt. Hierzu konnten Standard-Schnittstellen der AEG-Tele-
funken 80-60 Rechner verwendet werden - ein Hauptgrund für die Wahl
dieses Rechnertyps. Die Möglichkeit eines Zugriffs auf die Speicher be-
nachbarter bzw. untergeordneter Prozessoren bietet hardwareseitig hin-
reichende Voraussetzungen für Kommunikation und Synchronisation zwischen
Prozessen auf benachbarten Prozessoren. Um aber nicht nur auf das Abfragen von Kommunikationszellen (Mailboxes) angewiesen zu sein, wurde
ein aktives Interprozessor-Kommunikations-System (Interrupt-Kopplung)
entwickelt und implementiert.

Zur Konvertierung von "horizontal", d.h. konventionell, gespeicherter
Information in "vertikales" Format (s. Kap. 5) wurde Zusatzhardware
implementiert. Diese Zusatzhardware ("Drehscheibe") ist eine periphere
Einheit, die Datenblöcke aus dem Arbeitsspeicher liest und konvertiert
zurückschreibt /6/.

3. Betriebssystem - Eigenentwicklungen

Um den Benutzern innerhalb kurzer Zeit eine komfortable Benutzerschnittstelle (Compiler, Bibliotheken, Testhilfen) zur Verfügung stellen zu
können, mußte darauf geachtet werden, daß vorhandene Systemprogramme
ohne größere Schwierigkeiten an das zu erstellende Betriebssystem angepaßt werden konnten. Dies führte zu dem Entschluß, das EGPA-Betriebs-
system aus dem vorhandenen Monoprozessorbetriebssystem MARTOS heraus
zu entwickeln. Ein wesentliches Problem war dabei die Notwendigkeit,
auf ein Monoprozessorbetriebssystem aufbauen zu müssen, dessen Imple-

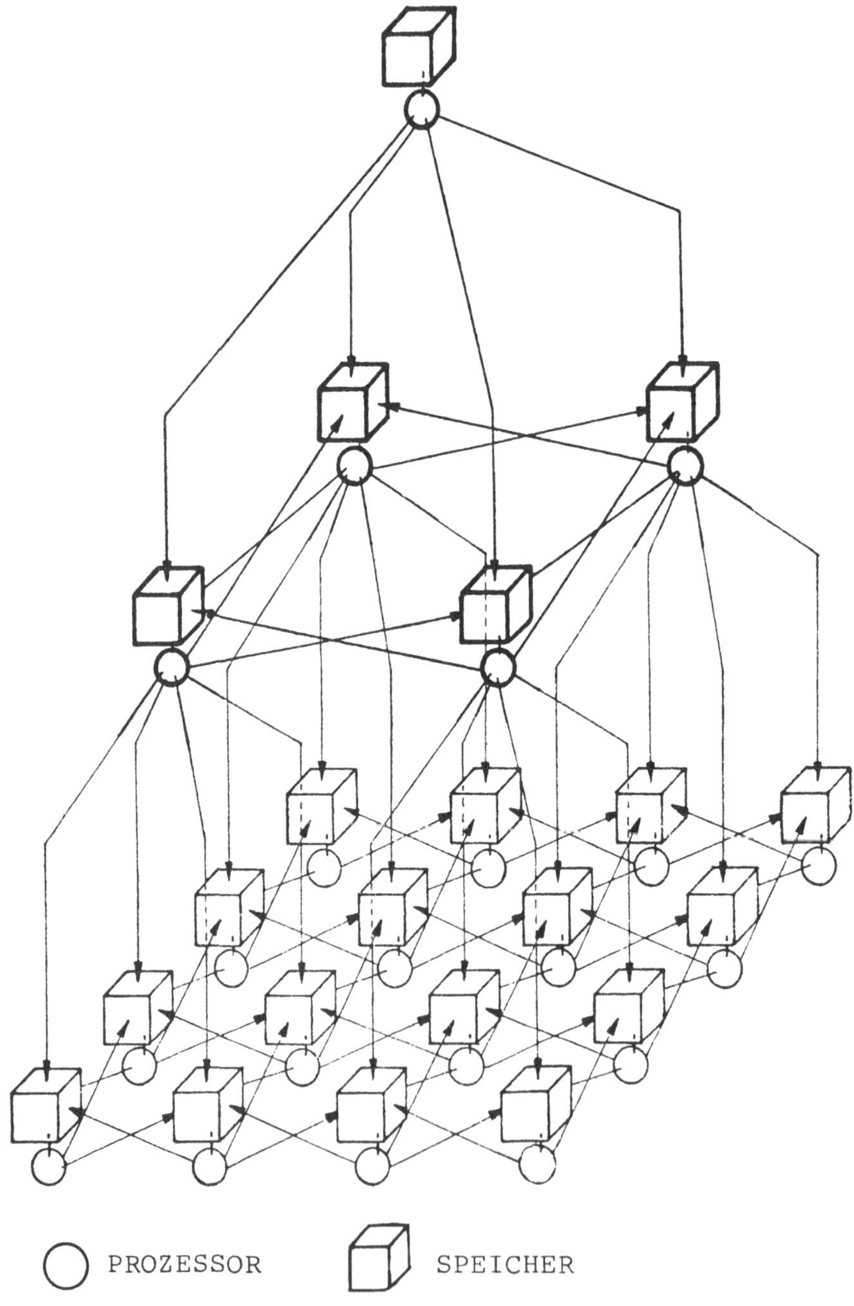

Fig. 1: **EGPA** - Architektur dargestellt am Beispiel
einer 21er - Pyramide. Die realisierte
Pilot - Pyramide (5 Prozessor-Speicher-Bau-
steine) ist hervorgehoben.

mentierung selbst noch nicht abgeschlossen war. Um den Aufwand der Verträglichkeitsprüfungen nach jeder Modifikation des AEG-Telefunken-Betriebssystems MARTOS niedrig zu halten, sollte das EGPA-System, soweit irgend möglich, keine Änderungen des Martos-Systems voraussetzen. Soweit Änderungen notwendig waren, wurde versucht, sich auf wohl definierte Schnittstellen innerhalb des Systems abzustützen.

Der EGPA-Entwurfsphilosophie folgend, wurden sämtliche Betriebssystemfunktionen auf dem B-Prozessor realisiert. Zur Verwaltung und Steuerung der A-Ebene wurde ein Prozeßsystem konzipiert, in dem jeder A-Prozessor im B-Prozessor durch einen ihn stellvertretenden Prozeß, dem sogenannten "Schattenprozeß", repräsentiert wird. Das bedeutet, daß die A-Prozessoren aus der Sicht des B-Prozessors, bzw. dessen Betriebssystem "MARTOS" nur als normale Anwenderprozesse in Erscheinung treten. Aus Meldungen der A-Ebene resultierende Aktionen (z.B. Aufruf eines Systemdienstes, Reaktion auf einen 'Pagefault') werden von den Schattenprozessen angestoßen. Nach Abwicklung einer solchen Aktion meldet der Schattenprozeß direkt an den zugeordneten A-Prozessor die Ausführung des Auftrages; ggf. notwendige Daten werden über Kommunikationsblöcke, auf die A- und B-Prozessoren zugreifen können, übertragen.

Zum Betrieb des EGPA-Systems sowie zum Laden und Starten der Anwenderprozesse auf den A-Prozessoren wurden spezielle Kommandos zum Aufruf von Betriebssystemdiensten entwickelt. Diese Kommandos werden von einem speziellen Kommandointerpretierer ausgewertet, der ebenfalls im EGPA-System integriert ist.
Die Forderung, Betriebssystemfunktionen weitgehend auf der B-Ebene durchzuführen, führt dazu, daß alle in der A-Ebene (untere Ebene) auftretenden Systemdienstaufrufe und Ausnahmesituationen (Alarme) an den B-Rechner weitergeleitet werden müssen. Beim Aufruf der Systemdienste wurde versucht, die ursprüngliche Martos-Schnittstelle auch auf der A-Ebene beizubehalten. Die notwendigen Betriebssystemkomponenten der A-Ebene wurden implementiert. Dies sind im wesentlichen die folgenden Moduln:

- Funktionen zur Kommunikation zwischen A- und B-Ebene

- Alarmmodul (z.B. bei Systemaufrufen)

- Alarmprozesse (z.B. bei Interrupt vom E/A-Kanal, bei Fehlern in Systemroutinen)

- Grund- und Hilfsfunktionen (z.B. zur Prozeßsteuerung, zur Testunterstützung)

Für die Speicherverwaltung im EGPA-System wurde die MARTOS-Kachelverwaltung erweitert. Jedem Prozessor ist ein Hauptspeicherblock zugeordnet. Der übergeordnete B-Prozessor kann auf alle Speicherblöcke zugreifen, während der Zugriff der A-Prozessoren nach dem "Prinzip der begrenzten Nachbarschaften" beschränkt ist. Jeder A-Prozessor kann nur auf seinen eigenen Speicherblock und auf die seiner direkten Nachbarn zugreifen. Da auf den A-Prozessoren praktisch keine Betriebssystemfunktionen verfügbar sind, wird die Verwaltung der A-Speicher vom B-Prozessor übernommen.

Als weitere Gruppe von Funktionen des EGPA-Betriebssystems wurden Lade- und Kontrollfunktionen für Benutzersysteme paralleler Prozesse realisiert. Arbeiten zu Teilaspekten in /7/ bis /13/.

4. Höhere Programmiersprachen

Die Arbeiten in diesem Bereich lassen sich in vier Teile gliedern:
Für die Vertikalverarbeitung wurde eine Programmiersprache entworfen und anschließend ein Übersetzer dafür implementiert. Aus den dabei gewonnenen Erfahrungen resultierte ein verbesserter Sprachvorschlag.

Weitere Untersuchungen beschäftigen sich mit der Parallelisierung von
Übersetzern, die auf hierarchischen Mehrprozessorsystemen, wie z.B.
der EGPA-Struktur, eingesetzt werden sollen.

Die Programmiersprache EGFORT (EGPA-FORTRAN) ist eine Erweiterung von
FORTRAN, um damit die Vertikalverarbeitung auf der Ebene einer höheren
Programmiersprache ausnutzen zu können. Als Ausgangspunkt der Definition von EGFORT diente FORTRAN 77. Um komfortabel und strukturiert programmieren zu können, wurden zusätzliche Kontrollstrukturen und struk-
turierte Daten eingeführt. Um die assoziativen Eigenschaften der EGPA-
Prozessoren effektiv nutzen zu können, ist eine nichtsequentielle Datenstruktur erforderlich. Das mathematische Modell hierfür ist die Menge.
Das Mengenkonzept von EGFORT geht über das von PASCAL hinaus, da die
möglichen Elemente einer Menge nicht in einer Deklaration festgeelegt
werden müssen, sondern nur deren Typ. Neben den Mengen (SET), für welche die enthaltenen Elemente explizit gespeichert werden, kennt EGFORT
noch den Datentyp der Teilmenge (SUBSET). Diese beziehen sich auf eine
bereits existierende (Ober-)Menge, und sie können effizient durch Bit-
masken dargestellt werden. Neben den üblichen Mengenoperationen Vereinigung, Durchschnitt, Differenz und Komplement sind Vergleichsoperationen für die Relationen Gleichheit, Teilmenge und Elementtest vorhanden /14/,/15/.

Der zunächst geplante Präprozessor zur Übersetzung der Programmiersprache EGFORT wurde nicht realisiert, da der Aufwand für die Syntaxanalyse von verschachtelbaren Kontroll- und Datenstrukturen zu groß
gewesen wäre. Es wurde sogleich die Erweiterung des FORTRAN 66-Compilers
für die AEG 80-60 in Angriff genommen. Von der Erweiterung war nur das
Compileroberteil betroffen, da sich die meisten Sprachelemente von
EGFORT in die Zwischensprache des AEG 80-60-Übersetzungssystems, die
auch vom SL3-Compiler benutzt wird, abbilden lassen. Die Implementierung der lexikalischen Analyse, der Syntaxanalyse und der Erzeugung
der Zwischensprache bot keine prinzipiellen Schwierigkeiten, nur im
Bereich der Analyse der statischen Semantik mußten umfangreiche Algorithmen zur Prüfung von strukturierten Daten, der Verschachtelung von
Kontrollstrukturen und der Typverträglichkeit neu in den Compiler eingebaut werden.

5. Mikroprogrammierung

Neben der Erstellung einiger Hilfsmikroprogramme für die Multiprozes-
sor-Kommunikation bestand die Hauptaufgabe der Gruppe Mikroprogrammierung in der Implementierung eines Befehlssatzes für die sogenannte
Vertikalverarbeitung. Die Vertikalverarbeitung ist die mikroprogram-
mierte Implementierung von Assoziativbefehlen auf konventionellen mikro-
programmierbaren Allzweckrechnern, die auf unkonventioneller Nutzung
deren Speicher und Rechenwerk beruht (Fig. 2).

Im Rahmen des EGPA-Projektes wurde ein Satz von assoziativen Vergleichs-
und Suchbefehlen, Vektorarithmetikbefehlen sowie von Hilfsbefehlen implementiert, die jeweils auf Blöcken von 32 Sätzen beliebiger Länge
sowie der Typen integer, real und character arbeiten /16/. Während der
Implementierung entstand neben den eigentlichen Mikroprogrammen eine
große Anzahl von Software-Hilfsmitteln für die Benutzermikroprogram-
mierung, wie Übersetzer, Simulator, Aufrufrahmenprogramme, Statistik-
Auswertungs-Programme u.ä.
Die Auswertung der entstandenen Befehle zeigt, daß vor allem die
assoziativen Such-, Vergleichs- und Extremwert-Befehle deutlich schneller arbeiten als entsprechende (optimierte) Programme in der höheren
Programmiersprache SL3 ("speedup" mit Faktoren bis über 40), /18/,/19/.

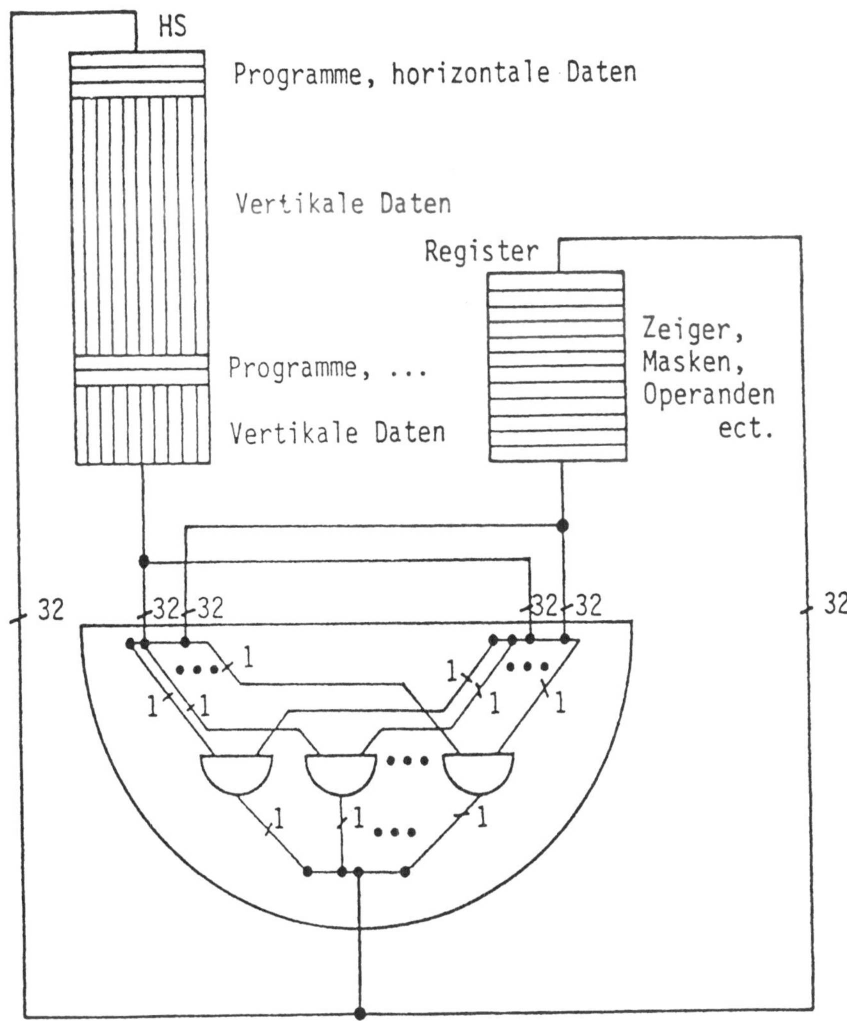

Fig. 2: Die Vertikalverarbeitung benutzt das wort-
serielle aber (32-) bitparallele Rechenwerk
des Wirtsrechners wie 32 wortparallele aber
bitserielle Prozessorelemente eines Assoziativ-
rechners /17/.

Messungen ergaben, daß dabei der Faktor "vertikale Verlagerung" (Mikroprogramm statt Maschinenprogramm) im Verhältnis von etwa 10 zu 4 mehr
ins Gewicht fällt als der Faktor "Assoziativität" (Reduktion der Speicherzugriffe auf Daten durch Emulation inhaltsorientierter Adressierung auf konventionellem RAM-Speicher).

6. Instrumentierung, Messung und Bewertung

Messung und Bewertung von Rechensystemen dienen nach gängiger Auf-
fassung entweder der Auswahl, der Rekonfiguration, dem Tuning oder der
Neukonstruktion von Rechensystemen. Die im EGPA-Projekt ausgeführten
Messungen und analytischen Modelle wollen in keine der vier Kategorien
so recht passen: Im Mittelpunkt unserer Betrachtungen stand die werten-
de Unterstützung von Entwicklungsarbeiten an Multiprozessoren.
Wichtigste Aufgabe für die Bewertungsgruppe war das gleichzeitige Erfassen, die Bewertung und Darstellung der Betriebsabläufe in allen
fünf Rechnern der Pilot-Pyramide. Dazu wurden Hardware- und Software-
Monitore entwickelt; neuartige Bedienungsmodelle ermöglichen Leistungs-
prognosen für größere Multiprozessor-Konfigurationen.

Besonderes Merkmal unseres Hardware-Meßgerätes ZÄHLERMONITOR III /20/,
/21/,/22/,/23/,/24/ ist das gleichzeitige Erfassen und Aufzeichnen paralleler Betriebsabläufe. Dazu ist es notwendig, Ereignisspuren von
unterschiedlichen, asynchron laufenden Prozessoren in einem, mit Zeit-
marken versehenen, Ereignisstrom zusammenzufassen. Erste Auswertungen
kleiner Datenmengen sind sofort über einen Steuerrechner mit Bildschirm
möglich, detaillierte Analysen der auf Band gespeicherten Ereignisse
sind am Großrechner möglich. Diese Hardware-Meßmethode wurde im Projekt-
verlauf ergänzt um ein Software-Verfahren, das ebenfalls Ereignisspuren
aufzeichnete und insoweit über erstere hinausgeht, als es einen stärkeren Bezug zu Anwenderprogrammen und dem Systemzustand herstellt und
eine unmittelbare Auswertung der Resultate anbietet /20/.
Analytische Modelle wurden zur systematischen Untersuchung der gegen-
seitigen Beeinflussung der Prozessoren auf verschiedenen Betrachtungs-
niveaus eingesetzt: im mikroskopischen Bereich wurde die Auswirkung
von Speicherkonflikten modelliert und analysiert, im makroskopischen
Bereich wurde der Einfluß von Synchronisationsoperation zwischen Prozessoren auf die Gesamtleistung der EGPA-Pyramide untersucht. Im Gegensatz zu den klassischen verkehrstheoretischen Ansätzen mußte dabei die
starke Abhängigkeit zwischen Teilabläufen in unterschiedlichen Prozessoren berücksichtigt werden. Die Modelle wurden m.H. von Messungen
am realen System validiert /20/,/25/,/26/,/27/,/28/,/29/.
Bei allen Untersuchungen wurde besonderer Nachdruck auf die Messung,
Modellierung und Bewertung des Zusammenspiels der einzelnen Prozessoren
gelegt. Dabei hat sich gezeigt, daß die erreichbare Leistungssteigerung
durch Implementierung einer Aufgabe auf der EGPA-Pyramide gegenüber
einem Einzelprozessor entscheidend beeinflußt wird durch zwei Größen:
die Kommunikationszeit zwischen den Prozessoren und die Synchronisationszeiten. Kommunikationszeiten sind ein Charakteristikum des Systems,
d.h. der Hardware und Systemsoftware. Auf Synchronisationszeiten hat
jedoch der Anwendungsprogrammierer einen wesentlichen Einfluß: Es wurde
gezeigt, wie wichtig es für eine geringe Synchronisationswartezeit ist,
daß die Bearbeitungszeiten parallel ausführbarer Teilaufgaben nur wenig streuen. Unter Berücksichtigung der in der EGPA-Pyramide gemes-
senen Kommunikationszeiten folgt aus den analytischen Modellen, daß in
der EGPA-Pyramide Aufgaben solange sinnvoll parallelisierbar sind, wie
die parallelen Rechenabschnitte etwa gleich lang und nicht kürzer als
etwa 50 ms werden.

Allgemeine Auslastungsmessungen der fünf Prozessoren und der beiden
Kanäle werden ständig per Hardware vorgenommen und unmittelbar angezeigt.

Diese flüchtigen, mit Integratoren der menschlichen Auffassungsgabe angepaßten Anzeigen liefern wertvolle, unmittelbare Eindrücke der Parallelarbeit.

7. Anwendungen

Die Arbeiten der Anwendergruppe hatten das Ziel, die Eignung der Pilot-Pyramide zur Lösung von Aufgaben aus unterschiedlichen Anwendungsbereichen nachzuweisen. Dazu mußten spezielle Methoden und Verfahren der Parallelverarbeitung entwickelt werden, um die strukturellen Eigenschaften von Systemen vom EGPA-Typ zu berücksichtigen, vgl. /32/,/33/.

Als hauptsächliche Bewertungskriterien für die Resultate wurden verwendet
- Laufzeiten im Vergleich zu Monoprozessor-Programmen,
- Übertragbarkeit der Lösungsmethoden auf größere Systeme,
- Komplexität der Parallel-Programme gegenüber sequentiellen Implementierungen.

Im folgenden werden die bearbeiteten Aufgaben und die Resultate kurz charakterisiert. Die folgende Tabelle gibt eine Übersicht über die implementierten Anwenderaufgaben.

	SPEED UP
Linear Algebra /38/,/39/	
- Matrixinversion (200 x 200 dicht)	
Gauss - Jordan	3,8
Spaltenersetzung	3,9
- Matrixmultiplikation (200 x 200)	3,7
- Lösung linearer Gleichungen	ca. 4,0
(Gauss-Seidel)	
Differentialgleichungen /26/	
- Relaxation	ca. 3,5
Bildverarbeitung und Graphik	
- Topographische Darstellung /41/	3,6
- Beleuchtung des topographischen Modells /40/	2,4
- Linienverfolgung /40/	ca. 2,9
(Vektorisierung von Grauwert-Matrizen)	
- Abstandstransformationen /40/	
Jeder Prozessor arbeitet auf einem gleichgroßen	
Datenbereich	ca. 3,0
Dynamische Zuordnung variierender Datenbereiche	ca. 3,3
Nichtlineare Programmierung /43/	
- Minimumsuche einer mehrdimensionalen	
Zielfunktion	ca. 3,2
Graphentheorie	
- Netzwerkfluß mit Nachbarschaftshilfe	3,5
Formatierung von Texten /42/	2,6
Maximaler theoretischer Speedup (4 Arbeitsprozessoren)	4,0

TABELLE: Übersicht der auf dem EGPA-Multiprozessor-System
      implementierten Anwendungen

Aus der Linearen Algebra wurden Verfahren zur Matrizenmultiplikation,
Matrixinversion und zur iterativen Lösung linearer Gleichungssysteme
implementiert. Bei den direkten Verfahren wurden Laufzeitgewinne um
den Faktor 4 erzielt. Als Beispiele für Laufzeiten seien genannt: Multiplikation von zwei 100 x 100 (real) Matrizen in 10 Sekunden, Inversion
von 100 x 100 (real) Matrizen in 13 Sekunden. Die verwendeten Algorithmen lassen sich auf größere Strukturen übertragen. Die Kommunikationszeiten wachsen relativ schwach (mit der Schichtanzahl der Pyramide).
Zur iterativen Lösung linearer Gleichungssysteme wurde das Gauß-Seidel-
Verfahren implementiert. Bei parallelen Implementierungen von Relaxa-
tionen und Iterationen besteht bekanntlich ein Hauptproblem in der Ver-
schlechterung der Konvergenz gegenüber sequentieller Abarbeitung.
Auf der 1 + 4 Pilot-Pyramide konnte nahezu gleiches Konvergenzverhalten
erreicht werden. Dazu wurden eine spezielle Abarbeitungsreihenfolge beim
Berechnen der inneren Produkte verwendet und die Speicherkopplung extrem ausgenutzt. Für größere EGPA-Systeme kann eine andere Strategie
verwendet werden, um die Resultate zu halten.

Als weitere numerische Anwendung wurden Randwertaufgaben aus dem Gebiet
der Differentialgleichungen bearbeitet. Je nach Gittergröße ließen sich
Laufzeitgewinne von 2 bis (mit wachsender Punktzahl) 4 erreichen.

Aus der Graphentheorie wurden Netzwerkfluß-Verfahren programmiert. Bei
statischer Partitionierung der Daten streut die Arbeitslast der Rechner in Abhängigkeit von der Anzahl der Kanten pro Knoten. Zum Ausgleich
wurde das im EGPA-System mögliche Prinzip der Nachbarschaftshilfe benutzt. Frühzeitig fertige Prozessoren bearbeiten Teile der Daten in
Nachbarspeichern. Messungen ergaben, daß bis zu 30% der Last eines Prozessors von Nachbarn abgearbeitet wurden. Die Laufzeitgewinne erreichten den Faktor 4. Bei größeren Strukturen ist bei Problemen dieser Art
der Geschwindigkeitsgewinn mit dem Faktor der Anzahl der Prozessoren
nicht mehr ganz erreichbar, da Datentransporte von individuell verschiedenen Daten über weite Entfernungen nötig werden.

Aus dem Bereich Bildverarbeitung wurden verschiedene Aufgabenstellungen
bearbeitet. Ein Komplex ist die Vektorisierung von Grauwertbildern mit
lokalen Operationen. Wegen der Größe der Grauwertmatrizen wurde erheb-
licher E/A-Verkehr nötig, der Schranken für die Laufzeitgewinne darstellt. Im Mittel liegen die hier erreichten Faktoren zwischen 2 und 3.
Die Resultate lassen sich wegen der ausschließlich verwendeten lokalen
Operationen zuverlässig verallgemeinern. Die Komplexität der EGPA-Programme ist kaum größer als die der äquivalenten Monoprozessor-Programme.

Als Beispiel für eine "typisch sequentielle" Vorgehensweise wurde ein
Algorithmus zur Abstandstransformation implementiert. Bedingt durch die
Aufteilung der Bilder auf die einzelnen Speicher mußten manche Bild-
punkte nicht nur zweimal wie beim Verfahren für einen Monoprozessor,
sondern bis zu viermal betrachtet werden. Unter extremen Voraussetzungen kann sich dieser Faktor noch erhöhen. Bei den zur Verfügung stehenden Durchschnittsbildern ergaben sich Geschwindigkeitsgewinne im Bereich 2,7 - 3,5. Durch eine dynamische Aufteilung der identischen Bilder auf das Feld konnten die Ergebnisse in das Intervall 3,2 - 3,7 verlagert werden.

Zur perspektivischen Geländedarstellung wurden die Projektion von Höhen-
linien und die Entfernung unsichtbarer Kanten realisiert. Beide Verfahren transformieren Polygonzüge in Polygonzüge. Die Verarbeitungs-
zeiten einzelner Abschnitte streuen stark. Die Dateneinheiten sind unabhängig bearbeitungsfähig, jedoch muß die Reihenfolge, in der Ergebnisse ausgegeben werden, gleich der Reihenfolge der zugehörigen Eingaben sein. Ein für diese und ähnliche Aufgaben entwickeltes Software-
Interface Data Flow Control (DFC) ist ein geeignetes Werkzeug zum Verteilen von Aufträgen und Einsammeln von Resultaten auf beliebig großen
Systemen der betrachteten hierarchischen Struktur.

Die Laufzeitgewinne bewegen sich um den Faktor 3,5.

Als weiteres Beispiel aus dem Aufgabengebiet der Geländedarstellung wurde ein Algorithmus zum automatischen Schummern eines digitalen Geländemodells entwickelt, der auf eine größere Pyramide übertragbar ist.

Die reguläre EGPA-Struktur wurde im Hinblick auf die vielfältigen Anwenderaufgaben gewählt, deren Objekte reguläre Datenstrukturen aufweisen (z.B. Vektoren, Matrizen). Hier haben, unabhängig vom EGPA-Projekt, die Überlegungen zu ganz ähnlichen Strukturen geführt, man vergleiche dazu /34/. In diese Kategorie der regulären Datentypen fallen insbesondere jüngere Arbeiten zu "Mehrgitterverfahren" /35/, Particle-Mesh-Methoden /36/, parallelen Algorithmen für lineare Systeme /37/.

Sind Datentypen schwach regulär oder nicht regulär (vgl. Aufgaben im unteren Teil der Tabelle), treten andere Vorteile der EGPA-Verbindungstopologie in den Vordergrund (z.B. "Nachbarschaftshilfe").

Aus dem Gebiet der Textverarbeitung wurde ein Paket für Zeilen- und Seitenbruch mit Methoden der Vertikal- und der Parallel-Verarbeitung implementiert. Als unabhängige Dateneinheiten werden Absätze benutzt, die parallel abgearbeitet werden. Durch unterschiedliche Länge streut die Bearbeitungszeit. Die beste Implementierung erreichte Laufzeitgewinne um den Faktor 3.
Durch Analyse der Algorithmen mit einem in die Programmierumgebung integrierten Meßsystem konnte nachgewiesen werden, daß sich für diese Aufgabe mit der vorgenommenen Arbeitsaufteilung auch für größere Pyramiden kein zusätzlicher Gewinn erzielen läßt.

Als Fazit ergibt sich aus den Arbeiten der Anwendergruppe etwa folgendes:

- Mit den 4 Rechnern des Arbeitsfeldes lassen sich Laufzeitgewinne von 3 bis 4 gegenüber einem Rechner erzielen.

- Für die Übertragung der Lösungsmethoden auf größere Systeme der betrachteten Art ist die wichtige Forderung nach möglichst hoher Effizienz des Arbeitsfeldes zu beachten. Bei sorgfältiger Vorgehensweise bezüglich der Kommunikationsmechanismen kann angenommen werden, daß mindestens für Schichtzahlen bis 4 oder 5 (64 bzw. 256 Arbeitsprozessoren) kritisches Absinken der Effizienz vermieden werden kann.

- Die Programm-Komplexität (Aufwand bei der Programmierung) der EGPA-Programme wächst uneinheitlich gegenüber sequentiellen Programmen (für Monoprozessoren).

Aus den Erfahrungen mit den bisher entwickelten Implementierungshilfsmitteln läßt sich schließen, daß der Hauptaufwand beim Übergang vom seriellen zum parallelen Programm entsteht. Bei Erhöhung der Schichtzahl ist kein wesentliches Anwachsen der Komplexität zu erwarten.

8. Schlußfolgerungen und weitere Vorhaben

Die Ergebnisse aus den Implementierungen einer Reihe von sehr unterschiedlichen Anwenderaufgaben haben gezeigt, daß die EGPA-Architektur für ein breites Anwendungsspektrum einsetzbar ist.
Basierend auf den gewonnenen Erfahrungen in den verschiedenen Teilbereichen des EGPA-Projektes wurde ein größeres Multiprozessor-System (EMSY 85) entworfen, das auf demselben Architektur-Konzept beruht /44/.
Dieses System besteht aus Arrays von 8x8, 4x4, 2x2 und 1 speichergekoppelten Prozessor-Speicher-Bausteinen. Die Arrays sind hierarchisch-pyramidenartig über Speicherkopplung "vertikal" verknüpft so wie der B-Prozessor mit den A-Prozessoren in der Pilotpyramide.

Mit dem Multiprozessor-System der vorgeschlagenen Struktur (hierarchisch,

schichtweise homogen, modular erweiterbar) soll gezeigt werden, daß die
Rechenleistung in weiten Grenzen nahezu linear mit der Anzahl der Prozessoren des Arbeitsfeldes gesteigert werden kann, wobei die Programm-
komplexität nur schwach mit der Größe des Systems wächst.
Erfahrungen und theoretische Überlegungen der Anwender gehen demzufolge
als Forderungen und Randbedingungen in die Bestimmung der Entwurfskri-
terien ein. Entwurf von Algorithmen, Implementierungen, Laufzeit- und
Aufwandsermittlung sowie Verallgemeinerungen der Resultate folgen als
weitere Teilziele der Anwender. Aus diesen Aspekten ergeben sich weitere
Arbeitsgebiete. Unmittelbar unter den Anwendungsprogrammen liegt das
Gebiet der Programmiersprachen und der Programmierumgebung. Hier stellen sich die Aufgaben, dem Benutzer adäquate sprachliche Hilfsmittel
zur Formulierung von Nebenläufigkeit usw. zur Verfügung zu stellen und
die Programmierumgebung (Software-Schnittstellen, Mechanismen für Koordinierung des Ablaufes und Verteilen von Programmen und Daten) hinreichend komfortabel auszustatten.
Mit den Hilfsmitteln der Meß-, Modellierungs- und Bewertungstechnik
wird Leistungsanalyse und -optimierung durchgeführt werden.
Ein weiteres Forschungsgebiet ergibt sich aus den Forderungen der Aus-
fallsicherheit und Verfügbarkeit, die bei großen Systemen naturgemäß
eine erhebliche Bedeutung erlangen. Hier sollen die Erfahrungen bzgl.
Fehlererkennung in Entwurf und Betrieb eingebracht werden.

LITERATUR

/1/ Händler, W.; Hofmann, F.; Schneider, H.J.: A general purpose
    array with a broad spectrum of applications.
    Computer Architecture, Händler (ed.), Informatik Fachberichte,
    Vol. 4, Springer Verlag, 311-335, 1976.

/2/ Dyer, Ch. R.: A VLSI pyramid machine for hierarchical parallel
    image processing.
    Proc. Conf. Pattern Recognition and Image Processing 1981,
    381-386, IEEE Computer Society.

/3/ Ahuja, N.; Swamy, S.: Multiprocessor pyramids for bottom-up image
    analysis.
    Proc. Conf. Pattern Recognition and Image Processing 1982, 380-385,
    IEEE Computer Society.

/4/ Stout, Q. F.: Sorting, merging, selecting and filtering on tree
    and pyramid machines.
    Proc. 1983 Int. Conf. Parallel Processing (H.J. Siegel and L. Siegel,
    ed.), 214-221, IEEE Computer Society.

/5/ Tanimoto, St. L.: A pyramidal approach to parallel processing.
    SIGARCH Newsletter, Vol. 11, No. 3 (1983), 372-378.

/6/ Hessenauer, H.: Kopplungshardware und Zusatzhardware für die Ver-
    tikalverarbeitung.
    EGPA-Bericht 1982, IMMD, Universität Erlangen-Nürnberg.

/7/ Dreyer, T.: EGPA-Abwicklung von Systemdiensten für die A-Ebene.
    Diplomarbeit IMMD IV (1980).

/8/ Bosse, U.: EGPA-Betriebssystemkomponenten der A-Ebene.
    Diplomarbeit IMMD IV (1980).

/9/ Weber, G.: Anpassung der Kachelverwaltung der AEG 80-60 an das
    EGPA-Mehrrechnersystem.
    Diplomarbeit IMMD IV (1979).

/10/ Mackert, L.: EGPA-Funktionen des Präludes.
     Diplomarbeit IMMD IV (1980).

/11/   Linster, C.-U.: SYMPOS/UNIX - Ein Betriebssystem für homogene
       Polyprozessorsysteme.
       Arbeitsberichte des IMMD, Bd. 14, Nr. 3, Erlangen 1981.

/12/   Bolch, G.; Hofmann, F.; Hoppe, B.; Kolb, H.J.; Linster, C.-U.;
       Polzer, R.; Schüßler, H.W.; Wackersreuther, G.; Wurm, F.X.:
       A Multiprocessor System for Simulating Data Transmission Systems
       (MUPSI). EUROMIKRO 11/83

/13/   Wendler, K.D.: Betriebssystemaspekte in hierarchisch modularen
       Polyprozessorsystemen - Modellierungsansätze und Koordinierungs-
       mechanismen.
       Arbeitsberichte des IMMD, Bd. 11, Nr. 15, Erlangen 1978.

/14/   Schneider, H.J.: Set-theoretic concepts in programming languages
       and their implementation.
       Proc. Workshop on Graph-theoretic concepts in computer science,
       Bad Honnef, 1980.

/15/   Grosch, J.: Eine Programmiersprache mit mengentheoretischen Kon-
       strukten und deren effiziente Implementierung.
       Dissertation, Arbeitsberichte IMMD, Bd. 15, Nr. 9, Universität
       Erlangen-Nürnberg, 1982.

/16/   Bode, A.: Vertical Processing: The emulation of associative and
       parallel behavior on conventional hardware, in Microprocessor
       Systems.
       EUROMICRO 80, North-Holland Publ. Comp. 1980.

/17/   Bode, A.; Händler, W.: Rechnerarchitektur II.
       Springer Verlag 1983.

/18/   Albert, B.; Bode, A.; Händler, W.: A case study in vertical
       migration: the implementation of a dedicated associative instruc-
       tion set.
       In: Microprogramming and Microprocessing 8, pp. 257-262,
       North Holland, 1981.

/19/   Bode, A.; Händler, W.: Some results on associative processing by
       extending a microprogrammed general purpose processor.
       In: Sixth workshop on Computer Architecture for Non Numerical
       Processing, INRIA, ISBN Z-7261-0260-3, 1981.

/20/   Fromm, H.J.; Hercksen, U.; Herzog, U.; John, K.H.; Klar, R.;
       Kleinöder, W.: Experiences with performance measurement and
       modelling of a processor array.
       IEEE Trans. on Computers, Vol. C-32, No. 1, 15-31, 1983.

/21/   Hercksen, U.; Klar, R.; Stelzner, J.: Instrumentierung eines
       Prozessor-Feldes.
       9. Jahrestagung der GI, Bonn, Informatik Fachberichte, Springer
       Verlag, Bd. 19 (1979), 467-478.

/22/   Hercksen, U.; Klar, R.; Kleinöder, W.; Kneissl, F.: A Method for
       Measuring Performance in a Multiprocessor System.
       Proc. 1982 ACM SIGMETRICS Conf., Seattle (Sept. 1982), 77-88.

/23/   Hercksen, U.; Hessenauer, H.; Klar, R.; Stelzner, J.: An inte-
       grated hardware-monitor for evaluation of process-parameters in
       the processor array EGPA.
       Internal Report, University Erlangen (1979).

/24/   Hercksen, U.; Klar, R.; Kleinöder, W.: Hardware Measurements of
       Storage Access Conflicts in the Processor Array EGPA.
       7th Symp. on Comp. Architecture, La Baule (1980), 317-324.

/25/ Fromm, H.J.: Modellierung und Analyse der Speicherinterferenz in
      hierarchisch organisierten Multiprozessorsystemen.
      Informatik-Fachberichte, Vol. 41, pp. 212-226, Springer Verlag,
      Berlin, Heidelberg, New York (1981).

/26/ Fromm, H.J.: Multiprozessor-Rechneranlagen: Programmstrukturen,
      Maschinenstrukturen und Zuordnungsprobleme.
      Arbeitsberichte des IMMD, Universität Erlangen-Nürnberg, Band 15,
      Nr. 5, 1982.

/27/ Herzog, U.; Hoffmann, W.; Kleinöder, W.: Performance Modelling
      and Evaluation for Hierarchically Organized Multiprocessor Com-
      puter Systems.
      In: Proc. Int. Conf. Parallel Processing, Belaire, Mi., USA
      Aug. 21-24 (1979)

/28/ Herzog, U.; Kleinöder, W.: Einführung in die Methodik der Ver-
      kehrstheorie und ihre Anwendung bei Multiprozessor-Rechenanlagen.
      Computing, Vol. Suppl. 3, pp. 65-88, Springer Verlag, Wien,
      New York (1981).

/29/ Kleinöder, W.: Stochastische Bewertung von Aufgabenstrukturen für
      hierarchische Mehrrechnersysteme.
      Arbeitsberichte des Institutes für Mathematische Maschinen und
      Datenverarbeitung, Vol. 15, Nr. 10, Erlangen (August 1982);
      Dissertation.

/30/ Händler, W.: A concept of macro-pipelining with high availability.
      Elektron. Rechenanlagen, Vol. 15, 269-274 (1973).

/31/ Händler, W.: Unconventional computational equipment.
      Arbeitsberichte des IMMD, Universität Erlangen-Nürnberg, Vol. 7,
      No. 2, 1974.

/32/ Händler, W.: Aspects of parallelism in computer architecture.
      M. Feilmeier (ed.): Parallel Computers - Parallel Mathematics,
      North Holland, 1-8, 1977.

/33/ Händler, W.: Innovative computer architecture - How to increase
      parallelism but not complexity.
      In: Parallel Processing Systems, 1980 Proc. Symp., Loughborough
      Univ. Technol., D.J. Evans, (ed.), 1-41, Cambridge, Univ. Press
      1982.

/34/ Regenspurg, G.: Entwicklung von Zentralprozessoren aus Einheits-
      bausteinen.
      Elektron. Rechenanlagen, 21. Jahrg. 1979, Heft 2, 61-64, Heft 3,
      125-129.

/35/ Trottenberg, U.: Mehrgitterprinzip - moderne Denk- und Arbeits-
      weise der Numerik.
      13. Jahrestagung der GI, Hamburg 1983, Informatik-Fachberichte,
      Nr. 73 (ed. I. Kupka), Springer Verlag 1983.

/36/ Hockney, R.W.; Eastwood, J.W.: Computer Simulation Using Particles,
      Mc Graw-Hill 1981.

/37/ Evans, D.: Parallel numerical algorithms for linear systems.
      In: Parallel Processing Systems (ed. D.J. Evans), 357-383,
      Cambridge University Press 1982.

/38/ Henning, W.; Vajtersic, M.; Volkert, J.: Matrix Inversion
      Algorithm for the Parallel Computer EGPA.
      Interner Bericht des IMMD der Universität Erlangen-Nürnberg,
      Veröffentlichung in Vorbereitung.

/39/ Henning, W., Volkert, J.: Multiplikation von Matrizen auf EGPA-
      Multiprozessoren.
      Interner Bericht des IMMD der Universität Erlangen-Nürnberg
      (1983), Veröffentlichung in Vorbereitung.

/40/ Goessmann, M.; Volkert, J.; Zischler, H.: Image Processing and
      Graphics on EGPA.
      EGPA-Bericht 1982, IMMD, Universität Erlangen-Nürnberg.

/41/ Kneissl, F.: Realisierung von Datenflußmechanismen auf hierar-
      chische Mehrrechnersysteme.
      Arbeitsberichte des IMMD, Universität Erlangen-Nürnberg,
      Band 15, Nr. 11, 1982.

/42/ Rathke, M.: Implementierung und Validierung paralleler Algorithmen
      auf Monorechnern.
      Angewandte Informatik - Applied Informatics, Vol. 8, 337-344
      (1983).

/43/ Fritsch, G.; Müller, H.: Parallelization of a minimisation
      problem for multiprocessor systems.
      Lect. Notes in Computer Science, No. 111 (ed. W. Händler),
      453-463, Springer Verlag 1981.

/44/ Fritsch, G.; Kleinöder, W.; Linster, C.-U.; Volkert, J.:
      EMSY 85 - The Erlangen multiprocessor system for a broad spectrum
      of applications.
      Proc. 1983 Int. Conf. Parallel Processing, IEEE Comp. Soc. Order
      No. 479 (ed. H.J. Siegel and L. Siegel), 325-330, IEEE Computer
      Society Press 1983.

Die Autoren möchten den beteiligten Mitarbeitern und insbesondere
Herrn Prof. Dr. Fritsch ihren Dank aussprechen dafür, daß sie die
Arbeit in der vorliegenden Form möglich gemacht haben.

EIN INTEGRIERTES SYSTEM ZUR AUFTRAGS-, PRODUKTIONS-
UND VERSANDSTEUERUNG VON AGGREGATEN

Günter Jahn, Daimler-Benz AG, Stuttgart
Friedrich Ungnadner, Ungnadner GmbH, München

1. EINLEITUNG

Im Werk Untertürkheim fertigt die Daimler-Benz AG Motoren, Getriebe
und Achsen, insbesondere für PKW's. Die in den Nachkriegsjahren aufgebauten Bereiche

- Motorenmontage
- Motorenprüffeld
- Motorenendmontage
- Motorenversand

wurden bedarfsabhängig den gestiegenen Anforderungen soweit wie möglich
durch zusätzliche technische Einrichtungen angepaßt. Die Kapazität der
Anlagen näherte sich Mitte der 70er Jahre der Grenze der Erweiterungs-
möglichkeiten. Außerdem entsprachen die Fertigungseinrichtungen nicht
mehr dem Stand der Technik und nicht mehr den gestiegenen Anforderungen
in bezug auf humane Arbeitsplätze.

2. AUFGABENSTELLUNG

Im Zusammenhang mit der Planung der erforderlichen Fertigungsanlagen
wurden auch die Steuerungssysteme neu überdacht und - sinnvollerweise -
in enger Abstimmung zwischen den Bereichen Werksplanung sowie Organisation und Datenverarbeitung geplant.

Der Schwerpunkt dieses Referates soll auf den Informations- und Steu-
erungssystemen liegen; hier wiederum auf den mit Rechnern gelösten
Problemstellungen.

Aufgaben der Informations- und Steuerungssysteme sind

- Auftragsplanung
- Erstellung und Ausgabe von Arbeitsanweisungen
- Steuerung der Produktions- und Transportmittel
- Überwachung der Fertigung
- Informations- und Auskunftssystem
- Betriebsdatenerfassung.

Neben diesen "Nutz"-Systemen gibt es die notwendigen Hauptfunktionen der

- Datensicherung sowie des
- Notbetriebs.

3. ZIELSETZUNG

Für die Planungen wurden folgende wesentliche Ziele vorgegeben:

- Kapazitätserhöhung
- hohe Lieferbereitschaft gegenüber den Abnehmerwerken, bei
  steigender Typen- und Ausstattungsvielfalt sowie kurzfristiger
  Disposition
- weitere Verbesserung der Qualität
- verbesserte Produktdokumentation
- Humanisierung der Arbeitsplätze mit weiterer Reduzierung
  der Unfallhäufigkeit
- Wirtschaftlichkeit, d.h., Realisierung auf geringstmöglicher
  Fläche wegen der beengten Platzverhältnisse im Produktionswerk
  Motoren in Verbindung mit der Senkung des Materialumlaufs
- zukunftssichere, flexible Lösung

Um diese umfangreichen, zum Teil gegenläufigen Anforderungen best-
möglich erfüllen zu können, wurde das im nachfolgenden beschriebene
Vorhaben realisiert.

4. PRÄMISSEN, RANDBEDINGUNGEN, RESTRIKTIONEN

Für die Realisierung war wegen der vorgegebenen Produktionsprogramm-
steigerungen und den terminisierten Bauplanungen für die weiteren Ausbaustufen ein zwingender Endtermin und damit ein sehr kurzer Realisie-
rungszeitraum von knapp zwei Jahren vorgegeben.

Das Gesamtsystem mußte eine hohe Verfügbarkeit aufweisen, insbesondere
war es erforderlich die eng aneinander gebundenen Produktionsanlagen gut
aufeinander abzustimmen. Bedingung war, daß ein möglicher Ausfall einer
Hauptkomponente (Steuerungssystem, Rechner) sich nicht länger als 10 Min.
auf den laufenden Betrieb auswirkt.

Es war zu beachten, daß das Bedienpersonal und die Werker in ihrer bisherigen Umgebung "groß" geworden sind; d.h., alle zukünftigen Arbeitsabläufe waren für sie neu.

Die Inbetriebnahme der neuen Fertigungsanlagen mußte parallel mit dem
Betrieb der alten Anlagen vorgenommen werden.

Die geplante Transporttechnik ergab für den Führungs- und Überwachungs-
rechner ein beachtliches Mengengerüst: ca. 100 "Ereignisse" können gleichzeitig auf den Rechner zukommen, die in max. 1,7 Sek. beantwortet
werden müssen.

5. DURCHFÜHRUNG

5.1 Projektmanagement

Der Erfolg eines Projektes hängt sehr wesentlich vom Projektmanagement
ab. Gründe für die Softwarekrise ("Software tut meist nicht, was sie
soll"; "Software ist meist teurer als geplant"; "Software wird nicht
fertig zum vorgesehenen Termin") liegen oft in einem schlechten
Projektmanagement.

Die Aufgaben eines Projektleiters sind in der Literatur hinreichend
beschrieben. U.E. liegt ein wesentlicher Teil der Software-Problematik
weniger darin, daß die Methoden und Vorgehensweisen nicht ausreichend
sind (Requirement Engineering), sondern daß es zu wenig qualifizierte
Projektleiter gibt.

In dem beschriebenen Projekt wurde insbesondere darauf geachtet,

- die gesamten Aufgaben in (noch beherrschbare) Teilprojekte
  aufzuteilen; Entwicklungsaufwand ca. 20 Mannjahre, also max.
  10-15 Mann starke Teams (Bild 1);
- Abgrenzung der Teilprojekte nach den Kriterien "Minimierung
  der Schnittstellen in Anzahl, Komplexität und Schwierigkeit",
  "Aufgabenmenge" sowie "Wirtschaftlichkeit";
- einheitliche Schnittstellen zu definieren;
- die Softwarekonzeption klar und übersichtlich zu gestalten.

Bild 1   **ÜBERBLICK GESAMTKONZEPT**

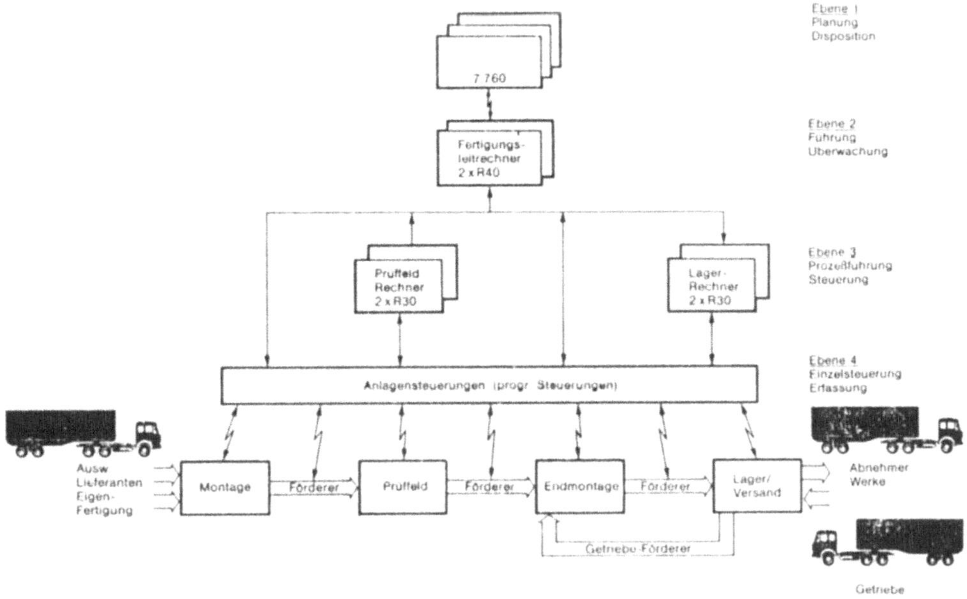

5.2 Hardware-Konfiguration

Folgende Kriterien waren bei der Festlegung der Hardware maßgebend:

Als erstes wichtiges Entscheidungskriterium war die geforderte hohe
Verfügbarkeit - wie sie in einem Produktionsbetrieb üblich ist - zu
berücksichtigen. So sind die Zentraleinheit und die wichtigsten peripheren Geräte doppelt installiert. Die Datenerfassungsgeräte sind so
angeschlossen, daß bei Ausfall eines Gerätes oder einer Steuerung noch
mindestens ein zweites Gerät in der Nähe funktionsfähig bleibt.

Als weiteres Kriterium bei den Überlegungen zum Hardware-Konzept
spielte die möglichst reibungslose Inbetriebnahme des Gesamtsystems
eine entscheidende Rolle. Als wichtigstes Ergebnis ist hier die Nor-
mierung des Informationsaustausches und der Anschlußleitungen aller
außerhalb des Rechnerraums installierten Geräte zu nennen.

Mit einem hierfür neu entwickelten Gerät, dem sog. Mithörer, ist es
möglich, den Datenverkehr auf jeder Leitung mitzuschreiben bzw. am
Rechner das Endgerät oder am Endgerät den Rechner zu simulieren.

Das dritte Kriterium war die sehr enge Terminsituation. Hier gelten die
schon oben genannten Lösungen der Teilung in mehrere Unterprojekte:

- Disposition (Auftragsplanung) auf dem Großrechner (Siemens 7.760)
- Überwachung Informationssystem und Prozeßführung auf Prozeß-
  (Doppel-) Rechner (FLR, Siemens R40 bzw. 340) (Bild 2)
- Steuerung der Prüfstände mit Prozeß-(Doppel-)Rechner (PFR, Siemens R30)
- Steuerung des Transportsystems mittels frei programmierbaren
  Anlagensteuerungen (Siemens S32)
- Verwaltung und Steuerung des Versandlagers mittels Prozeß-
  (Doppel-) Rechner (HLR, Siemens R30)

Bild 2   **KONFIGURATION FERTIGUNGSLEITRECHNER**

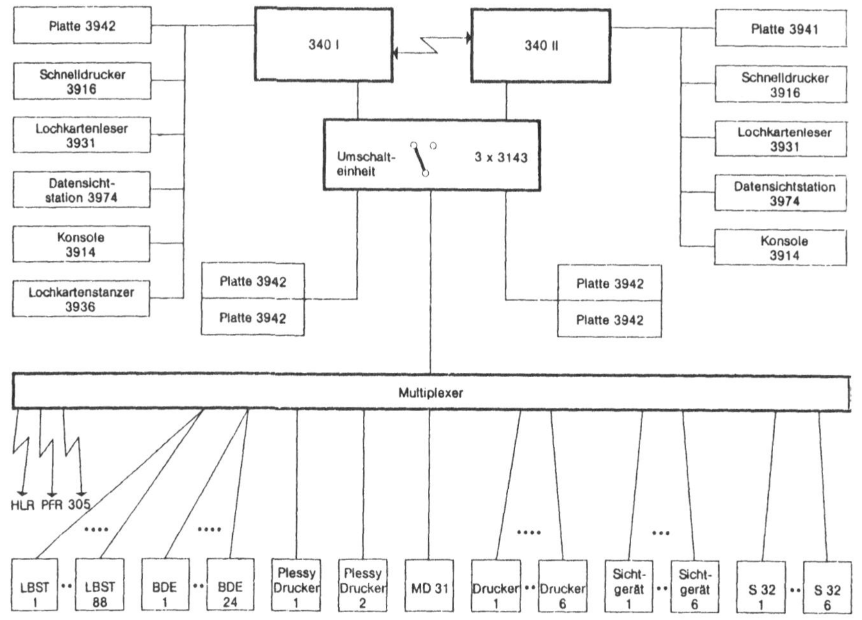

- Intelligenz "vor Ort" in den Betriebsdatenerfassungsgeräten
  (BDE), Lese-/Beschriftungsstationen (LBST) des Transportsystems, um Vorverarbeitung, einheitliche Schnittstellen sowie
  eine gewisse zeitliche Entkopplung zu erhalten.

Ersatzgerätestrategie

Das System ist grundsätzlich so aufgebaut, daß bei Ausfall eines
wesentlichen Teils ein anderer Teil dessen Funktionen übernimmt (Bild 3).
Die Umschaltzeiten bei Geräteausfällen betragen max. 5 Minuten einschl.
des Wiederanlaufes (restart) des Systems.

Bild 3 **ERSATZSTRATEGIE**

AUSFALL	ERSATZGERÄTE	UMSCHALTUNG	BEMERKUNG
Zentraleinheit 340 I	Zentraleinheit 340 II	manuell ca. 5 Min.	
Plattenlaufwerk an 340 I	Plattensteuerung von 340 II	manuell ca. 5 Min.	
Plattenlaufwerk an 340 I	Plattenlaufwerk von 340 II	manuell ca. 5 Min.	Es sind 5 Plattenlaufwerke vorhanden, davon sind 3 für den ordnungsgemäßen Betrieb nötig.
Terminaldrucker	Schnelldrucker oder ein anderer Terminaldrucker	automatisch	Das Ersatzgerät ist nicht fest zugeordnet, sondern kann abhängig von der auszugebenden Information gewählt werden.
LBST	nächste LBST im Förderfluß	automatisch	
BDE—Terminals	Reserve—Terminal Bildschirm—Terminal	manuell ca. 10 Min. nicht nötig	Es können auch im Betrieb benachbarte Terminals benützt werden.
Rechnerkopplung zum HLR	Zwischenpuffer im HLR	automatisch	Bei Ausfall der Rechnerkopplung speichern HLR und PFR die Informationen. Der FLR holt diese, wenn die Kopplung wieder in Ordnung ist, automatisch ab.
zum PFR	Zwischenpuffer im HLR	automatisch	
zu Großrechner	Floppy Disk	per Bedienung	Kopplung nicht sehr zeitkritisch, Ersatzlösung jedoch mit rel. hohem, manuellem Aufwand (Transport über 8 km) verbunden.
Leitung zu BDE—Terminal oder LBST	Speicher in den Terminals	automatisch nach ca. 5 Sek.	Bei Ausfall der Leitung schalten die Terminals bzw. LBST auf Notbetrieb und speichern die erfaßten Daten. Der FLR holt diese, wenn die Leitung wieder in Ordnung ist, automatisch ab.

Aus Kostengründen sind die Leitungen zu den Geräten im Betrieb (LBST
und BDE) nur einfach ausgeführt. Damit auch hier bei einem evtl. Lei-
tungsdefekt kein Ausfall von wichtigen Funktionen eintritt, können die
LBST und BDE anfallende Informationen zwischenspeichern. Sie arbeiten
dabei im stand-alone Betrieb. Nach der Beseitigung des Leitungsdefektes
ruft der Fertigungsleitrechner (FLR) die in den Geräten zwischenge-
speicherten Informationen ab.

5.3 Softwarekonzept

Die genannten Prämissen und Restriktionen

- Aufgabenumfang
- Termin und damit verbunden
- Teamgröße

erforderten eine sehr konsequente, ökonomische Vorgehensweise.

Dabei waren Zielkonflikte zu minimieren, wie z.B. Steuerung des Materialflußes mit sehr kurzen Reaktionszeiten einerseits sowie der Wunsch nach einem großen (Informations-) Komfort in der Produktionsdatenbearbeitung bei umfangreichen Daten andererseits.

Für die eine Aufgabenstellung sind die erforderlichen Daten im Arbeitsspeicher zu halten (allein die geforderten max. Verarbeitungsmengen lassen kein Externspeicherzugriff pro "Ereignis" zu).

Die Aufgabenstellung nach großem Informationskomfort wurde realisiert mit dialogorientierter Produktionsdatenbearbeitung sowie einem Datenverwaltungssystem mit parametrierbaren Dialogen.

Um die Übersichtlichkeit zu wahren und die Einarbeitungszeit für Programmierer klein zu halten, erstellte man Programmier-Richtlinien, die für alle Mitarbeiter am Projekt auch bei weiteren Ausbaustufen bindend sind. Diese Richtlinien enthalten Vorschriften über die Programmiertechnik, den Programmaufbau, das Handling von Daten und den Einsatz (im Detail) von Standard-Systemen.

Im weiteren wird insbesondere beispielhaft auf das Softwarekonzept des Fertigungsleitrechners (FLR) eingegangen, da an dieses Teilprojekt die umfangreichsten Forderungen gestellt wurden (Bild 4).

Koordinierung des Programmsystems

Größere online-Programmsysteme laufen koordiniert ab. Eine Koordinierung ist immer dann nötig, wenn z.B. mehrere Programme simultan zu einem gemeinsamen Datenbestand zugreifen oder ein Programm auf das Ende einer Bearbeitung eines anderen Programms warten muß.

Bild 4   **AUFBAU SOFTWARE–SYSTEM**

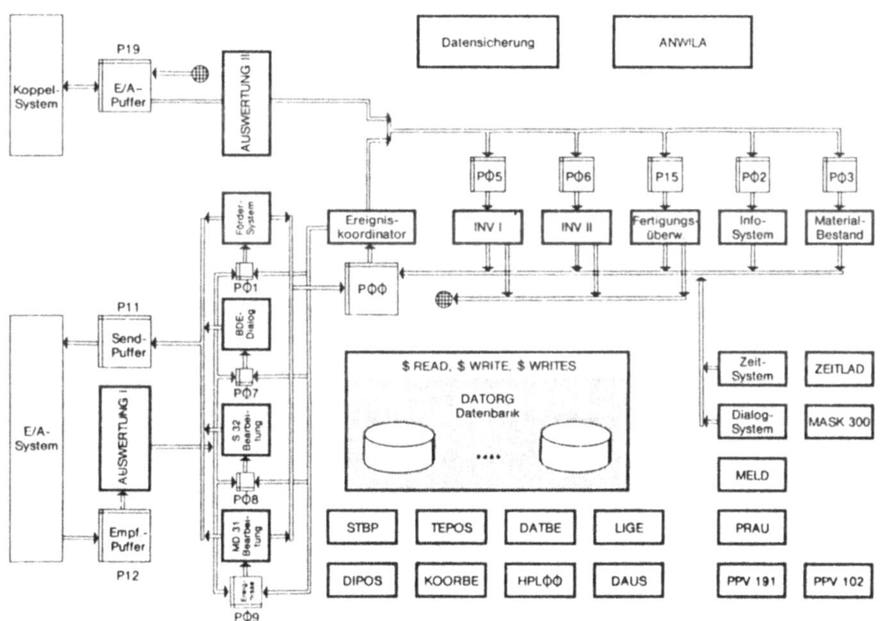

Das Programmsystem für die Fertigungssteuerung ist so aufgebaut, daß
einzelne Programme <u>keine</u> Rücksicht auf andere Programme nehmen müssen.
Um dies zu erreichen, wurde eine systemeinheitliche Nahtstelle, das
sog. Ereignis, geschaffen. In einem Ereignis steht in normierter Form
ein Auftrag, den ein Programm auszuführen hat. Alle Ereignisse (d.h.
Aufträge) die Programme an andere Programme abgeben, werden von einem
zentralen Ereigniskoordinator verwaltet. Der Ereigniskoordinator sorgt
auch dafür, daß die richtige zeitliche Reihenfolge der Ereignisse für
jedes Programm erhalten bleibt. Auf die Koordinierung des Zugriffs auf
gemeinsame Datenbestände brauchen einzelne Programme des Systems keine
Rücksicht zu nehmen. Dies wurde dadurch erzielt, daß die Programme nicht
nach Funktionen, sondern nach Daten orientiert sind. Somit entfällt das
sonst so zeitraubende Belegen und Freigeben einzelner Datensätze während
deren Verarbeitung (Bild 5).

Die Vorteile eines derartigen Systemaufbaus sind

- die gute Transparenz des Systems
- Programme können einzeln gut ausgetestet und ohne nennenswerten
  Aufwand in das Gesamtsystem integriert werden

- die Fehlersuche im Gesamtsystem ist bei sporadischen Fehlern relativ
  einfach. Da die einzelnen Programme unabhängig voneinander sind,
  bleiben Programmfehler in der Auswirkung i.d.R. auf das jeweilige
  Programm beschränkt.

Entscheidungstabellentechnik

Produktionsbetriebe leben. Sie müssen sich dauernd neue Erfordernisse
wie veränderte Produkte, neue Produktionsmittel u.ä. anpassen. Um die
dazu nötige Flexibilität des Programmsysteme zu erhalten, arbeiten die
betroffenen Programme mit Entscheidungstabellen.

Bestandteile einer Entscheidungstabelle sind Bedingungen, Regeln und
Aktionen. Die erste Voraussetzung für eine vernünftige Anwendung von
Entscheidungstabellen war eine genaue Analyse der möglichen Systemzu-
stände und der auszuführenden Tätigkeiten. Danach wurden die Bedingungen,
das sind detaillierte Anfragen an den Systemzustand, und die Aktionen,
das sind einzelne Bearbeitungsmodule, programmiert. Zuletzt folgte die
Aufstellung der Regeln, das sind die Verknüpfungen zwischen Bedingungen
und Aktionen.

Diese Regeln wurden jedoch nicht programmiert, sondern werden als
Parameter mit einem Generator geladen. Ändert sich nun der Betriebsab-
lauf, kann die Anpassung des Programmsystems im Normalfall durch eine
einfache Änderung von Regeln erfolgen. Mit dem Laden der Regeln wird
vom Generator die Entscheidungstabelle ausgedruckt, die dann als
Dokumentation der aktuellen Verarbeitung eines Ereignisses dient. Für
jedes Ereignis, das von Programmen, die in der beschriebenen Form
aufgebaut sind, verarbeitet werden, ist eine Entscheidungstabelle
hinterlegt.

Maskensprache

Eine sehr wichtige Nahtstelle zwischen dem EDV-System und dem Bedie-
nungspersonal ist das Dialogsystem. Es muß den Anforderungen von Mensch
und Maschine gerecht werden. Die wichtigsten Anforderungen an ein Dialog-
System sind:

- hohe Flexibilität,
- übersichtliche, "software-ergonomische" Dialogbilder (Masken)
- formale Kontrolle der Eingabedaten,

- möglichst weitgehende Plausibilitätsprüfung der Eingabedaten und
- leichte Programmierbarkeit.

In dem Projekt FLR wurde als Dialogsystem MASK 300 eingesetzt. MASK 300 ermöglicht einen parametrisierbaren Dialogablauf. Dabei werden die Dialog bilder in Festtexte (Angaben an den Bediener) und variable Felder (Eingaben vom Bediener) eingeteilt. Die variablen Felder können auf Vollständigkeit, Grenzwerte, Zeichentypen und Vergleichswerte geprüft sowie über Bedingungen miteinander verknüpft werden.

Datenzugriff

Wegen der geforderten kurzen Reaktionszeiten muß auf den Datenbestand parallel von mehreren Programmen (gleichzeitig) zugegriffen werden,und zwar auf Extern- (ESP) und Arbeitsspeicher (ASP).

Deshalb gilt: Dateien dürfen nicht belegt werden; es ist eine Sonderlösung erforderlich, um ASP und ESP-Daten konsistent zu halten; es sind umfangreiche Routinen nötig, um bei einem Wiederanlauf nach Störung konsistente ASP- und ESP-Daten zu erhalten; es sind mehrere Plattensteuerungen erforderlich, um einen simultanen Datenzugriff zu erhalten.

Die Dateiverteilung auf mehrere Platten ist nach der Anzahl der Plattenzugriffe zu optimieren. Dies bedeutet auch, daß Programmkonzept, Dateikonzept und Dateiverteilung aufeinander abgestimmt sein müssen. Es muß zumindest rechnerisch vor Beginn der Arbeiten überprüft werden, ob das gewählte Lösungskonzept allen Restriktionen der Kinematik genügt.

Die (bessere) Überprüfung mittels einer Simulation erwies sich in diesem Projekt als zu aufwendig.

Im Programmsystem existiert ein normierter Datenzugriff. Dieser Datenzugriff ist als Fixpunkt des Systems anzusehen. Sämtliche Dienstprogramme und Anwendungsprogramme arbeiten mit ihm. Der normierte Datenzugriff ermöglicht den Zugriff zu Daten in Listen, Puffern, Externspeicherdateien und Hauptspeicherdateien (Bild 6).

Bild 5   KOORDINIERUNG DES PROGRAMMSYSTEMS

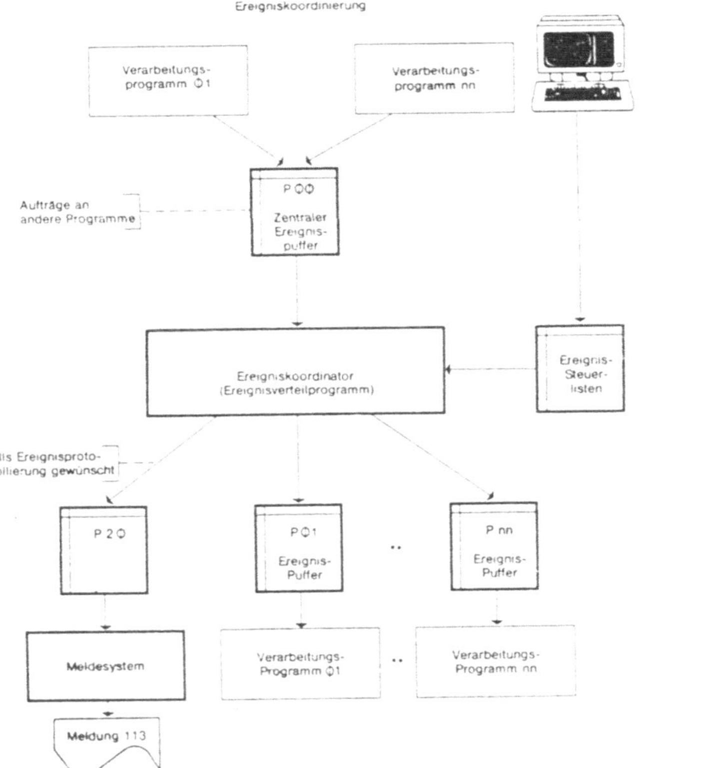

Bild 6   DATENZUGRIFFS – SYSTEM

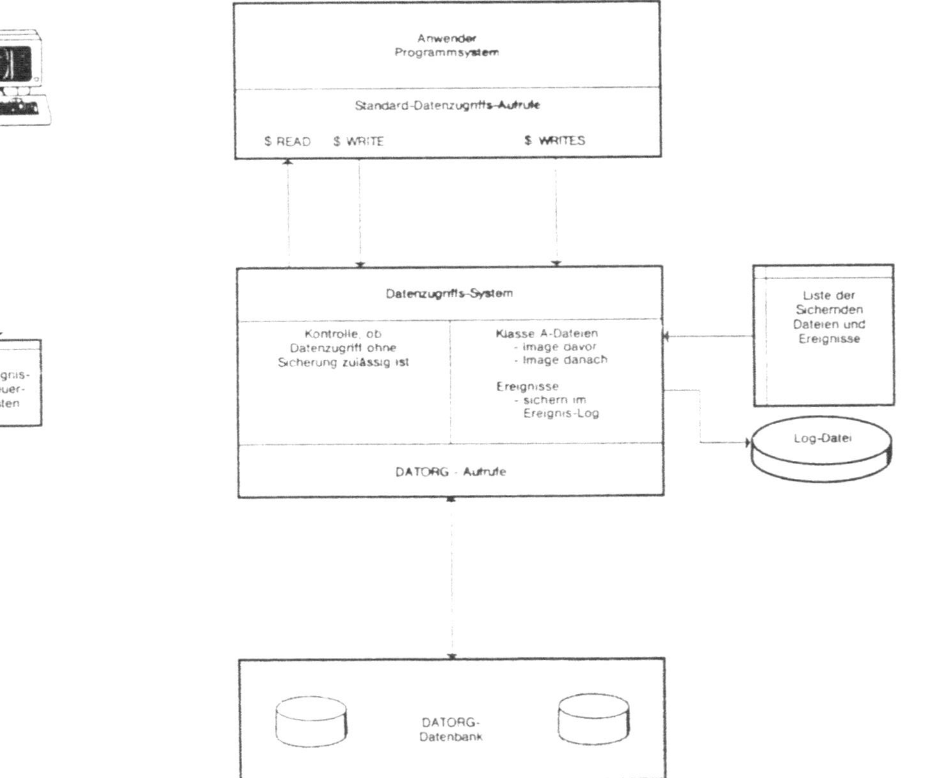

Dem Anwender stehen in den Programmiersprachen ASSEMBLER und FORTRAN
die Aufrufe

$ READ   (Lesen)
$ WRITE und   (Schreiben)
$ WRITES   (Schreiben mit Sicherung)

zur Verfügung.

Je nachdem, ob auf Listen, Puffer oder Dateien zugegriffen werden soll,
wird eine spezielle Bearbeitung durchgeführt. So ist z.B. beim Zugriff
auf Puffer eine Verwaltung für Umlaufpuffer enthalten.

Neben den Zugriffs-Makros existieren zwei Programme zum Anlegen der
Datenbereiche. Mit dem Programm DATBE werden Externpeicherdateien angelegt oder verändert. Das Programm HPLOO erfüllt die gleichen Aufgaben
bei Listen, Puffern und Hauptspeicherdateien.

Alle von Anwender- und Standardprogrammen abgegebenen $ WRITE und
$ WRITES Aufrufe laufen über das Datensicherungssystem. Dieses über-
prüft, ob die Aufrufe für den jeweils angegebenen Datentyp richtig sind.

Datensicherung

Ein allgemeines Problem bei der Behandlung der externen Kinematik im
Rechner ist: Es darf kein Ereignis von "außen" verloren gehen, da
keine Wiederholung der Eingabetelegramme möglich ist. Der interne
Datenbestand muß mit dem momentanen Stand und der Belegung des Transportsystems übereinstimmen. Es kann aber nicht bei jedem Telegramm
(im Durchschnitt alle 300 ms) ein Checkpoint gezogen werden. U.a. aus
diesem Grund wurde eine spezielle Datensicherung konzipiert.

Grundsätzlich sind die Daten in die drei Klassen A, B und C geteilt:

- Die Daten der Klasse A sind sehr wichtig und dürfen auf keinen
  Fall verfälscht werden.
- Die Daten der Klasse B sind wichtig, können aber bei Verfälschung,
  wenn auch schwer, wieder richtig gestellt werden.
- Die Daten der Klasse C können jederzeit, z.B. mit dem Listen-
  generator neu erstellt, oder berichtigt werden.

Für die physikalische Sicherung der Daten sind mehrere Lösungs-
möglichkeiten bekannt. Dagegen ist allgemein nach einem Zusammen-

bruch des Programmsystems oder nach einem Daten-Crash das Aufsetzen
problematisch, da der Zustand der Programme, der Zeiger und der
Daten nicht mehr zueinander passen.

In einem Programmsystem, in dem theoretisch beliebig viele Programme
simultan laufen können, müssen durch Eingriffe ins System Stellen erzeugt werden, an denen Programme, Zeiger und Daten korrespondieren.
Diese Stellen heißen im weiteren Stützpunkte. An derartigen Stützpunkten kann man bei einem Wiederanlauf aufsetzen.

Stützpunkte werden jeweils nach einem festgelegten Zeitintervall (und
einer zusätzlichen Karenzzeit) gezogen. Bei einem Wiederanlauf nach
einem Systemausfall muß der Systemzustand unmittelbar vor dem Ausfall
erzeugt werden. Dieser Zustand entspricht in der Regel dem letzten
Stützpunkt plus aller Datenveränderungen zwischen Stützpunkt und Systemausfall.

Neben den Stützpunkten muß man also noch die Datenveränderungen zwischen
den Stützpunkten abspeichern. Dazu werden sämtliche Veränderungen von
Datensätzen der Klasse A Dateien und Ereignisse die zu derartigen Änderungen führen, in einer Log-Datei zwischengespeichert (Bild 7). Für
Datensätze enthält die Log-Datei das "Image davor" und das "Image danach

Damit können die Datenbestände vom Zustand bei Systemausfall auf den
Zustand des letzten Stützpunkts (oder wahlweise auf einen früheren
Stützpunkt der letzten 23 Stunden) zurückgesetzt werden. Mit den ge-
loggten Ereignissen kann man dann den Datenbestand auf den letzten Zustand vor dem Systemausfall vorsetzen (Bild 8).

Geräteverkehr

Die Organisation des Geräteverkehrs nimmt im Programmsystem eine be-
deutende Stellung ein. Nachdem die physikalische Voraussetzungen -
gleicher Telegrammaufbau für BDE, LBST, S32 und Meldesystem - gegeben
war, konnte ein flexibles Ein/Ausgabesystem entwickelt werden.

Die charakteristischen Merkmale dieses Systems sind:

- Jedes Geräte kann per Bedienung zu- oder abgeschaltet werden. Dabei
  kann man zwischen zwei Varianten wählen. Beim sog. softwaremäßigen
  Abschalten übergibt das E/A-Programm ankommende Telegramme nicht an
  das Anwendersystem, sondern an ein Testsystem weiter.

Bild 7   DATENSICHERUNG LOGGING

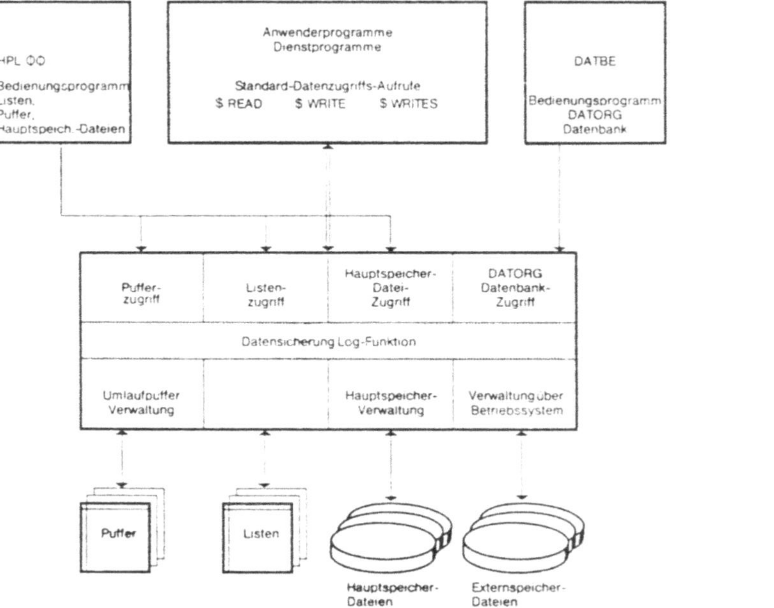

Bild 8   DATENSICHERUNG DATEIEN RÜCKSETZEN

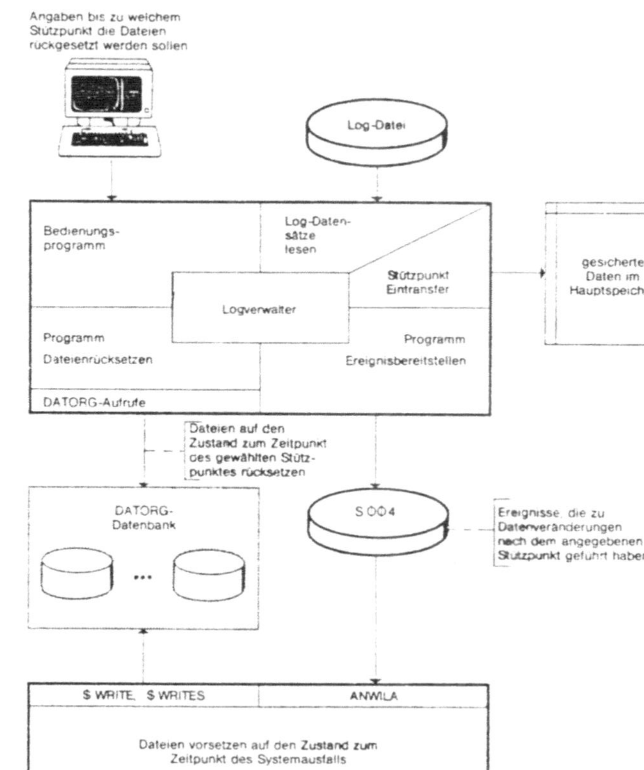

Beim sog. hardwaremäßigen Abschalten blockiert das E/A-Programm den
gesamten Telegrammverkehr zum abgeschalteten Gerät.

- Zu Kontrollzwecken kann per Bedienung für jedes Gerät und zwar
  Ein- und Ausgaberichtungen getrennt, die Protokollierung sämtlicher
  ankommender und abgehender Telegramme auf Drucker ein- und ausge-
  schaltet werden.

- Die formale Telegrammprüfung erfolgt gesteuert von Parametern. Die
  Parameter sind mit dem Listengenerator jederzeit veränderbar bzw.
  neu ladbar.

- Für die Funktionskontrolle der Geräte im Betrieb enthält das E/A-
  Programm eine Zeitüberwachung, die einen Quittungsverzug erkennt
  und meldet.

6. ZUSAMMENFASSUNG

Das Großprojekt wurde in der vorgegebenen Zeit erfolgreich abgewickelt.
Die unter 3. genannten Ziele wurden weitgehend erreicht.

Die komplexe Datenverarbeitungs-Aufgabenstellung in bezug auf Anzahl
und Art der eingesetzten Hardware, Anforderungen hinsichtlich Verfügbarkeit, Reaktionszeiten, Mensch-Maschine-Kommunikation, Entwicklungs-
zeitraum, Sicherheit und Wartbarkeit konnte mit der beschriebenen
Vorgehensweise erfüllt werden. Dies sind insbesondere: Aufteilung in
Teilprojekte, Definition von Standards, Richtlinien, Festlegung von
(einheitlichen) Schnittstellen, transparente Software-Konzeption sowie
eine konsequente Projektabwicklung.

RECHNERGESTÜTZTES KRANKENHAUSKOMMUNIKATIONS- UND -STEUERUNGSSYSTEM: VERFÜGBARKEITS- UND LEISTUNGSANFORDERUNGEN

E. Wilde
Zentralklinikum Augsburg, EDV-Abteilung

Zusammenfassung:

Im Zentralklinikum Augsburg, einem neuerbauten Großkrankenhaus der
Maximalversorgung, wird neben der EDV-gestützten Abwicklung nahezu
aller betrieblichen Grundfunktionen auch die Anforderung diagnostischer und therapeutischer Leistungen, die Planung ihrer Durchführung
sowie die Befund- und Leistungserfassung einschließlich der Ergcbnis-
übermittlung über ein Terminalnetz von insgesamt 128 Datensichtgeräten
und 65 Matrixdruckern durchgeführt. Dahinter stehen ein fehlertolerie-
rendes zentrales Mehrrechnersystem von sieben Prozessoren sowie eine
ebenfalls redundant ausgelegte Patientendatenbank. Ferner besteht ein
Rechnerverbund mit drei dedizierten Rechnersystemen in diagnostischen
Spezialbereichen, von denen zwei ebenfalls als Doppelrechner inclusive
doppelter Datenhaltung ausgelegt wurden.

Es wird auf das Systemkonzept, die besonderen Anforderungen hinsichtlich Verfügbarkeit, Antwortzeitverhalten und Systemausbau im laufenden
Betrieb eingegangen. Dabei zeigt sich, daß die hier gestellten extremen Anforderungen ("Non Stop") weniger durch die Abwendung objektiv be-
drohlicher Ausfallsituationen von bis zu einigen Minuten Dauer zu
rechtfertigen sind als vielmehr durch die notwendige Sicherheit, vor
Rückgriffen auf konventionelle Organisationsmittel einschließlich
zeitaufwendiger Nacharbeiten geschützt zu sein.

Schließlich ist in einer Zeit zunehmend kritischer Beurteilung technischer - insbesondere computerisierter - Hilfsmittel im Großkrankenhaus
ein damit verbundener wachsender Anspruch hinsichtlich Zuverlässigkeit,
Reaktionsgeschwindigkeit und Benutzerfreundlichkeit zu beobachten.

I. <u>Zur gegenwärtigen Situation des EDV-Einsatzes im Krankenhaus</u>

Die Datenverarbeitung im Krankenhaus hat einen z. T. leidvollen
Entwicklungsweg hinter sich. Dies gilt vor allem für all jene Pro-
jekte, bei denen der Einsatz von Datenverarbeitungsmethoden und
-technologien organisatorische Zielstellungen im Umfeld medizinischen Handelns verfolgte oder zumindest einbezog. Nicht zu Unrecht
spricht man - bezogen auf das Großklinikum - gelegentlich vom
"organisierten Chaos", und so ist es vor allem die fehlende Vorbereitung oder auch die beschränkte unmittelbare "Kompatibilität"
dieses Anwendungsfeldes, welche den Einsatz eines auf konsistente
Vorgaben und Rationalität ausgerichteten Instrumentes so unerhört
erschweren.
Daß das Krankenhaus nach einer Reihe global angelegter, z. T. wenig
erfolgreich verlaufener Großprojekte dennoch offengehalten werden
konnte für den EDV-Einsatz mit umfassendem Ansatz (z. B. Kranken-
haussteuerungs- oder -leitsysteme, Kommunikations- und Informationssysteme), ist wohl vor allem zwei Tatsachen zu danken:

1. dem inzwischen unumstritten nützlichen Einsatz von Mini- und
   Micro-Rechnern in Spezialbereichen der medizinischen Diagnostik, so z. B. bei der nuklearmedizinischen Diagnostik, im
   Röntgen (CT), NMR, Intensiv-Überwachung etc. (Im Zentralklinikum Augsburg befinden sich derzeit ca. 20 solcher Systeme im
   Routine-Einsatz, die nach einer zumindest teilweisen Integration verlangen) und

2. der zunehmenden Erkenntnis, daß durch den primär organisato-
   risch orientierten EDV-Einsatz im Krankenhaus bestehende
   Strukturen überdacht und gewohnte Abläufe in Frage gestellt
   werden müssen, was prinzipiell auch ohne geplanten und bevor-
   stehenden EDV-Einsatz vielfach möglich und nützlich wäre, tatsächlich aber eines äußeren, manifesten Auslösers bedarf, um
   in Gang zu kommen. Erst danach kann in der Regel überhaupt an
   einen sinnvollen EDV-Einsatz gedacht werden, der mehr ist als
   nur die "EDV-Kopie" des Ausgangszustandes und der die zusätzlich gewonnenen Freiheitsgrade auch tatsächlich nutzt. Die
   hiermit ebenfalls verbundene Hoffnung ist, daß es neben globalen Spar-Appellen auch einmal etwas wie informatorische Hilfs-

mittel zum <u>qualifizierten</u> Sparen im Krankenhaus geben möge.

II. Voraussetzungen des EDV-Einsatzes im Zentralklinikum Augsburg

Das in Augsburg neuerbaute, 1982 in Betrieb genommene Großklinikum
der dritten Versorgungsstufe (Maximalversorgung) mit 1 625 Betten
(einschließlich Kinderklinik) brachte für den Einsatz einer umfassenden EDV-Unterstützung insofern günstige Voraussetzungen mit,
als

- es sich um einen Neubau mit neuartiger, bauliche Realität ge-
  wordener Organisationsstruktur handelt (sog. Abteilungsbüros
  und Steuerungspunkte übernehmen die organisatorische Anbindung der dezentralen Pflegebereiche an die zentralen Bereiche
  für Diagnostik und Therapie),

- Organisations- und Kommunikationsprobleme erfahrungsgemäß
  überproportional mit der Betriebsgröße und -differenziertheit
  wachsen und

- ein Zeitraum von ca. fünf Jahren für die EDV-Projektrealisie-
  rung bis zur Inbetriebnahme zur Verfügung stand (EDV-Entwick-
  lungsumfang bislang ca. 115 Mann-Jahre).

Für die Projektplanung und Realisierung konnten zudem Erfahrungen
aus einem ähnlichen, in einem mittelgroßen Krankenhaus mit Förde-
rungsmitteln des Bundes realisierten Krankenhaussteuerungssystem
verwertet werden.

III. Grundzüge der leistungsgebundenen Kommunikation

Dem Einsatz eines rechnergestützten Kommunikationssystems im Großklinikum liegt vom Ansatz her mehr zugrunde als ein bloßes "Message-
Switching"; hierauf kann hier nur beispielhaft eingegangen werden:

In der täglichen Krankenhaus-Routine verordnet der Stationsarzt A
z. B. bei der Visite unter Nutzung der Informationen aus dem Kran-
kenakt (z. B. Befundausdrucke und -berichte) sowie seiner momentan
selbsterhobenen Befunde diagnostische und/oder therapeutische Maß-

nahmen, die in den zentralen Funktionsstellen vom Arzt B durchgeführt werden. Dieser kennt in der Regel den jeweiligen Patien-
ten und sein Krankheitsbild bislang nicht.
Auch ist dem verordnenden Arzt A mehrheitlich nicht der volle In-
formationsbedarf des untersuchenden Arztes B bekannt, der jedoch
berücksichtigt werden muß, um die Untersuchung oder Behandlung
lege artis durchführen zu können.

Als EDV-gestützte Lösung bot sich nun an, zunächst zum gesamten
Verordnungsspektrum (ca. 700 Leistungsarten) zugehörige Indika-
tionen, Abhängigkeits- und Beeinflussungsfaktoren sowie die jeweils
benötigten Begleitinformationselemente (medizinischer Kontext) zu
sammeln. Ferner war es erforderlich, die den organisatorischen
Rahmen bildenden Informationen hinzuzufügen.
Der hierauf aufbauende Leistungsanforderungsdialog war nun so ab-
zufassen, daß die für jede einzelne Untersuchungs- oder Behand-
lungsleistung erforderlichen Angaben unter Berücksichtigung vielfältiger spezifischer Abhängigkeiten möglichst zeitsparend aber
dennoch vollständig erfaßt werden können.
Über die ausreichende Spezifizierung der einzelnen Leistung hinaus
waren Wechselwirkungen und Unverträglichkeiten (z. B. in der Reihenfolge) verschiedener Leistungen zu berücksichtigen sowie An-
haltszeiten für ihre Durchführung zu ermitteln.

Eine eingehendere Beschäftigung mit dieser Materie läßt es als
wenig wahrscheinlich vermuten, daß die Berücksichtigung des jeweils an Verordnungen gebundenen spezifischen Informationszu-
sammenhanges konventionell stets in gleicher Vollständigkeit und
Qualität gelingt.

IV. <u>Nutzeranforderungen an das EDV-System</u>

Verständlicherweise wird ein solcher Leistungsanforderungsdialog,
der sich nicht mit einem - konventionell nicht selten praktizier-
ten - Minimum an spezifizierenden Informationselementen "zufrieden
gibt", gelegentlich als Kontrolle oder auch Zwangsjacke empfunden.
Zusammen mit der ohnehin meist eng bemessenen Zeit resultieren
dann daraus Maximalforderungen an das Systemverhalten, wie

- Verfügbarkeit zu praktisch 100 %

- Antwortzeiten um 1 - 2 sec.
- extrem gute Bedienerführung mit
- leichter Erlernbarkeit des Dialogablaufes und
- kurzfristiger Änderbarkeit aller Details.

V. Systemkonzept

V.1 Ausfallsicherung

Der Forderung nach extrem hoher Verfügbarkeit trugen wir durch Auswahl eines sowohl hinsichtlich der Prozessoren, der Prozessor-Ver-
bindungswege, der Stromversorgungen, der Datenhaltung, der zugehörigen Steuereinheiten und der E/A-Kanäle redundant ausgelegten,
nach Fehlerselbsterkennung automatisch auf intakte alternative
Komponenten oder Wege umschaltenden Systems Rechnung. Wichtigster
Bestandteil der Konzeption war, daß, abgesehen von Doppelausfällen
in ungünstiger Konstellation, jede Transaktion auch im Fehlerfall
richtig abgeschlossen und die Konsistenz der Datenhaltung mithin
gewahrt werden sollte. Ist es doch häufig gerade der Verlust dieser
Konsistenz, der Rechnerausfälle auch mit nur unbedeutender und
rasch behebbarer technischer Ursache infolge der dann unvermeid-
lichen Datenrekonstruktion für den Nutzer zum zeitlich massiven
Ausfall werden läßt.
Um für solche Fälle gerüstet zu sein, sind bei konventionellen
Systemen Sicherungsläufe der hier sehr umfangreichen, im Dialog
veränderten Datenbestände erforderlich, die zur Konservierung eines
definierten Aufsatzpunktes das Sperren der jeweils zu sichernden
Datei für den on-line Betrieb während des gesamten Sicherungsvor-
ganges erfordern.
Selbstverständlich muß ein Krankenhaus-EDV-System rund um die Uhr
an 365 Tagen des Jahres verfügbar sein. Es gibt zwar betriebsschwa-
che Zeiten, doch ist die volle Verfügbarkeit gerade hier von be-
sonderem Stellenwert, da konventionelle Archive dann häufig nicht
besetzt sind.
Das Prinzip der gespiegelten Datenhaltung (Laufwerkspaare mit
identischen Daten) macht diese Sicherung überflüssig. Fällt ein
Laufwerk aus, wird zunächst auf die mitlaufende Kopie zurückgegriffen und die verlorene Datensymmetrie im laufenden Betrieb und
ohne Beeinträchtigung desselben nach Wiederverfügbarkeit der aus-

gefallenen Einheit auf niederer Priorität automatisch hergestellt.
Der Preis hierfür ist allerdings, zumal bei einer benötigten
Plattenspeicherkapazität von ca. 1 800 MB, beträchtlich und wird
um so spürbarer, je mehr sich das Preisverhältnis Elektronik/
mechanischer Device zu dessen Ungunsten verschiebt. Ein gewisser
Nutzen der gespiegelten Datenhaltung ergibt sich schließlich noch
beim Lese-Zugriff, wenn von beiden Platten parallel bzw. von der
schneller erreichbaren gelesen werden kann.

Bei Ausfall einer CPU werden deren Prozesse von der jeweils zugeordneten Back-up CPU (Porzess- und nicht CPU-weise Zuordnung)
fortgeführt. Dabei erreicht die übernehmende CPU die ebenfalls
zu übernehmenden Plattenlaufwerke lokal oder global über den alternativen Port der Plattenkontroller; auch diese sind doppelt ausgeführt und ersetzen sich im Bedarfsfall gegenseitig. Im Normalfall
hingegen kann z. B. beim Betrieb zweier gespiegelter Laufwerkspaare
zwischen zwei Kontrollern jeweils ein Paar einer CPU zugeordnet
werden.

Der einzelne Prozessor-Ausfall wird auf verschiedene Weise abgefangen. Zum einen besitzen sämtliche Systemprozesse Checkpoints.
Beim Erreichen dieser Marken werden die zu den einzelnen Prozessen
gehörenden Datenbereiche, sofern seit dem vorhergehenden Checkpoint
verändert, an den Prozessor übergeben, der zur Übernahme bei Ausfall ausgewählt wurde. Diese Übertragung geschieht mittels des
schnellen, doppelt ausgelegten Interprozessorkanales mit einer
Datenrate von maximal 2 x 13 MB/sec.
Zusätzlich hierzu muß dem übernehmenden Prozessor mitgeteilt werden, welche der seit dem letzten Checkpoint anstehenden Plattenzugriffe (Schreiben, Update, Löschen) bereits getätigt wurden. Der
Programm-Code der aktiven Prozesse wird, weil unveränderbar, vom
übernehmenden Prozessor ggf. neu geladen.
Anwendungen laufen in gleicher Weise durch automatisches Aufsetzen
auf dem letzten Checkpoint weiter, sofern solche vom Programmierer
eingerichtet wurden.

Alternativ dazu und zur Vereinfachung der Programmierung kann mit
den Befehlen "Begin Transaction" und "End Transaction" auf der
Basis logischer Transaktionen und unter Nutzung von automatisch
gesicherten "Before- und After-Images" gearbeitet werden (automatisches Transaction Back-out).

Während im letzteren Falle die letzte Transaktion u. U. wiederholt
werden muß, wird beim Setzen von Checkpoints ein "Takeover" allenfalls durch eine Verzögerung des Dialogablaufes von etwa einer
Sekunde bemerkbar. In beiden Fällen bleibt die Konsistenz der
Datenhaltung, wie vielfach erprobt, gewahrt.
Die Belastung eines Prozessors durch Checkpointing kann nach unseren Erfahrungen zu etwa 15 % der aktiven, ggf. zu übernehmenden
Prozesse veranschlagt werden; mithin stehen 85 % CPU-Aktivitäten
zur Verfügung. Dementsprechend macht sich der Ausfall eines Prozessors in einem gut belasteten System (CPU-Auslastung im Mittel
60 % oder mehr) bemerkbar, nicht zuletzt dadurch, daß die Addition
der Plattenzugriffe einen Disc-Prozess ohne phasenweise überlappende
Arbeitsweise (multi-threaded I/o) überlasten kann. Eine derartige
überlappende Arbeitsweise setzt jedoch eine relativ aufwendige
Hardware (Steuereinheit) voraus.

In den zurückliegenden 2 Jahren seit Inbetriebnahme des Klinikums
kam es zu mehreren (ca. 8), in der Regel kurzen Systemstillständen,
die überwiegend softwaremäßig bedingt waren; jedoch wurde eine
Ausfallzeit von 30 Minuten (Regel: 5 - 10 Minuten) in keinem Fall
überschritten. Nie wurde die Konstistenz der Datenhaltung zerstört.
Dennoch stellen sich für die Zukunft bezüglich der Vermeidung von
Unterbrechungen des Betriebes vor allen zwei Fragen:

1) Muß die Entwicklung auf ein eigenes System verlagert werden?

2) Kann der weitere Systemausbau im "Add-on" Verfahren wie bisher fortgesetzt werden oder ist ab einer gewissen Komplexität
   des Gesamtsystems einer homogenen Netzwerk-Lösung mit größerer
   Lokalität von Aufgaben und abgrenzbaren Teilsystemen der Vor-
   zug zu geben?

V.2 <u>Tuning und System-Ausbau</u>

Das eingesetzte Rechnersystem (Tandem T16) wurde 1978 zunächst als
Vierprozessor mit 2 MB Arbeitsspeicher für ca. 80 Datenendgeräte
installiert und zwischenzeitlich zum Siebenprozessor mit ca. 6,5 MB
für den Anschluß von 128 Datensichtgeräten und 65 Matrixdruckern
ausgebaut.

Etwa die Hälfte der angeschlossenen Datensichtgeräte besitzt
eigene Intelligenz zur autarken Datenprüfung und Bedienerführung
sowie zum Betreiben eigener Terminalperipherie (Drucker, OCR-Leser,
Magnetkarten-Leser).
Neben täglich ca. 20 000 Transaktionen (Hauptverkehrsstunde ca.
4 000) läuft auch die Entwicklung (16 Programmierer) und insbesondere die gesamte Stapelverarbeitung (Patientenabrechnungen,
Buchhaltungen, Apotheke, Haushaltsüberwachung, Einkauf, Personal,
Statistiken, Auswertungen etc.) über das System, diese jedoch bevorzugt in den Nachtstunden.

Abbildung 1 zeigt die derzeitige Konfiguration des MEDIKA (Medi-
zinisches Datenverarbeitungs-, Informations- und Kommunikationssystem Augsburg).
Die zentrale Patientendatenbank wurde zusammen mit weiteren hochfrequentierten Dateien auf mehrere gespiegelte Laufwerke (1,1',
2,2', 3,3' und 4,4') aufgeteilt (Multi Volume Files), um zusammen
mit der angestrebten parallelen Verarbeitung eine breite Parallelisierung der Zugriffe zu ermöglichen. Die zugehörigen on-line Anwendungen laufen auf den Prozessoren 0 bis 4 und erreichen ihre
Daten entweder direkt oder mittels globaler Zugriffe (Interpro-
zessorkommunikation über den doppelt genutzten Interprozessor-Bus).
Zwar steigt durch diese Aufteilung auch der Anteil globaler Zugriffe und damit die Rate der Interprozesskommunikationen, doch
fällt dieses gegenüber den sonst auftretenden Engpässen (Platten-
zugriff) praktisch nicht ins Gewicht.

Mit Hilfe des Transaktionsmonitors wird das Antwortzeitverhalten
überwacht. Werden vorgegebene mittlere Antwortzeiten überschritten,
so kreiert das System selbständig bis zu einer vorgebbaren Maximal-
zahl identische parallele Prozesse in derselben CPU oder auch in
anderen, die nach Unterschreiten ebenfalls vorgebbarer Zeiten wieder abgebaut werden. Hierdurch kann eine temporäre Durchsatzver-
besserung für einzelne Anwendungen erzielt werden, sofern nicht
das System insgesamt überlastet ist und daher über keine Reserven
mehr verfügt.

Besondere Probleme wirft stets aufs neue die Forderung nach kurzen
Antwortzeiten auf (maximal 3 sec.), muß doch bei jeder einzelnen
Transaktion in vielfältiger Weise auf die verschiedensten Dateien
und Datenbank-Segmente zugegriffen werden. Im Zuge stark zunehmen-

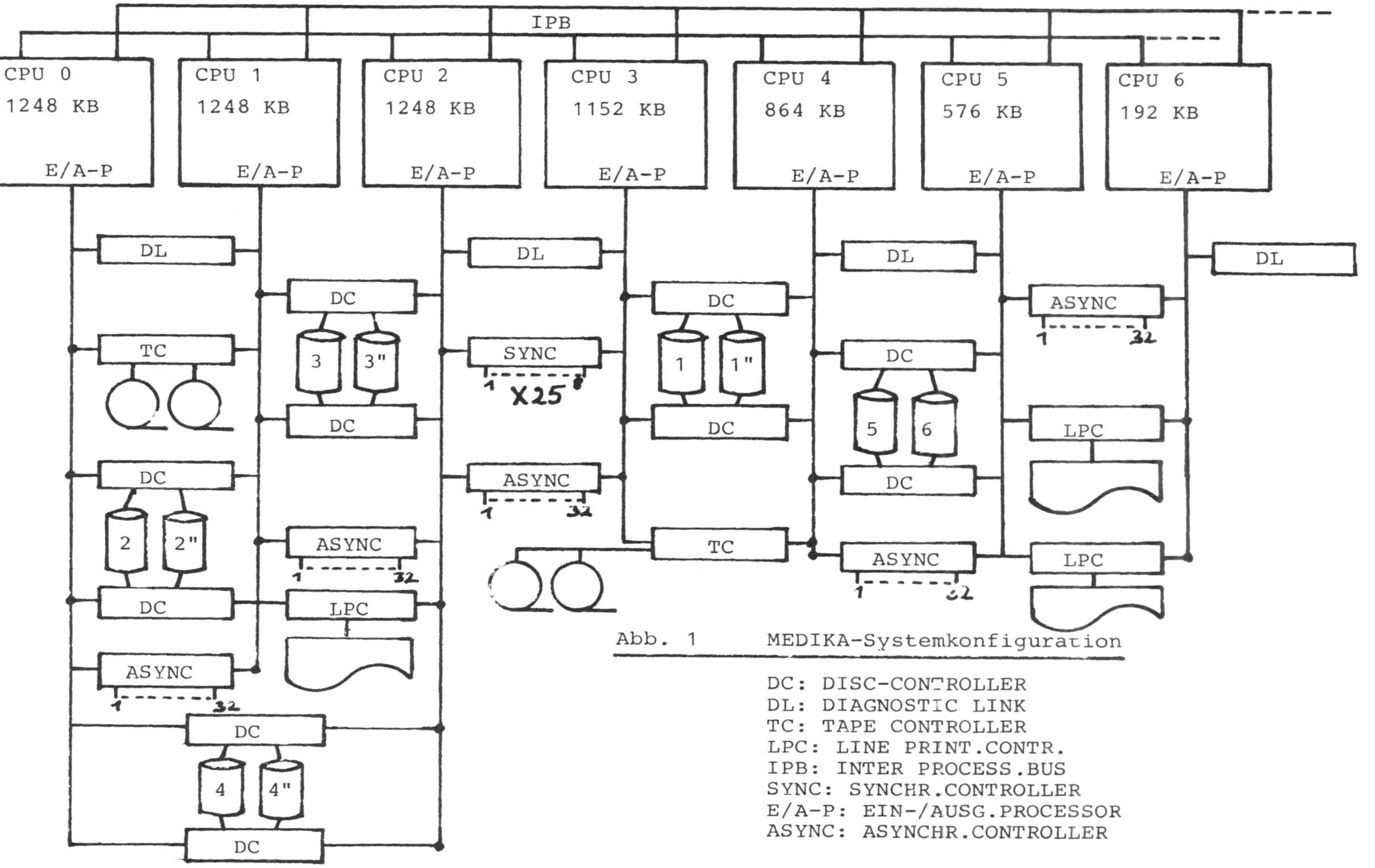

Abb. 1   MEDIKA-Systemkonfiguration

DC: DISC-CONTROLLER
DL: DIAGNOSTIC LINK
TC: TAPE CONTROLLER
LPC: LINE PRINT.CONTR.
IPB: INTER PROCESS.BUS
SYNC: SYNCHR.CONTROLLER
E/A-P: EIN-/AUSG.PROCESSOR
ASYNC: ASYNCHR.CONTROLLER

der Transaktionsraten, Merkmal nahezu aller betrieblichen Steuerungs- und Kommunikationssysteme, sind derzeit ca. 4 000 Transaktionen in der Hauptverkehrsstunde nur noch durch

- weiteren Systemausbau im Bereich der Plattenlaufwerke und
- sorgfältige Tuning-Arbeiten, insbesondere
- weitere Parallelisierung der Datenzugriffe,
- weitere Parallelisierung der hochfrequentierten Prozesse,
- fortlaufende Beobachtung und Verbesserung der Lastverteilung

mit vertretbaren Antwortzeiten durchzusetzen. Dazu muß bemerkt werden, daß die Tuning-Arbeiten zur Ablaufoptimierung eines 7-Prozessorsystems mit 10 Plattenlaufwerken (je 300 MB) sowie weiterer Nah- und Fernperipherie einem Vielparameter-Experiment gleichen. Das Ausbalancieren eines solchen Systems ist nur durch Einsatz eines leistungsfähigen Tools zur differenzierten Performance-Messung, Auswertung und Optimierung durchführbar. "Try and Error"-Methoden führen mit Sicherheit nicht zum gewünschten Erfolg. Selbst bei Nutzung eines solchen Tools bedarf es noch einer sorgsam überlegten Strategie zur systematischen Beeinflussung der beträchtlichen Freiheitsgrade des Gesamtsystems. Schließlich kann z. B. jeder Prozess mit frei wählbarer Priorität in jeder CPU gestartet werden und dieses mit vorgebbarem Parallelitätsgrad.

Allerdings zeigen sich gegenwärtig auch Grenzen für den bisher nahezu kontinuierlichen Systemausbau. Während bislang im Add-on Verfahren bei nur jeweils kurzen Abschaltungen Erweiterungen integriert werden konnten, scheint nunmehr eine umfangreiche Neukonfigurierung der vorhandenen Systemkomponenten unausweichlich zu werden, die allerdings hinsichtlich des damit verbundenen Abschaltungszeitraumes von ca. 2 Tagen vom Klinikumsbetrieb kaum verkraftet werden kann. Als Alternative hierzu wird gegenwärtig die Bildung eines homogenen Netzwerkes erwogen.

VI. Akzeptanz

Bekanntermaßen hängt die Akzeptanz insbesondere betrieblicher EDV-Lösungen ganz entscheidend von ihrer leichten Erlern- und Handhabbarkeit ab. Selbsterklärende Dialoge mit umfangreichen

Hilfsfunktionen stehen hier an der Spitze der Forderungen. Anderseits führen komplexe Sachverhalte naturgemäß zu komplexen Dialogabläufen mit reichlich Kontextverwaltung und einer dementsprechend höheren Innovationsschwelle.

Nach unseren Erfahrungen fällt beim späteren Nutzer oft sehr frühzeitig eine Vorentscheidung für oder gegen eine Anwendung, die später nur noch sehr schwer revidierbar ist. Dabei kann die positive Wirkung eines frühzeitigen Erfolgserlebnisses, etwa ausgehend von der frühzeitigen Einbeziehung in den Definitionsprozeß, nicht hoch genug eingestuft werden.

Die Denk- und Handlungsabläufe im Krankenhaus sind jedoch stark auf gegenwärtige Probleme konzentriert und lassen sich nur begrenzt auf die Zukunft ausrichten. Dem Prototyping kommt daher hier zur Veranschaulichung künftiger Abläufe besondere Bedeutung zu. Ebenso ist es sowohl von der Sache her wie auch zur Unterstützung des Identifizierungsprozesses der Nutzer wichtig, auf Änderungswünsche sehr rasch reagieren zu können.

VII. Schlußanmerkungen

Auch beim Einsatz fehlertolerierender Rechnersystem im Krankenhaus muß man für den Ernstfall vorsorgen und manuelle Back-up Verfahren vorsehen und einüben.

Anläßlich der bislang aufgetretenen Betriebsstörungen mußten wir jedoch feststellen, daß diese entweder gänzlich in Vergessenheit geraten oder mangels Praxis nicht oder nur unzulänglich handhabbar waren.

Heute ist es so, daß sich sämtliche Nutzer auf die Erfahrung verlassen, daß es wohl in wenigen Minuten wieder weitergeht, vergleichbar einer Familie, die bei Stromausfall lieber im Dunkeln sitzt und auf die Netzwiederkehr wartet, als eine Kerze und Streichhölzer sucht.

Der in den letzten Jahren stark angewachsene Einsatz umfangreicher diagnostischer Technik im Großkrankenhaus wird zunehmend kritisch gewürdigt. Dieses bleibt nach unseren Beobachtungen auch auf einen Teil der (insbesondere jüngeren) Ärzte nicht ohne Eindruck. Wenn auch auf diese Problematik hier nicht eingegangen werden kann - hierzu gibt es Pro und Kontra mit jeweils fallspezifischer Gewichtung -, so bleibt doch im Ergebnis festzustellen, daß hieraus ver-

schärfte Anforderungen auch und gerade an informationsverarbei-
tende Techniken erwachsen.
Geforderte Verfügbarkeit, Reaktionsgeschwindigkeit und leichte
Handhabbarkeit sowie optimale Problembezogenheit charakterisieren den EDV-Einsatz im modernen Großklinikum als Einsatz in
einer Grenzsituation. Kennzeichnend für die hier vorherrschenden
"rauhen Umweltbedingungen" ist auch die Tatsache, daß z. B. aus
dem Blickwinkel der Informatik hochinteressante Fragestellungen
sogleich auf den Nettogehalt der reinen Praktikabilität reduziert
werden.

Das System CTM9032 - ein leistungsfähiger Verbund
----
       intelligenter Bildschirmarbeitsplätze

Dipl. Inform. D. Krause

Firma COMPUTERTECHNIK MÜLLER GMBH
Max-Stromeyer-Straße 37
7750 Konstanz

1. Einleitung

Das System CTM9032 steht am oberen Ende des Leistungsspektrums der
von CTM angebotenen Systeme für kommerzielle Anwendungen. Sowohl
die Hardware als auch die gesamte Systemsoftware sind im eigenen
Hause entwickelt worden. Als Entwicklungsvorgabe wurden an die
Eigenschaften des Systems folgende Forderungen gestellt:

- Das System soll realistisch deutlich mehr als 30 Dialogarbeits-
  plätze bedienen können.

- Der Anschluß zusätzlicher Arbeitsplätze soll möglichst ohne Ver-
  schlechterung der Anwortzeit der bestehenden Arbeitsplätze erfolgen können.

- Der Anschluß von Peripheriegeräten direkt an den Arbeitsplätzen
  soll möglich sein.

- Um ein günstiges Preis/Leistungsverhältnis zu erzielen, soll das
  System auf der Basis einer nicht zu aufwendigen Hardwarearchi-
  tektur realisiert werden.

- Die Antwortzeiten des Systems sollen von der Systemauslastung
  weitgehend unabhängig sein.

Gerade die letzte Forderung ist für den Einsatz im kommerziellen
Bereich von wesentlicher Bedeutung. Hier werden die meisten Arbeiten im reinen Dialogbetrieb ausgeführt, d.h. es werden Texte
editiert, Belege erfaßt, Lagerbestände verwaltet etc.

Die Ausführung von längeren Programmläufen ohne Dialog ist seltener,
sollte allerdings während des Tagesbetriebs möglich sein.
Sind die Ausführungszeiten für gewohnte Arbeitsabläufe stark unterschiedlich, so kann der Bediener keinen Arbeitsrythmus finden, und
die Dauer von bestimmten Arbeitsabläufen wird unkalkulierbar. Jeder
Bediener empfindet ein solches "eigenmächtiges" Verhalten seiner
Maschine als starke Behinderung.

In den folgenden Ausführungen soll nun gezeigt werden, mit welcher
Hard- und Softwarearchitektur die oben genannten Ziele erreicht
wurden.

2. Die Gesamtstruktur des Systems 9032

Der erste Schritt zur Erreichung der in der Einleitung erwähnten
Entwicklungsziele war die Entscheidung, benutzereigene Arbeitsplatzrechner zu einem Verbundsystem zusammenzufassen. Im Falle CTM 9032
besteht das Verbundsystem aus drei Hauptkomponenten

- Arbeitsplatz
- Kommunikationssystem
- Zentrale

Bis zu 48 Arbeitsplätze können über eine oder mehrere einfache
Zweidraht-Ringleitungen mit der Zentrale verbunden werden. Peripheriegeräte wie Plattenlaufwerke, Zeilendrucker usw., die von den Arbeitsplätzen gemeinsam benutzt werden, sind an der Zentrale angeschlossen. Anwendungsprogramme werden innerhalb der Arbeitsplätze
ausgeführt und können durch den Anschluß lokaler Peripherie zusätzlich unterstützt werden.

Operationen, die nicht lokal ausgeführt werden können, wie z.B. der
Zugriff auf das zentrale Datenverwaltungssystem, werden an die Zentrale abgegeben und dort ausgeführt.

Die Kommunikation des Zentralrechners mit den Arbeitsplätzen erfolgt nach einem Pollingverfahren.

Der Vorteil einer solchen Systemstruktur ist, daß jedem Benutzer
für die Ausführung von reinen Rechnungsoperationen zu jeder Zeit
die gleiche CPU-Leistung zur Verfügung steht. Daneben erhält man
ohne Zusatzaufwand einen absoluten Schutz der einzelnen Anwenderprogramme voneinander.

Es gibt jedoch auch eine Schwierigkeit zu überwinden:

Der Zugriff auf zentrale Daten erfolgt immer auf dem Umweg über das
Kommunikationssystem. Um hier keinen Engpaß entstehen zu lassen,
muß im Zentralrechner und dessen Betriebssystem ein gewisser Aufwand getrieben werden.

Zunächst sollen die Komponenten Arbeitsplatz und Kommunikationssystem kurz beschrieben werden.

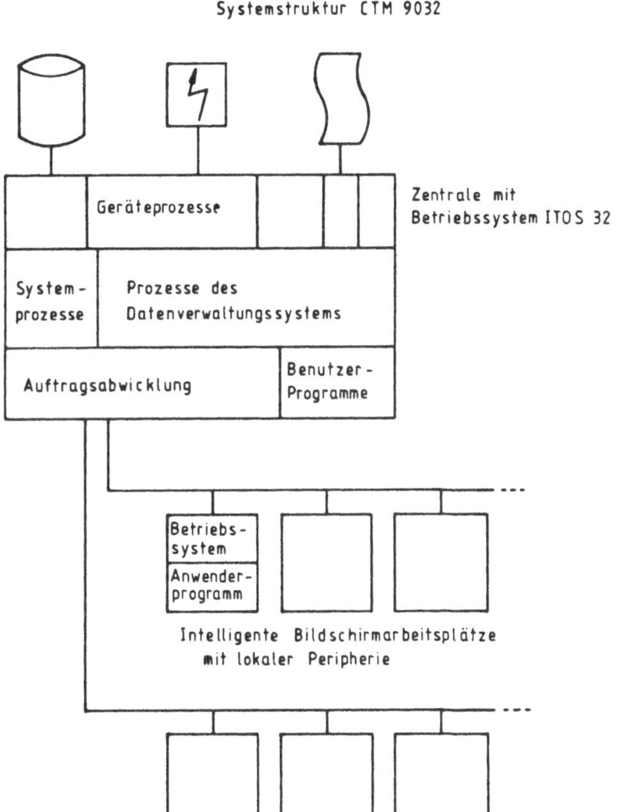

2.1 Der Arbeitsplatz

Jeder Arbeitsplatz enthält eine eigenentwickelte 16-Bit-Rechner-
karte, 128 KB Halbleiterspeicher und je nach angeschlossenen Geräten verschiedene Peripheriekarten.

Als Betriebssystem wird ein 2-taskfähiges System eingesetzt. Dieses
besteht aus den Moduln

- Scheduler
- Auftragsabwicklung
- Leitungstreiber
- Gerätetreiber (nur bei lokaler Peripherie)

Die Auftragsabwicklung unterscheidet, ob ein I/O-Auftrag lokal ausgeführt werden kann, oder zum Zentralrechner geschickt werden muß.

Für den Daten-Verkehr zwischen Arbeitsplatz und Zentrale gibt es
u.a. folgende Befehlsklassen

- Record-Befehle (read, get etc.)
- Block-Befehle
- Lade/Entladeaufträge
- Druckaufträge (blockweise)
- Normierungen, Statusanfragen

Die Befehle liegen auf einer relativ hohen Ebene (z.B. Zugriff auf
logische Sätze), so daß in der Regel nur tatsächlich benötigte Daten in den Arbeitsplatz übertragen werden. Durch die Definition von
sog. logischen Dateien, die nur eine konkret benötigte Auswahl von
Feldern einer physikalischen Datei enthalten, läßt sich die Menge
der zu übertragenden Daten zusätzlich vermindern.

2.2 Das Kommunikationssystem

Wie schon erwähnt sind Arbeitsplätze und Zentrale über eine durch-
geschleifte Zweidrahtleitung miteinander verbunden. Die Daten werden mit einem Synchronverfahren übertragen und zwar mit einer Rate
von 500 kbaud. Die max. Leitungslänge beträgt 500 m, allerdings
können mehrere solcher Leitungen simultan betrieben werden.

Ist eine Leitung einmal verlegt, so kann ein zusätzlicher Arbeitsplatz an beliebiger Stelle an das vorhandene Kabel angeschlossen
werden.
Das Kommunikationssystem hat bislang eine hierarchische Struktur,
d.h. ein Arbeitsplatz kann Aufträge nur an die Zentrale abgeben,
nicht an andere Arbeitsplätze.

Die Kommunikation zwischen Arbeitsplätzen und Zentrale erfolgt nach
einem Pollingverfahren. Bei einem solchen Verfahren werden die Arbeitsplätze nacheinander nach Aufträgen abgefragt. Dabei kann bei
einer großen Anzahl von Arbeitsplätzen eine gewisse Latenzzeit bis
zur Übernahme des Auftrags durch die Zentrale entstehen.

Bei dem beschriebenen System kann diese Latenzzeit in Grenzen gehalten werden, und zwar durch die Möglichkeit, ab einer gewissen
Anzahl von Arbeitsplätzen weitere unabhängige Pollkreise zu installieren. Zusätzlich erhält man dadurch eine effektive Vervielfachung
der Übertragungsrate auf der Datenleitung.

2.3 Die Zentrale

Beim System CTM 9032 hat die Zentrale eine doppelte Funktion. Einerseits kann sie selbst als Arbeitsplatz benutzt werden, indem sie
die Möglichkeit bietet, simultan mehrere Dialogprogramme zu betreiben. Andererseits hat sie die Aufgabe, Zugriffe von Arbeitsplätzen
auf zentral angeschlossene Geräte zu koordinieren und auszuführen.

Es ist in diesem Zusammenhang wichtig, daß

- die Verschiebung von Daten im Hauptspeicher möglichst schnell er-
  folgen kann (z.B. für das Kopieren von Pufferinhalten)
- der Datenverkehr mit peripheren Geräten bzw. Datenleitungen den
  Hauptspeicher möglichst wenig belastet.
  Es ist einleuchtend, daß gerade diese Ziele mit einer 32-Bit-
  Architektur auf natürliche Art zu erreichen sind.

  Die Zentrale besteht aus den Komponenten
  - 32 Bit-Prozessor in Bit-Slice-Technologie
  - min. 512 KB Halbleiterspeicher
  - variable Anzahl von intelligenten Controllern für die Bedie-
    nung von E/A-Geräten.

Alle Komponenten kommunizieren über einen 32-Bit-Bus mit einer
maximalen Busrate von 30 MB/sec.

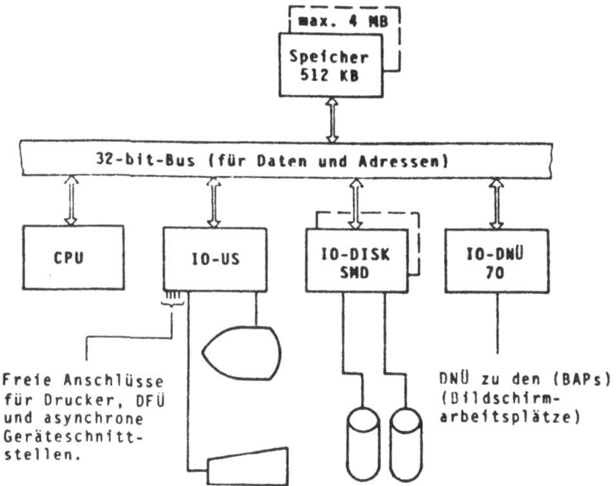

2.3.1 Der Controller

Die Controller bedienen die angeschlossenen Peripheriegeräte.
Sie bestehen aus einem allgemeinen, programmierbaren Rechnerteil
und einem gerätespezifischen Interface.

Die Kommunikation mit den Controllern erfolgt über einen im
Hauptspeicher liegenden Kontrollbereich. Dieser wird vom Controller per DMA zyklisch ausgelesen und nach evtl. Aufträgen untersucht.

Ein Controller erzeugt einen Interrupt durch das Setzen eines bestimmten Bits in einem Interruptvektor. Dieser Interruptvektor
wird von der Firmware der CPU im 125 μ s-Takt ausgelesen und gegebenenfalls der zugehörige Gerätetreiber des Betriebssystems aktiviert.

2.3.2 Der Speicher

Das System besitzt einen in Stufen von 512 KB ausbaubaren Halbleiterspeicher mit Fehlerkorrektur.

Von der bei einem System dieser Größenordnung an sich naheliegenden Implementation einer virtuellen Speicherarchitektur
wurde aus folgenden Gründen abgesehen:

- Die Mehrzahl der Anwendungsprogramme wird sowieso an den
  Arbeitsplätzen ausgeführt.
- Je nach dem Verhältnis des benutzen Adressraums zum physi-
  kalisch vorhandenen Adressraum ergibt sich u.U. eine stark
  schwankende Systemleistung.
- Der an der Zentrale benötigte Adressraum von ca. 2 MB läßt
  sich bei heutigen Speicherpreisen kostengünstiger real zur
  Verfügung stellen.

Natürlich besteht der Wunsch, Systemteile die sehr selten oder
nur in langen zeitlichen Abständen benutzt werden, nicht immer
im Speicher halten zu müssen. Beim CTM 9032 wird das durch einen
prozedurspezifischen Overlaymechanismus auf Softwareebene erreicht.

2.3.3 Der Prozessor

Der Prozessor ist in Bit-Slice-Technologie aufgebaut unter Verwendung von 8 ALU-Bausteinen des Typs AM2901.
Das Mikroprogramm des Prozessors umfaßt momentan ca. 400 Befehle
und kann auf max. 1024 Befehle erweitert werden.

Folgende Funktionen werden per Mikroprogramm ausgeführt:

- Scannen des Controller-Interruptvektors
- Kontextumschaltung bei Prozeßwechsel
- Bildung der Effektivadresse für einen Maschinenbefehl
- Ausführung des Maschinenbefehls incl. Abprüfung von Fehler-
  fällen
- Stackverwaltung

Alle Maschinenbefehle sind 1-Adressbefehle und haben eine Länge
von 32 Bit. Sie haben folgendes Format:

```
+-------------------------------------------+
!8       !4 Adress-!20                       !
! Opcode ! mode    ! Adressteil              !
+-------------------------------------------+
```

Befehlssatz und Adressmodes sind auf die Abbildung höherer Programmiersprachen ausgelegt. Als Beispiel sei die Befehlsgruppe
zum Setzen und Addieren von Indexwerten bei Arrayzugriffen dargestellt:

Dabei bedeuten:
S   : Stackzeiger
A   : Elementbeginn relativ zu Arraybeginn
(N) : Arraylänge der aktuellen Dimension

Bereichstest :
IF A >= (N) logical then ERROR SUBSCRIPTRANGE else do ;

setx :   X = A
setxpa : X = A ; S = S - 4 , A = (S) ;
addx :   X = A + X
addxpa : X = A + X , S = S - 4 , A = (S) ;

Die gesamte Maschinenarchitektur ist auf die Programmierung in
einer höheren Programmiersprache ausgelegt.

Überschreitungen des taskeigenen Adressraums werden durch die Firmware verhindert, da für die Adressierung von Daten, deren Adresse
zur Compilezeit nicht bekannt ist, grundsätzlich Befehle mit dynamischen Bereichsabprüfungen verwendet werden (siehe Beispiel oben).

Der maximale Stackbedarf eines Prozesses wird zum Übersetzungs-
und Bindezeitpunkt errechnet und ist eine unveränderliche Eigenschaft eines Programms.

Auf diese Art wird (einen korrekten Compiler vorausgesetzt) ein
vollständiger Schutz der Programme voreinander erreicht. Zudem
ist garantiert, das jedes ladbare Programm auch ohne Speicher-
engpaß, Stacküberlauf etc. ausgeführt werden kann.

2.3.4 Das Betriebssystem der Zentrale

Das Betriebssystem der Zentrale ist prozeßorientiert und benutzt
ein Botschaftenkonzept für die Prozeßkommunikation und -Synchro-
nisation. Es hat (vereinfacht) die folgende Prozeßstruktur:

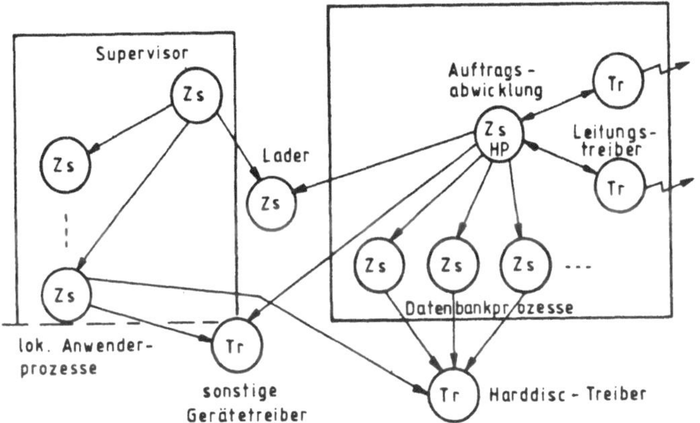

Zu erkennen ist, daß das Betriebssystem aus zwei Hauptteilen
besteht, dem Teil für die Abwicklung von Aufträgen von Arbeitsplätzen und dem Teil für die Ausführung lokaler Anwendungsprogramme.

Die Anzahl der Datenbankprozesse für die Ausführung von Arbeits-
platzaufträgen ist generierungsabhänig und kann der vorhandenen
Speichergröße angepaßt werden.

Die Kommunikation der Prozesse untereinander erfolgt teilweise
über die elementare Botschaftenschnittstelle, teilweise über so-
genannte "Links".
Die Kommunikation über Links setzt nicht voraus, daß die beiden
Kommunikationspartner die Tasknummer ihres Partners kennen. Die
Adressierung eines Prozesses erfolgt über einen symbolischen
Namen, der vom Prozeß selbst zur Verfügung gestellt wird.

Für die Kommunikation über Links stehen folgende Primitive zur
Verfügung:

- define_plug (plugname, interner_linkname)

Diese Funktion wird vom Secondary ausgeführt. Sie macht dem Betriebssystem einen symbolischen Plugnamen bekannt und liefert als Ergebnis den internen Namen des Links.

Der Plugname besteht aus zwei Teilen:

- Gruppenname

- Vorname

So können z.B. mehrere Secondaries verschiedene Plugs mit dem selben Gruppennamen aber unterschiedlichen Vornamen definieren (siehe open_link). Dies gibt die Möglichkeit, Aufträge an eine unbekannte Anzahl von Prozessen gleicher Funktion weiterzuleiten.

(Anwendungs-Beispiel: ITOS32 enthält eine generierungsabhängige Anzahl von Datenbank-Prozessen).

- open_link (plugname, interner_linkname)

Diese Funktion eröffnet einen Link und liefert einen internen Linknamen aus. Der Plugname kann entweder vollständig spezifiziert werden, also mit Gruppenname und Vorname, oder unvollständig mit Vorname = 0.

Im letzteren Fall wird von der Linkverwaltung ein beliebiger Link mit dem angegebenen Gruppennamen eröffnet.

- send_link (interner_linkname, message)
  schickt eine Botschaft über einen Link, der über den internen Linknamen identifiziert wird.

- wait
  wartet auf eine Botschaft.

Die Kommunikation über Links wird auch eingesetzt, wenn Prozesse u.U. nicht im selben Rechner liegen und trotzdem miteinander kommunizieren müssen. So kann z.B. ein Anwendungsprogramm in einem Arbeitsplatz über dieselbe Schnittstelle mit einem Druckertreiber am selben Arbeitsplatz oder in einen anderen Arbeitsplatz kommunizieren.

2.3.5 Zentrale Ausführung

Es wurde bereits erwähnt, daß ein Verbundsystem intelligenter Arbeitsplätze das Problem stellt, Daten nicht unnütz zwischen Arbeitsplatz und Zentrale hin und her zu schicken, um die Effizienz des Systems nicht in Frage zu stellen.

Ein weiteres Problem besteht darin, daß der Benutzer eines Arbeitsplatzes gewisse rechenintensive Teilaufgaben gern auf dem wesentlich leistungsfähigeren Zentralrechner ausführen würde, allerdings ohne seinen normalen Dialog am Arbeitsplatz zu verlassen.

Es wurde deshalb die Möglichkeit geschaffen, von einem Anwendungsprogramm aus per Auftrag über das Kommunikationssystem ein beliebiges Programm an der Zentrale zu starten und mit Parametern beliebiger Länge zu versorgen.
Entscheidend dabei ist, daß dieses Programm alle Betriebsmittel und Zugriffsrechte des am Arbeitsplatz laufenden Programms "erbt" und damit für das Betriebssystem mit dem Programm am Arbeitsplatz identisch ist.

Ist das Programm an der Zentrale beendet, so wird der Parameterblock an den Arbeitsplatz zurückübertragen. Auf diese Weise kann eine beliebige Teilfunktion aus einen Programmpaket herausgelöst und zur Ausführung an der Zentrale vorgesehen werden.

3. Zusammenfassung

Das System CTM 9032 ermöglicht einen weitgehend lastunabhängigen Betrieb von Dialogarbeitsplätzen. Dies wird erreicht durch

- Ausführung der Anwenderprogramme am Arbeitsplatz
- 32-Bit-Architektur des Zentralrechners
- Verzicht auf virtuelle Speicherorganisation zu Gunsten eines großen Realspeichers in der Zentrale
- ein prozeßorientiertes Betriebssystem mit einer Vielzahl von Abwicklerprozessen für Aufträge von den Arbeitsplätzen
- Möglichkeit der zentralen Ausführung von Programmteilen.

<u>Das fehlertolerante DELTA-System</u>

Wolfgang Blau
Karl May
Claus Schirmer

Nixdorf Computer AG
Geschäftsbereich Fehlertolerante Informationssysteme
Fürstenallee 7
4790 Paderborn

Zusammenfassung

Das fehlertolerante Informationssystem DELTA basiert auf den beiden Industrie-standards UNIX^{TM} und MC68000^{TM}.
Das Betriebssystem DELTA-PPX ist eine kompatible Weiterentwicklung von UNIX-System-III. Neben der Multiprocessorfähigkeit, die eine modulare Leistungssteigerung erlaubt, wird von DELTA-PPX der fehlertolerante Betrieb des Systems sicherge-stellt. Die Hardware basiert auf Mikroprocessoren der Familie MC68000 der Firma Motorola. Mehrere Processoren mit dedizierten Funktionen werden zu einem Cluster zusammengeschaltet. Zwei oder mehrere dieser Cluster bilden ein DELTA in dem jeder Cluster eine autonome Verarbeitungseinheit darstellt. Der Ausfall eines Clusters beeinflußt nicht die Verfügbarkeit des Gesamtsystems und die auf diesem Cluster ablaufenden Programme werden fortgesetzt.

Summary

The basis of the fault tolerant information system DELTA are the industry stand-ards UNIX^{TM} and MC68000^{TM}.
The operating system DELTA-PPX is a compatible but enhanced version of System-III, which supports fault tolerance. The hardware is based on members of the Motorola Microprocessor family MC68000. A couple of these processors with dedicate functio-nality form a cluster, which is the basic building block of the DELTA system. The fault of a single cluster does not effect the availability of the whole system and all programs continue to perform.

Einleitung

Alle fehlertoleranten Systeme erfordern den Einsatz redundanter Hardwarekomponenten. Solche Systeme bestehen aus zwei oder mehreren autonomen Verarbeitungseinheiten mit Processoren, Speichern und peripheren Geräten.

Fehlertolerante Systeme werden unterschieden,

o inwieweit die redundante Hardware im Normalbetrieb zusätzliche Rechenleistung erbringt

o und wieviel Wissen beim Programmieren erforderlich ist, um fehlertolerante Programme zu schreiben.

Mittlerweile haben sich zwei Methoden herauskristallisiert, die einen fehlertoleranten Systembetrieb ermöglichen:

Im hardwareorientierten Ansatz (Hot-stand-by) arbeiten zwei Verarbeitungseinheiten völlig synchron. Fällt eine Einheit aus, kann die andere das Programm ohne Unterbrechung fortsetzen. Die zusätzliche Hardware bringt im Normalfall aber keine zusätzliche Rechenleistung (siehe /IEEE 78/, /DIEH 81/, /MAY 82/).

Beim softwareorientierten Verfahren legt das Betriebssystem eine inaktive Programmkopie in einer zweiten Verarbeitungseinheit ab. Die Kopie wird derart mit Informationen versorgt, daß sie bei einem Ausfall der ersten Einheit deren Aufgabe nach einer kurzen Rekonstruktion fortführen kann. Im Gegensatz zum hardwareorientierten Ansatz kann die duplizierte Hardware im Normalbetrieb für die Abarbeitung von weiteren aktiven Programmen benutzt werden (siehe /BART 81/, /BORG 83/).

Multicluster-Architektur und
Multiprocessor-Architektur des Clusters

Im System DELTA wird das softwareorientierte Verfahren implementiert. Die autonomen Verarbeitungseinheiten werden hier Cluster genannt (siehe Abb. 1). Zwei oder mehrere solcher Cluster werden über einen Hochgeschwindigkeits-Bus (max. Übertragungsrate 16 MB/sec je Bus) zu einem fehlertoleranten Informationssystem verbunden (siehe Abb. 2).

Jeder Cluster besteht aus mehreren dedizierten Processoren, die auf Mikroprocessoren der Familie MC68000 von Motorola basieren (siehe /MOTO 83/).

Der Message-Processor ist verantwortlich für den gesamten Intercluster-Nachrichtenverkehr. Der Betriebssystemkern läuft auf dieser Einheit ab, die über einen Mikroprocessor und lokalen Speicher verfügt. Für das Senden und Empfangen von Nachrichten über den Hochgeschwindigkeits-Bus steht ein Cache-Speicher zur Verfügung.

Der Application-Doppelprocessor enthält zwei Mikroprocessoren und eine Memory Management Unit (MMU) für die Unterstützung des virtuellen Speichers. Diese Processoren haben die Aufgabe, Anwendungsprogramme und anwendungsnahe Systemprogramme auszuführen.

Der Disk-Processor übernimmt die Steuerung der an den Cluster angeschlossenen Festplatten und Magnetbänder. Pro Disk-Processor können bis zu vier Platten und ein Magnetband angeschlossen werden.

Der I/O-Processor steuert die übrigen Peripheriegeräte wie Terminals, Drucker und Kommunikationsleitungen. Die Einheit verfügt ebenfalls über einen Mikroprocessor und lokalen Speicher sowie die I/O-Bus-Schnittstelle. Während der I/O-Processor die Gerätesteuerung auf Protokollebene wahrnimmt und den Datentransfer von und zum Hauptspeicher durchführt, ist die physikalische Steuerung der Peripheriegeräte Aufgabe der I/O-Controller.

Der Clusterspeicher wird aus Speichermodulen zu je 1MB aufgebaut. Jedes Modul verfügt über eine ECC-Schaltung (Error Checking and Correction), die in der Lage ist, 1-Bit-Fehler automatisch zu korrigieren und Mehr-Bit-Fehler zu erkennen.

Alle Processoren eines Clusters sind über einen 32-Bit breiten Bus miteinander verbunden, dessen Übertragungsleistung bis 20 MB/sec liegt.

Durch diese verteilte Architektur sind bereits auf Cluster-Ebene große Wachstumsmöglichkeiten gegeben. Je nach Anwendung kann die Leistungsfähigkeit der Cluster erheblich gesteigert werden:

o Für erhöhten Systemdurchsatz oder extrem große Programme kann ein Cluster mit bis zu drei Megabytes Hauptspeicher bestückt werden.

o Für weitere Plattenkapazität kann ein zweiter Disk-Processor konfiguriert werden.

o Für zusätzliche Leistung im Bereich der Peripheriegeräte ist ein zweiter I/O-Processor vorgesehen.

Fehlertoleranz und modulares Wachstum

Der fehlertolerante Betrieb wird durch die Multicluster-Architektur erst ermöglicht:

Fällt ein Teil eines Clusters aus, wird der Cluster abgeschaltet und die laufenden Programme werden von seinem Backup-Cluster nahezu ohne Unterbrechung fortgeführt.

Aufgrund der von Diagnose-Programmen gelieferten Informationen ist der Service-Techniker innerhalb kürzester Zeit in der Lage, die defekten Komponenten auszutauschen. Anschließende Testprogramme prüfen die Funktionsfähigkeit des gesamten Clusters, bevor dieser wieder in den Systembetrieb integriert wird.

Ein weiterer Vorteil dieser Architektur besteht in der Möglichkeit des modularen Wachstums. Ein DELTA-System kann z. B. um ein Cluster oder ein Peripheriegerät ohne Unterbrechung des Systembetriebes erweitert werden.

Doppelte Datenwege

Aus Gründen der Fehlertoleranz sind alle Datenwege doppelt vorhanden (siehe Abb. 3).

Zwei unabhängige System-Busse verbinden die einzelnen Cluster miteinander. Die Message-Processoren sind in der Lage, auf beiden Bussen zu senden und zu empfangen, so daß die additive Leistung beider Busse genutzt werden kann.

Die Datenwege zu den Magnetplatten sind ebenfalls doppelt ausgeführt. Jede Magnetplatte besitzt einen Dual-Port-Interface, das sie mit zwei Controllern verbindet, die zu verschiedenen Clustern gehören. Im Normalbetrieb wird eine Platte immer von ein und demselben Cluster gesteuert. Fällt aber dieser Cluster oder der zugehörige Kanal zur Magnetplatte aus, übernimmt der Backup-Cluster automatisch die Steuerung.

Sämtliche I/O-Controller werden über einen I/O-Bus angeschlossen. Um bei einem Clusterausfall nicht die angeschlossene Peripherie zu verlieren, ist auch der I/O-Bus zweifach vorhanden. Die I/O-Controller sind dementsprechend über einen Dual-Port-Anschluß an beiden Bussen angeschlossen. Wie bei der Magnetplatte wird ein Controller normalerweise von einem Cluster angesprochen. Nur im Falle eines Fehlers wechselt die Steuerung auf den Backup-Cluster.

Spiegelplatten

Bei Systemen für Online-Verarbeitung ist die permanente Verfügbarkeit des Plattenspeichers extrem wichtig. Bei einem fehlertoleranten System muß diesem Bereich deshalb auch besondere Beachtung geschenkt werden.

Um die ständige Verfügbarkeit der Platten sicherzustellen, werden Spiegelplatten eingesetzt. Bei dieser Technik ist jede Platte physikalisch zweimal vorhanden. Alle Daten werden simultan auf beide Platten aufgeschrieben. Bei Lesezugriffen wird die Platte angesprochen, die den kürzeren Zugriff ermöglicht. Da beide Platten eines Paares identische Informationen enthalten, können Daten von jeder der beiden gelesen werden. Durch diese Verteilung wird der Durchsatz an Lesezugriffen praktisch verdoppelt.

Kommt es zum Ausfall einer Platte, kann immer noch mit der Kopie gearbeitet werden. Ist der Defekt behoben, prüft das System den Datenträger auf Funktionstüchtigkeit, bevor ein Dienstprogramm die Platte automatisch wieder auf den aktuellen Stand bringt.

Mehrfache Stromversorgung

Jeder Cluster verfügt über ein eigenes Netzteil. Dieser Aufbau stellt sicher, daß maximal ein Cluster von dem Ausfall eines Netzteils betroffen ist.

Die I/O-Etage ist durch zwei Netzteile abgesichert. Im Normalbetrieb sind die Netzteile mit weniger als 50 % belastet. Fällt eines der Netzteile aus, ist das andere immer noch in der Lage, alle Controller zu versorgen. Dadurch ist sichergestellt, daß die Cluster durch den Ausfall eines Netzteils nicht die Peripheriegeräte verlieren, die über die Controller gesteuert werden.

In Installationen, die nicht über ein eigenes Notstromaggregat verfügen, muß ein Totalausfall der Stromversorgung zu einer Unterbrechung des Systembetriebs führen. Um die Verarbeitung mit der Rückkehr der Stromversorgung wieder aufnehmen zu können, sind alle Cluster-Netzteile mit einer Batterie ausgestattet, die den gesamten Cluster für einige Minuten mit dem nötigen Strom versorgt. Zusätzlich ist ein Plattenlaufwerk mit einem nicht unterbrechbaren Netzteil ausgestattet, das für diese Platte den Betrieb für einige Minuten aufrecht erhält. Während dieser Zeit hat das Betriebssystem nach einem Netzausfall Gelegenheit, die Speicherinhalte auf die Platte zu schreiben und die Cluster auszuschalten.

Ist die Stromversorgung wiederhergestellt, werden die Speicher mit den alten Inhalten geladen und der Systembetrieb an der Unterbrechungsstelle fortgesetzt. Das System ist damit in der Lage, Stromausfälle beliebiger Länge zu überleben.

Alternativ zu diesem Vorgehen besteht die Möglichkeit, nur die Speicherinhalte über einen längeren Zeitraum aufrechtzuerhalten.

Sicherheit durch Diagnose-Hardware

Eine sichere und fehlerfreie Hardware ist die Basis für jedes Computersystem. Während aber konventionelle Computer nach Hardware-Fehlern den Betrieb mehr oder weniger abrupt beenden, sind fehlertolerante Systeme aufgrund ihres redundanten Aufbaus in der Lage, solche Ereignisse ohne Abbruch zu überstehen. Für diese Art von Systemen sind deshalb eine rasche Fehlererkennung und eine exakte Lokalisierung unverzichtbare Anforderungen.

Da die Anwendungen auf einem DELTA-System nach Ausfall eines Clusters evtl. nicht mehr fehlertolerant ablaufen, wird die Verfügbarkeit auch durch die Zeit mitbestimmt, die für die Reparatur benötigt wird. Diese Zeit, die als "Mean Time To Repair" (MTTR) bezeichnet wird, wird umso kürzer sein (und dementsprechend die Verfügbarkeit umso höher), je umfangreicher und genauer die Informationen sind, die das System dem Service-Techniker zur Verfügung stellt.

Dazu wird eine separate Diagnose-Logik auf jedem Board eingesetzt. So überprüfen Parity-Generatoren und -Checker sämtliche Daten- und Adreßleitungen. Alle Speicher sind über ECC gegen Verfälschungen abgesichert. Spezielle Wärmefühler überwachen die Temperatur im System und steuern die Lüftung.

Das Herzstück der Diagnose-Hardware ist ein spezieller Diagnose-Mikroprocessor auf jedem Board des Clusters.

Die Aufgaben dieser Processoren bestehen in der Überwachung eines Boards. Erkennt der Diagnose-Processor einen Fehler, wird er sämtliche Informationen, die zur Identifizierung notwendig sind, auslesen und in einen nicht-flüchtigen Speicher schreiben. Danach meldet er die Störung per Interrupt an den Message-Processor.

Der Message-Processor ist über den Cluster-Bus mit sämtlichen Diagnose-Mikroprocessoren verbunden und damit in der Lage, die Informationen über Art und Umfang eines Fehlers an die Außenwelt weiterzugeben.

Das DELTA-Betriebssystem

DELTA-PPX (Parallel Processing Executive) ist das Betriebssystem für das System DELTA. Es ermöglicht den fehlertoleranten Programmablauf durch softwareseitige Redundanz und sichert die permanente Verfügbarkeit des Systems. Die optimale Ausnutzung der Multicluster-Architektur ist die Voraussetzung für die hohe Verarbeitungsleistung.

Verbesserungen gegenüber UNIX

UNIX-Betriebssysteme (siehe /RITC 78/) sind heute ein quasi Industriestandard, der in tausenden von Installationen auf unterschiedlichsten Hardware-Architekturen eingesetzt wird.

DELTA-PPX ist eine Weiterentwicklung und kompatibel zu UNIX-System-III. Es bietet ebenfalls die bekannten UNIX-Eigenschaften:

o Hierarchisches Dateisystem

o Geräteunabhängigkeit

o Flexibler Kommandointerpreter (Shell)

o Über 100 Utilities.

Das DELTA-Betriebssystem übertrifft UNIX durch zahlreiche Verbesserungen, die es zu einer idealen Grundlage für transaktionsorientierte Online-Anwendungen machen:

o Fehlertoleranz

o Hohe Leistung durch parallele Verarbeitung

o Virtueller Adreßraum mit Demand Paging

o Einfache Inter-Prozeß-Kommunikation

o Online-Diagnose

o Sicheres Dateisystem

o Integriertes Datenbanksystem

o Einfache Bedienung durch Dialogführung.

Fehlertoleranter Systembetrieb

Der fehlertolerante Betrieb wird automatisch durch das Betriebssystem gewährleistet und ist somit völlig transparent für den Organisations- und Anwendungsprogrammierer.

DELTA-PPX erzeugt für jedes Programm einen Primary-Prozeß und einen Backup-Prozeß in einem anderen Cluster. Unter einem Prozeß versteht man den Kontext eines Programmes, das von einer CPU ausgeführt wird: Programm-Code, Daten, Stack und Statusinformationen (wie z. B. Program Counter).

Da der Backup ein passiver Prozeß ist und nur minimale Anforderungen an Speicherplatz und CPU-Zeit hat, kann die Rechenleistung des Clusters für weitere Primary-Prozesse genutzt werden.

Der Backup-Prozeß wird vom Betriebssystem "auf dem laufenden" gehalten und mit Informationen versorgt, um bei einem Ausfall des Primary dessen Aufgaben fortzuführen.

Diese Implementation basiert auf der folgenden Grundlage:

"Wenn zwei Prozesse in einem identischen Zustand starten und die gleichen Eingaben in der gleichen Reihenfolge erhalten, werden sie identisch ablaufen und die gleichen Ausgaben produzieren".

Wenn also Primary und Backup identisch aufsetzen und alle Eingaben (Nachrichten) für den Primary auch dem Backup zugänglich sind, kann der Backup-Prozeß, bei einem Ausfall des Primary, durch nochmalige Verarbeitung der gleichen Nachrichten in der gleichen Reihenfolge den Zustand des Primary erreichen und das Programm fortführen.

Um den Zeitaufwand für das Aufholen des Backup zu begrenzen, werden die Prozeß-Paare in bestimmten Abständen synchronisiert. In der Zeit zwischen zwei Synchronisationspunkten, in der Primary und Backup nicht identisch sind, werden alle Nachrichten an den Primary-Prozeß für den Backup gespeichert. Zum Zeitpunkt der Synchronisation können dann die Nachrichten aus dieser Warteschlange entfernt werden, die der Primary schon verarbeitet hat. Fällt der Primary-Prozeß aus, startet der Backup vom Punkt der letzten Synchronisation auf der Basis der gespeicherten Nachrichten.

In jedem fehlertoleranten System ist ein Kompromiß zu schließen zwischen dem Aufwand, Fehlertoleranz im Normalbetrieb zu unterstützen, und dem Aufwand für die Rekonstruktion nach einem Fehler. Da ein Ausfall ein seltenes Ereignis ist, konzentriert sich das dargestellte Verfahren auf die Effektivität im Normalbetrieb - auf Kosten einer Rekonstruktionszeit, die maximal im Bereich weniger Sekunden liegt.

Da der fehlertolerante Betrieb allein durch das Betriebssystem sichergestellt wird, müssen in den Anwendungsprogrammen keine Vorkehrungen für den fehlertoleranten Ablauf getroffen werden.

Hohe Leistung durch parallele Verarbeitung

Die verteilte Cluster-Architektur findet auch im Betriebssystem ihren Niederschlag. Den Funktionseinheiten des Clusters entsprechend ist DELTA-PPX aufgeteilt:

o der Betriebssystemkern läuft im Message-Processor ab,

o anwendungsnahe Systemteile, wie der File Server, werden vom Applications-Doppelprocessor ausgeführt,

o Programmteile, die E/A-Geräte direkt bedienen (Driver), werden in den I/O-Processor bzw. Disk-Processor geladen (siehe Abb. 1).

Durch die Aufgabenverteilung ist der Application-Processor von der Cluster-Steuerung und der Steuerung der E/A-Geräte entbunden und steht voll für die Anwendungen zur Verfügung. Zudem ist jeder der beiden Mikroprocessoren in der Lage, einen Prozeß auszuführen.

Dieses hohe Maß an Parallelität garantiert eine große Verarbeitungsleistung bereits auf Cluster-Ebene. Da das Gesamtsystem aus mehreren Clustern besteht, die alle mit eigenen Rechnern, Speichern und einer Kopie des Betriebssystems ausgestattet sind, wird der Grad der Parallelverarbeitung nur durch den Systemausbau begrenzt. Eine ausreichend große Anzahl von Prozessen steht in der interaktiven Umgebung zur Verfügung.

Fehlertoleranz und ein hohes Maß an Parallelität sind klare Vorzüge der Multicluster-Architektur. Dennoch können die Anwendungsprogramme wie für eine Single-Processor-Umgebung geschrieben werden.

Das Message-System gewährleistet, daß die Ressourcen des Gesamtsystems für jeden Cluster zur Verfügung stehen. Der Programmierer braucht nicht zu wissen, welcher Cluster die Magnetplatte X steuert oder über welchen Cluster der Weg zum Systemdrucker führt.

Der Zugriff zu den E/A-Geräten erfolgt über logische Pfadnamen. Nur diese sind dem Programmierer bekannt. Die Unabhängigkeit von den physikalischen Zugriffswegen macht es möglich, E/A-Geräte anderen Clustern zuzuordnen, ohne die Software zu ändern. Sie ist aber auch eine Voraussetzung für die Fehlertoleranz, die diese dynamische Umorientierung erzwingen kann.

Virtueller Adreßraum

Eine wichtige Voraussetzung für jedes Computersystem, das kommerziell eingesetzt werden soll, ist ein großer Adreßraum. Die steigende Komplexität heutiger Anwendungen drückt sich auch in immer größeren Programmen bzw. Datenmengen aus.

Um solchen Anforderungen auch in Zukunft gewachsen zu sein, unterstützt DELTA-PPX virtuelle Adreßräume, die Programme bis zu 32 MB Größe zulassen. Da Code und Daten eines Programmes streng getrennt sind, besteht jeder Adreßraum aus einem Code- und einem Datenbereich. Jeder der beiden Bereiche kann bis auf 16 MB anwachsen.

Folgende Eigenschaften senken die Paging Rate:

o Wird ein Programm von mehreren Prozessen benutzt, liegt der Code nur einmal im Hauptspeicher, kann aber von allen Prozessen gelesen werden (Code-Sharing).

o Da der Programm-Code nicht verändert werden kann, brauchen Code-Seiten nicht auf die Platte zurückgeschrieben werden. Verdrängte Code-Seiten werden einfach überschrieben.

o Die Memory Management Unit des Applikation-Processors selbst liefert die Kennung, ob eine Speicherseite des Datenbereichs verändert wurde. Nur im Fall einer Veränderung wird die Seite vor der Verdrängung auf Platte ausgelagert.

o Für sehr zeitkritische Prozesse können Code- und Daten-Seiten im Speicher fixiert werden. Diese Seiten werden vom Page Server nicht mehr verdrängt. Dieses Verfahren kann auch für häufig benutzte Systemprogramme genutzt werden.

Inter-Prozeß-Kommunikation

Der Pipe-Mechanismus in UNIX läßt eine Inter-Prozeß-Kommunikation nur zwischen "verwandten" Prozessen zu (z. B. Vater-Sohn). Um auch unabhängige Prozesse miteinander kommunizieren zu lassen, wurden die Dienste des Message-Systems allen Programmen zur Verfügung gestellt. Auf die Einführung von neuen Kommandos für die Kommunikation konnte dabei verzichtet werden. Statt dessen wurde die Bedeutung der Standard-Dateioperationen OPEN, CLOSE, READ und WRITE erweitert. In der Praxis bedeutet dies, daß die Geräteunabhängigkeit auf die Inter-Prozeß-Kommunikation erweitert wurde. Prozesse, mit denen kommuniziert werden soll, werden wie logische E/A-Geräte behandelt.

Diagnose durch den System-Doktor

Während die Hardware für die Fehlererkennung und die Bereitstellung von Informationen über die Fehlerursache verantwortlich ist, bestehen die Aufgaben der Diagnose-Software im Test der Hardware, der Speicherung und Weiterleitung von Fehlermeldungen und der Unterstützung des Service-Personals.

Diagnose-Programme, die die Funktionen der Hardware prüfen, finden sich auf vielen Ebenen des Betriebssystems.

Bereits nach dem Einschalten der Anlage laufen ROM-residente Selbsttests auf allen Processoren des Clusters an. Diese Testprogramme prüfen die Funktionsfähigkeit von CPU, lokalen und globalen Speichern, internen Datenwegen, Cluster-Bus und I/O-Bus. Fehler in diesem frühen Stadium werden auf LEDs angezeigt und führen zum Abschalten des Clusters. Im Anschluß an den Selbsttest werden weitergehende Testprogramme geladen, die das Zusammenspiel der Cluster über die System-Busse testen. Alle Cluster, die beide Tests fehlerfrei beendet haben, erhalten danach eine Kopie des Betriebssystems. Zusätzlich wird eine Reihe von Testprogrammen verteilt, die das Gesamtsystem unter Betriebssystem-Steuerung testen. Erst nach Ablauf dieser letzten Teststufe wird das System für die Anwendung freigegeben.

Zu den Aufgaben der Online-Diagnosen gehören die gegenseitige Überwachung der Cluster, das Fehler-Logging und die Unterstützung der Service-Techniker bei der Fehlerlokalisierung. Diese Aufgaben werden vom "System-Doktor" wahrgenommen.

Bei der Cluster-Überwachung tauschen je zwei Cluster über den System-Bus Nachrichten aus, die den anderen über die Betriebsbereitschaft des Partners informieren. Bleibt die Nachricht aus, wird davon ausgegangen, daß der Partner ausgefallen ist.

Fehlermeldungen in Hardware und Software werden an den System-Doktor gemeldet, der diese in einem Logbuch speichert. Der System-Doktor ist in der Lage, einlaufende Fehlermeldungen zu untersuchen und Diagnosen zu stellen.

Eine Reihe parametrisierter Testroutinen können im Dialog mit dem Service-Techniker oder automatisch vom System-Doktor gestartet werden. Die Ergebnisse der Testroutinen führen evtl. zu weitergehenden Tests. DieXnX +nwY²hren wird solange wiederholt, bis der Fehler auf eine Einzelkomponente zurückgeführt ist, die der Techniker dann austauscht.

Da sich viele Hardware-Fehler durch Störungen (z. B. ständige Korrekturen bei Speicherzugriffen oder häufige Wiederholungen bei E/A-Geräten) im voraus ankündigen, kann der System-Doktor viele Hardware-Ausfälle verhindern, indem er präventive Wartungsmaßnahmen veranlaßt. Diese können aufgrund der Multi-Cluster-Architektur im laufenden Betrieb durchgeführt werden.

Abgrenzung gegenüber anderen Ansätzen

In der Arbeit von Joel Bartlett (siehe /BART 81/) wird ebenfalls ein softwareorientierter Ansatz zur Fehlertoleranz beschrieben. Vergleicht man die beiden Konzepte, so stellt man in der zugrundeliegenden globalen HW-Architektur Ähnlichkeiten fest. Sie rühren aus der für die Fehlertoleranz notwendigen Redundanz der Hardware her.

In der Software zur Unterstützung der Fehlertoleranz werden die Unterschiede aber sofort deutlich. Der Ansatz von Bartlett setzt voraus, daß der Programmierer der Applikation die Fehlertoleranz im Design seines Programms berücksichtigt. Er implementiert sein Anwendungsprogramm in Form eines "application process-pairs". Damit ist er für die Erzeugung des Backup Prozesses verantwortlich. Außerdem sind alle ankommenden Nachrichten vom empfangenden Prozess (d. h. der Applikation) an seinen zugehörigen Backup weiterzuleiten. Mit anderen Worten, der Primärprozeß hat neben der Abwicklung der Applikation für das Checkpointing Sorge zu tragen, um so den Backup in die Lage zu versetzen, die Applikation im Fehlerfall verlustfrei zu übernehmen.

In der Vergangenheit hat sich gezeigt, daß typische Organisationsprogrammierer mit der Implementierung von "application process-pairs" überfordert sind, auch wenn sie durch Tools unterstützt werden.

Außerdem kann die Fehlertoleranz der Applikation im Test nicht verifiziert werden, da nicht alle Fehlersituationen in ihrer vollen Komplexität und Zeitabhängigkeit simuliert werden können.

Der DELTA-Ansatz hebt sich deutlich von dem von Bartlett beschriebenen Verfahren ab. Der Organisationsprogrammierer implementiert seine Applikation, ohne Rücksicht auf die Fehlertoleranz zu nehmen, wie für jeden nicht fehlertoleranten Rechner. Das Betriebssystem PPX stellt selbständig sicher, daß bei Prozeßerzeugung automatisch ein Backup angelegt wird. Ebenfalls durch das Betriebssystem wird ohne zusätzliche Aktion der Applikation das Checkpointing abgewickelt. Damit ist es insbesondere möglich, heutige, unter UNIX-System-III ablauffähige Programme zu übertragen, so daß sie ohne Änderung fehlertolerant ablaufen.

Abb. 1

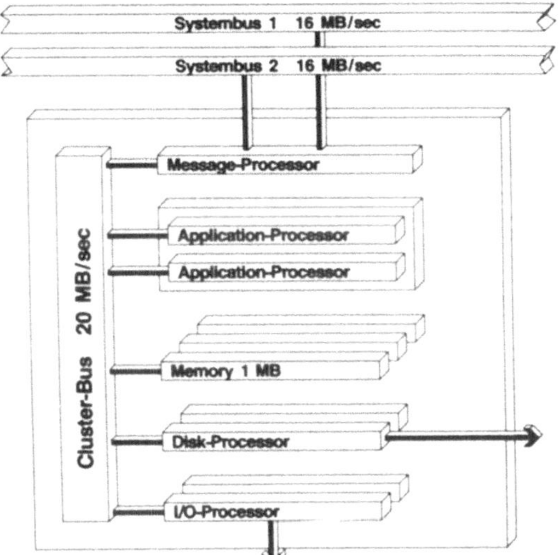

Abb. 2

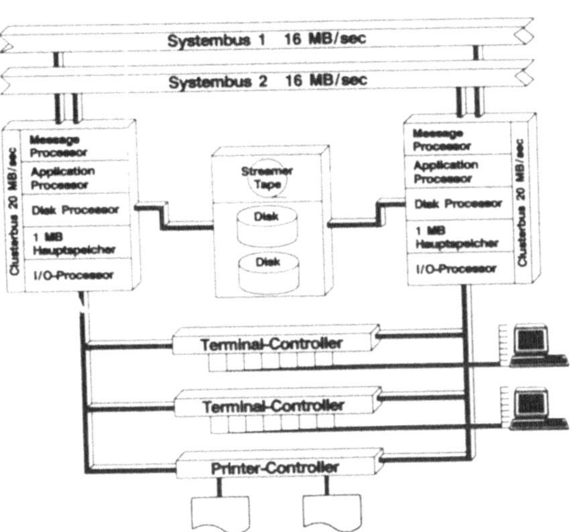

Abb. 3

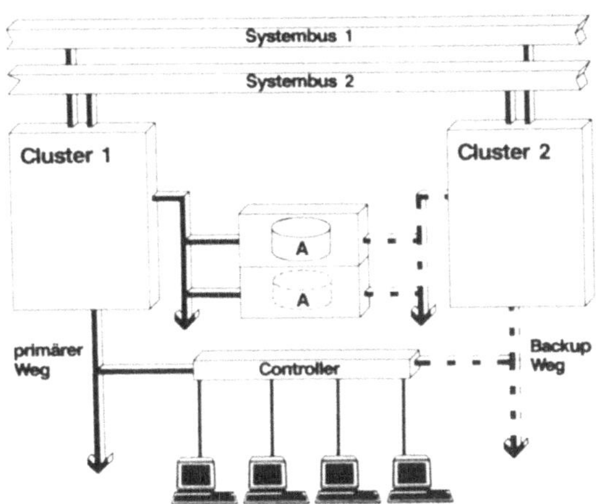

Literatur

/BART 81/   Joel Bartlett, A NonStop Kernel, Proceedings of the 8th SOSP, Dec. 1981

/BORG 83/   Anita Borg et al, A Message System Supporting Fault Tolerance, Proceddings of the 9th SOSP, Sept. 1983

/DIEH 81/   Heinz Diehl, Das Multi-Mikroprozessor-System MMPS als Netz von selbständigen Knoten, GMD-Workshop "Verteilte Systeme", Nov. 1981

/IEEE 78/   Proceedings of the IEEE; Special Issue on fault-tolerant digital systems, Oct. 1978

/MAY 82/   Karl May, Das ausfallsichere Multiprozessornetzwerk MMPS, GI-Fachtagung "Betrieb und Struktur von Rechensystemen, VDI-Verlag, März 1982

/MOTO 83/   MC68010, 16-Bit Virtual Memory Microprocessor, Motorola Semiconductors, July 1983

/RITC 78/   Dennis M. Ritchie et al, The UNIX Time-sharing System, Bell System Technical Journal 57, July 1978

Peripherieanschluß über Vorprozessoren

Auswirkungen auf die Struktur und das Verhalten von HW-/SW-Systemen

Connection of peripherals via pre-processors

Influence on structure and behaviour of HW-/SW systems

D. Schölzke

Siemens AG, E STE 33

7500 Karlsruhe, B.R. Deutschland

Summary

The present report describes how the connection of peripherals via pre-processors influences the characteristics of HW-/SW systems. It shows the division of tasks between the central processing unit and the peripherals. It analyzes how the communication with a pre-processor can be implemented and which possibilities and difficulties result therefrom.

1 Einleitung

Die Rechnertechnik ist durch den breiten Einsatz hochintegrierter Bauelemente einer starken Innovation unterworfen. Der Anschluß von Peripherieeinheiten erfolgt in zunehmendem Maße über Vorprozessoren (Anschaltungen mit integriertem Mikroprozessor) /1/. Der Einsatz der Mikroprozessoren ermöglicht eine Kostenreduktion bei gleichzeitiger Leistungssteigerung bei den betroffenen Komponenten (im folgenden intelligentes Interface bzw. Interface genannt). Darüber hinaus bietet der Anschluß von Peripherie über ein intelligentes Interface größere Flexibilität sowohl beim Neuanschluß von Standardgeräten als auch von Sondergeräten. Die Unterstützung des Datentransports zwischen Zentraleinheit und Peripherie über einen Ein-/Ausgabe-Prozessor in der Zentraleinheit kann entfallen. Daraus ergeben sich zwangsläufig andere loggische Kommunikationsabläufe zwischen Zentraleinheit und Peripherie.

Somit verändert der Einsatz von Vorprozessoren nicht nur die Hardwarestruktur der Rechnersysteme, sondern hat auch direkte Rückwirkungen auf die Struktur des Betriebssystems.

2 Prinzipieller Aufbau der betrachteten Rechnersysteme

Bei den Überlegungen zum Peripherieanschluß über Vorprozessoren wird von einem Rechnersystem mit lokal verteilter Intelligenz ausgegangen /2/. Die Funktionseinheiten des Systems verfügen über einen eigenen Prozessor, sind über einen Systembus miteinander verbunden und haben gemeinsam Zugriff zum Zentralspeicher (Bild 1).

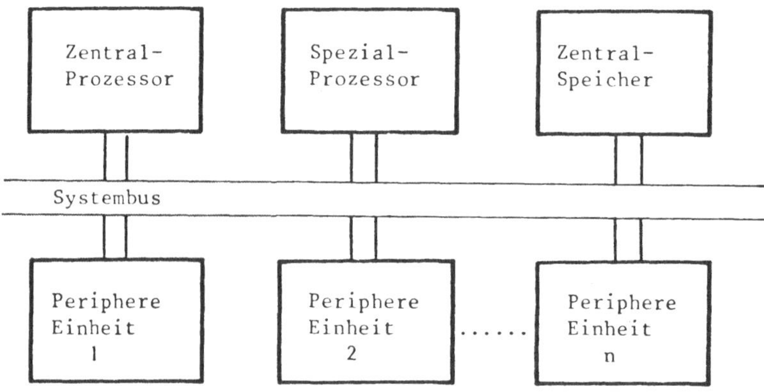

Bild 1:   Pinzipieller Aufbau eines Rechnersystems mit lokal verteilter Intelligenz

Die intelligenten Interfaces verfügen wiederum über Funktionseinheiten (Mikroprozessor, Speichereinheiten. DMA-Controller) mit einem eigenen Interfacebus (Bild 2). Durch die Möglichkeit des direkten Zugriffs auf den Zentralspeicher über DMA-Controller reduziert sich die zentraleinheitsseitig gesteuerte Kommunikation auf den Auftragsanstoß sowie die Entgegennahme von Interruptanforderungen. Mit einer Interruptanforderung meldet das Interface asynchron den Auftragsabschluß bzw. stellt eine periphere Anforderung.

Der vom Interface auszuführende Auftrag wird in einem Kommunikationselement (Auftragselement) beschrieben, das an beliebiger Stelle im Zentralspeicher aufgebaut wird.

Sind im Zusammenhang mit dem Auftragsabschluß bzw. einer Interruptanforderung Daten zu übergeben, so werden diese ebenfalls im Zentralspeicher in einem Kommunikationselement hinterlegt.

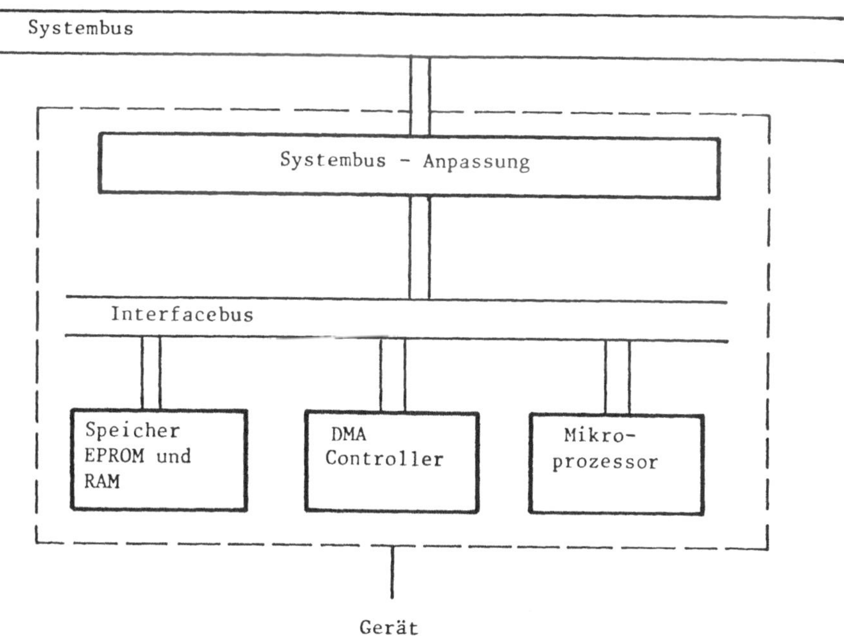

Bild 2: Prinzipielle Struktur eines intelligenten Interfaces

3 Aufgabenverteilung zwischen Zentraleinheit und Peripherie

Der Einsatz intelligenter Interfaces führt zwangsläufig zu einer veränderten Aufgabenverteilung im Rechnersystem. Es ergeben sich Möglichkeiten zu Funktionsverlagerungen von der Zentraleinheit zur Peripherie. Die intelligenten Interfaces sind darüber hinaus in der Lage, neue Betriebsarten zu realisieren.

Der erweiterte Leistungsumfang sowie die größere Flexibilität auf Seiten der Peripherie erfordern andererseits neue Leistungen im Betriebssystem.

Bei diesen Betriebssystemleistungen handelt es sich im wesentlichen um Bearbeitungen
zur Nutzung der über die Interfaces erweiterten Peripherieleistungen, z.B. veränderte interne Bearbeitungsabläufe sowie neue Systemaufrufe für den Anwender. Es werden
aber auch neue organisatorische Funktionen benötigt, die das Rechnersystem erst in
die Lage versetzen, neue Leistungen zu erbringen.

Bei der Entwicklung von Rechnersystemen mit intelligenten Interfaces können schwer-
punktmäßig unterschiedliche Zielsetzungen verfolgt werden, wie Verbesserung des Preis-
Leistungsverhältnisses durch Preisreduktion oder Leistungssteigerung, Erhöhung der
Zuverlässigkeit, Verringerung der Wartungskosten und Reparaturzeiten.

Im folgenden wird durch einige Beispiele verdeutlicht, welche Möglichkeiten sich aus
dem Einsatz von intelligenten Interfaces ergeben und welche Rückwirkungen daraus auf
die Betriebssystemsoftware resultieren.

3.1 Funktionsverlagerungen von der Zentraleinheit zur Peripherie

Funktionsverlagerungen zielen im wesentlichen auf eine Durchsatzsteigerung im Gesamtsystem ab, die durch Erhöhung der Parallelarbeit zwischen Zentraleinheit und Peripherie erreicht wird.

- Bearbeitung geketteter Aufträge durch die Peripherie:
  Mehrere Aufträge werden mit einem Anstoß an die Peripherie übergeben. Platten-
  speicherinterfaces können diese z.B. in der Reihenfolge abarbeiten, bei der sich
  die geringste Summe aus Positionier- und Drehwartezeiten ergibt.
  Im Betriebssystem muß die Möglichkeit zur Abgabe sowie zur Abschlußbearbeitung
  geketteter Aufträge vorgesehen werden.

- Führen von Statistiken auf dem intelligenten Interface:
  Die Statistiken geben z.B. Auskunft über Art und Umfang der Aufträge an das Interface bzw. über den Zustand der angeschlossenen Geräte. So können z.B. aus der Zahl
  der Aufrufwiederholungen Rückschlüsse auf die Zuverlässigkeit einer Datenüber-
  tragungsstrecke bzw. eines Datenträgers gezogen werden oder bevorstehende Kopflan-
  dungen bei Plattenspeichereinheiten rechtzeitig erkannt werden.
  Ein Teil solcher Statistiken mußte früher in der Zentraleinheit geführt werden.
  Anstelle der Statistikbearbeitung treten Aufrufe zur Übernahme der Ergebnisse vom
  Interface sowie Routinen zur Bearbeitung asynchroner peripherer Anforderungen z.B.
  bei Überschreiten vorgegebener Grenzwerte.

- Selbständige Aufrufwiederholung im Fehlerfall durch das intelligente Interface.

3.2 Realisierung neuer Betriebsarten

Mit Prozessoren auf den Interfaces ist die Realisierung von Betriebsarten möglich,
die einen hohen Koordinierungsaufwand auf dem Interface erfordern. Wie bereits weiter
oben ausgeführt, hängt die Auswahl von der Gesamtkonzeption für das Rechnersystem ab. Beispiele für neue Betriebsarten sind:
- Paralleles Positionieren mehrerer Laufwerke einer Plattenspeichereinheit:
  Setzt man die mittlere Positionierzeit (.z.B. ca. 25 ms) zur mittleren Drehwarte-
  zeit (z.B. ca. 8 ms) ins Verhältnis, so wird unmittelbar klar, welcher Vorteil sich
  aus dem parallelen Positionieren ergibt.

  In der Betriebssystemsoftware müssen laufwerkspezifische Transferwarteschlange
  für Aufrufe und Daten geführt werden.

- Austausch großer Datenmengen zwischen zwei Peripherieeinheiten ohne Belastung
  der Zentraleinheit (Peripherie-/Peripherie-Verkehr):
  Die Zentraleinheit übernimmt lediglich den Auftragsanstoß sowie die Abschlußbearbeitung für beide Peripherieeinheiten. Den Datenaustausch führen die Peripherieeinheiten selbständig durch.
  Diese Betriebsart ist z.B. für den Betrieb von Geräten notwendig, die im Streaming-
  mode arbeiten. Der Datenaustausch kann über einen internen RAM-Speicher des Interfaces (keine Belasung des Systembusses) bzw. über Speicherbereiche im Zentralspeicher erfolgen.
  Zum Anstoß dieser Funktion sind Systemaufrufe notwendig, die implizit einen Read/
  Write-Aufruf absetzen. In der Abschlußbearbeitung müssen die Abschlußmeldungen beider beteiligten Geräte abgewartet und an den Anwender weitergereicht werden.

- Selbstüberwachungsfunktionen:
  Das Vorhandensein eines Vorprozessors ermöglicht dem intelligenten Interface, Überwachungsfunktionen durchzuführen (z.B. Befehlstest, Speichertest, Bausteintest).
  Die Funktionen können im Anlauffall oder während der Betriebspausen durchgeführt
  werden.
  Im Betriebssystem sind Funktionen zur Entgegennahme der Überwachungsergebnisse
  sowie Fehlerdiagnoseprogramme zur Auswertung erforderlich.

3.3 Betriebssystemfunktionen zur organisatorischen Unterstützung des Betriebs von
   intelligenten Interfaces

Die Funktionen eines Interfaces mit Vorprozessor werden weitgehend durch die Software
bestimmt, die unter dem Prozessor zum Ablauf kommt. Durch Änderung der Interface-

Software sind Funktionsmodifikationen durchführbar bzw. Fehlerbehebungen möglich.
Die Änderbarkeit wird durch den Einsatz von RAM-Speicherbausteinen erleichtert.
Beim Einsatz von RAM-Speichern ergibt sich die Notwendigkeit, die Software in das
Interface zu laden, ehe die vorgesehenen Funktionen zur Ausführung kommen können.
Bei der zu ladenden Information kann es sich sowohl um Daten als auch um Code handeln. Durch Daten wird das Interface parametriert, so können z.B. Baudrate, Zeichenrahmen und Steuerzeichenbehandlung durch Parameter festgelegt werden.
Mit dem zu ladenden Code wird die Bearbeitungsroutine selbst übergeben. So kann z.B.
für Datenübertragungssteuerungen die Prozedur dynamisch geändert werden. Geht man
noch einen Schritt weiter, so wird mit dem Code erst festgelegt, welches Gerät
durch das Interface bedient wird, z.B. ein Drucker oder ein Terminal.
Ein weiterer Anwendungsfall ergibt sich aus der Forderung, zu Prüfzwecken eine andere Software auf dem Interface zum Ablauf zu bringen.
Zur Realisierung der Ladephilosophie sind sowohl neue Systemaufrufe als auch Systemprogramme für den Ladevorgang sowie zur Verwaltung der zu ladenden Information notwendig.

4 Kommunikation zwischen Zentraleinheit und Peripherie

Eine vollständige Nutzung der Prozessorleistung ist nur in Kombination mit DMA-Zugriff auf den Hauptspeicher erreichbar. Dadurch läßt sich der Bearbeitungsablauf
von Zentraleinheit und Peripherie weitgehend entkoppeln. Die Verständigung zwischen
Peripherie und Zentraleinheit erfolgt über eine Datennahtstelle, die Synchronisation über Ausgabebefehle sowie Abschluß- und Anforderungeinterrupt.
Vor Auftragsanstoß hinterlegt die Zentraleinheit während der Auftragsvorbereitung
alle für die Auftragsbearbeitung relevanten Informationen in der vereinbarten Datennahtstelle (im folgenden Kommunikationsschnittstelle genannt).
Das intelligente Interface liest die Auftragsinformationen im DMA-Zugriff, interpretiert den Auftrag und führt ihn aus. Ergebnisanzeigen sowie Eingabedaten werden in
der bzw. über die Kommunikationsschnittstelle im Zentralspeicher hinterlegt und über
einen Interrupt gemeldet.
Liegt von Seiten der Peripherie eine Bearbeitungsanforderung an die Zentraleinheit
vor, so wird die Anrufursache in der Kommunikationsschnittstelle übergeben und wiederum über einen Interrupt gemeldet.

Mit der Definition der Kommunikationsschnittstelle werden die Kommunikationsmöglichkeiten zwischen Zentraleinheit und Peripherie festgeschrieben. Bei der Festlegung
sind daher sorgfältig die Zielvorgaben für das Gesamtsystem zu berücksichtigen.
Im folgenden werden die Grundelemente der Kommunikationsschnittstelle für das
SIEMENS SYSTEM SICOMP vorgestellt. Die bei der Festlegung gemachten Erfahrungen

sind Ausgangspunkt für die unter Punkt 5 folgenden allgemeinen Betrachtungen

zum Peripherieanschluß über Vorprozessoren.

Bei der Definition der Kommunikationsschnittstelle wurden folgende Anforderungen

berücksichtigt:

- einheitlicher Aufbau für verschiedene Geräte

- Auftragsunabhängigkeit

- einfache Bearbeitung auf Seiten der Zentraleinheit und Peripherie

- Ermöglichen einer gesicherten Auftragsabwicklung

- Offenheit für Systemerweiterungen

4.1 Kommunikationsschnittstelle

Die Kommunikation wird über zwei Schnittstellenelemente abgewickelt, den Geräteprozeßblock und den physikalischen Parameterblock (Bild 3).

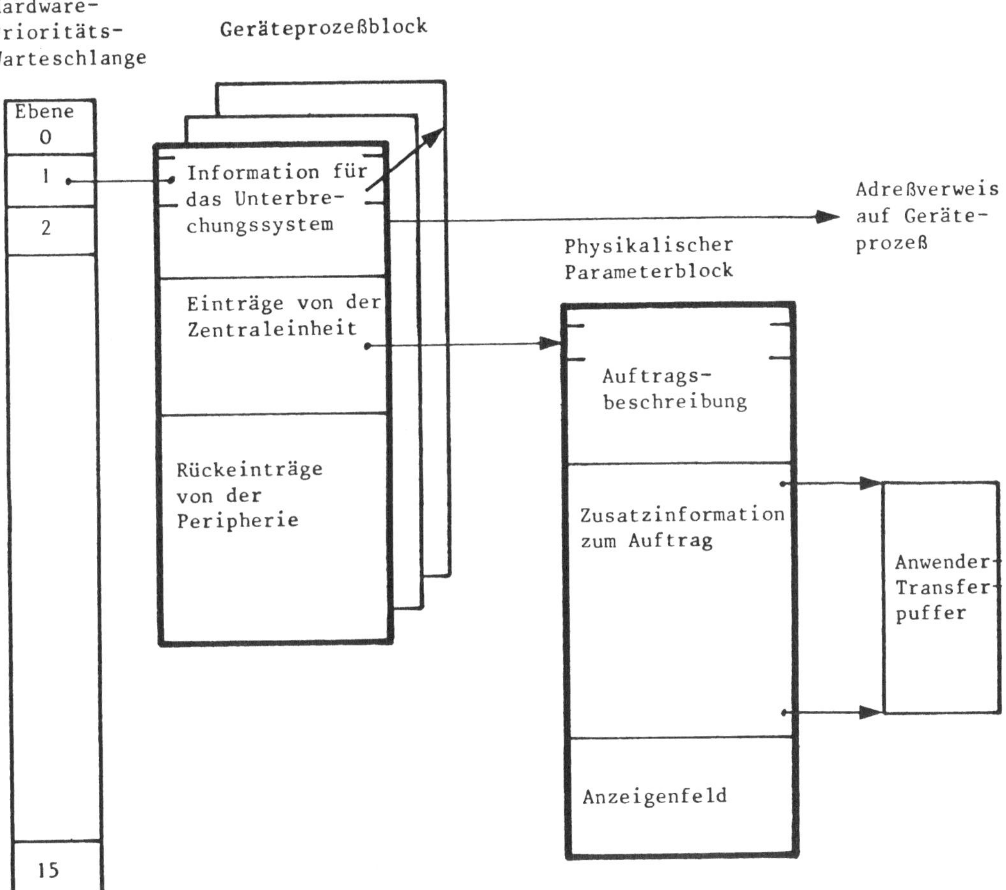

Bild 3: Allgemeiner Aufbau der Kommunikationsschnittstelle des Systems SICOMP

Der Geräteprozeßblock ist einem Gerät fest zugeordnet. Er stellt ein statisches
Listenelement dar und ist Verbindungselement zwischen Unterbrechungssystem und be-
arbeitendem Geräteprozeß sowie zwischen Interface und auftragsspezifischen physikalischen Parameterblock. Der Geräteprozeßblock wird beim Konfigurieren angelegt und
ermöglicht die Aktivierung der Systemsoftware über eine periphere Anforderung auch
dann, wenn kein Auftrag an die Peripherie abgegeben wurde.

Der physikalische Parameterblock ist ein dynamisch aufbereitetes Auftragselement
(Poolelement), in dem ein Peripherieauftrag über Auftragsklasse, Auftragsvariante
und Zusatzinformation beschrieben wird. Er wird vor Auftragsanstoß an das Interface an den Geräteprozeßblock angekettet und nimmt nach Auftragsabschluß die auf-
tragsspezifische Ergebnisanzeigen auf.

G e r ä t e p r o z e ß b l o c k
Der Geräteprozeßblock ist 16 Wörter lang und in drei Bereiche unterteilt. Er wird
vom Unterbrechungssystem bei Interruptanforderung (Anruf- bzw. Abschlußinterrupt)
in die Hardware-Prioritätswörterschlange eingehängt. Der 1. Bereich ist für das
Unterbrechungssystem der Zentraleinheit reserviert und enthält neben Verweisadressen
zur Warteschlangenbildung

- Status-Bits (z.B. Prozeßblock aktiviert, mehrfach aktiviert),
- die Priorität, unter der die Anforderung zu bearbeiten ist,
- den Verweis auf den Prozeß, der die Bearbeitung durchführt.

Die beiden weiteren Bereiche enthalten Einträge der Zentraleinheit und der Peripherie.

Zu den Einträgen der Zentraleinheit zählen

- Verweis auf den physikalischen Parameterblock
- Prüfsumme über Teile des Prozeßblocks (nur Gültigkeitskontrolle)
- Status- und Steuerinformation (z.B. Auftragskettung, Abschlußinterrupt unter-
  drücken).

Die Einträge der Peripherie beinhalten

- Abschluß-Informationen (z.B. Abschluß mit/ohne Anzeigen, undefinierter Auftrags-
  abbruch)
- Anruf-Information (z.B. Anzeigeneingabe, Dateneingabe, Fehler beim Selbsttest)

P h y s i k a l i s c h e r   P a r a m e t e r b l o c k

Der physikalische Parameterblock ist 18 Wörter lang und ebenfalls in drei Bereiche
unterteilt. Er enthält im 1. Bereich Adreßverweise zum Geräteprozeßblock bzw. zur
Auftragskettung sowie die Auftragskennzeichnung, im 2. Bereich auftragsklassenspezifische Zusatzinformation und im 3. Bereich das Anzeigefeld.

Die Auftragskennzeichnung erfolgt über

- Auftragsklasse (z.B. Transfer mit seriellem Zugriff, Operation mit 2 peripheren
  Einheiten, Parametrierung),
- Auftragsvariante (z.B. für die Auftragsklasse Transfer mit seriellem Zugriff:
  Ausgabe binär/alphanumerisch, Eingabe binär/alphanumerisch)
- Zusatzinformation (z.B. Teilgerätenummer bei Plattenspeicher, Stationsadresse
  bei Datenübertragungseinheiten)

Die auftragsklassenspezifische Zusatzinformation enthält

- Verweise auf Transferpuffer mit Längenangaben
- Adreßverweise auf den Externspeicher (Transfer mit Direktzugriff)
- Verweis auf ein Erweiterungselement für den physikalischen Parameterblock (z.B.
  für Operationen mit zwei peripheren Einheiten zur Aufnahme weiterer Informationen wie Adreßverweise auf zwei Externspeicher).

Das Anzeigenfeld ist hierarchisch aufgebaut und enthält Fehler- bzw. Zustandsmar-
kierungen mit zunehmender Detaillierungstiefe. So ist einerseits eine schnelle
Standardfehlerbearbeitung im Betriebssystem möglich, andererseits steht detaillierte Information für eine genaue Fehler- bzw. Zustandsanalyse in Wartungspro-
grammen zur Verfügung.

5 Betrachtungen zur Entwicklung und zum Verhalten von Rechnersystem mit intel-
ligenten Interfaces

Bei der Definition und Realisierung von Kommunikationsmechanismen für Rechnersysteme mit intelligenten Interfaces sind projektunabhängig sowohl entwicklungsorgani-
satorische als auch technische Festlegungen zu treffen.

5.1 Entwicklungsorganisatorische Aspekte

Die Kommunikationsschnittstelle ist gleichzeitig Grundlage für die Entwicklung der
Betriebssytemsoftware sowie der intelligenten Interfaces für verschiedene Peripherieeinheiten. Ihre Festlegung muß demnach vor Spezifikation der Einzelkomponenten
eines Rechnersystems erfolgen. Andererseits resultieren die Kommunikationsanforde-
rungen aus Festlegungen zu den Einzelkomponenten.

Um diesen Schwierigkeiten zu begegnen, sind solche Datenschnittstellen - wie die vorgestellte Kommunikationsschnittstelle - von wenigen Kennern, die über einen breiten Hardware-/Software-Systemüberblick verfügen, zu einem frühen Zeitpunkt in ihrem Umfang sowie den wesentlichen Eigenschaften festzulegen. Für spätere Detaillierungen ist ein Team von Mitarbeitern mit spezifischem Wissen über die Hardware-/ Software-Komponenten zu gründen.

5.2 Technische Aspekte

Technische Fragestellungen resultieren insbesondere aus der Flexibilität und der Leistungsfähigkeit der intelligenten Interfaces.

Die hier näher betrachteten Problemkreise sind in Tafel 1 zusammengestellt.

Tafel 1: Einige technische Problemkreise bei der Entwicklung von Rechnersystemen mit intelligenten Interfaces

---

o Funktionsvielfalt

o Geräteunabhängigkeit

o Platz und Laufzeit

o Parametrier- und Ladbarkeit

o Gesicherte Kommunikation

F u n k t i o n s v i e l f a l t
Bei entsprechend allgemeingültig ausgelegter Kommunikationsschnittstelle sind der Funktionsvielfalt auf dem intelligenten Interface quasi keine Grenzen gesetzt. Dies gilt insbesondere für Dienstleistungsfunktionen der Interfaces sowie für Statistik- und Testfunktionen. Die einfache Möglichkeit der Funktionserweiterung über Softwareerweiterung erfordert bei den Verantwortlichen strenge Disziplin. Das Gesamtsystemverhalten ist bei zusätzlichen Funktionen zu beachten.

G e r ä t e u n a b h ä n g i g k e i t
Die Definition der Kommunikationsschnittstelle erfolgt sinnvollerweise geräteunabhängig. In der Betriebssystemsoftware sowie der Interfacesoftware können dann geräteunabhängige Bearbeitungsroutinen (z.B. für Auftragsaufbereitung, Auftragsinterpretation und Anzeigenbearbeitung) entwickelt werden. Dies führt zu einer Reduktion der Softwareentwicklungskosten bei gleichzeitiger Erhöhung der Transparenz. Die daraus resultierende Softwarestruktur erleichtert die Erweiterbarkeit und den Service.

P l a t z   u n d   L a u f z e i t

Funktionsvielfalt und Geräteunabhängigkeit haben aber auch einen Preis. Eine umfang-
reiche Nahtstelle erfordert die Aufbereitung, Übernahme und Interpretation vieler
Parameter. Daraus resultieren verlängerte Softwarebearbeitungszeiten in der Zentraleinheit, Peripherielaufzeiten sowie Belastungen des Systembusses.
Einheitlichkeit der Softwarekomponenten muß in der Regel mit einem gewissen Overhead
bezahlt werden. Funktionsvielfalt führt in der Summe zu nicht vernachlässigbarer
Bearbeitungssoftware in der Zentraleinheit und auf dem Interface mit zusätzlichem
Speicherbedarf.
Bei der Auswahl der Funktionen sowie der Festlegung der Kommunikationsschnittstelle
ist daher sorgfältig zwischen Funktionsumfang, Effizienz und Allgemeingültigkeit
abzuwägen.

P a r a m e t r i e r-   u n d   L a d b a r k e i t

Wir haben unter Punkt 3.3 Möglichkeiten kennengelernt, die sich aus der freizügi-
gen Parametrierbarkeit und Ladbarkeit des Interfaces ergeben. Um diese Möglichkeiten
voll nutzen zu können, müssen allerdings einige Randbedingungen beachtet und umfangreiche zusätzliche Systemleistungen erbracht werden.

Nach dem Einschalten ist ein Rechnersystem mit ladbarem Interface nicht voll funktionsfähig. Um einen Systemanlauf zu ermöglichen, müssen Grundfunktionen wie die
Bootstrapfunktion und die Grundbedienfunktionen immer verfügbar sein.

Codepakete werden aufgrund ihres Umfangs nicht im Zentralspeicher geführt. Da während der Systemanlaufbearbeitung entsprechende Dienst- und Verwaltungsfunktionen
nicht zur Verfügung stehen, ist es sinnvoll, den Ladevorgang nach Systemanlauf durchzuführen.

Vorgesehene Parametrierungen werden im Rahmen der Anlaufbearbeitung ausgeführt.
Diese zusätzlichen Auftragsbearbeitungen während der Anlaufbearbeitung verlängern
die Systemanlaufzeiten. Dies ist insbesondere beim automatischen Wiederanlauf von
Rechner für Realzeitanwendungen zu beachten.

Der freien Parametrierung sind in einigen Fällen Grenzen gesetzt. Beim Anschluß
von Geräten über einen externen Bus können die Geräte z.B. nur mit einer einheitlichen Übertragungsgeschwindigkeit betrieben werden.

Die Parametrierung muß bei Bedarf einfach geändert werden können, u.U. auch im
online-Betrieb.

Gesicherte Kommunikation

Die Kombination von DMA-Zugriff, peripheriegesteuerter Auftragsübernahme und Interpretation sowie dynamische Systeminstallation über Parametrieraufrufe erfordern eine umsichtige Absicherung des Systems gegen unbeabsichtigte Aktivierung eines Interfaces. Falsche DMA-Einträge in den Zentralspeicher führen leicht zu unkontrollierten Systemabstürzen.

Da der Auftragsanstoß über einen einfachen Ein-/Ausgabe-Befehl erfolgt, müssen die Kommunikationselemente (im Beispiel Geräteprozeßblock und physikalischer Parameterblock) auf Gültigkeit überprüft werden. Bei der vorgestellten Kommunikationsschnittstelle geschieht das u.a. über eine Checksumme sowie ein Statusbit, das den Auftrag vor Anstoß des Interfaces als gültig markiert.

Verläuft die Überprüfung der Kommunikationselemente negativ, so können die Anzeigen nicht in den vorgesehenen Anzeigenzellen der Kommunikationsschnittstelle hinterlegt werden, da ein ordnungsgemäßer Auftragsabschluß über das falsche Kommunikationselement nicht gewährleistet ist. Im System SICOMP wurde für die Bearbeitung solcher globaler Ein-/Ausgabe-Fehler ein eigener Fehlerprozeß auf der höchstprioren Hardwareebene installiert.

6 Ausblick

Der Peripherieanschluß über Vorprozessoren schafft wesentliche Voraussetzungen für eine horizontale Aufgabenverlagerung in Rechnersystemen.

Voraussetzung für eine Leistungssteigerung im Gesamtsystem ist die konsequente Nutzung aller Möglichkeiten zur Erhöhung der Parallelarbeit von Zentraleinheit und Peripherie durch

- Übernahme von Funktionen durch die Peripherie (Interface und Gerät), die bisher von der Zentraleinheit ausgeführt wurden,
- Realisierung neuer Funktionen, die erst durch Intelligenz auf den Interfaces möglich sind.

Der Peripherieanschluß über Vorprozessoren bietet erweiterte Möglichkeiten zur Selbstüberwachung der peripheren Komponenten des Rechnersystems. Eine darauf aufbauende Fehlerdiagnose führt zu kürzeren Ausfallzeiten und geringeren Wartungskosten.

Aufgrund der zu erwartenden Leistungssteigerung bei den hoch integrierten Bauelementen sowie dem sich fortsetzenden Preisverfall für diese Komponenten wird sich der Peripherieanschluß über Vorprozessoren durchsetzen. Dabei bleibt abzuwarten, ob die Entwicklung dabei schwerpunktmäßig auf den Einsatz von frei programmierbaren Mikroprozessoren oder von Spezialprozessoren hinausläuft.

<u>Literatur</u>

/1/ BELL, J.R.: Extrapolating trends in critical areas of computer technology identifies paths in which computing will evalue, Computer Design, (March 1981), 95-102

/2/ RECOQUE, A.: SURVEY OF MAIN TRENDS IN COMPUTER HARDWARE ARCHITECTURE, Information processing 80, Proc. of IFIP congr. (1980), 115-125

ZUVERLÄSSIGKEIT VON DV-SYSTEMEN - EINE SYSTEMTECHNISCHE AUFGABE

H. Trauboth

Kernforschungszentrum Karlsruhe GmbH
Institut für Datenverarbeitung in der Technik (IDT)
Postfach 3640, D-7500 Karlsruhe
Bundesrepublik Deutschland

Zusammenfassung

Der Einsatz von DV-Systemen in technischen Bereichen,in denen hohe Anforderungen an Zuverlässigkeit und Sicherheit
gestellt werden, erfordert eine Reihe gezielter technischer und organisatorischer Maßnahmen in der Entwicklung und
im Betrieb. So können spezielle Architekturen der Rechner-Hardware und Verfahren im Aufbau der Software das Auftreten von Fehlern reduzieren, das Auffinden von Fehlern erleichtern und die Funktionstüchtigkeit des Systems bei An-
wesenheit von Fehlern aufrechterhalten. Durch analytische Verfahren wie systematisches Testen und durch gesondertes
Management zur Qualitätssicherung soll Zuverlässigkeit nachgewiesen und durchgesetzt werden. Es wird ein umfassender
Oberblick über den Stand der Technik gegeben.

1. Einleitung

Die Bedeutung der Zuverlässigkeit von DV-Systemen nimmt in wachsendem Maße zu, da
einerseits DV-Systemen komplexere Aufgaben mit hohen Sicherheits- und Zuverlässigkeitsanforderungen übertragen werden und andererseits durch die leistungsfähige Mikroelektronik und Kommunikationstechnik heute wirtschaftliche individuelle Lösungen möglich sind. Sicherheit ist vor allem in der Verkehrstechnik, Kerntechnik und Verfah-
renstechnik ein wichtiger Aspekt; aber auch gute Verfügbarkeit wird stärker gefordert,
wenn DV-Systeme die Wirtschaftlichkeit eines Unternehmens oder einer technischen Anlage zunehmend beeinflussen.

Um hohe Zuverlässigkeit in DV-Systemen zu erreichen, muß man sich zuerst klarmachen,
welche Arten von Fehlern die Zuverlässigkeit beeinträchtigen, um daraus Maßnahmen zur
Vermeidung von Fehlern und zur Reaktion auf eingetretene Fehler gezielt ableiten zu
können. Als erstes Ziel wird angestrebt, den technischen Aufbau des DV-Systems und
seine Entwicklung und Produktion so zu gestalten, daß im DV-System, Hardware wie Software, möglichst wenige Fehler entstehen. Man muß davon ausgehen, daß trotz dieser
Maßnahmen ein System nicht völlig fehlerfrei über seine gesamte Lebenszeit zu erreichen ist. Daher sind Hardware (HW) und Software (SW) so auszulegen, daß das System
bei mindestens einem Fehler weiterhin funktionstüchtig bleibt, d.h. fehlertolerant
ist. Hierzu sind konstruktive Maßnahmen notwendig. Es gibt bereits eine Vielfalt von
fehlertoleranten Systemarchitekturen, denen einige wesentliche Prinzipien zugrunde-
liegen. Der Toleranz gegenüber Entwurfsfehlern, vor allem in der Software, muß mehr
Beachtung geschenkt werden. Als nächstes sollen aufgetretene Fehler während der Entwicklung, Produktion und im Betrieb durch vielfältiges Testen (analytische Maßnehmen)
ausgemerzt werden. Durch geeignete Organisation der Qualitätssicherung mit gesonder-
ter Verantwortlichkeit soll die Durchführung all dieser Maßnahmen überwacht und gesteuert werden.

Unterschiedliche Bereiche des DV-Einsatzes haben eigene Anforderungsprofile, die unterschiedliche Systemlösungen erfordern. Die Auswahl und die Anwendung der geeigneten Maßnahmen unter Berücksichtigung der Kosten für Entwicklung, Produktion, Betrieb
und Wartung des DV-Systems sowie der Folgekosten von Schäden, die durch Versagen des
DV-Systems verursacht werden, stellen eine anspruchsvolle systemtechnische Aufgabe dar.

2. Fehlerarten

Um Fehler gezielt behandeln oder tolerieren zu können, muß man ihre Merkmale kennen.
Sie sollen daher nach Gesichtspunkten, die zu ihrer späteren Behandlung in Bezug stehen, grob klassifiziert werden. Grundsätzlich kann man Fehler nach ihren U r s a -
c h e n unterscheiden, nämlich nach dem Fehlverhalten

- des M e n s c h e n bei der
    - Entwicklung (Entwurf, Programmierung)
    - Produktion
    - Dokumentation
    - Bedienung
- der M a s c h i n e aufgrund von
    - Alterung, Verschleiß und Umwelt physikalischer Komponenten.

Weitere wichtige Gesichtspunkte sind Ort, Zeit und Häufigkeit ihrer Entstehung und
Entdeckung. Hierbei ist zu differenzieren, wo sich der Ort der Entstehung und der Ort
der Entdeckung des Fehlers befinden, z.B. in der Hardware (HW) oder in der Software
(SW). Der Fehler kann transient (sporadisch) oder permanent auftreten. Ein transienter Fehler erscheint nur kurzfristig zu einem zufälligen Zeitpunkt. Er kann z.B. durch
einen losen Kontakt in der HW oder durch eine ungünstige zeitliche Überlappung von
simultanen Prozessen in der SW verursacht sein. Er kann i.A. nur durch sofortige Entdeckung lokalisiert werden. Fehler pflanzen sich von der unteren zur oberen Schicht
fort; aus einem Primärfehler können so mehrere Sekundärfehler entstehen (Bild 1). Die
Folgen eines Fehlers können unterschiedlich schwer (kritisch) sein. Der kurzzeitige
Verlust eines Bits kann u.U. einen tödlichen Unfall verursachen. Fehlerfortpflanzung
und -auswirkung hängen vom Ort und vom internen Zustand des DV-Systems sowie vom
(externen) Zustand der Umgebung (technischen Prozeß) ab. Der kritische (z.B. sicher-
heitstechnische) Bereich dieses Prozesses kann von einem Fehler nur über bestimmte,
von der Struktur des DV-Systems abhängige Pfade beeinträchtigt werden. Auf diese ist
besonders zu achten, wenn Fehler zu behandeln sind /1/.

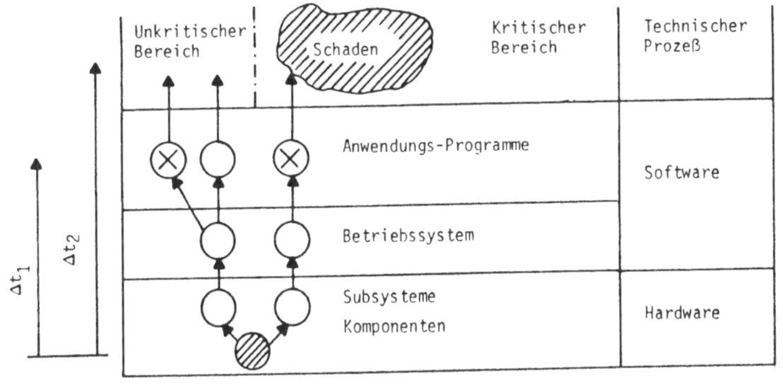

Bild 1:

Fehlerfortpflanzung durch
Schichten eines DV-Systems

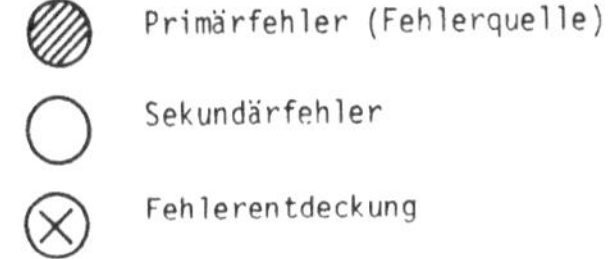

Durch die noch höher werdende Integration der elektronischen Bauelemente ist zu erwarten, daß die "physikalischen" Fehler der HW reduziert werden, aber infolge der größeren Komplexität die Entwurfsfehler zunehmen werden. Dies wird sicherlich zukünftig die Maßnahmen zur Verbesserung der Zuverlässigkeit beeinflussen.

3.   Grundsätzliche Schritte zur Verbesserung der Zuverlässigkeit

Wenn auch die Zuverlässigkeit im Vordergrund der folgenden Betrachtungen steht, sollen die Maßnahmen gegen Fehler natürlich auch der Verbesserung der Verfügbarkeit und Sicherheit sowie der Verringerung der Wartungs- und Ausfall- bzw. Schadenskosten dienen. Z u v e r l ä s s i g k e i t wird hier als Fähigkeit des betrachteten Systems verstanden, die beabsichtigte Funktion unter festgelegten Bedingungen für eine festgelegte Zeitdauer zu erfüllen /2,8/.

Es soll zuerst kurz angegeben werden, welche Ziele und Schritte grundsätzlich, d.h. unabhängig von der Art und vom Ort der Realisierung zu verfolgen sind /3,4,5,6,7/.

Die F e h l e r v e r m e i d u n g wird bei jeder Entwicklung zuverlässiger Systeme ein erstes Ziel sein. Maßnahmen zur Verhinderung bzw. Verminderung der Entstehung von Fehlern beziehen sich auf den Aufbau des DV-Systems (HW und SW), auf den Entwicklungs- und Produktionsprozeß sowie auf den Betrieb. Beim konstruktiven Aufbau des Systems kann ein hohes Maß an Fehlereinschränkungen in die einzelnen Komponenten und in die Systemstruktur miteingebaut werden. Beim Entwicklungs- und Produktionsprozeß können die Ergebnisse jedes Schrittes durch Inspektion und Tests zur Qualitätssicherung überprüft werden. Beim Betrieb kann durch preventive Wartung, benutzerfreundliche Bedienung und intensive Schulung des Bedienungspersonals die Zahl der Fehler reduziert werden. Wir müssen aber davon ausgehen, daß trotz aller Bemühungen nicht alle Fehler vermieden werden können, und wenden uns daher der B e h a n d l u n g von Fehlern zu.

Die E n t d e c k u n g eines Fehlers sollte möglichst kurz nach Eintreten und in der Nähe des Orts des Fehlers erfolgen, damit sich der Fehler noch nicht fortgepflanzt und weiter ausgewirkt bzw. die Systemumwelt beeinträchtigt hat.

Der Fehler muß dann l o k a l i s i e r t werden, um ihn behandeln zu können. Je schneller er entdeckt wird, desto genauer kann auch der Ort seiner Entstehung bestimmt werden. Der Fehler sollte möglichst b e g r e n z t bzw. i s o l i e r t werden, um seine Fortpflanzung zu unterbinden, kritische Bereiche zu schützen und damit den Schaden zu begrenzen. Der bereits angerichtete S c h a d e n i s t a b z u s c h ä t z e n, um die spätere Ausfallbehebung gezielt durchführen zu können. Dazu ist der durch den Fehler bewirkte Systemzustand festzustellen. Falls dieser System-

zustand zu weiteren Fehlern führen kann, muß das System in einen s i c h e r e n
Z u s t a n d gesetzt werden, der möglichst in der Nähe des letzten fehlerfreien
Zustands liegt. In diesem Zustand kann die fehlerhafte Komponente repariert, ersetzt
oder das System r e k o n f i g u r i e r t werden, so daß es den vollen oder einen
sinnvoll reduzierten Betrieb wiederaufnehmen kann. Das System muß dann in einen definierten Zustand gebracht werden, von dem es seinen Betrieb fortsetzen, d.h. w i e-
d e r a n l a u f e n, kann.

Bestimmte Schritte sind Voraussetzung für andere wie Fehlerentdeckung für Rekonfiguration. Fehlerisolation ist eine sehr nützliche jedoch nicht unbedingt erforderliche
Maßnahme. Die Schritte können manuell oder rechnergestützt von außen aufgeprägt oder
automatisch vom betrachteten DV-System selbst (durch HW, SW oder beides) ausgeführt
werden. Im allgemeinen ist es das Ziel, alle Schritte möglichst schnell auszuführen.
Jedoch ist das dann nicht erforderlich, wenn es die Umgebung oder die Struktur des
Systems nicht fordert. So kann die Reparatur einer Komponente länger dauern, wenn
das System fehlertolerant ausgelegt ist.

Ein System ist f e h l e r t o l e r a n t, wenn es trotz Fehlern in Komponenten
seine Funktion erfüllt, d.h. wenn keine Systemfehler bewirkt werden, die die Umgebung beeinträchtigen. Der Grad der Fehlertoleranz gibt an, wieviele gleichzeitige
Fehler, die Breite zeigt, welche Arten von Fehlern und die Eingrenzung gibt an, auf
welcher Schicht Fehler toleriert werden. Im allgemeinen versteht man unter Fehlertoleranz eines Systems, daß Fehlerentdeckung, Fehlerisolation, Schadensabschätzung,
Rekonfiguration und Wiederanlauf im System eingebaut sind und automatisch ablaufen,
wobei sich einzelne Schritte überlappen oder ganz überdecken können /6,7,9/.

Der Einsatz und die Art der Realisierung der Schritte hängt von der jeweiligen DV-
Anwendung, der Umgebung und den Anforderungen an die Zuverlässigkeit ab.

Es soll nun gezeigt werden, wie die einzelnen Schritte in das DV-System eingebaut
werden können, d.h. welche wesentlichen konstruktiven Maßnahmen möglich sind.

4. Konstruktive Maßnahmen

4.1 Zur Fehlervermeidung

Eine Reihe von mehr qualitativ bewertbaren Maßnahmen können die Fehlerwahrscheinlich-
keit und damit das Risiko herabsetzen, wie

- Einsatz einer erprobten Technik unter Verwendung von standardisierten Komponenten aus HW und SW, die als zuverlässig bekannt sind, und ein solider physikalischer Aufbau;
- Begrenzung des Umfangs der Aufgabe des Systems und Einhalten eines ausreichen-
  den Abstands von den Leistungsgrenzen des Systems;

- Schutz vor störenden Einflüssen von der Umgebung z.B. durch Abschirmung;
- Modulare Strukturierung von HW und SW sowie Einhaltung von standardisierten Schnittstellen und einschränkenden Programmierregeln zur Erhöhung der Transparenz des Entwurfs.

B e d i e n u n g s f e h l e r und E i n g a b e d a t e n f e h l e r können durch benutzerfreundliche und einschränkende Gestaltung der Eingaben verringert werden. So kann eine auf die Anwendung zugeschnittene Eingabesprache, die Verwendung von Masken in Formularen und die Beschränkung der zulässigen Datenwerte und -zugriffe die Zahl der möglichen Fehler reduzieren. Eingebaute Prüfungen der Eingabedaten (in HW oder SW) auf Plausibilität, Konsistenz und Vollständigkeit können verhindern, daß falsche Daten in das System gelangen. Ebenso können über Instrumentierung erfaßte Meßdaten geprüft werden, bevor sie zur Verarbeitung übernommen werden. Durch intensive Schulung und Reduzierung von Streßfaktoren am Arbeitsplatz kann menschliches Versagen des Bedienungspersonals reduziert werden.

4.2 Zur Fehlerentdeckung

Fehler können auf allen Schichten des Systems durch Testen, Prüfen und Redundanz entdeckt werden, wobei das Testen sich hauptsächlich nur für permanente Fehler eignet. In der Praxis findet man meist alle drei Arten der Fehlerentdeckung in verschiedenen Bereichen eines Systems. Beim T e s t e n werden der betreffenden Einheit bekannte Daten bzw. Signale eingegeben und bestimmte Ergebnisse erwartet, die mit den tatsächlichen Ergebnissen verglichen werden. Tests können nur solche Fehler aufdecken, die von Komponenten ausgehen, die durch den Test aktiviert wurden. Das Testen einer Einheit des Systems während des laufenden Betriebs kann von dieser selbst (interner Test, Selbsttest) oder von außen durchgeführt werden. So können auf der unteren HW-Schicht interne Testsignale aufgeprägt werden, deren Reaktion in der betreffenden Schaltung mit vorgegebenen Signalen verglichen werden. Auf der oberen SW-Schicht können Selbsttestprogramme angestoßen werden, deren Ergebnisse bei Fehlerfreiheit von Referenzdaten innerhalb eines Toleranzbandes nicht abweichen dürfen. Externe Tests können erleichtert werden, wenn im Entwurf bereits Vorkehrungen für die Durchführung dieser Tests getroffen wurden. In der HW können eigene Testpunkte vorgesehen werden, an denen Testsignale eingespeist bzw. resultierende Signale ausgekoppelt werden können. Bei der SW können Testanweisungen im Programm angegeben werden, die beim normalen Betrieb überlaufen und nur beim Testen aktiviert werden.

Beim P r ü f e n oder Abfragen auf der unteren HW-Schicht können zusätzliche Logikschaltungen auf unerlaubte Zustände, Wertebereiche von Daten oder Zeitdauer von Operationen ansprechen. Auf der obersten SW-Ebene können Assertionen ähnliche Prüfungen wie z.B. die der Plausibilität der Werte von Ausgangsdaten und damit Fehlermeldungen auslösen.

R e d u n d a n z bedeutet, daß mehr technische Mittel vorhanden sind, als zur Ausführung einer Funktion notwendig sind. Bei der sogenannten statischen oder parallelen Redundanz werden die Ergebnisse von zwei oder mehreren gleichen Funktionseinheiten von einem Voter miteinander verglichen und die mehrheitlich gleichen Ergebnisse
als fehlerfrei angesehen, während das Minderheitsergebnis und damit die es erzeugende Einheit als fehlerhaft gilt (Bild 2a). Man geht hierbei davon aus, daß der Voter
immer fehlerfrei ist und in allen Einheiten keine Entwurfsfehler enthalten sind. Entwurfsfehler in integrierten Schaltungen oder in der SW müssen durch Diversität entdeckt werden. Darauf kommen wir später noch zurück. Es ist der Vorteil der Redundanz,
daß auch transiente Fehler schnell entdeckt werden und Diagnose, Isolation und Wiederherstellung in einem Mechanismus vereint sind. Der Fehler wird dadurch maskiert,
d.h. er tritt außerhalb der redundanten Einheit nicht zutage. Der Nachteil ist, daß
die redundanten Einheiten keine zusätzliche Systemleistung aufbringen, d.h. überflüssig sind und zusätzliche Kosten verursachen. Wie aus der Informationstheorie bekannt,
können in digital verschlüsselter I n f o r m a t i o n durch zusätzliche (redundante) Bits Fehler entdeckt und sogar korrigiert werden, wenn die Zahl der redundanten Bits, d.h. der Hamming-Abstand, nur groß genug ist. Je größer dieser Abstand ist,
desto mehr gleichzeitige Fehler können entdeckt bzw. korrigiert werden. Durch diese
Art der Redundanz, auch Fehlerkodierung genannt, können gespeicherte und über Leitungen übertragene Daten auf Fehler geprüft bzw. Fehler maskiert werden.

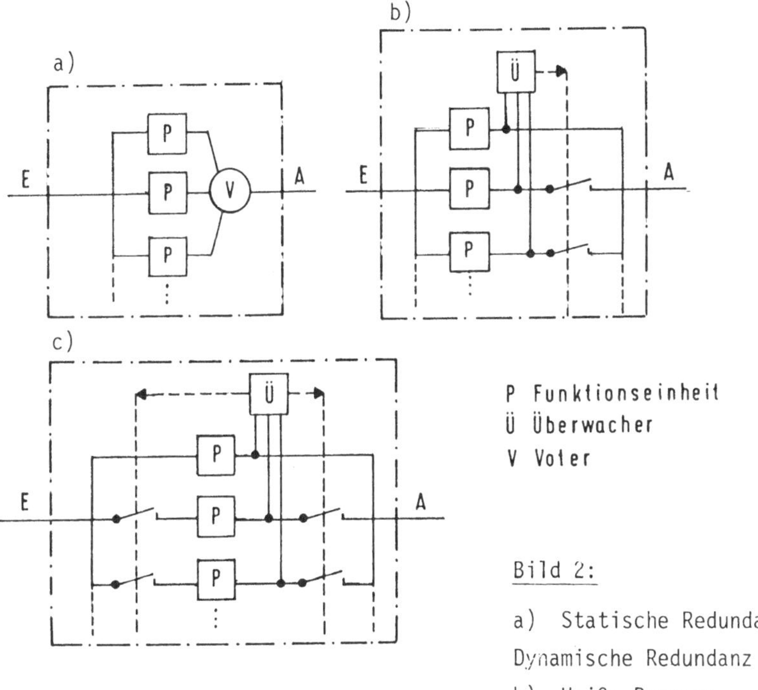

Bild 2:

a) Statische Redundanz

Dynamische Redundanz

b) Heiße Reserve - c) Kalte Reserve

4.3 Zur Fehlerlokalisierung

Wenn ein primärer Fehler nicht sofort und in unmittelbarer Nähe seiner Entstehung
entdeckt wird, muß er ausgehend von der Entdeckung der Sekundärfehler lokalisiert
werden. Dies kann durch Rückverfolgung des Fehlerfortpflanzungspfads oder durch eine
systematische Diagnose über Ursachen-Wirkungs-Beziehungen erfolgen. Dazu müssen möglichst viele Zustände zwischen der Entstehung und der Entdeckung des Fehlers gespeichert werden und eindeutige Bedingungen für Zustandsübergänge vorliegen. Die
Tiefe der Lokalisierung hängt davon ab, in welcher Schicht defekte Teile ausgetauscht
werden können. Wenn z.B. auf der obersten Ebene ein vollständiger Rechner ausgetauscht werden kann, so braucht im Betrieb ein Fehler nicht innerhalb des Rechners
gesucht zu werden.

4.4 Zur Fehlerbegrenzung (Isolation)

Fehler können begrenzt werden, indem man ihre Ausbreitung unterbindet (Verhinderung
des Vordringens) und ihre Wirksamkeit reduziert durch Schutz vor Eindringen von Fehlern in Bereiche, die großen Schaden auslösen oder/und viele Sekundärfehler erzeugen
können. Durch Entkopplung der einzelnen Komponenten und durch schnelle Fehlerbehandlung nahe der Fehlerquelle kann die Fehlerausbreitung verhindert oder zumindest eingeschränkt werden.

Räumliche E n t k o p p l u n g in der HW kann u.a. durch getrennte Koppler-Steue-
rungen, Stromversorgungen oder Trennverstärker erreicht werden. In der SW können
Daten und Programme in eigenen Speichereinheiten liegen. Zeitlich kann man sowohl
HW- wie auch SW-Komponenten entkoppeln, indem man bei taktgesteuerten Systemen die
Ausführung von Tasks nur zu bestimmten Zeitintervallen zuläßt. Bei asynchronen Sy-
stemen dürfen Module nu. in bestimmten Synchronisationspunkten, in denen sich das
System in definierten, abfragbaren Zuständen befindet, miteinander kommunizieren.
Logische Entkopplung kann man erzielen, indem z.B. eine Task erst dann angestoßen
wird, wenn bestimmte Bedingungen abgeleitet aus Zustandsfolgen erfüllt sind. Auch
das Prinzip des "information hiding" dient der logischen Entkopplung.

Z u g a n g s k o n t r o l l e über Schlüssel können kritische Daten- und Programm-
bereiche (SW) und Speicher und Prozessoren (HW) vor fehlerhaftem Eindringen schützen.
Zugangskontrolle sowie zeitliche und logische Entkopplung können durch eigene Betriebssystemfunktionen,unterstützt von speziellen HW-Mechanismen und unsichtbar für den
DV-Anwender,ausgeführt werden.

4.5 Zur Abschätzung und Abweisung von Schäden

Der Schaden eines Fehlers kann im wesentlichen auf zwei Arten abgeschätzt werden.
Mit Hilfe einer Fehler-Ursache-Folgen-Analyse kann aufgrund der bekannten System-

struktur aus einem Primärfehler die Menge von möglichen Sekundärfehlern abgeleitet
und damit der mögliche Schaden (z.B. Zerstörung von Daten in einer Datei) abgeschätzt
werden. Diese Zuordnungen von Primärfehlern zu Schäden werden a priori im System ver-
vermerkt und nach Lokalisierung eines Primärfehlers während des Betriebs zur Schadensabschätzung herangezogen. Bei der anderen Methode werden die letzten Zustände
des Systems erfaßt, z.B. in HW durch spezielle Register oder in SW durch die abge-
speicherten Zustandsvektoren, aus denen der Schaden dynamisch abgeleitet werden kann.
Oft wird auch eine Kombination beider Methoden angewandt. In der Praxis kann der
Schaden nur grob abgeschätzt werden und es muß daher immer pessimistisch mit dem
größtmöglichen Schaden gerechnet werden.

Anschließend ist der Bereich, der Schaden genommen hat, zu deaktivieren und für weitere Benutzung zu sperren, z.B. in der HW durch Anlegen von Sperrsignalen oder in der
SW durch Verweigerung des Zugriffs auf eine Datei. Außerdem muß ein Fehlerbehandlungs-
programm, das Teil des Betriebssystems sein kann, einen wohl definierten sicheren Zustand herbeiführen.

4.6 Zur Rekonfigurierung

Wenn feststeht, welche austauschbare Einheit fehlerhaft ist, und wenn kein schneller
manueller Eingriff vorgenommen werden kann, so muß zuerst die fehlerhafte Einheit
entweder vom System abgetrennt, deaktiviert oder ignoriert werden, wobei sicherzustellen ist, daß alle seine Schnittstellen unwirksam gemacht werden. Anschließend
wird eine Reserveeinheit zugeschaltet, nachdem diese entsprechend initialisiert und
synchronisiert wurde. Dieses Umschalten der diversen Schnittstellen kann durch ein
HW-Schaltnetzwerk, durch einen eigenen Prozessor oder/und durch spezielle SW vorgenommen werden, die selbst fehlertolerant aufgebaut sein sollten (Bild 2). Ähnliches
gilt für SW (Bild 12 u. 13).

Wenn nicht genau feststeht, welche Einheit fehlerhaft ist, kann das System auf eine
minimale fehlerfreie Konfiguration umgestaltet werden, zu der dann sukzessive weitere Einheiten hinzugeschaltet werden, die vorher durch Tests als fehlerfrei erkannt
wurden.
Als Reserveeinheiten können bisher nicht genutzte oder parallel genutzte Einheiten
dienen. Wenn letztere als Ersatz ausgefallener Einheiten eingesetzt werden, wird die
Leistung des Gesamtsystems reduziert (graceful degradation). Bei fehlertoleranten
verteilten DV-Systemen bietet sich diese Lösung an, da das System im relativ selte-
nen Störfall alle wichtigen Funktionen weiterhin ausführt und bei normalem Betrieb
hohe Leistung aufweist. Außerdem können die asynchron parallel laufenden fehlerfreien
Einheiten ohne Beeinträchtigung arbeiten, wenn sie in ihrer Funktion unabhängig von
der fehlerhaften Einheit sind. Eine Rekonfigurierung kann von außerhalb oder von
innerhalb des Systems ausgelöst werden. Da sie in jedem Fall einen schweren Eingriff
darstellt, muß sichergestellt werden, daß sie nicht unbeabsichtigt veranlaßt wird.

4.7 Zum Wiederanlauf

Der Wiederanlauf eines rekonfigurierten oder reparierten DV-Systems bzw. Prozesses kann von einem Zustand aus erfolgen, der vor Eintritt des Fehlers vom System bereits eingenommen worden war (Rückwärtsbehebung, backward error recovery) oder der im voraus liegt (Vorwärtsbehebung, forward error recovery). Die R ü c k w ä r t s b e h e - b u n g ist am meisten verbreitet. Bei ihr wird der Prozeß von einem definierten Rücksetzpunkt (z.B. im Programm) aus wiedergestartet, nachdem der an diesem Punkt gültige Zustand und die dazu gehörige Information wiederhergestellt wurden. In je kürzeren (örtlichen, zeitlichen) Abständen diese Punkte im Prozeß liegen, desto genauer und schneller ist der Wiederanlauf, aber desto mehr und häufiger muß Information für den Fehlerfall gespeichert werden. In Abhängigkeit vom Aufwand für das Rücksetzen und die Häufigkeit des Rücksetzens gibt es eine annähernd optimale Verteilung der Rücksetzpunkte. Bei Realzeit-Systemen kann man als Rücksetzpunkte Synchronisationspunkte, Zyklusanfangspunkte oder Taktsteuerungspunkte in der HW und SW wählen. Wenn man unkritische Schäden hinnimmt, brauchen nicht alle Bereiche des Systems rückgesetzt werden. Die Rücksetzinformation kann bei jedem Rücksetzpunkt abgelegt werden oder sie kann anhand der zwischen den Rücksetzpunkten vermerkten Ereignisse durch Rückrechnen erzeugt werden (audit trail). Der V o r t e i l der Rückwärtsbehebung ist, daß sie

- unabhängig vom Fehler und von der Schadensabschätzung ist;
- als allgemeiner Mechanismus unabhängig von der Anwendung z.B. im Betriebssystem realisiert werden kann.

Der N a c h t e i l liegt im höheren Zeit-, Verarbeitungs- und Speicheraufwand.

Die V o r w ä r t s b e h e b u n g kann nur bei genauer Fehlerlokalisierung und vorhersehbarem Schaden eingesetzt werden. Wenn ein kritischer Zustand in der Umgebung des Systems wie z.B. durch Ausgabe einer falschen Stellgröße in einer technischen Anlage nicht zurückgenommen werden kann, so muß dieser Fehler durch eine Gegenmaßnahme kompensiert werden. Vorwärtsbehebung muß daher durch entsprechende SW an die jeweilige Anwendung angepaßt werden. In der Praxis können innerhalb eines Systems beide Wiederanlaufverfahren für unterschiedliche Bereiche eingesetzt werden.

Bei simultan laufenden Prozessen und verteilten DV-Systemen mit verteilter Datenhaltung sind die Fehlerbehebungen und der Wiederanlauf nur durch aufwendige Lösungen wie z.B. über spezielle Protokolle, Verriegelungen und Markierungen zu bewerkstelligen /10, 11, 12, 63/.

5. Fehlertolerante DV-Systeme

5.1 Einführung

Die Fehlertoleranz in einem System wird durch die im vorhergehenden Kapitel angegebenen Maßnahmen je nach dem Grad der Toleranz in unterschiedlicher Ausprägung erreicht. Je nach Ziel der Fehlertoleranz und Art der Anwendung sind viele Varianten
der Realisierung auf verschiedenen Ebenen des Systems möglich. Um einen Eindruck von
der Vielfalt der möglichen Lösungen zu vermitteln, werden nun einige markante fehlertolerante DV-Systeme (FT-Systeme) in stark vereinfachter Form mit ihren wesentlichen
Merkmalen vorgestellt. Allen diesen Systemen ist gemeinsam, daß sie vorwiegend HW-
Redundanz auf verschiedenen Ebenen einsetzen, d. i. statische, dynamische und ge-
mischte Redundanz, Fehlerkodierung bei Speicherung und Übertragung von Daten sowie
verschiedene Selbsttests in HW und/oder SW. Eine auf wenige Klassen von Architekturen reduzierte Darstellung der recht großen Zahl von interessanten FT-Systemen ließ
sich leider nicht finden. Wir unterscheiden zwischen experimentellen, speziellen
technischen und vermarkteten FT-Systemen.

5.2 Experimentelle FT-Systeme

5.2.1 Self Testing and Repairing Computer System STAR

STAR, das erste FT-System, das alle wesentlichen Bestandteile der Fehlertoleranz
aufweist, war in seiner Konzeption wegweisend. Es wurde im NASA-Jet Propulsion Laboratory zum Einsatz in langjährigen Weltraumflügen mit dem Ziel entwickelt, daß es
(ohne Wartung) eine Überlebenszeit von 12 Jahren mit 95 % Wahrscheinlichkeit hat und
transiente wie permanente HW-Fehler mit katastrophalen Folgen toleriert. Die Fehlerbehebung darf nicht länger als 50 ms dauern /7, 13/.

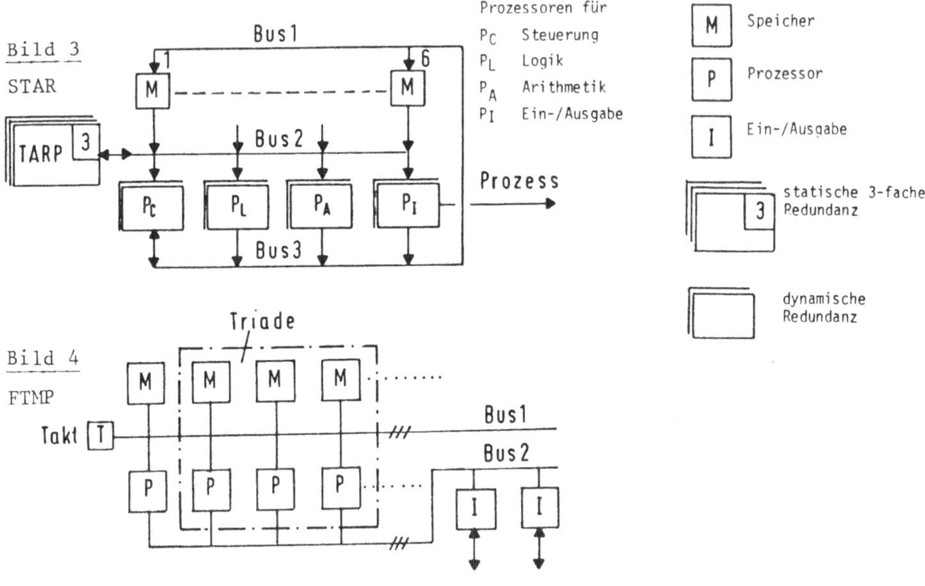

Die HW ist dezentralisiert angeordnet; für jede Hauptfunktion ist ein spezieller Prozessor (mit Reserve) vorhanden (Bild 3). Diese Prozessoren verkehren untereinander und mit den Speichermodulen über drei Busse. Ein eigener Prozessor (TARP), der ausfallsicher in statischer 3-Redundanz aufgebaut ist, führt Tests und Rekonfiguration durch. Er e n t d e c k t und l o k a l i s i e r t Fehler durch Überprüfung jedes Wortes der Datenbusse und der Statusmeldungen der Funktionseinheiten durch Vergleich mit einer Vorhersage-Logik. Speicherung, Datenaustausch und sogar arithmetische Operationen sind fehlerkodiert, während logische Operationen dupliziert sind. Das Betriebssystem (BS) kann redundante Abspeicherung dynamisch je nach Kritikalität der Information vergeben. Jeder Fehler wird auf die Einheit, in der er entdeckt wurde, lokal b e g r e n z t. Eine dynamische Schadensabschätzung erfolgt nicht. Bei Dauerfehler wird durch Anschalten einer kalten Reserve über TARP automatisch r e k o n f i g u r i e r t. Das BS ersetzt defekten Speicherplatz entsprechend der Fehlerdiagnose. Die R ü c k w ä r t s b e h e b u n g wird von eigener SW mit HW- und BS-Unterstützung durchgeführt, während TARP Rücksetzen und Wiederanlauf auslöst. Der Anwender muß in seiner SW die zeitlich getrennten Rücksetzpunkte festlegen und Lükken in den Daten kompensieren.

Durch analytische Untersuchungen wurde ein Z u v e r l ä s s i g k e i t s g e -
w i n n   von 0,14 (bei Simplexstruktur) auf 0,966 (bei 3-facher Ersatzteilbereitstellung) für eine 5-jährige Flugzeit geschätzt. Die Wirksamkeit der Fehlerentdeckung und -behebung konnte durch Tests nachgewiesen werden.

5.2.2 Fault-Tolerant Multiprozessor System FTMP und
Software Implemented Fault Tolerance SIFT

Für die Steuerung zukünftiger sehr effizienter, aber dynamisch instabiler Flugzeuge werden hochzuverlässige Rechnersysteme benötigt, die die NASA beim MIT-Draper Laboratory für FTMP und bei SRI für SIFT in Auftrag gab. Beide Systeme haben eine extrem hohe Fehlerabdeckung und eine extrem geringe Ausfallwahrscheinlichkeit von 10^{-9} für einen 10-stündigen Flug zum Ziel. Auch selten auftretende Fehler sollen durch periodische Diagnose ausgemerzt werden, um Doppelfehler zu vermeiden. Beide Entwürfe verwenden weitgehend 3-HW-Redundanz für Fehlerentdeckung und -korrektur und können sich schnell rekonfigurieren und fehlerhafte Einheiten ersetzen. Für die redundanten Prozessoren und Speicher werden jeweils gleiche Baueinheiten eingesetzt. Sie unterscheiden sich in ihrer Systemstruktur durch unterschiedliche Realisierung in HW bzw. SW. Sie wurden über viele Jahre erprobt und verbessert.

Das FTMP-System besteht aus voll synchronisierter HW, d.h. aus individuell rekonfigurierbaren Prozessor-, Speicher- und E-/A-Baueinheiten (Bild 4), /14, 15/. Über einen taktgesteuerten Bus sind sie miteinander verbunden und werden durch seriellen Bit-Vergleich laufend überprüft. Zwei Bus-Wächter-Module steuern den Zugang zum Bus und rekonfigurieren die Zuordnungen der Baueinheiten. Die Prozessor/Speicher-Module, auf denen unabhängig die SW läuft, werden per HW zu "Triaden" mit einem Voter zusammengefaßt. Module außerhalb der Triaden können als heiße Reserve zugeschaltet werden. Die Menge von Triaden bildet das Multiprozessorsystem.

SIFT ist in einzelne Rechnereinheiten zerlegt, die asynchron laufen und über schnelle direkte Verbindungen ihre Rechenergebnisse gegenseitig mitteilen können /16/. Synchronisation der Verarbeitungsprozesse, das Voting und das Rekonfigurieren führt (im Gegensatz zu FTMP) die SW durch. Sobald ein fehlerhafter Rechner festgestellt wird, werden seine Ergebnisse nach außen unterdrückt bzw. von den anderen Rechnern ignoriert. Die SW-Implementierung hat den großen Vorteil, daß die Zahl der redundanten Rechner entsprechend der Kritikalität einer Task dynamisch geändert werden kann. Unkritische Tasks laufen einfach simultan, kritische dagegen 3-fach redundant. Auf SIFT wird in einem eigenen Beitrag (von Goldberg) näher eingegangen.

5.2.3 Fault Tolerant Building Block Computer FTBBC

Der FTBBC wurde wie STAR im JPL entwickelt und setzt moderne VLSI-Technik ein /14,17/. Er besteht aus den selbsttestenden Rechnerbausteinen SCCM, denen jeweils eine bestimmte Funktion zugeordnet ist und die über den redundanten externen Bus zu dem verteilten DV-System FTBBC verknüpft sind. In einem SCCM werden die kommerziell verfügbaren Chips für Prozessoren, Speicher, E-/A und externe Busse über entsprechende vier spezielle Schaltkreismodule mit dem 3-fach redundanten, durch Fehlerkode gesicherten internen Bus verbunden (Bild 5). Im SCCM sind zwei Prozessoren aktiv, die ihre Ergebnisse über den Kernbaustein CBB vergleichen. Dieser Baustein sammelt die Fehlermeldungen von allen Schaltkreisen des SCCM und löst bei Fehlerentdeckung über eine schnelle HW-Logik einen Rücksetz- und Wiederanlaufversuch aus. Erst bei permanentem Fehler wird der SCCM außer Betrieb gesetzt. Die Busse sind auch für Realzeit-Betrieb ausgelegt.

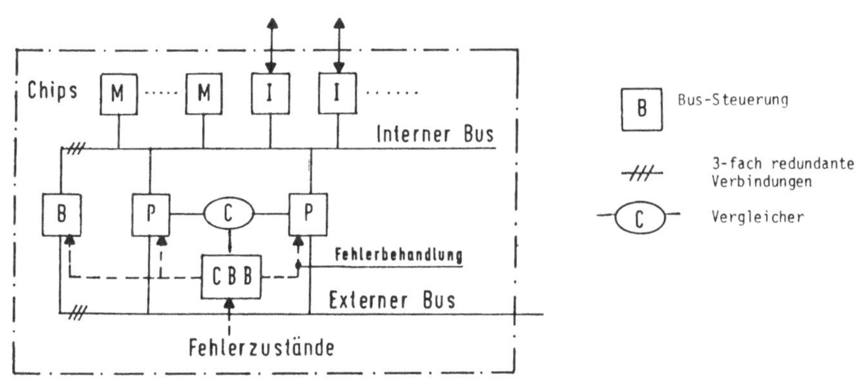

Bild 5: Selbsttestender Rechnerbaustein SCCM des FTBBC

Es ist der V o r t e i l dieser Architektur, daß Fehler auf der untersten HW-
Schicht schnell entdeckt, isoliert und behandelt werden. Die meisten Teile sind mit
Standard-Chips realisiert. Das System ist beliebig erweiterbar und für verschiedene
PDV-Anwendungen einsetzbar. Die K o s t e n eines SCCM im Vergleich zu einem typischen nicht-redundanten Rechnerbaustein sind um 23 % höher. Bei Einzelfehlerkode-
korrektur des Speichers erhöhen sich die Kosten um 60 %. Zukünftige VLSI-Technik
wird die Kosten sicherlich senken. Man sieht hieran, daß viele Fehlertoleranzmecha-
nismen in die HW verlegt wurden bei Nutzung massengefertigter Bauelemente.

5.2.4 FUTURE-System

Das an der TU-München entwickelte FT-System FUTURE soll für verschiedene Klassen von
Zuverlässigkeitsforderungen einzelner Tasks einer Anwendung eine dynamische Zuordnung
der Tasks zu Rechnermodulen mit unterschiedlicher Redundanz (bis 3-Redundanz) gestatten /17,18/. Der Anwender gibt nur die Redundanzklasse einer Task an, das BS besorgt
dann die Zuordnung automatisch. Das System kann dadurch gezielt auf Zuverlässigkeit,
Durchsatz und Reaktionszeit vor allem für Prozeßautomatisierungsaufgaben ausgelegt
werden. Die Zahl der Rechnermodule ist variabel und fehlerhafte Einheiten können während des Betriebs ausgetauscht werden. Es werden weitgehend Standard-Bausteine für
Mikrorechner und intelligente Prozeß E-/A verwendet, die über ein spezielles Nach-
richtentransportsystem verbunden sind, das eine lose Kopplung zwischen den Rechnern
erlaubt, wodurch die Fehlerfortpflanzung verhindert wird (Bild 6). Fehlerentdeckung,
-diagnose und Rekonfigurierung werden vom BS vorgenommen.

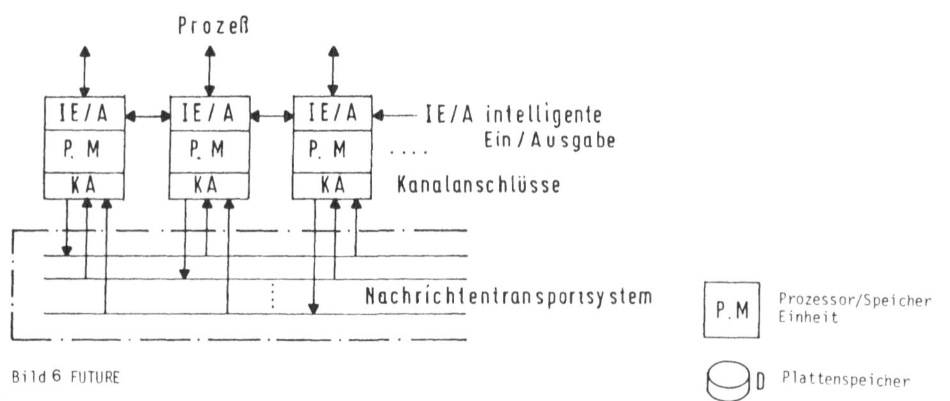

Bild 6 FUTURE

Ein System dieser Art kann durch das an der TU-Berlin entwickelte Maintainable Real-
time System MARS unterstützt werden /19/. MARS stellt eine Reihe von Funktionen zur
Fehlerentdeckung und -isolation neben der Steuerung auf der Basis des asynchronen
Nachrichtenaustauschs zwischen den Rechnereinheiten zur Verfügung, was besonders
Realzeit-PDV-Anwendungen unterstützt.

5.2.5 Weitere experimentelle FT-Systeme

Zur Vollständigkeit soll auf einige Entwicklungen hingewiesen werden, die besondere Strukturen aufweisen. Das System C.vmp der Carnegie-Mellon University soll vor allem transiente Fehler in Subsystemen des Rechners entdecken und beheben, welche bei der industriellen Prozeßautomation (z.B. durch elektromagnetische Einstreuungen) auftreten /17,20/. Das System besteht hauptsächlich aus käuflichen Einheiten und läuft in den beiden Betriebsarten "unabhängig" und "synchronisiert". Bei "synchronisiert" sind die Einheiten in Redundanz über einen Voter geschaltet, wobei der Grad der Redundanz dynamisch über HW-Schalter variiert werden kann und die Redundanz in beiden Datenflußrichtungen wirkt (Bild 7).

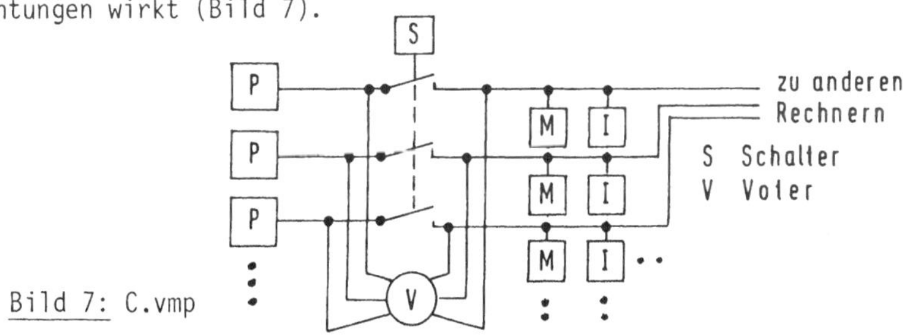

Bild 7: C.vmp

Im Basic Fault Tolerant System BFS von Siemens sind mehrere Standard-Mikrorechner ringförmig angeordnet, wobei jeder Rechner mit dem nächsten und übernächsten benachbarten Rechner Daten zum Vergleich über redundante Datenwege austauscht und über SW sich gegenseitig überwacht /21/. Die Peripherie ist allerdings vorerst mit zwei bevorzugten Rechnern verbunden. Jeder Rechner hat sein eigenes spezielles BS, das die FT-Aufgaben wie Fehlerentdeckung (über Tests), Fehlerdiagnose, Überwachung der Datenübertragung, Rekonfiguration und Zugriffsschutz übernimmt.

Das bei Hitachi entwickelte System Fault-Tolerant Multi-Microprocessor Autonomous System FMPA geht noch einen Schritt weiter und ordnet die Mikrorechner in einer mehrdimensionalen Zellenstruktur an, wobei Datenaustausch und Rekonfiguration durch spezielle Prozessoren gesteuert werden /22/.

Der an der Universität Tübingen entwickelte, aus Standard-Mikrorechnern aufgebaute Arbeitsplatzrechner ATTEMPTO erlaubt ebenfalls eine vom Anwender leicht beeinflußbare Anpassung des Grads der Redundanz an seine Bedürfnisse /23/. Hier wird FT im Bereich der Büroautomatisierung mit SW und HW-Unterstützung verfolgt.

5.3   Fehlertolerante DV-Systeme für spezielle technische Anwendungen

5.3.1 Rechnersysteme ESS No. 1A und PLURIBUS in Vermittlungssystemen

Das wohl älteste erprobte FT-System ist das Rechnersystem des elektronischen Telefonvermittlungssystems ESS No. 1A, das eine hohe Verfügbarkeit von insgesamt 0,4 min Ausfallzeit pro Jahr bei 0,02 % falschen Verbindungen erreichen soll /7/. Es ist Ziel der FT hier, Zeit für die umfangreiche manuelle, mit elektronischen Hilfsmitteln unterstützte Wartung und Reparatur zu gewinnen und diese parallel zum Betrieb ausführen zu können. Zuverlässigkeitsberechnungen zeigten, daß eine Vollduplex-Struktur zur Tolerierung von HW-Fehlern ausreicht (Bild 8).

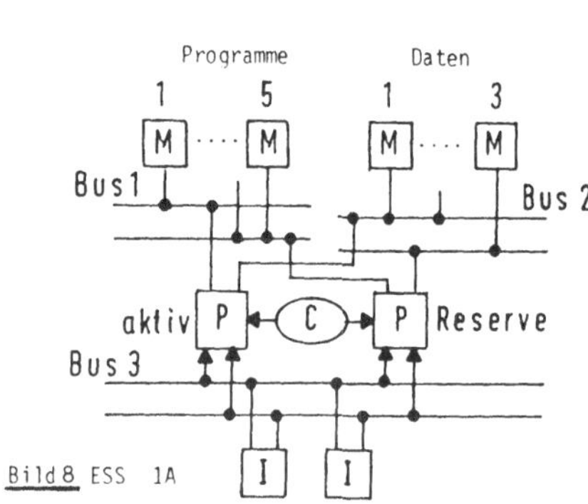

Bild 8 ESS 1A

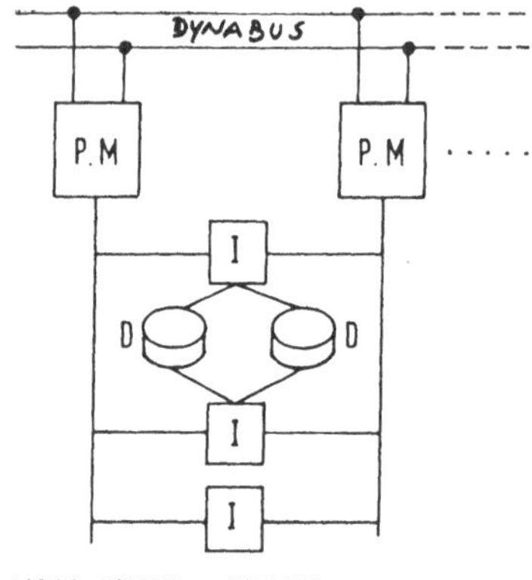

Bild 9 TANDEM u. NIXDORF

Die HW führt laufend Ü b e r p r ü f u n g e n durch wie die der Rechenergebnisse, Zeitdauer von Aktionen, Kodierung von Information und Funktionen von kritischen HW-Komponenten. Die SW prüft auf Fehler in der Datenbasis aufgrund redundant abgelegter Daten und diagnostiziert auf latente Fehler. Die D i a g n o s e soll die max. Reparaturzeit auf 2 Std. drücken. 90 % der Fehler sollen von der automatischen Diagnose auf maximal drei Module eingegrenzt werden bei einer Fehlerentdeckungswahrscheinlichkeit von 95 %. Es werden alle Fehler erfaßt und analysiert, um Schwachpunkte im System zu entdecken und durch Preventivwartung zu beseitigen. Zum Nachweis der Diagnosefähigkeiten wurden 2000 zufällige Fehler gesät, von denen 99,8 % automatisch gefunden wurden und über Simulationen stellte man fest, daß 95 % der Fehler von Diagnoseprogrammen lokalisiert werden konnten. Rekonfiguriert wird durch Anschalten von Ersatzschaltkreisen.

Das die USA überspannende ARPA-Rechnernetz wird an den Knoten von den FT-Rechnern PLURIBUS gesteuert, die auch bei Dauerfehlern eine hohe Verfügbarkeit und eine Fehlerbehebung innerhalb einer Sekunde erreichen müssen /7/. Sieben redundante Prozessoren können über drei Busse auf jeweils zwei Speicher und zwei E-/A-Koppler zugreifen. Die Programme dienen der Überwachung der Datenkommunikation zwischen den Knoten und prüfen vor allem zyklische Zeitabstände und Datenkonsistenz.

5.3.2 Rechnersystem MIRA für Reaktorschutz

Zur sicheren Abschaltung eines schnellen Kernreaktors bei Überhitzung wurde im IDT das mikrorechnergesteuerte Reaktorabschaltsystem MIRA entwickelt, das aus vier Funktionsgruppen mit je drei redundanten Mikrorechnern besteht /24/. Die erste Gruppe erfaßt die Meßdaten, zwei folgende parallele Gruppen führen unterschiedliche Grenzwertprüfungen durch und die letzte Gruppe entscheidet aufgrund physikalischer Kriterien, ob der Reaktor abgeschaltet werden soll. Das Ausgangssignal wird vor Auslösung

durch einen HW-Voter gesichert (Bild 10). Die Struktur der Redundanz orientiert sich
also an der Struktur der Aufgaben des Systems. Die asynchron laufenden Rechner überprüfen sich gegenseitig durch Vergleich ihrer Rechenergebnisse und durch Zeitkontrol-
le. Jeder Rechner wird außerdem zyklisch durch Fehlerdiagnoseprogramme getestet.

Für jeden redundanten Rechner wird diversitäre SW erstellt, um SW-Fehler zu tolerieren. Die Diversität wird dadurch erreicht, daß für die gleichen Funktionen die Programme in drei verschiedenen Sprachen (PASCAL, IFTRAN und PL/M) von jeweils drei verschiedenen Programmierern geschrieben werden.

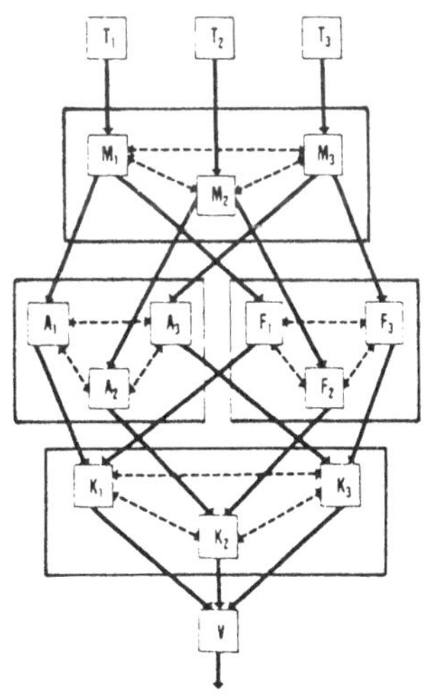

Bild 10: Schutzrechnersystem MIRA

T,   Temperatur-Meßwertgeber

M,   Rechner zur Plausibilitätsprüfung und
     Mittelwertberechnung

A,   Rechner zur Grenzwertprüfung der
     aktuellen Meßwerte

F,   Rechner zur Grenzwertprüfung der
     gefilderten Meßwerte

K,   Rechner zur Bewertung der Abschalt-
     kriterien

V,   Hardware 2-von-3-Voter

Jede Rechnergruppe besteht aus drei redundanten Rechnern

(i = 1,2,3)

5.4   Auf dem Markt angebotene FT-Systeme

Das erste FT-System, das vor allem für transaktionsorientierte Dialogverarbeitung
(1976) auf den Markt kam, ist das Nonstop-System von TANDEM. Dieses System soll ausreichende Datenintegrität und Verfügbarkeit garantieren (u.a. durch ungestörten Betrieb auch bei Wartung). Es verbindet hohen Informationsdurchsatz durch Rechner-Paral-
lelbetrieb mit Fehlertoleranz durch Umschalten auf Einfachbetrieb, indem eine fehlerhafte Einheit durch eine parallele Einheit ersetzt wird /25/. Diese Einheiten
sind Prozessoren, Speicher, Steuereinheiten, Peripheriegeräte und Stromversorgungen.
Bis zu 16 Prozessoren können über einen schnellen Duplexbus (DYNABUS) miteinander
verbunden werden (Bild 9). Ein Prozessormodul besteht aus CPU, fehlerkodiertem Arbeitsspeicher, E-/A-Kanal- und Bus-Anschlüssen. Der Doppelanschluß von Steuereinheiten gestattet bei Ausfall eines Kanals oder Prozessors die Weiterarbeit des Geräts.
In der "gespiegelten" Anordnung zweier Plattengeräte mit gleichem Speicherinhalt,
kann bei Ausfall eines Geräts ein Datenbankbetrieb ungestört weiterlaufen. F e h l e r
in einem Prozessor werden durch gegenseitiges Austauschen von Statusmeldungen an Prüf-
punkten den parallel laufenden Prozessoren mitgeteilt bzw. durch Ausbleiben der Meldung festgestellt. Der Anwender muß in seinem Programm die Fehlerbehandlung selbst
mit Unterstützung des BS und Datenverwaltungssystems vornehmen.

Eine ähnliche Zielsetzung und Struktur weist das neue System 8832/DELTA von Nixdorf
auf, das sich an das AURAGEN 4000-System anlehnt. Hier werden moderne Mikroprozesso-

ren zu eigenständigen Rechnereinheiten (Clusters) über einen internen Bus verknüpft.
Die Clusters verkehren über einen schnellen Duplex-Bus miteinander und können hier-
über zu unterschiedlicher Redundanz verbunden werden. Fehler werden durch HW erkannt
und diagnostiziert. Als Betriebssystem liegt UNIX zugrunde. Auf dieses System wird
in einem eigenen Beitrag (von May) eingegangen.

Das von DEC angebotene VAX-Cluster-System verwendet Rechner der VAX-Familie, die auch
über einen Duplex-Bus miteinander verkehren und durch zusätzliche Betriebsmittel FT-
Eigenschaften aufweisen können.

Im STRATUS-System, das von Olivetti in Europa vertrieben wird, werden HW-Fehler durch
Redundanz auf tieferer HW-Schicht isoliert /26/. Jeder Prozessor besteht aus zwei redundanten Mikroprozessoren, die ihrerseits aus zwei redundanten Schaltungen bestehen.
Bei fehlender Übereinstimmung der Ergebnisse wird der betreffende Mikroprozessor abgeschaltet und zum Austausch gemeldet.

Für den Einsatz in Prozeßautomatisierungssystemen liefert Krupp-Atlas das Synchron-
Duplex Rechner System SDR 1300, das bei Fehler in einem Rechner auf den anderen, als
heiße Reserve mitlaufenden Rechner automatisch umschaltet /17/. Eine eigene Überwa-
chungs- und Fehlerbehebungs-Logik sorgt dafür, daß sich der Anwender nicht um die
Fehlerbehandlung kümmern muß.

Aus den Erfahrungen im SIFT-Projekt entstand das "Can't Fail" August 300-System, das
einen sicheren Realzeit-Betrieb für industrielle Automatisierungssysteme gewährleisten
soll /17,27,28/. Das System besteht aus drei Rechnern, die aus Standard-Mikroprozes-
soren aufgebaut sind und die gegenseitig über direkte 'read-only'-Leitungen die Ergebnisse ihrer SW zur Überprüfung austauschen. Die Signale zum technischen Prozeß werden
über 3-fach redundante HW vor Ausgabe gesichert.

Das für militärische Zwecke von IBM entwickelte FT-System AN/UYK-43, das in seiner
Struktur dem STAR ähnelt, wird in /29/ beschrieben.

Von INTEL wird der Mikroprozessor iAPX 286 mit besonderer Schutz-Architektur angeboten. Zum Schutz des Zugriffs auf kritische Daten und des Anstoßes kritischer Prozeduren (z.B. zur Behandlung von Unterbrechungen) können über HW-gesteuerte Tabellen
vier Schutzzonen mit aufsteigenden Zugriffsrechten gebildet werden. Nur über ein Tor
(gate) kann in eine Schicht mit höherem Schutzrecht eingegriffen werden (Bild 11)
/30/. Ein fehlertolerantes verteiltes System mit Mikroprozessoren des Typs iAPX 432
ist in /31/ beschrieben.

Bild 11: Regeln für Zugang
          von Schutzzonen von
          a) Daten b) Prozeduren
(P = Prozedur, D = Daten, G = Tor)

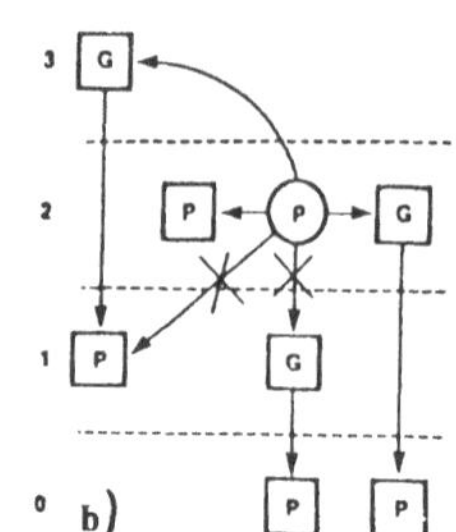

6. Software-Fehlertoleranz

Mit fehlertoleranter SW wird oft auch die Software bezeichnet, die Fehlertoleranz-
funktionen ausführt wie z.B. Bereichsschutz, Zugangskontrolle und Fehlerbehebung
durch das BS /32,33/. Hier soll Software-Fehlertoleranz (SW-FT) im engeren Sinne bedeuten, daß Fehler in der SW vom System toleriert werden. SW-Fehler sind Entwurfsfehler,
die durch analytische Verfahren (z.B. formalen Korrektheitsbeweis, Testen), redundante Information und Diversität entdeckt und lokalisiert werden können. Die im Abschnitt 3 angegebenen Schritte zur Zuverlässigkeitsverbesserung bzw. Fehlertoleranz
gelten auch für SW-Fehler. Formale K o r r e k t h e i t s b e w e i s e für grös-
sere SW-Systeme und PDV-Systeme mit Zeitbedingungen sind bisher nicht praktikabel.

R e d u n d a n t e   I n f o r m a t i o n kann durch Anwendung unterschiedlicher
Fehlerkorrekturcodes für dieselben Daten erzeugt werden. Dadurch können gleiche Werte
von Variablen und Parameter in unterschiedlicher Form abgespeichert und weitergereicht
werden, was in einem Steuersystem der Eisenbahntechnik angewendet wurde /34/. Adressen zur Ansteuerung von Daten in Dateien können redundant, d.h. unterschiedlich, angegeben werden, z.B. durch Zähler, Listen und Zeiger, die vor dem Zugriff auf die
Datei verglichen und auf Konsistenz geprüft werden /35/. Mehrfache Zuordnung eines
Datenelements zu mehreren Dateien ist eine andere Art der Redundanz, die allerdings
bei nicht korrektem mehrfachen Aktualisieren der Datenwerte zu anderen Fehlern führen kann.

S W - D i v e r s i t ä t ist bisher nur wenig, und soweit bekannt, nur in der Kerntechnik eingesetzt worden /36,37/. Der Grund liegt wohl in den erhöhten Kosten und
auch darin, daß in anderen sicherheitsorientierten Anwendungsbereichen wie in der
Luft- und Raumfahrt weitergehende Diversität wesentlicher Funktionen existiert. So
wird die Navigation durch unterschiedliche Radar- und Peilsysteme diversitär ausgeführt. In kritischen Bereichen von technischen Anlagen sind HW-Verriegelungen diversitär zu den Ausgaben des Steuerrechners angeordnet, damit ein Ausfall des Rechners
keine katastrophalen Folgen hat. Aber in dem Maße wie DV-Systeme komplexere Sicher-
heitsfunktionen übernehmen und Diversität nicht durch relativ einfache HW erreicht
werden kann, wird SW-Diversität eine größere Rolle spielen

Damit sich auch die SW f e h l e r t o l e r a n t verhält, können kritische Teile
oder die gesamte SW d i v e r s i t ä r aufgebaut werden. Diversitär bedeutet, daß
eine Funktion über zwei oder mehrere unterschiedliche Wege realisiert wird, die gleiche Ergebnisse liefern. Die möglichen Fehlerquellen sollen in den verschiedenen Rea-
lisierungswegen ebenfalls weitgehend unterschiedlich sein, so daß ein Fehler immer
nur in einem Weg auftreten kann und damit leicht durch Vergleich der Ergebnisse unterschiedlicher Wege entdeckt werden kann. So kann eine Software-Funktion durch drei
unterschiedliche Versionen (z.B. Programmodule mit unterschiedlichen Algorithmen) realisiert werden, deren Ergebnisse nach Synchronisation des Ablaufs miteinander vergli-

chen werden (Bild 12). Über einen SW-Vergleicher (Voter) wird, ähnlich wie bei der HW, der abnormale Modul ausgeschieden /6,38/.

Diversität kann auch durch Einsatz verschiedener Sprachen und Personen bei der Implementierung und beim Test (wie beim Schutzsystem MIRA und internationalem kerntechnischen Projekt PODS) erreicht werden /36,37/. Der Grad der Diversität hängt vom Verfahren ab und kann bisher nur qualitativ abgeschätzt werden.

Ähnlich wie bei der dynamischen HW-Redundanz sieht die "R e c o v e r y   B l o c k" Methode mehrere alternative SW-Module für die gleiche Funktion vor. Nach seiner Ausführung wird der aktive Modul getestet und bei Fehler ersetzt (Bild 13). Zusätzliche Kosten und Laufzeit werden auf nur 10-25 % geschätzt, da frühere, weniger effiziente Versionen als Ersatz verwendet werden können /6/. Als Test kann auch die Überprüfung der Laufzeit oder in vereinfachter Form kann die Prüfung der Ergebnisse auf Plausibilität und Konsistenz (Assertionen) herangezogen werden.

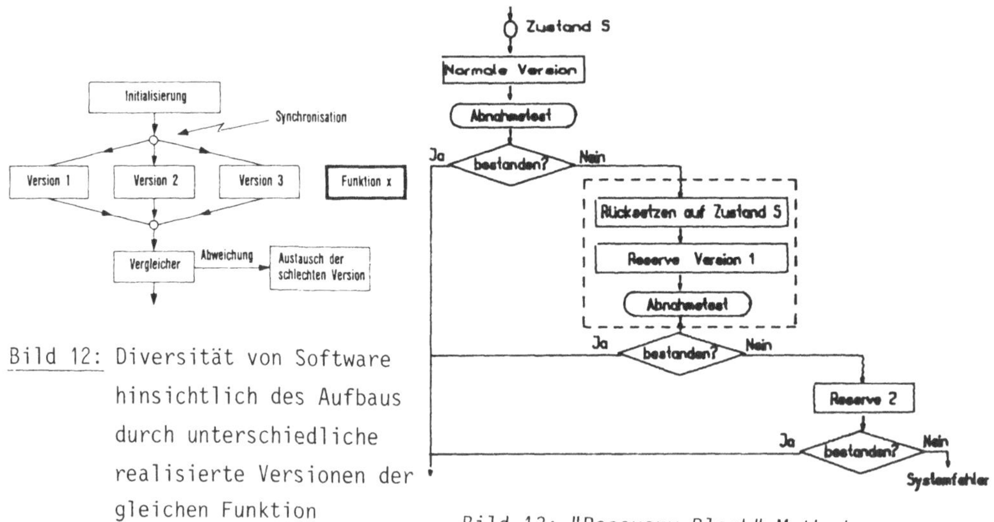

Bild 12: Diversität von Software hinsichtlich des Aufbaus durch unterschiedliche realisierte Versionen der gleichen Funktion

Bild 13: "Recovery Block" Methode

Bei beiden Verfahren wird der schlechte SW-Modul gesperrt und nach Rücksetzen auf den letzten Synchronisationspunkt mit einer guten Version w i e d e r a n g e l a u f e n. Bei zyklischen Realzeit-Systemen können Zeitfehler unterbunden werden, wenn simultane Tasks nur von gemeinsam definierten Rücksetzpunkten wiederanlaufen können /39/.

7. Analytische Maßnahmen

7.1 Zuverlässigkeitsmodelle

Um die Effektivität der Maßnahmen zur Zuverlässigkeitsverbesserung abzuschätzen, können mathematische Modelle unterschiedlicher Komplexität aufgestellt werden. Diese Modelle sind ursprünglich für die Untersuchung der Zuverlässigkeit von HW-Systemen vor allem in der Sicherheitstechnik entwickelt worden und werden nun auch für DV-Systemstrukturen eingesetzt /5,40/. Es soll hierauf nicht näher eingegangen, sondern nur auf einige einfache, aber überzeugende Beispiele hingewiesen werden. So zeigt Bild 14 /41/, daß die dynamische Redundanz gegenüber der statischen 3-Redundanz (TMR) bedeutend zuverlässiger ist. In /42/ wird anhand einfacher Modelle bewiesen, daß die Zuverlässigkeit von Software bei Verwendung einfacher bis aufwendiger Fehlertoleranz um 75 bis 90 % verbessert werden kann. Bezieht man den in Bild 15 /18/ angegebenen Zusammenhang zwischen Fehlertoleranz und Kosten mit ein, so kann man eine grobe Kostenanalyse durchführen. In /43/ werden Modelle und Maße zur Abschätzung der Qualität von Software angegeben. /44/ verwendet Bedienmodelle und Diagnostikgraphen, um fehlertolerante DV-Systeme quantitativ zu beschreiben. Da bereits bei mittelgroßen Systemen die analytischen Berechnungen zu komplex werden, müssen Rechenprogrammsysteme wie ARIES /46/ und Simulationssysteme /45/ eingesetzt werden. ARIES enthält Programme zur Entwicklung und Bewertung von Modellen für unterschiedliche FT-Strukturen bei transienten und permanenten Fehlern. Um Zuverlässigkeitsmodelle für die Analyse und Bewertung großer DV-Systeme in der Praxis einsetzen zu können, sind noch umfangreiche Forschung und Entwicklung erforderlich.

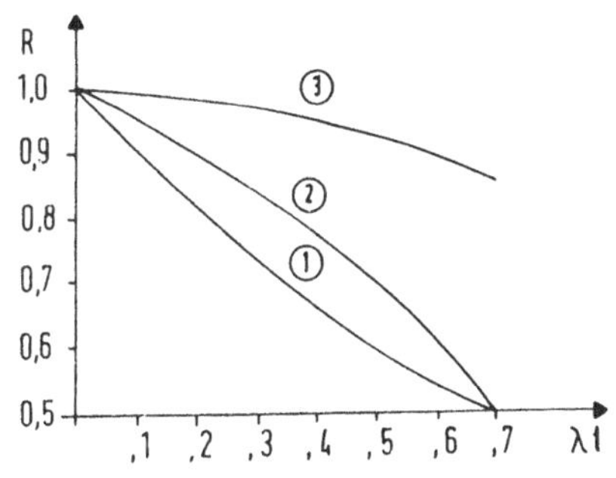

Bild 14 Vergleich der Zuverlässigkeit R
bei

① keiner Redundanz
② statischer 3-facher Redundanz (TMR)
③ kalter Reserve
λt ist die normalisierte Zeit mit
λ konstanter Fehlerrate

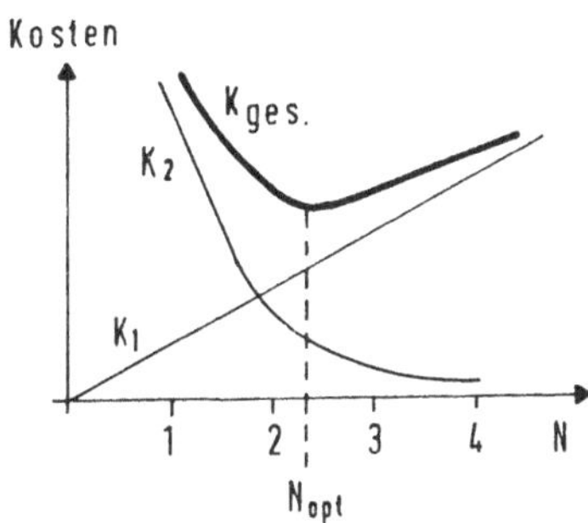

Bild 15 Idealisierter Kostenverlauf bei FT-Systemen

K_1 Hardware-Kosten inkl. Reparaturkosten
K_2 Kosten durch nicht tolerierte Ausfälle wie Produktionsausfälle, Wartungskosten
K_{ges} Gesamtkosten K_1 + K_2
N_{opt} optimale Zahl v. Systemeinheiten

7.2 Testen von Software

Während der Entwicklung der SW für ein DV-System sind eine Reihe von Tests durchzuführen, die sich an den einzelnen Phasen des Entwicklungsprozesses orientieren /1,47/. Es ist wichtig, daß die Tests sorgfältig geplant werden, da sie vor allem bei Realzeit-Systemen viel Aufwand (nach /42/ bis zu 50 % des Entwicklungsaufwandes) kosten. Wir unterscheiden hierbei Tests, die Fehler bei der Erzeugung des Produkts einer Phase entdecken sollen, und V e r i f i k a t i o n, bei der das SW-Produkt (am Ausgang) mit den Spezifikationen (am Eingang) jeder Phase verglichen wird sowie V a l i d a t i o n, bei der das endgültige SW-Produkt aufgrund der System-Anforderungsspezifikation bewertet wird. Um Entwicklungsfehler rechtzeitig zu entdecken und zu korrigieren, und damit ihre Fortpflanzung in nachfolgende Phasen zu verhindern, muß vor Beginn eine Entwicklungsphase die Verifikation der vorhergehenden Phase durchgeführt werden. Teste und Verifikation sind also Aktivitäten, die p a r a l l e l zur Entwicklung und nich erst am Ende der Implementierung erfolgen sollen.

So können die Anforderungsspezifikationen auf ihre Vollständigkeit und Plausibilität geprüft werden. Der Systementwurf wird auf Erfüllung der Anforderungen sowie auf Leistungs- und Fehlertoleranzeigenschaften untersucht. Soweit wie möglich werden kritische Bereiche des dynamischen Verhaltens über Datenfluß-, Steuerfluß- und Warteschlangenmodelle mit Hilfe von Simulationen abgeschätzt. Besonders sollen hierbei abnormale Betriebszustände, Fehlerbehandlungs- und -toleranzmechanismen der Systemstruktur (von HW und SW) analysiert werden. Die implementierten Programme werden über mehrere Arten von Tests aufgrund ihrer statischen und dynamischen Struktur geprüft /48,49,50,1/. Bei PDV-Systemen werden für die dynamischen Tests schrittweise die Prozeßsignale eingespeist, zuerst über S i m u l a t i o n erzeugte, dann reale Signale, um sicherzugehen, daß die angeschlossene technische Anlage beim Testen nicht gestört oder gar beschädigt wird.

Bei allen Tests müssen die Eingangstestdaten so gewählt bzw. erzeugt werden, daß alle Teile, Verbindungen und ihre zeitabhängigen Kombinationen ausreichend aktiviert und alle kritischen Fehler simuliert werden, was ein bisher noch nicht befriedigend gelöstes Problem darstellt. Dies trifft auch auf das Testen der mit umfangreicher Logik bestückten VLSI-Bausteine zu.

Da die Zahl der zu erzeugenden und zu verwaltenden Testdaten rasch ins Unermeßliche ansteigt und diese aus der komplexen Systemstruktur abzuleiten sind, müssen weitgehend rechnergestützte T e s t w e r k z e u g e wie RXVP von GRC /48/ eingesetzt werden, das im Prinzip dem SADAT /51/ ähnlich ist. Voraussetzung für den Einsatz systematischer und automatischer Testverfahren ist eine eindeutige und gut d o k u m e n t i e r t e Beschreibung der zu testenden SW.

Viele der während der Entwicklung entstandenen Testprogramme können auch zur Wartung oder im laufenden Betrieb über Ferndiagnose eingesetzt werden. Die Ferndiagnose von einer zentralen Stelle aus, an der umfangreiche Unterstützungssoftware zur Verfügung steht, wird durch spezielle Diagnoseprozessoren in den weit vertreuten zu testenden DV-Systemen erleichert /52/.

Die Technik des SW-Testens ist mannigfaltig und umfangreich. Hier konnten nur kurze Andeutungen gegeben werden. Trotz des Umfangs und der weiten Verbreitung des Testens mangelt es noch an quantitativen Bewertungen der verschiedenen Testverfahren bzgl. Güte und Kosten der erreichten Zuverlässigkeit von DV-Systemen.

8. <u>Maßnahmen zur Qualitätssicherung</u>

Um sicherzustellen, daß die oben beschriebenen konstruktiven und analytischen Maßnahmen bei der Entwicklung eines hoch-zuverlässigen DV-Systems auch in der der Anwendung
angemessenen Weise durchgeführt werden, bedarf es besonderer Maßnahmen zur Qualitätssicherung. Es wird hierzu vorausgesetzt, daß die bekannten P r o j e k t m a n a -
g e m e n t - Methoden zur systematischen Vorgehensweise bei der Entwicklung von technischen Systemen von der Systemanalyse bis zur Inbetriebnahme angewendet werden /53,54,
55/. Das beinhaltet auch eine systematische projektbegleitende D o k u m e n t a t i -
o n, die rechnerunterstützt als Projektbibliothek dient /56/.

Die Q u a l i t ä t s s i c h e r u n g bei großen und sicherheits-orientierten
Projekten umfaßt die Überprüfung der Ergebnisse der einzelnen Entwicklungsphasen,
die Bereitstellung von technischen Hilfsmitteln, die Steuerung von Systemänderungen,
die Verwaltung und Auswertung von Testergebnissen, die Wartung und Schulung /57,58,
59/.

Die E n t w i c k l u n g s e r g e b n i s s e werden durch Inspektion von Doku-
menten, durch Tests von HW und SW in verschiedenen Aufbauebenen (in einem eigenen
Prüffeld) und durch analytische Üntersuchungen überprüft. So muß z.B. in der Anfor-
derungsanalyse festgelegt werden, welche kritischen Bereiche der technischen Anlage
von dem DV-System beeinflußt werden und daher Fehlertoleranz erfordern /55/. Für
die Tests des Entwurfs und der realisierten HW/SW muß eine T e s t s t r a t e g i e
aufgestellt werden, die die verschiedenen Tests, ihre Hilfsmittel und ihr Personal
innerhalb des zeitlichen Projektrahmens beschreibt. So prüft ein neutrales Test-
team in wohl geplanten Schritten die SW von kerntechnischen Schutzsystemen wie bei
MIRA /60/, PODS /37/ und in den USA /61/, so daß diese auch für eine Genehmigungs-
behörde transparent ist. Technische H i l f s m i t t e l wie Testwerkzeuge, Simulationssysteme und Testumgebungen müssen rechtzeitig bereitgestellt und/oder speziell
entwickelt werden. Ä n d e r u n g e n des Entwurfs und der Implementierung müssen
entsprechend ihren Konsequenzen bezüglich Risiko, Aufwand und Terminverzögerung über
eigene Entscheidungsinstanzen unterschiedlich behandelt werden, um sicherzustellen,
daß Kosten/Nutzen im erträglichen Verhältnis stehen. Die Ergebnisse der vielen Tests
können wertvolle Hinweise auf Schwachstellen im System, Trends und Ansatzpunkte zur
Verbesserung bzw. Reduktion der Tests geben. Statistische A u s w e r t u n g e n
helfen die Abschätzungen quantitativ zu untermauern, wozu eine rechnergestützte
V e r w a l t u n g der T e s t d a t e n Voraussetzung ist. Strategien zur
p r e v e n t i v e n W a r t u n g können auf diesen Auswertungen basieren. Um
die Qualitätssicherung neutral zu halten, sollte eine möglichst von der Entwicklungs-
abteilung getrennte O r g a n i s a t i o n mit eigenem Personal und eigenständiger
Verantwortung gebildet werden. Neben diesen organisatorischen Maßnahmen sollten neue
Formen m e n s c h l i c h e r Kommunikation und Teamarbeit aufgrund phsychologi-
scher Erkenntnisse gefunden werden, um gerade bei der SW-Entwicklung, wo der Mensch

immer komplexere Programme und damit auch Fehler produziert, die Qualität zu verbessern. In Japan werden neue, dem Menschen förderliche Wege zur Qualitätsverbesserung
gegangen /62/, die einer näheren Untersuchung wert sind. Die S c h u l u n g sollte
daher nicht nur technische Fertigkeiten und den Umgang mit Werkzeugen sondern auch
Geschick bei der menschlichen Zusammenarbeit vermitteln.

9. Schlußbemerkung

Der Trend zu stärker integrierter Mikroelektronik, zu schnellerer Kommunikation und
zu intelligenterer Software wird anhalten und damit eine noch größere Vielfalt und
Flexibilität an Systemlösungen für hohe Zuverlässigkeits- und Sicherheitsanforderungen
ermöglichen. Damit wird aber auch die Behandlung von Entwicklungsfehlern in SW und HW
vordringlich und es müssen in verstärktem Maße wissenschaftlich fundierte systemtechnische Strategien und Strukturen zum optimalen Einsatz der zur Verfügung stehenden
Technologie entwickelt werden. Wie wir gesehen haben, sind viele technische und organisatorische Maßnahmen und Werkzeuge notwendig, um Zuverlässigkeit in DV-Systeme ein-
zubauen und sie über die Lebensdauer des Systems zu gewährleisten. Um ihren Einsatz
sinnvoll abzuwägen und an die jeweilige Aufgabenstellung anzupassen, bedarf es system-
technischer Einsicht und Entscheidungen.

Literatur

/ 1/   Trauboth, H.: "Gesichtspunkte und Verfahren zum Erreichen hoher Zuverlässigkeit
        von Software".Fachbericht Messen-Steuern-Regeln (5), Meß- und Automatisierungs-
        technik, INTERKAMA 80, Springer, 1980.

/ 2/   Görke, W. (Hrsgb.): "Zuverlässigkeitsbegriffe im Hinblick auf komplexe Soft-
        ware und Hardware". NTG-Empfehlung 3004, Entwurf 1982.

/ 3/   Anderson, T.; Randell, B. (Ed.): "Computing Systems Reliability", Cambridge
        University Press, 1979.

/ 4/   Avizienis, A.: "Fault-Tolerance: The Survival Attribute of Digital Systems",
        Proc. of IEEE, Vol. 66, No. 10, Oct. 1978.

/ 5/   Shooman, M.: "Software Engineering - Design, Reliability and Management,"
        McGraw Hill, 1983.

/ 6/   Anderson, T.; Lee, P.: "Fault-Tolerance - Principles and Practice,"
        Prentice Hall International, 1981.

/ 7/   Randell, B. et al.: "Reliability Issues in Computing System Design",
        Computing Surveys, Vol. 10, No. 2, June 1978.

/ 8/   Görke, W.: "Zur Begriffsbildung im Fachgebiet Fehlertoleranter Rechensysteme",
        GI-Fachgruppe Fehlertolerierende Rechensysteme, Mitteilungen Nov. 1983.

/ 9/   Hopkins, A.: "Fault-Tolerant System Design: Broad Brush and Fine Print",
        Computer, März 1980.

/10/   Kohler, W.: "A Survey of Techniques for Synchronization and Recovery in Decen-
        tralized Computer Systems", Computing Surveys, Vol. 13, No. 2, June 1981.

/11/   Dadam, P. et al.: "Recovery in distributed databases based on non-synchro-
        nized local checkpoints", Proc. IFIP, North Holland, 1980.

/12/   Leszak, M.; Breitwieser, H.: "A Fault-Tolerant Scheme for Distributed Trans-
        action Commitment", Proc. 3. Intern. Conference on Distrib. Comp. Systems,
        Miami, Oct. 1982.

/13/   Avizienis, A. et al.: "The STAR computer: an investigation of the theory and
        practice of fault-tolerant computer design", IEEE Trans. Computer, C-20, 11,
        November 1971.

/14/   Rennels, D.: "Distributed Fault-Tolerant Computer Systems", Computer, März 1980.

/15/ Hopkins, A.: "FTMP - A Highly Reliable Fault-Tolerant Multiprocessor for Aircraft", Proc. of IEEE, Vol. 66, No. 10, Oct. 1978.

/16/ Goldberg, J.: "SIFT: A provable fault-tolerant computer for aircraft flight control", Proc. IFIP, 1980.

/17/ Weiß, R.: "Fault-tolerant Computer Systems", Process Automation 2/1983, Oldbg.

/18/ Färber, G.: "Fehlertolerante Rechnersysteme für die Prozeßautomatisierung", Regelungstechnische Praxis, Heft 5, 1982.

/19/ Kopetz, H. et al.: "Fehlertoleranz in MARS", Informatik-Fachberichte, GI-Fachtagung, München, März 1982.

/20/ Siewiorek, D. et al: "A case study of C.mmp, Cm , and C.vmp: Part 1 - Experiences with fault tolerance in multi-processor systems", Proc. IEEE 66, 1978, S. 1178-1199.

/21/ Schmitter, J.: "Fault Tolerance in Distributed Systems", Siemens F+E-Bericht, Band 12, No. 1, Springer 1983.

/22/ Miyamoto, S.: "FMPA: A Fault-Tolerant Multi-Microprocessor System Based on Autonomous Decentralization Concept", Proc. Fault-Tolerant Comp. Symp. (FTCS), Mailand, Juni 1983.

/23/ Ammann, E. et al: "ATTEMPTO: A Fault-Tolerant Multiprocessor Working Station Design and Concepts", Proc. Fault-Tolerant Comput. Symp. (FTCS), Mailand, Juni 1983.

/24/ Fetsch, F. et al: "Entwurf eines hochzuverlässigen redundanten Mikrorechnernetzes", Informatik-Fachberichte GI-Jahrestagung, München, Springer, Okt. 81.

/25/ TANDEM: "Einführung in TANDEM Computer Systeme", Tandem Computers Inc. 1982.

/26/ "Je DV-abhängiger desto mehr Toleranz notwendig", Computerwoche, 16. Juni 1983, S. 43.

/27/ Wensley, J.: "Fault-tolerant computers ensure reliable industrial controls", Electronic Design, June 25, 1981.

/28/ Wensley, J.: "Fault Handling in the August Systems' Series 300", Proc. SAFE-COMP Conference, Oct. 1982.

/29/ Comfort, W.: "A Fault-Tolerant System Architecture for Navy Applications", IBM J. Res. Develop., Vol. 27, No. 3, May 1983.

/30/ Klebanoff, J.: "The iAPX 286 Protection Architecture", Proc. SIGSMALL Conf. Colorado Springs, August 1982.

/31/ Peterson, C. et all: "Two chips endow 32-bit processor with fault-tolerant architecture", Electronics, April 7, 1983.

/32/ Dennig, P.: "Fault Tolerant Operating Systems", Computing Surveys, Vol. 8, No. 4, December 1976.

/33/ Wensley, J.: "An Operating System for a TMR-Fault-Tolerant System", Proc. FTCS-13, Mailand, Juni 1983.

/34/ Sterner, B.: "Computerized interlocking system a multi-dimensional structure in the pursuit of safety", Railway Engineer International, Nov./Dec. 1978.

/35/ Black, J. et al: "A Case Study in Fault Tolerant Software", Software-Practice and Experience, Vol. 11, 1981, S. 145-157.

/36/ Gmeiner, L.; Voges, U.: "Software diversity in reactor protection systems: An experiment", IFAC-Workshop SAFECOMP 79, Stuttgart, May 1979.

/37/ Yoshimura, S.: "Project on Diverse Software (PODS)", Proc. OECD Halden Reactor Project Meeting, Loen, Norwegen, Mai 1983.

/38/ Kelly, J.; Avizienis, A.: "A Specification-Oriented Multi-Version Software Experiment", Proc. FTCS-13, Mailand, Juni 1983.

/39/ Anderson, T.: "A Framework for Software Fault Tolerance in Real-Time Systems", IEEE Trans. Software Eng,, Vol. SE 9, No. 3, May 1983.

/40/   Dal Cin, M.: "Fehlertolerante Systeme", Teubner, Stuttgart 1979.

/41/   Kopetz, H.: "Software Redundanz in Real-Time Systems", Proc. IFIP, North
         Holland, 1974.

/42/   Hecht, H.: "Fault-Tolerant Software for Real-Time Applications", Computing
         Surveys, Vol. 8, No. 4, Dec. 1976.

/43/   Mohanty, S.: "Models and Measurements for Quality Assessment of Software",
         Computing Surveys, Vol. 11, No. 3, Sept. 1979.

/44/   Syrbe, M.; Sänger, F.: "Modelle zum Entwurf fehlertolerierender Mehrrechner-
         system und deren Simulation", Informatik-Fachberichte, GI-Fachtagung,
         München, März 1982.

/45/   Neumann, H.: "Modellierung fehlertoleranter Prozeßautomatisierungssysteme",
         Informatik-Fachberichte, GI-Fachtagung, München, März 1982.

/46/   Avizienis, A.: "ARIES - An automated reliability estimation system",
         Proc. Annual Reliability and Maintainability Symp., Philadelphia, Jan. 1977.

/47/   Schmitz, P. et al: "Software-Qualitätssicherung - Testen im Software-Lebens-
         zyklus", Vieweg, 1982.

/48/   Gmeiner, L.; Voges, U.: "Erfahrungen mit dem Einsatz automatischer Werkzeuge
         für die Qualitätssicherung während Entwurf und Test", Proc. ACM-Tagung Soft-
         ware Qualitätssicherung, Neuhiberg, Teubner, März 1982.

/49/   Adrion, R.: "Validation, Verification and Testing of Computer Software",
         Computing Surveys, Vol. 14, No. 2, June 1982.

/50/   Sneed, H.: "Sinn, Zweck und Mittel der dynamischen Programmanalyse",
         Angewandte Informatik 8/1983.

/51/   Voges, U. et al: "SADAT - An Automated Testing Tools", IEEE Trans. Software
         Engineering, SE-6, May 1980.

/52/   Schneider, K.: "Ein System-Diagnoseprozessor für zentralen und dezentralen
         Einsatz in Prozeßrechner-Systemen", Informatik-Fachberichte, Fachtagung
         Prozeßrechner 1981, München, Springer-Verlag, März 1981.

/53/   Lockemann, P. et al: "Systemanalyse - DV-Einsatzplanung", Springer, 1983.

/54/   Hice, G. et al: "System Development Methodology", North Holland, 1979.

/55/   Trauboth, H.; Frey, H.: "Safety considerations in project management of
         computerized automation systems", Proc. IFAC-Workshop SAFECOMP 79, Stuttgart,
         May 1979.

/56/   Denert, E.; Hesse, W.: "Projektmodell und Projektbibliothek", Informatik-
         Spektrum, Bd. 3, 1980, S. 215-228.

/57/   Kappatsch, A. et al: "Erfahrungen mit einem Qualitätssicherungssystem für
         Prozeß-Software-Projekte", Regelungstechn. Praxis, Heft 8, 1983.

/58/   Walker, M.: "Managing Software Reliab", North Holland, 1981.

/59/   Cooper, J.; Fisher, M.: "Software Quality Management", Petrocelli Book, 1979.

/60/   Geiger, W. et all: "Program testing techniques for nuclear reactor protection
         systems", Computer, Vol. 12, No. 8, August 1979.

/61/   Ramamoorthy, C.V. et al: "Application of a Methodology for the Development
         and Validation of Reliable Process Control Software", IEEE Trans. Software
         Engineering, Vol. SE-7, No. 6, Nov. 1981, p 537-555.

/62/   Mizuno, Y.: "Software Quality Improvement", (COMPSAC 82), Computer, March 1983

/63/   Garcia-Molina, H.: "Reliability Issues for Fully Replicated Distributed Data-
         bases", Computer, September 1982.

EIN TRANSAKTIONSKONZEPT FÜR EIN BETRIEBSSYSTEM
MIT VIRTUELLEM SPEICHER
W. Ballin
E. Vogel
Institut für Informatik III
Universität Karlsruhe

Zusammenfassung

Das beschriebene Transaktionskonzept ist gekoppelt mit der Realisierung des virtuellen Speichers und steht im Gegensatz zum Verfahren der "before images" (s./GRA 78/),
bei dem die Rücksetzbarkeit von Transaktionen durch Sichern einer Seite vor dem Ändern erreicht wird.

Im beschriebenen Konzept werden jeder Seite des virtuellen Speichers 2 Abbilder auf
dem Seitenspeicher zugeordnet (vgl. /REU 80/, /LOR 77/), die abwechselnd zur Aufnahme
des aktuellen Seitenzustands und des Seitenzustands am Beginn einer Transaktion dienen. Neben dem Speicheraufwand ergibt sich der Laufzeitaufwand durch das notwendige
Durchschreiben aller geänderten Seiten bei Transaktionsende. Dieser Aufwand kann sich
folgendermaßen reduzieren:

(1) Seiten, die bereits im Zuge des normalen Seitentausches auf den Seiten-
    speicher zurückgeschrieben wurden, brauchen (falls sie nicht erneut ver-
    ändert wurden) bei Transaktionsende nicht mehr durchgeschrieben werden.

(2) Bei freier Kapazität des Seitenspeicherkanals können modifizierte Seiten vor-
    sorglich zurückgeschrieben werden.

Das Rücksetzen einer einzelnen Transaktion und die Systemrekonstruktion nach einem
Systemzusammenbruch erfordern ein Minimum an Seitenspeicherzugriffen.

1 Einleitung

Ein Transaktionskonzept bietet dem Benutzer die Möglichkeit zur Ausführung beliebiger
Operationsfolgen als Transaktionen. Eine Operationsfolge, die mit den Operationen

        trx_begin   und
        trx_end

geklammert ist, wird als Transaktion bezeichnet.

Eine Transaktion ist

(1) "konsistenzerhaltend"
in dem Sinn, daß das Ergebnis paralleler Transaktionen dem Ergebnis
einer bestimmten Folge der gleichen Transaktionen äquivalent ist,

(2) "rücksetzbar"
in dem Sinn, daß die Wirkung einer laufenden Transaktion an beliebiger
Stelle (auch in Ausnahmesituationen) durch die Operation

trx_reset

zurückgenommen werden kann,

(3) "dauerhaft"
in dem Sinn, daß eine abgeschlossene Transaktion in ihrer Wirkung nicht
verloren gehen kann (z.B. durch einen Speicherausfall).

Wir präsentieren im folgenden ein Transaktionskonzept, das an die Betriebssystemmecha-
nismen zur Realisierung eines virtuellen Speichers gekoppelt ist. Wir beschreiben das
Konzept in drei Schritten. Zunächst werden Systemzusammenbrüche ausgeschlossen, so
daß lediglich Fehler in der Anwendungssoftware zu einem expliziten Rücksetzen einer
Transaktion durch trx_reset führen. Das Grundprinzip wird in Abschnitt 2 unter der Annahme sequentiell ablaufender Transaktionen beschrieben. Abschnitt 3 enthält die zur
Durchführung paralleler Transaktionen notwendigen Erweiterungen. In Abschnitt 4 schließlich wird die Überwindung von Systemzusammenbrüchen durch eine einfache Systemrekonstruktion behandelt. Voraussetzung ist dabei die Zuverlässigkeit des Seitenspeichers
(z.B. Medium Platte). Auf zusätzliche Maßnahmen zur Überwindung von physikalischen
Fehlern des Seitenspeichers wird nicht näher eingegangen.

2 Sequentielle Transaktionen

Wir nehmen zunächst vereinfachend an, daß der Systemablauf aus einer Sequenz direkt
aufeinanderfolgender Transaktionen besteht (s.Abb.1) und beschreiben daran die Grundlagen des Transaktionskonzepts.

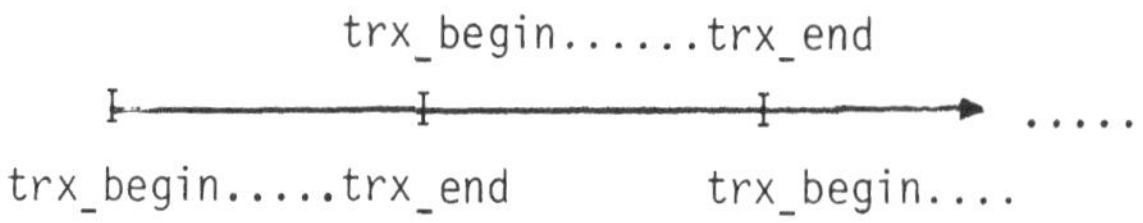

```
                    trx_begin......trx_end
         I------------------I---------------I-------->  .....

   trx_begin.....trx_end         trx_begin....
```

Abb. 1

Das Ende einer Transaktion fällt somit mit dem Beginn der nachfolgenden Transaktion zusammen.

In unserem System sei der virtuelle Speicher in v Seiten fester Länge unterteilt, die bei Bedarf in den phys. Hauptspeicher (HS) eingelagert bzw. auf den phys. Seitenspeicher (SS) ausgelagert werden.

Der HS und der SS sind wie üblich in h bzw. s Kacheln von Seitenlänge unterteilt. Jeder Seite $x \in [0,\ldots,v-1]$ sind jedoch 2 SS-Kacheln $SK_0(x)$ und $SK_1(x)$ zugeordnet. Der Einfachheit halber nehmen wir an, daß diese Zuordnung fest ist und sich einfach aus der Seitennummer x berechnen läßt (z.B. falls gilt: 4 h=v=s/2:

$$SK_0(x) = 2 \cdot x$$
$$SK_1(x) = 2 \cdot x+1$$

Die Kacheln $SK_0(x)$ und $SK_1(x)$ dienen wechselweise zur Aufnahme des bei trx_begin gültigen Seitenabbildes und als Auslagerungsbereich für die aktuelle Seite im HS.

Jeder Seite sind u.a. die binären Veriablen p(x), m(x) und a(x) mit folgender Bedeutung zugeordnet:

p(x) = 0 : die Seite x befindet sich nicht im HS

p(x) = 1 : die Seite x befindet sich im HS

m(x) = 0 : die Seite x wurde seit der letzten Einlagerung nicht modifiziert

m(x) = 1 : die Seite x wurde seit der letzten Einlagerung modifiziert

w(x) = 0 : die Seite x wurde seit dem letzten trx_begin nicht ausgelagert

w(x) = 1 : die Seite x wurde seit dem letzten trx_begin ausgelagert

a(x) = 0 : die konsistente Version von der Seite x befindet sich in $SK_0(x)$

a(x) = 1 : die konsistente Version von Seite x befindet sich in $SK_1(x)$

Die konsistente Version einer Seite ist der Seiteninhalt zum Zeitpunkt des letzten trx_begin.

Während einer Transaktion wird der Seitentausch folgendermaßen durchgeführt:

```
    procedure Seitenauslagerung(x:Seitennr.;hk:HS-Kachelnr.);
        begin
            auslagern(hk,SK_{\overline{a(x)}});
            p(x) : = 0;
            w(x) : = 1
        end;
```

```
procedure Seiteneinlagerung (x:Seintennr.;hk:HS-Kachelnr.);
   begin
         if w(x)=0 then
            einlagern(SK_a(x),hk)
         else
            einlagern(SK_‾a(x)‾,hk);
         m(x) := 0;
         p(x) := 1
   end;
```

Die konsistente Version der Seite x bleibt also während einer Transaktion in $SK_{a(x)}$ erhalten und kann bei trx_reset benutzt werden.

Am Ende einer Transaktion ergibt sich folgender Ablauf:


```
procedure trx_end;
    begin
          for x:=0 to v-1 do
          begin
             if p(x)=1 and m(x)=1 then
             begin
             <bestimme die von x belegte HS-Kachel hk(x)>;
             .Seitenauslagerung(x,hk(x))
             end;
             if w(x)=1 then
             begin
                a(x) := ‾a(x)‾;
                w(x) := 0
             end
          end
    end;
```


Es werden also alle von der Transaktion durchgeführten Änderungen auf dem SS sichtbar gemacht. Unter den bisherigen Annahmen (kein Systemzusammenbruch) könnte das Durchschreiben einer modifizierten Seite bis zum nächsten Schreibzugriff einer nachfolgenden Transaktion aufgeschoben werden. Die Berücksichtigung von Systemzusammenbrüchen (s.Abschnitt 4) erfordert jedoch obiges Vorgehen. Immerhin besteht eine gewisse Wahrscheinlichkeit, daß eine modifizierte Seite bereits während der Tranaktion durch den normalen Seitentausch ausgelagert wurde.

Beim Rücksetzen kann nun auf die konsistenten Seitenversionen zurückgegriffen werden:

```
procedure trx_reset;
   begin
           for x := 0 to v-1 do
           if w(x)=1 then
           begin
              p(x) := 0;
              w(x) := 0
           end
   end;
```

Beim nächsten Zugriff auf eine Seite x muß diese zunächst eingelagert werden. Wegen
$w(x)=0$ erfolgt die Einlagerung aus $SK_{a(x)}$, das die zu Beginn der Transaktion gültige
Version der Seite enthält.

3 Parallele Transaktionen

Die Durchführung paralleler Transaktionen wird durch das bekannte 2-Phasen Sperrprotokoll möglich:

  (1) Jede zugegriffene Seite ist vor dem ersten Zugriff entsprechend
      der Zugriffsart zu sperren.

  (2) Erst am Ende einer Transaktion werden alle Sperren aufgehoben.

Es sollten zumindest Lese- und Schreibsperren unterschieden werden. Verklemmungen
müssen erkannt werden und können durch Rücksetzen einer beteiligten Transaktion aufgelöst werden. Diese Konzepte sind in der Literatur ausführlich beschrieben.
(s./GRA 80/,/GRA 81/)

Beim Rücksetzen einer Transaktion müssen alle Sperren dieser Transaktion aufgeschoben
werden. Neben einer zentralen Datenstruktur central.lock zur Aufnahme des Sperrzustandes aller Seiten ordnen wir jeder Transaktion eine Datenstruktur trx.lock zu, die nur
die von dieser Transaktion gehaltenen Sperren enthält. Diese transaktionsspezifische
Protokollierung wird bei trx_reset und bei trx_end benötigt.

```
procedure trx_reset(trx:Transaktion);
   begin
        while not empty(trx.lock)do
        begin
           <lese und lösche Eintrag in trx.lock>;
```

```
        <beschaffe entspr. Seitennr.x>;
        if w(x)=1 then
        begin
            p(x) := 0;
            w(x) := 0
        end;
        <Seite x entsperren>
    end
  end;


  procedure trx_end(trx:Transaktion);
    begin
        while not empty(trx.lock)do
        begin
            <lese und lösche Eintrag in trx.lock>;
            <beschaffe entspr. Seitennr.x>;
            if p(x)=1 and m(x)=1 then
            begin
            <bestimme die von x belegte HS-Kachel hk(x)>;
            Seitenauslagerung(x,hk(x))
            end;
            if w(x)=1 then
            begin
                a(x) := a(x)‾;
                w(x) := 0
            end;
            <Seite x entsperren>
        end
    end;
```

Im Endeffekt haben wir somit für die Vektoren p,m,w,a mit Hilfe von trx.lock ein spezielles Rücksetzverfahren realisiert. Im Gegensatz zu den Seiten können wir diese Vektoren nicht als ganze sperren und einer Transaktion exklusiv zuordnen. Vielmehr werden die entsprechenden Operationen transaktionsspezifisch protokolliert und bei Bedarf quasi durch die inversen Operationen rückgängig gemacht.

An dieser Stelle wollen wir noch einmal auf den durch das Durchschreiben geänderter Seiten am Ende einer Transaktion bedingten Aufwand eingehen (vgl. /ELH 82/).

Betrachten wir dazu folgende Fälle:

(1) Bei Transaktionsende wird eine Seite durchgeschrieben, die erst nach "längerer"

Zeit wieder referiert wird und somit im Zuge des normalen Seitentausches sowieso ausgelagert werden müßte. Dadurch wird der Zeitpunkt des Auslagerns vorverlegt, was zu stoßweise erhöhten Anforderungen an den Seitentauschkanal führt.

(2) Bei Transaktionsende wird eine Seite durchgeschrieben, die bereits nach "kürzerer" Zeit wieder referiert wird und somit im Zuge des normalen Seitentausches eigentlich nicht ausgelagert werden müßte. Dadurch entstehen zusätzliche Seitenspeicherzugriffe.

Tendentiell dürfte der verhältnismäßige Aufwand geringer werden

- je länger die Transaktionen im Mittel andauern (die meisten modifizierten Seiten sind dann bereits im Zuge des normalen Seitentausches ausgelagert)

- je weniger modifizierte Seiten von nachfolgenden Transaktionen erneut modifiziert werden (Fall (2) tritt selten auf)

- je mehr Transaktionen parallel ablaufen (der Effekt der stoßweisen Anforderungen an den/die Seitentauschkanäl(e) wird abgemildert)

In einer Anwendung mit "vielen" parallelen, dialogorientierten Transaktionen über einem "großen" baumstrukturierten Datenbestand dürfte daher der zusätzliche Aufwand gering sein.

Darüber hinaus können freie Kapazitäten des Seitentauschkanals dazu verwendet werden, um geänderte Seiten vorsorglich auf den Seitenspeicher durchzuschreiben. Voraussetzung für eine solche Strategie ist eine Art "working-set"-Mechanismus, der die Menge der vorsorglich auszulagernden Seiten (Seiten die voraussichtlich bis zum Ende der Transaktion nicht mehr benötigt werden) in bestimmten Zeitabständen bestimmt. Für die vorsorglichen Auslagerungen ist ein gewisser Spielraum bezüglich ihrer Reihenfolge gegeben, so daß sie sich mit anderen Externspeicherzugriffen im Hinblick auf eine Optimierung von Armbewegungen des Plattengerätes geeignet kombinieren lassen.

4 Systemrekonstruktion

Wir wollen nun die Möglichkeit von Systemzusammenbrüchen (z.B. durch HW-Fehler) in Betracht ziehen und Mechanismen zu einer Systemrekonstruktion (SR) in das entwickelte Konzept integrieren. Derartige Mechanismen basieren auf der unterschiedlichen Sicherheit der phys. Speichermedien. Während Ausfälle des HS häufiger auftreten, gilt das Medium "Platte", auf dem wir uns den SS-Speicher realisiert denken, als relativ sicher. Die meisten SR-Mechanismen basieren daher auf dem Auslagern von Daten

auf Platte. Die relativ selten auftretenden Plattenfehler wollen wir hier nicht erfassen. Wir verweisen auf die üblichen in der Literatur bekannten Verfahren (z.B.
"duplicate discs","after image logging").

In einem transaktionsorientierten System wird die SR durch Rücksetzen aller zum Zeitpunkt des Zusammenbruchs aktiven Transaktionen durchgeführt. Die SR erfolgt an Hand
von Rekonstruktionsdaten, die während des Normalbetriebs ständig aktualisiert werden
müssen.

Einen wesentlichen Schritt zur SR haben wir bereits durch das Durchschreiben der modifizierten Seiten am Ende einer Transaktion geleistet. Änderungen einer beendeten
Transaktion sind somit gesichert und gehen bei einem Systemzusammenbruch nicht verloren. Das Problem, das wir hier zu behandeln haben, liegt in einer Rekonstruktion
der Vektoren p,m,w,a, so daß im Endeffekt die Änderungen aller beendeten Transaktionen
erhalten, die Änderungen der nicht beendeten Transaktionen aber unwirksam bleiben.

Die Vektoren p ,m und w werden dazu beim Wiederanlauf mit 0 initialisiert. Der
Vektor a muß bei jedem Transaktionsende auf der Platte gesichert werden. Er enthält
gerade die notwendige Information zur Unterscheidung von ungültigen und gültigen
Seitenversionen. Das Auslagern von a geschieht als letzte Aktion einer Transaktion
und muß unteilbar ablaufen.

Wir benötigen daher für das Schreiben von a auf Platte eine spezielle Subtransaktion
auf tieferer Ebene.

```
    procedure trx_end(trx:Transaktion);
        begin
             .
             .
             .
            a_sichern; {spezielle Subtransaktion}
        end;
```

Solange diese Subtransaktion nicht abgeschlossen ist, gilt auch die darüberliegende
Version als noch nicht beendet und wird beim Systemzusammenbruch zurückgesetzt.

Für die benötigte Subtransaktion lassen sich mehrere praktikable Verfahren (s./ELH 82/)
angeben, die jedoch von den phys. Gegebenheiten abhängen. Wenn wir zum Beispiel von
einem virtuellen Speicher von 16 MByte und einer Seitengröße von 4 KByte ausgehen,
so benötigen wir für den Vektor a 512 Byte, die wohl bei den meisten Platten in
in einen physikalischen Block passen dürften.

Es sei darauf hingewiesen, daß die Datenstrukturen trx.lock und central.lock
nicht auf Platte gesichert werden müssen. Sie können bei Wiederanlauf als leer initialisiert werden.

LITERATURVERZEICHNIS

/GRA 78/   J. Gray:
                  Notes on Data Base Operating Systems; In Operating
                  Systems - An Advanced Course, ... ,
                  Springer-Verlag 1978

/GRA 81/   J. Gray et. al.:
                  The Recovery Manager of the System R Database Manager
                  Computing Surveys, Vol. 17, No. 2, Juni 1981

/LOR 77/   R. A. Lorie:
                  Physical Integrity in a Large Segmented Database;
                  ACM Transactions on Database Systems
                  Vol. 2, No. 1, März 1977

/REU 80/   A. Reuter:
                  A Fast Transaction-Oriented Logging Scheme for UNDO
                  Recovery
                  IEEE Transactions on Software Engineering,
                  Vol. S. 6, No. 4, Juli 1980

/ELH 82/   K. Elhard:
                  Das Datenbank-Cache: Entwurfsprinzipien, Algorithmen,
                  Eigenschaften
                  TUM-18208, Mai 1982

<u>KURZE AUSFÄLLE TOLERIERENDE RECHENSYSTEME</u>

K. Heidtmann
Fernuniversität, FB Mathematik und Informatik
Postfach 940, 5800 Hagen

Zusammenfassung

Aus den Zuverlässigkeitskenngrößen von Rechensystemen, die keine kurz-
zeitigen Ausfälle tolerieren, werden die entsprechenden Größen solcher
Systeme hergeleitet, deren Betrieb etwa nach einem Teilausfall eine Zeit-
lang aufrechterhalten wird. In gleicher Weise werden Systeme untersucht,
deren kurze Betriebsdauern nicht zur Nutzungszeit gerechnet werden können. Beide Betrachtungsweisen werden abschließend zu einem Modell ver-
einigt. Der Vergleich der verschiedenen Kenngrößen zeigt die Auswirkung
der Fehlertoleranz auf die Betriebsdauer, die Verfügbarkeit und die
Nutzbarkeit von Rechnern und gibt Aufschluß über die Effektivität vor-
sorglicher Redundanz für die Architektur von Rechensystemen.

1. Einleitung

Ausfalltoleranz ist einer der wichtigsten Aspekte beim Betrieb von Rechenanlagen und beim Entwurf von Rechnerarchitekturen [1, S.2]. Sie
kann dazu dienen, Totalausfälle mit katastrophalen Folgen zu verhindern
oder sie solange hinauszuzögern, bis sie etwa durch Reparatur abgefangen werden können oder nach abgelaufener Missionszeit bedeutungslos
geworden sind. Früher wurden fehlertolerante Rechensysteme ausschließlich in Grenzsituationen wie Luft- und Raumfahrt, Reaktorsteuerung etc.
eingesetzt. In den letzten Jahren dringen sie jedoch auch in die kommerzielle Datenverarbeitung vor, da auch hier die Forderung nach ständiger Verfügbarkeit von Informationen und Rechenkapazität infolge der
größeren Abhängigkeit von den EDV-Anlagen an Bedeutung gewinnt. Die für
die Grenzsituationen entwickelte Fähigkeit fehlertoleranter Rechner,
ihre Arbeit bei Teilausfällen möglichst lange aufrechtzuerhalten, bis
die Fehler beseitigt sind, so daß keine Arbeitsunterbrechung, sondern
höchstens ein "sanfter Leistungsabfall" (graceful degradation, fail-
soft [2,3]) entsteht , ist auch für den Normalbetrieb von Vorteil.

Dem Nutzen der Ausfalltoleranz stehen die Kosten für die Bereitstellung
der notwendigen Redundanz gegenüber. Um beides gegeneinander abwägen zu
können, müssen Betreiber und Architekten von Rechensystemen den Nutzen

der Ausfalltoleranz quantitativ bewerten. Dazu sollen die in den folgenden Abschnitten hergeleiteten Zuverlässigkeitskenngrößen dienen.

In einigen Fällen ist die Ausfalltoleranz keine **Eigenschaft** des Rechners, sondern eine Folge seines Einsatzes. Steuert etwa ein Rechensystem einen Prozeß, der auch eine gewisse Zeit ohne Rückmeldung vorschriftsmäßig verläuft, so wirkt sich ein kurzer Ausfall des Rechners nicht negativ auf die Erfüllung seiner Aufgabe aus. Ähnlich kann auch ein kurzer Rechnerausfall im Batchbetrieb lediglich eine vernachlässigbare Verzögerung der Jobbearbeitung bedeuten. Andersherum kann es auch vorkommen, daß zu kurze Betriebszeiten, z.B. wegen der Wiederanlaufzeit, nicht genutzt werden können. In diesen Situationen sind die Werte für die mittlere Betriebs- und Ausfalldauer nicht charakteristisch für das Systemverhalten, da ja kurze Ausfall- bzw. Betriebszeiten für den Benutzer gar keinen Ausfall bzw. keine Nutzungsmöglichkeit bedeuten. Die hier zu verwendenden Zuverlässigkeitskenngrößen werden im folgenden definiert und an Beispielen demonstriert.

Ausgangspunkt der folgenden Untersuchung ist ein System mit den Betriebszeiten B_i und den Ausfallzeiten $A_i, i \in \mathbb{N}$. Diese bilden jeweils die Werte der Zufallsvariablen B und A. In Bild 1a wird der Betriebszustand mit 0 und der Ausfallzustand mit I bezeichnet. Da jeder Fehler oder Teilausfall zum Totalausfall führt, heißt dieses System fehlerintolerant [2,3]. Das in Bild 1b dargestellte System hingegen ist für eine Zeit T nach einem Fehler oder Teilausfall noch funktionstüchtig bzw. (im Zustand 1). Erst wenn die Fehler- oder Ausfalldauer die Zeit T überschreitet, gilt es als total ausgefallen und kommt zum Stillstand (im Zustand 2). Somit wird der Zustand I des fehlerintoleranten Systems in die Zustände 1 und 2 des fehlertoleranten aufgespalten. Die Funktions- und Stillstandszeiten des fehlertoleranten Systems werden mit F_i und S_i bezeichnet und ihre Zufallsvariablen mit F und S.

Im **folgenden** werden fast ausschließlich zeitunabhängige Größen untersucht. Dabei wird vorausgesetzt, daß die Betriebs- und Ausfallzeiten einen stationären alternierenden Erneuerungsprozeß bilden, wobei mindestens eine der Verteilungsfunktionen nicht arithmetisch ist [7,14].

Bild 1:

a) *Fehlerintolerantes System*

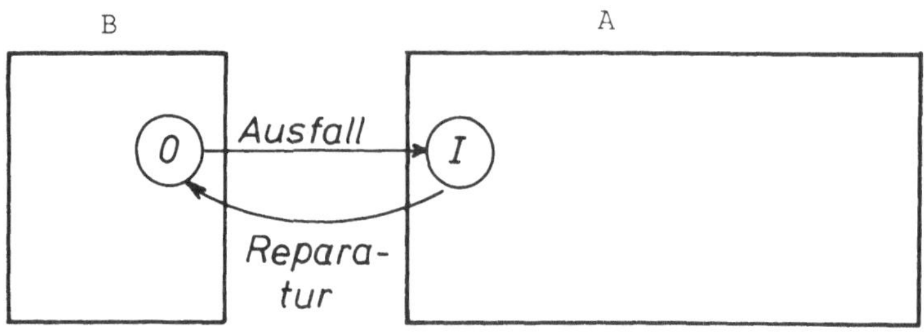

b) *Fehlertolerantes System*

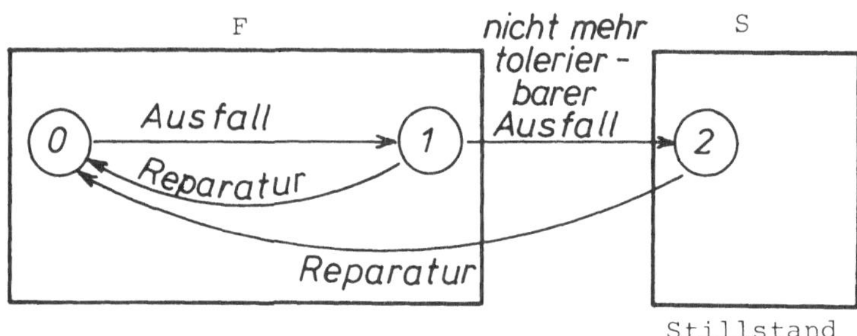

Bild 2: Balkendiagramm der Zustandsdauern eines fehlertoleranten
und -intoleranten Rechensystems

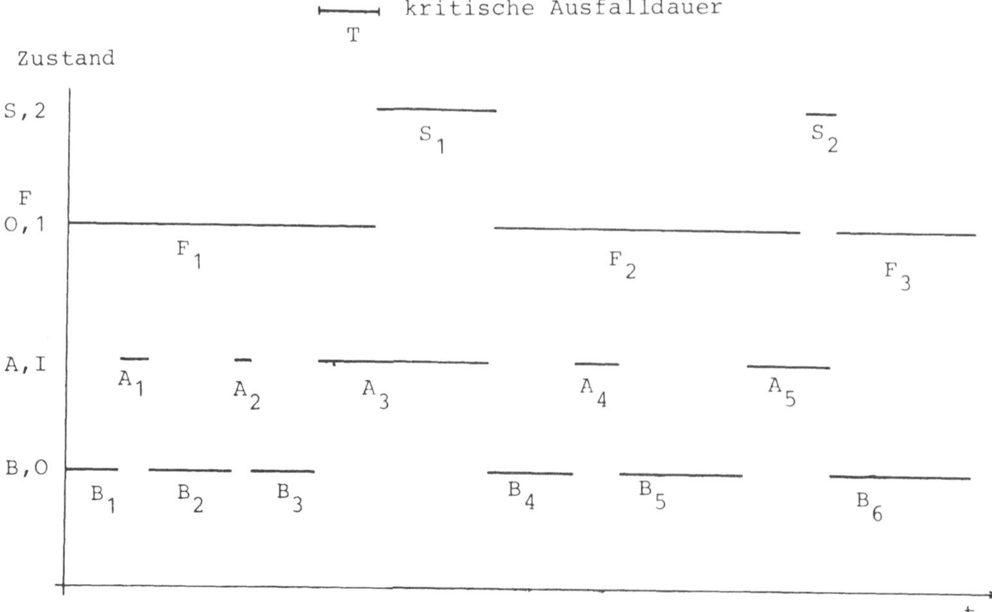

2. Mittlere Funktions- und Stillstandsdauer bei Ausfalltoleranz

Zunächst werden die Formeln für die mittlere Funktions- und Stillstandsdauer der in der Einleitung vorgestellten Rechensysteme, die Ausfälle
mit Höchstdauer T tolerieren, hergeleitet. Den einfachsten Zugang zu den
genannten Formeln eröffnet die mittlere Anzahl E_K der aufeinanderfolgenden tolerierten (_kurzen) Ausfälle.

Sei $F_A(t)$ die Verteilungsfunktion der Ausfalldauer, wenn keine Fehlertoleranz vorliegt, und $\overline{F}_A(t) := 1 - F_A(t)$, so ist (vgl. [11])

$$\overline{F}_A(T) F_A(T)^i$$

die Wahrscheinlichkeit dafür, daß genau i aufeinanderfolgende Ausfälle
kürzer als T sind und somit toleriert werden. Daraus ergibt sich die
mittlere Anzahl E_K aufeinanderfolgender tolerierbarer Ausfälle folgendermaßen

$$E_K = \overline{F}_A(T) \sum_{i=0}^{\infty} i \, F_A(T)^i$$

$$= F_A(T)/\overline{F}_A(T) \quad , \text{ falls } F_A(T) < 1 \,. \tag{2.1}$$

Ist $F_A(T) = 1$, so sind alle Ausfälle kürzer als T und werden toleriert.
Analog erhält man für die mittlere Anzahl E_L aufeinanderfolgender nicht
tolerierbarer (_langer) Ausfälle, also solche, die länger als T dauern,
für $F_A(T) > 0$

$$E_L = \overline{F}_A(T)/F_A(T). \tag{2.2}$$

Ist $F_A(T) = 0$, so dauern alle Ausfälle länger als T und werden nicht
toleriert. Die beiden trivialen Fälle $F_A(T)=1$; und $F_A(T) = 0$ seien bei
den folgenden Betrachtungen ausgeschlossen.

Sei $f_{A|T}$ die Dichte und $E_{A|T}$ der bedingte Erwartungswert der höchstens
T dauernden Ausfallzeiten [4], so gilt mit der Heaviside- oder Einheits-
sprungfunktion H(t)

$$f_{A|T}(t) = H(T - t) f_A(t)/F_A(T)$$

und

$$E_{A|T} = \int_0^{\infty} t \, f_{A|T}(t) \, dt$$

$$= T - F_A(T)^{-1} \int_0^T F_A(t) \, dt \,. \tag{2.3}$$

Da sich die Funktionsdauer des fehlertoleranten Systems mit jedem tolerierten Ausfall um die höchstens T dauernde Ausfallzeit und eine weitere Betriebsdauer des nicht toleranten Systems verlängert, folgt für die
mittlere Funktionsdauer E_F des fehlertoleranten Systems

$$E_F = (E_B + E_{A|T}) \, E_K + E_B + T \,. \tag{2.4}$$

Die Zykluszeit aus Funktions- und Stillstandsdauer erhöht sich für das tolerante System mit jedem tolerierten Ausfall um eine Zykluszeit des nicht toleranten Systems, so daß für den Erwartungswert $(E_{F+S} = E_F + E_S)$ der Zykluszeit bei Ausfalltoleranz gilt

$$E_{F+S} = (E_B + E_A)(E_K + 1) \ . \tag{2.5}$$

Daraus ergibt sich für die mittlere Stillstandsdauer E_S des fehlertoleranten Systems

$$E_S = E_{F+S} - E_F = E_A + (E_A - E_{A|T})E_K - T \ . \tag{2.6}$$

Trivialerweise gilt aber auch

$$E_S = E_{T|A} - T \ , \tag{2.7}$$

wobei $E_{T|A}$ den Erwartungswert der Ausfallzeiten bezeichnet, die größer als T sind. Den Zusammenhang zwischen (2.6) und (2.7) stellt folgende Gleichung her

$$E_A = F_A(T)E_{A|T} + \overline{F}_A(T) \ E_{T|A} \ . \tag{2.8}$$

In Analogie zur Lebensdauer einer Komponente, die den Zeitpunkt T überlebt hat, erhält man für die Dichte $f_{T|A}(t)$ und den Erwartungswert $E_{T|A}$ der länger als T dauernden Ausfallzeiten A

$$f_{T|A}(t) = H(t - T)f_A(t) + \overline{F}_A(T)$$

und

$$E_{T|A} = \overline{F}_A(T)^{-1} \int\limits_{T}^{\infty} \overline{F}_A(t) \ dt \ . \tag{2.9}$$

Abschließend sei noch der Verfügbarkeitskoeffizient V_F des fehlertoleranten Systems angeführt

$$V_F = E_F/E_{F+S} \tag{2.10}$$

$$= V + (F_A(T)E_{A|T} + \overline{F}_A(T) \ T \ )/E_{B+A} \ , \tag{2.11}$$

wobei $V = E_B/E_{B+A}$ der Verfügbarkeitskoeffizient des nicht toleranten Systems ist (vgl.[3]). Die Bezeichnungen MTBF (mean time before (between) failure), MTTF (mean time to failure) und MTTR (mean time to repair) für E_B, E_{B+A} und E_A wurden nicht benutzt, da sie in der Literatur nicht einheitlich verwendet werden und somit Anlaß zu Verwechslungen geben [3,4,5,6].

Beispiel 1:

Sind die Ausfalldauern exponentialverteilt, d.h. $F_A(t) = 1 - e^{-\mu t}$, so vereinfachen sich die Formeln aus dem vorigen Abschnitt zu

$$E_K = e^{\mu T} - 1 \ , \ E_F = E_B + (e^{\mu T} - 1) \ E_{B+A} \ ,$$

$$E_{F+S} = e^{\mu T}E_{B+A} \ , \ E_S = E_A = 1/\mu$$

und

$$V_F = V + (1 - e^{-\mu T}) E_A / E_B + A \; .$$

Häufig verwendet man bei Zuverlässigkeitsberechnungen auch die Weibull-Verteilung [6,7], d.h. $F_A(t) = 1 - e^{-\alpha t^{\beta}}$. Treten kurze Ausfälle öfter auf als lange, so ist $\beta < 1$. Den gerechneten Beispielen liegen folgende Werte zugrunde: 1. $\mu = 1$, 2. $\alpha = 1.00736$, $\beta = 0.8$ und 3. $\alpha = 1.254129$, $\beta = 0.6$. Man sieht in Bild 3 deutlich, wie stark die mittlere Betriebsdauer mit der Länge T der tolerierten Ausfalldauer ansteigt.

Bild 3: Mittlere Funktionsdauer der genannten Systeme

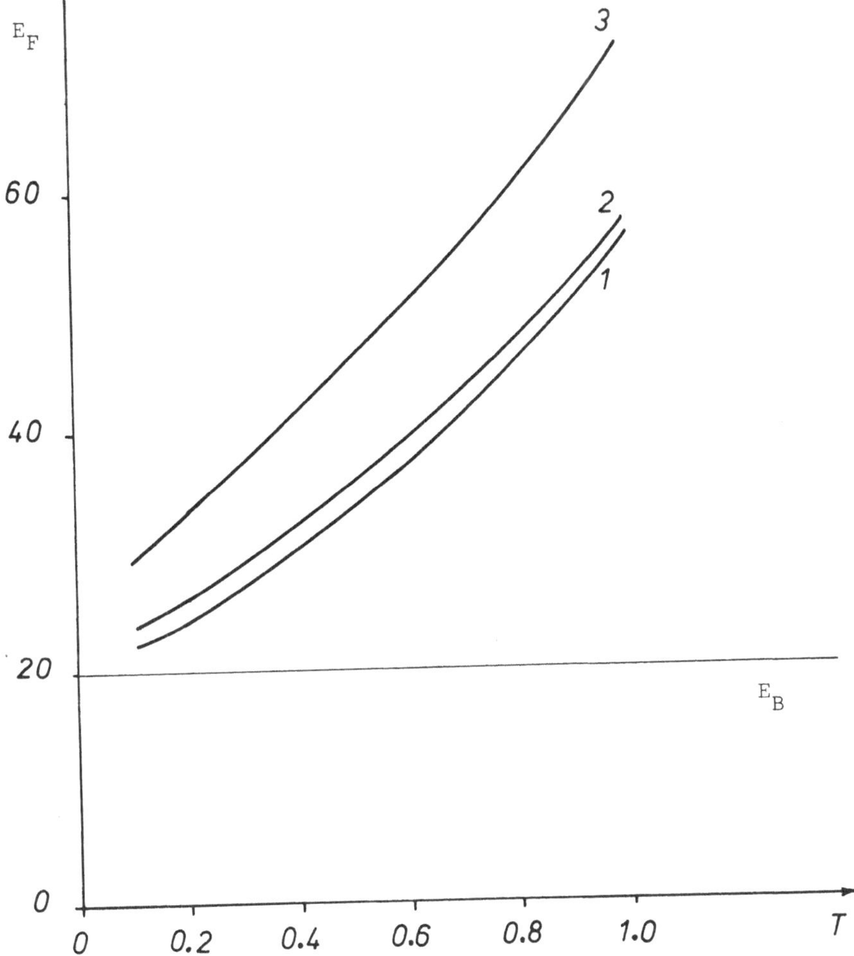

Die mittlere Ausfalldauer gängiger Rechenanlagen liegt zwischen 1/2 und 1 Stunde (vgl. [8]). Daher wurden für die drei bereits genannten Beispiele die Zuverlässigkeitskenngrößen E_K, E_F, E_S , E_{F+S} ,

E_{HF} (mittlere Stillstandshäufigkeit $1/E_{F+S}$) auf der Grundlage der mittleren Betriebsdauer $E_B = 20$ und der mittleren Ausfalldauer $E_A = 1$ für das fehlerintolerante Vergleichssystem berechnet. Es ergaben sich für die verschiedenen Höchstdauern T tolerierter Ausfälle die in Tabelle 1 aufgelisteten Werte für das fehlertolerante System. Die Vergleichswerte für das fehlerintolerante System sind also $E_B = 20$, $E_A = 1$, $E_{B+A} = 21$, $E_H = 0.047$ und $V = 0.952$.

In den beiden Beispielen mit Weibull-Verteilungen wurde das Integral bei der Berechnung von $E_{A|T}$ nach (2.3) mit Hilfe der Tangententrapezformel angenähert (Schrittweite $h = 0.001$, Fehler kleiner als 10^{-6}) [9]. Diese Näherung bildet eine obere Schranke für das Integral in (2.3). Somit sind die entsprechenden Werte in Tabelle 1 und den danach gezeichneten Kurven in Bild 3 untere Schranken für E_F (vgl. (2.4)) und obere Schranken für E_S (wegen $E_S = E_{B+A} \, (E_K + 1) - E_F$, vgl. (2.6)).

3.Systemverhalten ohne Nutzung kurzer Betriebszeiten

Für den Rechnerarchitekten von Interesse kann auch der Fall sein, daß zu kurze Betriebszeiten, z.B. wegen der Wiederanlaufzeit, nicht genutzt werden können. Dann besteht die tatsächliche Nutzungszeit nur aus den Betriebszeiten, die länger als T sind und um T verkürzt werden. Wegen der Symmetrie zum vorangegangen Problem läßt sich dessen Lösung durch Vertauschen von A und B übertragen. Der Erwartungswert der Nutzungszeit oder der produktiven Zeit E_P ist somit gemäß (2.6) und (2.1) für $F_B(T) < 1$ mit $\overline{F}_B(T) := 1 - F_B(T)$

$$E_P = E_B - T + (E_B - E_{B|T}) F_B(T)/\overline{F}_B(T) \; . \tag{3.1}$$

Die unproduktive Zeit umfaßt dann alle Ausfallzeiten, die Betriebszeiten, die kürzer als T sind, und die um T verminderten längeren Betriebszeiten. Für ihren Erwartungswert E_U ergibt sich aus (2.4) und (2.1)

$$E_U = E_A + T + (E_A + E_{B|T}) F_B(T)/\overline{F}_B(T), \tag{3.2}$$

und für die Zykluszeit gilt analog zu (2.5)

$$E_{P+U} = E_{B+A} (1 + F_B(T)/\overline{F}_B(T)) \; . \tag{3.3}$$

Für die zum Verfügbarkeitskoeffizienten analoge Größe des Nutzbarkeitskoeffizienten $N = E_P/E_{P+U}$ ergibt sich gemäß (2.11)

$$N = V - (F_B(T) E_{B|T} + \overline{F}_B(T) T)/E_{B+A} \; . \tag{3.4}$$

Beispiel 2:

Wählt man für die Betriebsdauer die gleichen Verteilungen wie im Abschnitt 2 für die Ausfalldauern, so erhält man für E_P, E_U, E_{P+U}, E_{HP} und N die gleichen Werte wie in Tabelle 1 und Bild 3 angegeben.

4. Nutzbarkeit fehlertoleranter Systeme

Die Kombination der Ergebnisse aus den beiden vorangegangenen Abschnitten ergibt nun für die produktive Zeit eines Systems, das Ausfälle bis zur Länge T_A toleriert und dessen Betriebszeiten kürzer als T_B nicht genutzt werden können, folgenden Erwartungswert

$$E_{PF} = E_F - T_B + (E_F - E_{F|T_B}) F_F(T_B) / \overline{F}_F(T_B) \ . \qquad (4.1)$$

Dabei geht T_A in alle mit dem Index F bezeichneten Größen ein, die mit Ausnahme der Verteilungsfunktion $F_F(t)$ der Funktionszeit aus den Gleichungen des Abschnitts 2 berechnet werden können. Das gleiche gilt ferner sowohl für den Erwartungswert der unproduktiven Zeit UF und der Zykluszeit PF + UF als auch für den Nutzbarkeitskoeffizienten des fehlertoleranten Systems

$$N_F = V_F - (F_F(T_B) E_{F|T_B} + \overline{F}_F(T_B) T_B) / E_{F+S} \ . \qquad (4.2)$$

Die Verteilungsfunktion $F_F(t)$ der Funktionszeiten des fehlertoleranten Systems erhält man folgendermaßen aus den Verteilungen der Betriebs- und Ausfallzeiten des intoleranten Systems

$$F_F(t) = F_B(t - T_A) \overline{F}_A(T_A) + \int_0^t f_B(\tau) \int_0^{\min(T_A, t-\tau)} f_A(\nu) F_F(t - \tau - \nu) d\nu \ d\tau$$

$$= F_B(t - T_A) \overline{F}_A(T_A) + F_A(T_A) f_B * f_{A|T_A} * F_F(t) \ . \qquad (4.3)$$

Daraus erhält man die Laplacetransformierte [10] von $F_F(t)$

$$\mathcal{L}\{F_F\}(s) = \overline{F}_A(T_A) e^{-T_A s} \mathcal{L}\{F_B\}(s) / (1 - F_A(T_A) \mathcal{L}\{f_B\}(s) \mathcal{L}\{f_{A|T_A}\}(s)) \ .$$

Hieraus läßt sich die Gleichung (2.4), beispielsweise durch Multiplikation mit s , Ableiten nach s und den Grenzübergang $s \to 0$, herleiten (vgl. auch [11]). Die Verteilungsfunktion selbst wird in vielen Fällen nur durch numerische Rücktransformation zu errechnen sein [12]. Für Exponentialverteilungen läßt sich $F_F(t)$ explizit ausrechnen, wie das folgende Beispiel zeigt.

Beispiel 3:

Im Exponentialfall, beispielsweise $(F_B(t) = 1 - e^{-\lambda t}$, $F_A(t) = 1 - e^{-\mu t})$, erhält man mit

$$\mathcal{L}\{f_B\} = \lambda / (\lambda + s) \quad \text{und}$$
$$F_A(T_A)\mathcal{L}\{f_{A|T_A}\} = \mu (1 - e^{-(\mu + s)T_A}) / (\mu + s)$$

durch Rücktransformation

$$F_F(t) = \sum_{n=1}^{\infty} (-1)^{n-1} \sum_{k=1}^{\bar{n}} \binom{n-1}{k-1} e^{-k\mu T_A} \frac{(\mu+\lambda)^{n-k}\lambda^k \mu^{k-1}}{(n+k)!} (t-kT_A)^{n+k-1}((n+k) + \mu(t-kT_A))$$

für $t \geq T_A$ und $F_F(t) = 0$ für $t < T_A$ mit $\bar{n}$ als dem Minimum von n und der größten ganzen Zahl kleiner als t/T_A . Genauere Ausführungen zu einer ähnlichen Rechnung wie der nur grob skizzierten enthält [13].

Literatur:

[1] Giloi W.K., Rechnerarchitektur, Springer, Berlin, 1981.

[2] Avizienis A., Fault-tolerant systems, IEEE Trans. Comp. C-25, 1976, S. 1304-1312.

[3] DalCin M., Fehlertolerante Systeme, Teubner, Stuttgart, 1979.

[4] Schneeweiß W., Zuverlässigkeits-Systemtheorie, Datakontext, Köln, 1980.

[5] Bode A., Händler W., Rechnerarchitektur - Grundlagen und Verfahren, Springer, Berlin, 1980.

[6] Höfle-Isphording U., Zuverlässigkeitsrechnung, Springer, Berlin, 1978.

[7] Gaede K.-W., Zuverlässigkeit: Mathematische Modelle, Hanser, München, 1977.

[8] Longbottom R., Computer System Reliability, Wiley, New York, 1980.

[9] Stummel F., Hainer K., Praktische Mathematik, Teubner, Stuttgart, 1971.

[10] Doetsch G., Anleitung zum praktischen Gebrauch der Laplace-Transformation und der Z-Transformation, 3.Aufl., Oldenbourg, München, 1967.

[11] Heidtmann K., Optimale Testintervalle, Elektr. Rechenanl. 25, H.5, 1983, S. 205-210.

[12] Bellmann R., Kalaba R., Lockett J., Numerical Inversion of the Laplace Transform, Elsevier, New York, 1966.

[13] Heidtmann K., Time redundancy with applications to electronical devices, Proc. 5th Europ. Conf. Electrotechnics, EUROCON'82, Copenhagen, 1982, S. 188-191.

[14] Cox D.R., Renewal Theory, Methuen, London, 1962.

Tabelle 1: Zuverlässigkeitskenngrößen der betrachteten fehlertoleranten Systeme

	T	0.2	0.4	0.6	0.8	1.0
E_K	1.	.221	.491	.822	1.22	1.71
	2.	.320	.622	.953	1.32	1.73
	3.	.612	1.06	1.51	1.99	2.50
E_F	1.	24.6	30.3	37.2	45.7	56.0
	2.	26.6	32.9	39.8	47.6	56.3
	3.	32.4	41.7	51.2	61.1	71.7
E_S	1.	1.00	1.00	1.00	1.00	1.00
	2.	1.09	1.12	1.13	1.12	1.11
	3.	1.37	1.52	1.64	1.73	1.81
E_{F+S}	1.	25.6	31.3	38.2	46.7	57.0
	2.	27.7	34.0	41.0	48.7	57.5
	3.	33.8	43.3	52.8	62.8	73.6
E_{HF}	1.	.039	.031	.026	.021	.017
	2.	.036	.029	.034	.020	.017
	3.	.029	.023	.018	.015	.013
V_F	1.	.961	.968	.973	.978	.982
	2.	.960	.967	.972	.976	.980
	3.	.959	.964	.968	.972	.975

FEHLERMASKIERENDE VERTEILTE SYSTEME ZUR ERFÜLLUNG HOHER
ZUVERLÄSSIGKEITS-ANFORDERUGEN IN PROZESSRECHNER-NETZEN

Klaus Echtle
Institut für Informatik IV
Universität Karlsruhe

Kurzfassung

Bestehen in Prozeßrechensystemen gleichzeitig hohe Zuverlässigkeits-
und Reaktionszeit-Anforderungen, so kommen häufig statische
Redundanz-Verfahren (bzw. Hybridredundanz) zum Einsatz. Ihre Vorteile
hinsichtlich Diagnostizierbarkeit von transienten Fehlern und Wegfall
von Rücksetz- und Wiederanlaufzeiten werden durch die Vervielfachung
(i.a. Verdreifachung) der Verarbeitungseinheiten erkauft.
Unglücklicherweise belasten in Rechnernetzen die statischen
Redundanz-Verfahren die teuren Kommunikationssysteme sogar mit der
neunfachen Anzahl redundanter Nachrichten. Dies führt i.a. zur
Entwicklung spezieller leistungsfähiger Kommunikationssysteme.

Das hier beschriebene Verfahren geht den umgekehrten Weg: Durch die
Entwicklung eines speziellen Fehlertoleranz-Verfahrens, das auf
Hybridredundanz beruht, wird die Belastung der Kommunikationssysteme
auf etwa 1/3 gesenkt. Statt erhöhter Transferraten wird vom
Kommunikationssystem eine bestimmte Strategie bei der Festlegung der
Transferprioritäten gefordert.

Die Besonderheit des Fehlertoleranz-Verfahrens liegt darin, daß die
fehlermaskierenden Instanzen nicht verdreifacht, sondern als verteilte
Systeme implementiert sind, welche ein effizientes fehlertolerantes
Protokoll ausführen. Neben der Maskierung können noch
Optimierungsentscheidungen zum Transfer redundanter Nachrichten
getroffen werden. Die Re-/Konfigurierung der drei Knoten eines
Maskierungs-Systems entsprechend einer 2:1-Aufteilung in Rechnergruppen
ermöglicht außerdem die Tolerierung von Mehrfachfehlern, die sich auf
Rechnergruppen beschränken.

Diese Arbeit schließt mit der Nennung einiger Ergebnisse einer
umfangreichen quantitativen Bewertung, die sich auf die
SIRAM-Fehlermodellierung und die Anwendung des SIRAM-Simulators stützt.

Stichworte   Fehlertoleranz,   Fehlermaskierung,   Protokoll,
              Kommunikation.

1. Anforderungen an das Fehlertoleranz-Verfahren

Das im folgenden beschriebene Fehlertoleranz-Verfahren ist für Prozeßrechner-Netze konzipiert, die hohe Zuverlässigkeits- und Reaktionszeit-Anforderungen erfüllen müssen. Dies bedeutet, daß möglichst alle im Rechensystem auftretende Fehler wie z.B. Hardware-Ausfälle oder Zusammenbrüche des Betriebssystems zu tolerieren sind, ohne daß dazu das System für längere Zeit angehalten wird. Zunächst besteht das Ziel der Fehlerbehandlung in einer uneingeschränkten Weiterführung des Rechenbetriebs; zumindest muß jedoch ein unsicherer Zustand des technischen Prozesses vermieden werden. Da letzteres auch für die Zeitdauer der Fehlerbehandlung gilt, dürfen die spezifizierten Reaktionszeiten insbesondere während der Bearbeitung von Fehlerbehandlungsprogrammen nicht überschritten werden; d.h., es steht nur eine geringe Zeitredundanz zur Verfügung. Da außerdem angenommen wird, daß Fehler häufig aufgrund äußerer Störungen auftreten, sind auch Mehrfachfehler zu tolerieren und in die Zeitbetrachtung mit einzubeziehen.

Eine wesentliche Einschränkung für Fehlertoleranz-Verfahren besteht in der Notwendigkeit, die Kommunikations-Struktur eines Rechnernetzes zu berücksichtigen. Die (auch im Normalbetrieb auszuführenden) Algorithmen eines Fehlertoleranz-Verfahrens (z.B. zur Rücksetzpunkt-Erstellung) erfordern eine erhöhte Leistungsfähigkeit des Rechnernetzes, die aus Redundanz-Gründen oft durch eine erhöhte Knotenanzahl erreicht wird. Verwendet man preisgünstige Rechnersysteme, wie z.B. Mikrorechner-systeme, so sind die mit der Knotenanzahl linear steigenden Rechner-kosten wegen der erzielten Zuverlässigkeitsverbesserung gerechtfertigt. Die ohnehin teuren Kommunikationssysteme (Hardware- und Software-seitig) werden jedoch mit einem Transferaufwand belastet, der bei den meisten Verfahren quadratisch mit der Anzahl der redundanten Knoten steigt. Für Kommunikationssysteme sind jedoch Fehlertoleranz-Verfahren bekannt, die mit vernachlässigbarem Aufwand eine sehr hohe Tolerierungs-Wahrscheinlichkeit ermöglichen (z.B. CRC und Transferwiederholung bei Fehlern). Sie sollten mit den Fehlertoleranz-Verfahren der Verarbeitungseinheiten geeignet kombiniert werden.

Ein weiteres Entwurfskriterium kommt bei der Betrachtung der i.a. hohen Software-Kosten hinzu: Für den Anwender ist es preiswerter, den zur Fehlertoleranz notwendigen Redundanz-Aufwand beim Systemkauf zu bezahlen, als selbst fehlertolerierende Eigenschaften in der speziellen Anwendungssoftware zu implementieren (obwohl dadurch evtl. bessere Ergebnisse zu erzielen wären). Das Fehlertoleranz-Verfahren soll also weitgehend automatisch arbeiten und für den Anwender transparent sein.

2. Hybridredundante Systeme

Aufgrund der genannten Reaktionszeitanforderungen sind Rücksetzverfahren, die ausschließlich auf dynamischer Redundanz beruhen, nicht mit geringem Aufwand implementierbar (zumindest solange durch die Art der Anwenderprogramme keine trivialen Rücksetzpunkte wie z.B. Schleifenanfänge existieren). Da andererseits durch statische Redundanz nur wenige Fehler tolerierbar sind, wurde hier ein hybridredundantes System konzipiert, das bei allen Prozeß-Interaktionen eine Fehlermaskierung und im Fehlerfall eine Rekonfigurierung nebenläufig zum weiterarbeitenden System durchführt. Durch diese zweistufige Fehlerbehandlung und die im folgenden beschriebene Implementierungsform als verteiltes System kann die Systembelastung hinsichtlich Verarbeitung und Kommunikation gering gehalten werden - sowohl im Normalbetrieb, wie auch im Fehlerfall. Außerdem erlaubt die Geschwindigkeitsstaffelung (schnelles Maskierungsprotokoll, langsame nebenläufige Rekonfigurierung) die ständige Einhaltung aller spezifizierten Reaktionszeiten.

3. Fehlermaskierung durch verteilte Maskierungs-Systeme

Anstelle der sonst üblichen Verdreifachung der Fehlermaskierungs-Instanz (engl. voter) wird hier nur eine Instanz, die als verteiltes System mit drei Knoten implementiert ist, benötigt. Sie wird als Maskierungs-System (MS) bezeichnet. Je drei redundante Prozeßexemplare eines 2-von-3-Prozeßsystems verfügen gemeinsam über ein Maskierungs-System (siehe Bild 3.1-1). Da die drei Maskierungs-Knoten (MK) eines MS nicht unabhängig voneinander arbeiten, sondern durch Kooperation gemeinsam die Maskierungs-Funktion erbringen, können sie außerdem Optimierungsentscheidungen zur Reduzierung des Kommunikationsaufwands treffen (siehe Abschnitt 3.1), was sich in einem Rechnernetz als nützlich erweist. Die erforderlichen Fehlertoleranz-Eigenschaften der Maskierungs-Systeme selbst werden durch ihre Implementierung als rekonfigurierbare verteilte Subsysteme erreicht (siehe Abschnitte 3.3 und 3.4).

Bemerkung: Das gesamte Prozeßsystem des Rechnernetzes stellt ein verteiltes System dar. Jedes Maskierungs-System erfüllt wiederum die Kriterien eines verteilten Systems: globaler Systemzustand nicht beobachtbar; keine zentralisierte Steuerung; die zur Verfügung gestellten Funktionen werden durch Kooperation der Knoten erbracht, die nach außen transparent ist. Ein Maskierungs-System kann daher als verteiltes Subsystem bezeichnet werden.

Der Nutzen eines Maskierungs-Systems hängt von der Erfüllung folgender Voraussetzungen ab:

V1 Der Fehlerzustand der Rechenprozesse und/oder der Interprozeßnachrichten läßt sich mit geringem Aufwand durch eine Signatur beschreiben, wobei die Nachrichtenlänge einer Signatur wesentlich geringer ist als die einer Interprozeßnachricht.

V2 Die Übereinstimmung einer fehlerhaften Signatur mit der korrekten ist sehr unwahrscheinlich.

V3 Die Signaturen lassen sich mit geringem Aufwand so verschlüsseln, daß sie nur mit sehr geringer Wahrscheinlichkeit von unbefugten Instanzen im Fehlerfall erzeugt werden können.

V4 Die für eine Interprozeßkommunikation spezifizierte Zeitredundanz gestattet die Ausführung eines Maskierungs-Protokolls zumindest unter der Bedingung, daß die Nachrichten dieses Protokolls vom Kommunikationssystem bevorzugt transferiert werden.

3.1 Kommunikations-Struktur

Ein Vorteil des hier vorgestellten Konzepts liegt in der Verringerung des Kommunikationsaufwands. Bild 3.1-1 zeigt einen Vergleich mit verdreifachten unabhängig voneinander arbeitenden Fehlermaskierungs-Instanzen, wobei das verteilte Maskierungs-System noch über zwei zusätzliche (das Kommunikationssystem weiter entlastende) Eigenschaften verfügt:

a) Die von den drei redundanten Prozeßexemplaren P1A, P1B und P1C ausgegebenen Interprozeßnachrichten NI werden vom Maskierungs-System nicht direkt, sondern in einer durch Informationskomprimierung (z.B. Signatur-Analyse) gewonnenen Form miteinander verglichen. Die Maskierungs-Knoten müssen mit den Nachrichten NM nur wenige Bytes austauschen. Für den Transfer der Nachrichten NI können bekannte Fehlertoleranz-Verfahren, die auf dynamischer Redundanz beruhen, zum Einsatz kommen (Transferwiederholung bei Übertragungsfehlern).

b) Die Fehlermaskierung erfolgt nicht im Anschluß an den Transfer der NI durch das Kommunikationssystem, sondern direkt bei den nachrichten-ausgebenden Prozessen. Dadurch hat das Maskierungs-System die Möglichkeit, für jeden (redundanten oder nicht-redundanten) Empfänger von mehreren redundanten Nachrichten NI diejenige auszuwählen, deren Sender-Empfänger-Distanz (gemessen an der Belastung des Kommunikationssystems) am geringsten ist.

Bild 3.1-1 zeigt links das herkömmliche Verfahren, bei dem jeder Absenderprozeß (P1A, P1B und P1C) die Nachrichten NI an jeden der beiden Empfängerprozesse P2 und P3 mit je drei redundanten Exemplaren (P2A, P2B, P2C, P3A, P3B und P3C) senden muß. Im dargestellten Beispiel werden insgesamt 18 Verbindungen benötigt. Dieser Aufwand reduziert sich beim rechts gezeigten verteilten Maskierungs-System auf 6 Verbindungen, da die Fehlermaskierung durch MS (realisiert durch drei MK mit den Bezeichnungen MK_A, MK_B und MK_C) schon beim Absender P1 erfolgt und jeder MK nur an den "nächstliegenden" Empfänger eine Nachricht NI sendet. Durch diese Optimierung kann der Sonderfall eintreten, daß manche MK, die von allen Empfängern "weit entfernt" sind, überhaupt keine Nachricht NI absenden (siehe MK_C). Bei Ausfall eines MK oder bei Störungen des Kommunikationssystems findet keine Fehlerfortpflanzung auf P2 oder P3 statt, da sowohl für die MK (siehe Abschnitt 3.3) als auch für die Instanzen des Kommunikationssystems (nicht Gegenstand dieser Arbeit) spezielle Fehlertoleranz-Maßnahmen existieren.

3.2 Maskierungs-Protokoll

Die Interaktionen der Maskierungs-Knoten lassen sich entsprechend den beiden Aufgaben a) Fehlermaskierung und b) Reduzierung des Kommunikationsaufwands für redundante Interprozeßnachrichten NI in zwei Protokoll-Phasen unterteilen, die sich jedoch zeitlich überlappen und Nachrichten NM zum Teil gemeinsam benutzen:

1. (Fehlermaskierung): Die Maskierungs-Knoten senden die komprimierte Information durch eine Nachricht NM an die Nachbarknoten im Maskierungs-System. Diese Phase benötigt keine vollvermaschte Verbindungsstruktur für die Nachrichten NM, da schon bei Übereinstimmung von zwei Nachrichten NM deren Korrektheit feststellbar ist. In Bild 3.2-1 sind diese Nachrichten NM der 1. Phase im fehlerfreien Fall mit NM_AB, NM_AC und NM_BA bezeichnet.

2. (Senderauswahl): Die Maskierungs-Knoten wählen unter Berücksichtigung der vorgegebenen Netzstruktur von den redundanten Interprozeßnachrichten NI diejenige aus, die mit minimalem

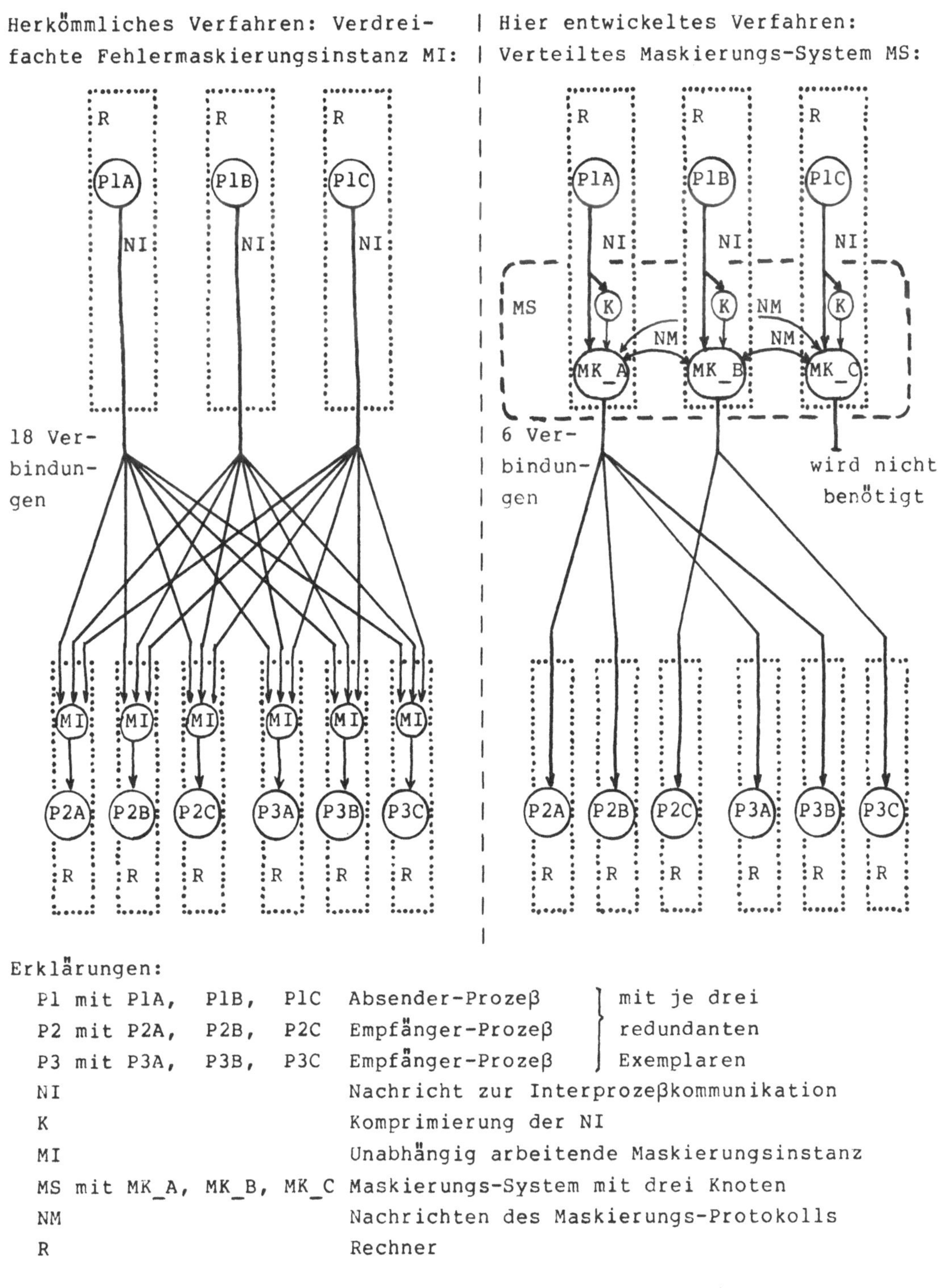

Erklärungen:

P1 mit P1A,	P1B,	P1C	Absender-Prozeß	mit je drei
P2 mit P2A,	P2B,	P2C	Empfänger-Prozeß	redundanten
P3 mit P3A,	P3B,	P3C	Empfänger-Prozeß	Exemplaren

NI   Nachricht zur Interprozeßkommunikation

K   Komprimierung der NI

MI   Unabhängig arbeitende Maskierungsinstanz

MS mit MK_A, MK_B, MK_C Maskierungs-System mit drei Knoten

NM   Nachrichten des Maskierungs-Protokolls

R   Rechner

Bild 3.1-1   Vergleich der Kommunikations-Strukturen beim herkömmlichen Verfahren (links) und bei verteilten Maskierungs-Systemen (rechts).

Kommunikationsaufwand zum jeweiligen Empfänger transferierbar ist. Um sich gegenseitig abzustimmen, benutzen die Maskierungs-Knoten dazu im fehlerfreien Fall die Nachrichten NM_BA, NM_BC und NM_CA.

Da die Nachrichten NM i.a. einen wesentlich geringeren Transferaufwand als die Nachrichten NI verursachen, bleibt der Kommunikationsaufwand innerhalb des Maskierungs-Systems gegenüber der Interprozeßkommunikation vernachlässigbar. Trotzdem kann das Maskierungs-System einen Leistungs-Engpaß darstellen, wenn die Nachrichten NM erst nach einer gewissen Wartezeiten transferiert werden, z.B. bei einer Fifo-Strategie des Kommunikationssystems. Vom Kommunikationssystem ist daher ein vorrangiger Transfer der ("kurzen") Nachrichten NM durch entsprechende Prioritätenfestlegung zu fordern.

Bild 3.2-1 zeigt beide Phasen des Maskierungs-Protokolls in Form eines Petri-Netzes, wobei von einer Anfangsmarkierung der drei Stellen MK_A, MK_B, MK_C, welche die drei Maskierungs-Knoten symbolisieren, sowie der Zeitschranken-Überwachung ZS_B ausgegangen wird. Den Nachrichten NM entsprechen die Stellen NM_AB, NM_AC, NM_BA, NM_BC NM_CA und NM_CB. Die Wirkung der dargestellten Transitionen ließe sich durch ein detaillierteres attributiertes Petri-Netz angeben; aus Platz- und Übersichtlichkeitsgründen erfolgt hier jedoch eine verbale Beschreibung:

A1:   MK_A hat eine NI erhalten und sendet die komprimierte Information mit NM_AB an MK_B, mit NM_AC an MK_C. Starte Zeitschranken-Überwachung ZS_A.

B1:   Falls die komprimierten Informationen von NM_AB und MK_B übereinstimmen (im folgenden mit AB=B abgekürzt), sendet MK_B die Interprozeßnachrichten NI, für die MK_B den geringsten Kommunikationsaufwand verursacht (im folgenden mit sende_B abgekürzt). Sende NM_BC an MK_C und NM_BA an MK_A.

B2:   Falls die Zeitschranken-Überwachung ZS_B abgelaufen ist, bevor NM_AB eintrifft, wird ein Fehler in MK_A angenommen. Sende NM_BC an MK_C und NM_BA an MK_A.

A2:   Falls BA=A, sende_A.

C1:   Falls AC=C, sende_C. Starte Zeitschr.-Überw. ZS_C.

C2:   Falls AC≠C und BC=C, sende_A, sende_C und sende NM_CB an MK_B. Falls BC≠C und AC=C, sende_B und NM_CB entfällt. Andernfalls entfällt NM_CB. Sende NM_CA an MK_A.

C3: Falls die Zeitschranken-Überwachung ZS_C abgelaufen ist, bevor
NM_BC eintrifft, wird ein Fehler in MK_B angenommen. sende_B.
NM_CB entfällt. Sende NM_CA an MK_A.

B3: sende_B.

A3: Falls BA≠A und CA=A, sende_A.
Falls CA≠A und BA=A, sende_C.
Falls BA≠A und CA≠A und BA≠CA, warte bis Zeitschranken-Überwachung
ZS_A abgelaufen ist, dann sende_A, sende_B und sende_C.

A4: Falls die Zeitschranken-Überwachung ZS_A abgelaufen ist, bevor
NM_CA eintrifft, wird ein Fehler in MK_C angenommen. Sende_C.
Falls BA≠A, sende_A und sende_B.

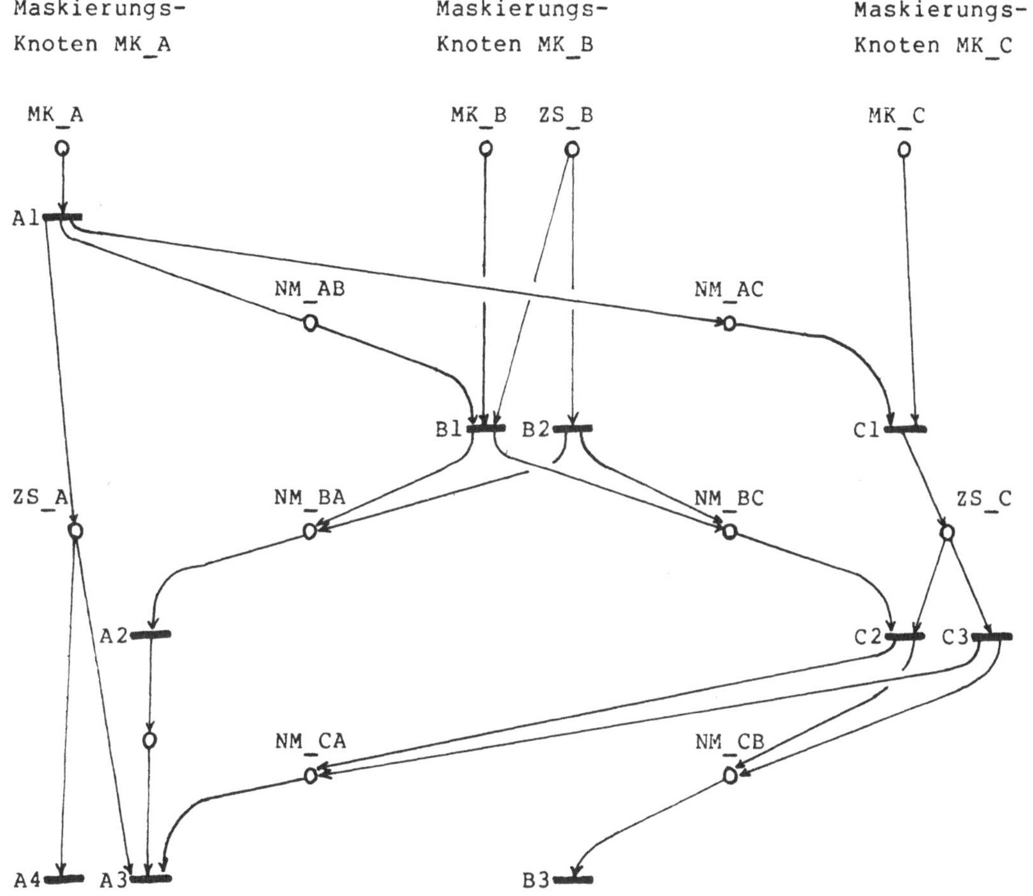

Bild 3.2-1   Maskierungs-Protokoll.

Bemerkung: Die durch Simulation untersuchte Variante dieses Protokolls enthält noch einige Optimierungen, die hier aus Gründen der Einfachheit weggelassen sind, jedoch das Prinzip des dargestellten Protokolls nicht verändern und keine zusätzlichen Nachrichten erfordern.
Beispiele: a) MK_C muß nicht auf NM_AB warten, wenn NM_BC vor NM_AC eintrifft. b) Übernimmt MK_C in C2 sende_B von MK_B, so können die zu sendenden Interprozeßnachrichten NI zwischen MK_C und MK_A je nach Kommunikationsaufwand aufgeteilt werden. Zur Kooperation von MK_C und MK_A wird dann NM_CA benutzt.

3.3 Fehlertoleranz des Maskierungs-Systems

Die geschilderten Effizienzvorteile erkauft man sich durch die Notwendigkeit, Maßnahmen zur Tolerierung von Fehlern, die im Maskierungs-System selbst auftreten, ergreifen zu müssen. Der Zusatzaufwand bleibt jedoch gering, da das Maskierungs-Protokoll auf einem Fehlermodell beruht, das zwischen Fehlern der redundanten Prozeßexemplare und Fehlern der zugehörigen Maskierungs-Knoten nicht unterscheidet. Das Prinzip der Fehlerbehandlung leitet sich aus der Mehrheitsentscheidung eines 2-von-3-Systems her. Da jedoch kein Maskierungs-Knoten über eine zutreffende globale Systemsicht verfügt, spaltet sich die Mehrheitsentscheidung in eine Anzahl paarweiser Vergleiche auf, die lokal durchführbar sind.

Fehlen bestimmte Nachrichten NM, so tritt die Zeitschranken-Überwachung des empfangenden Maskierungs-Knotens in Kraft. Während ZS_B die Zeitdauer der Prozeßbearbeitung beschränkt und sich daher an den spezifizierten Reaktionszeiten orientiert, können ZS_A und ZS_C auf sehr kurze Zeitdauern eingestellt werden, da die Protokollausführung nicht von der Anwendung abhängt. Bemerkung: In Bild 3.3-1 sind die Zeitschranken-Überwachungen nicht eingetragen, da sie zusammen mit dem Fehlen der entsprechenden Nachricht NM die gleiche Information wie eine fehlerhafte Nachricht NM ergeben. Derartige Nachrichten NM sind durch Einklammerung gekennzeichnet.

Erweist sich ein Maskierungs-Knoten als fehlerhaft, so übernimmt der fehlererkennende Knoten das Absenden der entsprechenden Interprozeßnachrichten NI (siehe z.B. Bezeichnung sende_A). Die in Abschnitt 3.2 definierten Transitionen des Maskierungs-Protokolls garantieren stets eine eindeutige Übernahme, die doppeltes Senden einer Interprozeßnachrichten NI ausschließt. Bild 3.3-1 zeigt den Protokollverlauf für jeden der tolerierbaren Fehler. Die von den Maskierungs-Knoten ausgeführten Aktionen (siehe Transitionen in Bild

3.2-1) sind dazu auf je einer nach unten gerichteten Zeitachse aufgetragen. Die Pfeile symbolisieren die Nachrichten des Maskierungs-Protokolls (siehe Stellen NM_... in Bild 3.2-1).

Rechts in Bild 3.3-1 ist die Tolerierung des Doppelfehlers "MK_B und MK_C fehlerhaft" dargestellt. Sie kann dazu ausgenutzt werden, störungsbedingte Mehrfachfehler in einem größeren Rechnernetz, das in Rechnergruppen unterteilt ist, zu tolerieren. Unter der Annahme, daß solche Fehler auf Rechnergruppen beschränkt bleiben, empfiehlt sich eine 2:1-Gruppenaufteilung der Maskierungs-Knoten entsprechend Bild 3.3-2. Fehler der Gruppe 1 unterscheiden sich dann nicht vom Einzelfehler in MK_A; Fehler in Gruppe 2 führen zur Nicht-Übereinstimmung aller drei Maskierungs-Knoten, was aufgrund der bekannten Konfiguration die zutreffende Diagnose des Mehrfachfehlers erlaubt (siehe Transition A3 bzw. A4 in Abschnitt 3.2).

Der korrekte Protokollverlauf in Fehlersituationen kann noch nicht verhindern, daß sich fehlerhafte Maskierungs-Knoten als fehlerfrei betrachten und ihre Interprozeßnachrichten NI absenden. Als Sperre für solche Nachrichten kann jedoch das Kommunikationssystem fungieren, wenn mit der Nachricht NI auch die komprimierte Information des absendenden und die eines weiteren Maskierungs-Knotens übertragen wird. D.h., der Absender muß sich durch eine nachprüfbare Übereinstimmung von zwei Prüfinformationen "legitimieren". Bei Nicht-Übereinstimmung ignoriert das Kommunikationssystem die Interprozeßnachricht NI.

Eine mögliche Duplizierung der fehlerhaften Prüfinformation durch den fehlerhaften Absender schließt folgendes Verfahren mit sehr hoher Wahrscheinlichkeit aus: Jeder der drei Maskierungs-Knoten kennt einen individuellen (geheimen) Faktor (MK_A kennt fA, MK_B kennt fB, MK_C kennt fC). Im gesamten System sind nur die Quotienten qAB=fA/fB u.s.w. bekannt. Multipliziert jeder Maskierungs-Knoten MK_i seine Prüfinformation pi mit dem Faktor fi und überträgt mit den Nachrichten NM und NI das Produkt xi=pi*fi, so kann kein Knoten das Produkt seines Nachbarn erzeugen, aber an jeder Stelle im System die Übereinstimmung von xi und xj durch xi/xj ∈ {qAB,...} festgestellt werden. Allgemein führt dieser Ansatz zum Problem der öffentlichen Schlüssel, das beispielsweise durch Primzahlbildungen lösbar ist. Einem derart aufwendigen Ansatz steht jedoch keine entsprechende Zuverlässigkeits-verbesserung gegenüber, da nicht absichtliche Decodierungsversuche, sondern technische Fehler zu tolerieren sind.

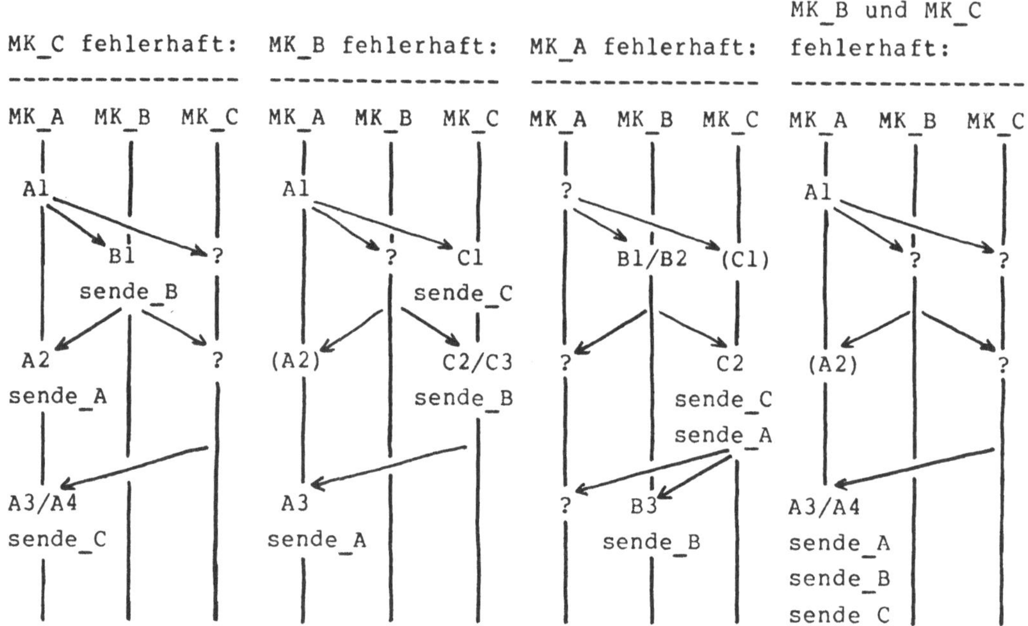

Bild 3.3-1 Protokollausführung bei vier verschiedenen Fehlerfällen

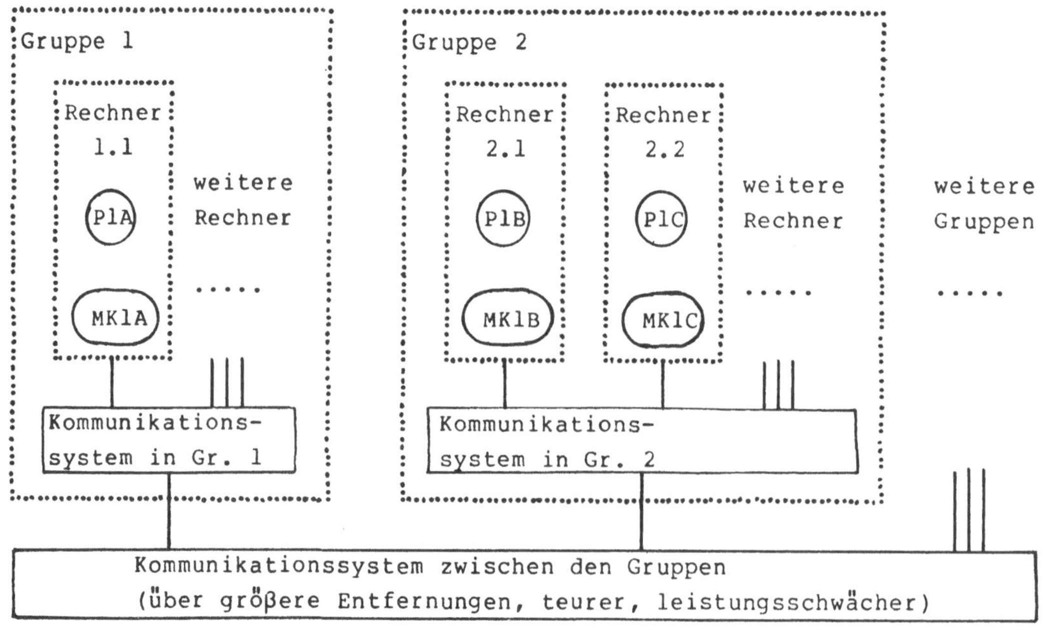

Bild 3.3-2   2:1-Aufteilung der Knoten eines Maskierungs-Systems in zwei Rechnergruppen zur Tolerierung von störungsbedingten Mehrfachfehlern

Es sei noch darauf hingewiesen, daß zeitlich aufeinanderfolgende Nachrichten NI eines Prozesses mit einer fortlaufenden Nummer gekennzeichnet werden, womit zwei Absichten verfolgt werden: a) Bei fehlerbedingter Duplizierung von Nachrichten NM lassen sich pro NI-Nummer alle NM bis auf eine ignorieren. b) Während der Ausführung des Maskierungs-Protokolls auftretende Fehler können zu einem zweifachen Senden einer korrekten Interprozeßnachricht NI führen. Der Empfänger kann die als zweite ankommende NI aufgrund der ihm schon bekannten Nummer ignorieren.

3.4 Rekonfigurierbarkeit des Maskierungs-Systems

Da ein Maskierungs-System höchstens zwei Fehler tolerieren kann, muß nach jedem erkannten Fehler eine Rekonfigurierung stattfinden, die ausgefallene Maskierungs-Knoten durch fehlerfreie ersetzt. Die Verlagerungsstrategie des Rekonfigurators ist nicht Gegenstand dieser Arbeit - siehe dazu z.B. [Ech 83b]. Eine besondere Anforderung an das Maskierungs-System entsteht jedoch durch die Aus- und Eingliederung einzelner Knoten im laufenden Betrieb. Das folgende Zweischritt-Verfahren garantiert die Konsistenz aller fehlerfreien Knoten, die das Maskierungs-Protokoll ausführen:

1. Abfrage der fehlerfreien Maskierungs-Knoten, welche Nummer der Interprozeßnachrichten NI als letzte bearbeitet wurde. Entsprechend dem Maskierungs-Protokoll können diese Nummern um maximal 1 differieren. Das Maskierungs-System bearbeitet höchstens noch n weitere Nummern, wobei n eine globale Konstante etwa im Bereich 0...3 darstellt.

2. Der Rekonfigurator legt (zentral oder verteilt) eine einheitliche Nummer fest, welche die von den Maskierungs-Knoten mitgeteilte Nummern um mehr als n übersteigt. Folgende nebenläufige Aktivitäten werden veranlaßt: a) Ausgliederung der fehlerhaften Maskierungs-Knoten. b) Eingliederung der Ersatz-Knoten, die sich im Grundzustand befinden und auf die Ausführung des Maskierungs-Protokolls bezüglich der einheitlich festgelegten Nummer warten. c) Die verbleibenden Maskierungs-Knoten werden aufgefordert, die Ersatzknoten bei der Bearbeitung der Interprozeßnachricht NI mit der einheitlich festgelegten Nummer erstmalig in das Maskierungs-Protokoll einzubeziehen.

Die Fehlerzustandsbehebung der Ersatzprozesse erfolgt durch Kopie der Zustandsinformation eines fehlerfreien redundanten Prozesses.

4. Bewertung

Der wesentliche Gewinn der hier vorgestellten Methode liegt in einem günstigen Aufwand/Nutzen-Verhältnis: Der Einsatz von Hybridredundanz erfordert zwar eine erhöhte Rechneranzahl; dagegen begrenzt die verteilte Implementierung der fehlermaskierenden Instanzen den Kommunikationsaufwand beträchtlich. Dadurch wird es möglich, 2-von-3-Systeme mit vertretbarem Aufwand in Prozeßrechner-Netzen zu realisieren und damit gleichzeitig hohe Zuverlässigkeits- und globale Reaktionszeit-Anforderungen zu erfüllen.

Abschließend seien noch einige Ergebnisse einer quantitativen Untersuchung [Ech 83a] unter Zuhilfenahme des SIRAM-Simulators [Ech 82] hervorgehoben:

- Entscheiden die lokalen Betriebssysteme unabhängig voneinander über die Prozessorzuteilung für die drei redundanten Prozeßexemplare, so können die Erzeugungszeitpunkte von drei redundanten Interprozeßnachrichten NI stark voneinander abweichen. In diesem Fall empfiehlt sich zwischen den NI-erzeugenden Prozeßexemplaren und ihren zugehörigen Maskierungs-Knoten eine Pufferung der NI (Puffergröße mindestens 2 NI). Dadurch können sich die Maskierungs-Protokolle von aufeinanderfolgenden NI zeitlich überlappen.

- Die Reduzierung des Kommunikationsaufwands auf etwa 1/3 gegenüber herkömmlichen 2-von-3-Systemen wird bestätigt. Das Kommunikationssystem zwischen den Gruppen kann noch weiter entlastet werden, insbesondere bei geringer Gruppenanzahl: Der reduzierte Aufwand k (bezogen auf herkömmliche 2-von-3-Systeme) beträgt in Abhängigkeit von der Rechneranzahl r

r	3	6	12	24	48
k	0.00	0.18	0.24	0.30	0.30

- Die Vermutung, daß bei Nicht-Übereinstimmung aller drei Maskierungs-Knoten ein Gruppenfehler zugrundeliegt, trifft mit sehr hoher Wahrscheinlichkeit zu [siehe Ech 83a]. Mit der 2:1-Gruppenzuordnung wird eine höhere Verfügbarkeit als mit einer 1:1:1-Gruppenzuordnung erreicht.

Danksagung

Der DFG sei für die Unterstützung dieser Arbeit im Rahmen des Projekts "Rekonfiguration von Mehrmikrorechnern unter Einbeziehung der Peripherie" (Az. Go 347/2) gedankt.

Literatur

Dav 78   Davies, Daniel; Wakerly, John F.:
          Synchronization and Matching in Redundant Systems. IEEE
          Transactions on Computers, Vol. C-27, Nr. 6, Juni 1978, S.
          531-539.

Ech 82   Echtle, Klaus:
          Bewertung von Fehlertoleranz-Verfahren für Mehrrechnersysteme
          durch Simulation. GI-NTG-Fachtagung Struktur und Betrieb von
          Rechensystemen 82, VDE- Verlag, Berlin, 1982, S.371-380.

Ech 83a   Echtle, Klaus:
          Fehlermaskierung durch verteilte Entscheider-Systeme. Int.
          Bericht 8/83, Fak. für Informatik, Uni. Karlsruhe, 1983.

Ech 83b   Echtle, Klaus:
          Rekonfigurierung von hybridredundanten Mehrmikrorechnern.
          Int. Bericht 9/83, Fak. für Informatik, Uni. Karlsruhe, 1983.

Fär 82   Färber, G.:
          Fehlertolerante Rechnersysteme für die Prozeßautomatisierung.
          Regelungstechnische Praxis, 24. Jahrgang, Heft 5, 1982, S.
          160-168.

Gun 83   Gunningberg, Per:
          Voting and Redundancy Management implemented by Protocols in
          Distributed Systems. FTCS-13, Conf. Proc., 1983, S. 182-185.

Mel 82   Melliar-Smith, P.M.; Schwartz, R.L.:
          Formal Specification and Mechanical Verification of SIFT: A
          Fault-Tolerant Flight Control System. IEEE Transactions on
          Computers, Vol. C-31, Nr. 7, Juli 1982, S. 616-630.

Wen 83   Wensley, John H.:
          An Operating System for a TMR Fault-Tolerant System. FTCS-13,
          Conf. Proc., 1983, S. 452-455.

SYNCHRON-DUPLEX-RECHNER

Christoph Schmees-van Zadelhoff

KRUPP ATLAS ELEKTRONIK GMBH
BREMEN

Schon lange wird versucht, durch Einsatz von doppelter oder mehrfacher Hardware mit spezieller Software Rechnersysteme hoher Verfügbarkeit zu schaffen. Im Bereich der Prozeßrechner-Anwendungen mit Echtzeitbedingungen und parallelen Aufgaben konnten diese Einzellösungen nicht befriedigen. Hier wird nun ein neues Konzept vorgestellt, bei dem zwei gleiche Rechner mittels Hardware und Firmware streng synchronisiert werden. Das gesamte Duplex-Verhalten mit Synchronisierung, Fehlerbehandlung und Wiederanlauf kann als fertige Standardlösung angeboten werden, die die Anwendersoftware unberührt läßt.

1 EINLEITUNG

1.1 Ausgangslage

Seit Rechner eingesetzt werden, wird von ihnen eine hohe Verfügbarkeit* verlangt. Dies umso mehr, je mehr und wichtigere Aufgaben die Rechner übernehmen. Zur Herstellung hoher Verfügbarkeit wurde bislang spezielle Mehrprozessorhardware entwickelt und eingesetzt, oder es wurden zwei oder mehr marktübliche Rechner mit Rechnerkopplungen auf Basis spezieller Software zu Mehrrechnersystemen vernetzt.

Alle bisher auf dieser Grundlage realisierten Systeme weisen eine oder mehrere der folgenden Schwächen auf:

- teuer

- langsam

- keine Prozeß-Ein-/Ausgabe

- Anwendersoftware ist betroffen

- Speziallösung

- Unterbrechungen möglich

- Datenverlust möglich

Einige Software-Doppelrechner in Prozeßanwendungen hatten ein so schlechtes Bild hinterlassen, daß in bestimmten Anwenderkreisen zeitweilig der Sinn eines Doppelrechners überhaupt bestritten wurde.

In dieser Situation entstand bei Krupp Atlas Elektronik GmbH (im folgenden KAE abgekürzt) die Notwendigkeit, ein eigenes Doppelrechnerkonzept zu entwerfen.

---

* Verfügbarkeit = Wahrscheinlichkeit, daß das System im Augenblick der Betrachtung seine Aufgabe erfüllt. Hängt von der Lebensdauer ab. Vgl. [1].

1.2 Entwicklungsziele

Die Entwicklung des Synchron-Duplex-Rechners SDR 1300/1500 stand zur Vermeidung der bekannten Fehler unter folgenden Zielen:

- generelle Lösung für den Duplexbetrieb
- Anwendersoftware unberührt
- Einsatz von Standardkomponenten
- geringfügige Mehrbelastung der Rechner durch Duplexbetrieb
- unterbrechungsfreier Betrieb bei Ausfall und Wiederanlauf eines Teilsystems
- kein Datenverlust
- preisgünstige Lösung.

Bei der Untersuchung verschiedener Lösungsansätze zur Vereinigung dieser Ziele zeigte sich, daß die Lösung umso sicherer und transparenter wurde, je „tiefer" die Synchronisation eingeplant wurde. Mit „tief" ist hier der logische Ort in der Hierarchie Anwendersoftware – Betriebssoftware – Mikroprogramm – Hardware gemeint. Je höher die logische Ebene, auf der die Synchronisation stattfindet, umso mehr Fälle müssen berücksichtigt werden, umso stärker ist die Anwendersoftware betroffen und umso größer ist die Gefahr von Verklemmungen. In eine verklemmungsfreie Software können durch die Berücksichtigung von Synchronisation und Wiederanlauf Verklemmungen induziert werden. Aus diesen Erkenntnissen heraus erwuchs das inzwischen zum Patent angemeldete Konzept des Synchronlaufs auf Hardware- und Firmware-Ebene.

1.3 Konzept

Der Synchron-Duplex-Rechner arbeitet nach folgendem Prinzip:

Zwei in der Hardware völlig identische Standard-Prozeßrechner bearbeiten dieselbe Software mit denselben Eingangsdaten. Die Inhalte der Massenspeicher sind identisch (jedes Teilsystem benutzt ein eigenes Plattenlaufwerk), die Inhalte der Arbeitsspeicher sind identisch. Eingaben der „Umwelt" (z.B. Prozeßdaten) gelangen parallel an beide Rechner, deren jeder eigene Steuereinheiten zur Entgegennahme der Daten hat. Die beiden Rechner werden mit einem gemeinsamen Zeittakt versorgt. Unterbrechungssignale aus beiden Teilsystemen erzeugen erst dann eine Unterbrechung, wenn sie beide vorliegen (HW-Vorsynchronisation durch UND-Verknüpfung). Bei jeder Unterbrechung (spätestens alle 10 ms) und bei allen Ein-/Ausgabeoperationen synchronisieren sich die beiden Rechner durch Vergleich der Daten und Vergleich der Befehlszähler-Stände.

Da beide Rechner also in jedem Augenblick dasselbe tun, tätigen sie insbesondere auch dieselben Ausgaben. Die Ausgaben des einen Rechners, der „Wirkrechner" genannt werden soll, gelangen an den Prozeß; die Ausgaben des anderen, des „Blindrechners" werden durch Schalter in den Ausgabewegen physikalisch unterdrückt. Durch gemeinsame gegensinnige Betätigung dieser Schalter ist die Möglichkeit gegeben, sogar während einer Ausgabe die Funktionen Wirk-/Blindrechner unterbrechungsfrei umzuschalten, sei es durch Handeingriff, oder sei es durch einen Fehler im Wirkrechner.

Die technischen Einzelheiten der Realisierung dieses Konzepts werden in den folgenden Abschnitten dargestellt.

2 HARDWARE

Der Synchron-Duplex-Rechner SDR 1300/1500 besteht aus zwei identischen Teilsystemen aus der seit 1979 bewährten Rechnerlinie EPR 1300/1500, und einer Überwachungs- und Umschalteinheit.

Da die Eigenschaften des EPR 1300/1500 wesentlich die Realisierung und die Leistung des SDR 1300/1500 bestimmen, soll kurz darauf eingegangen werden.

2.1 Allgemeines zur Rechnerfamilie EPR 1300

Die Rechnerfamilie EPR 1300 verfügt über eine 16 Bit parallel verarbeitende CPU (Central Processing Unit = = Zentraleinheit), mit unabhängigen Datenwegen für Speicher- und Peripherieverkehr (CPU-Bus, Peripherie-Bus). Der Adressumfang von 22 Bit erlaubt einen maximalen Speicherausbau bis zu 4,19 M Wörtern. Über den simultan zum CPU-Speicherzugriff arbeitenden Peripherie-Bus kann ein breites Spektrum an Daten- und Prozeßperipherie betrieben werden.
Die drei Modelle EPR 1300/1400/1500 unterscheiden sich in der Anzahl der Speichersteckplätze und damit im maximalen Speicherausbau: Auf 4/8/16 Plätzen können 1/2/4 M Wörter untergebracht werden.

Der Befehlsvorrat der mikroprogrammierten Zentraleinheit erstreckt sich von einfachen Datentransport-, Programmsteuerungs- und Arithmetikbefehlen über Befehle zur effizienten Nutzung der KAE-Systemimplementationssprache META-S bis hin zu komplexen Aktionen, die die betriebssystemmäßige Ablaufsteuerung und Betriebsmittelvergabe unterstützen.

Die CPU ist während der Abarbeitung einer zusammengehörenden Folge von Mikroprogrammschritten (Maschinenbefehle, Interrupt-Bearbeitung) durch Interrupts nicht unterbrechbar.

Peripheriegeräte können direkt von der CPU über Ein-/Ausgabe-Operationen oder indirekt von Peripherie-Steuereinheiten (-Controller) angesprochen werden. Die Peripherie-Steuereinheiten arbeiten dann parallel zur CPU mit direktem Speicherzugriff (DMA). Zu diesem Zweck sind die Speicherbaugruppen als Dual-Port-Speicher ausgeführt.

Die Datenperipherie wird im allgemeinen über selbständig arbeitende Peripherie-Controller betrieben, so daß beim Datenverkehr zwischen Haupt- und Massenspeicher, E/A-Geräten (Terminal, Drucker usw.) oder Rechnerkopplungen nur geringfügige CPU-Aktivitäten notwendig sind. Die Beendigung der Einzelaufträge wird der CPU über das Interruptsystem mitgeteilt.

Weitere Einzelheiten können in der Dokumentation von KAE nachgelesen werden, beispielsweise in [2]. Zur Vereinfachung wird im folgenden stellvertretend für die gesamte Familie nur noch vom EPR 1300 bzw. SDR 1300 gesprochen.

2.2 Konfiguration

Die beiden identischen Teilsysteme EPR 1300 bilden je eine eigenständige lauffähige Einheit. Insbesondere enthalten sie wenigstens je ein lokales Datensichtgerät zur Bedienung im asynchronen Betrieb, sowie einen eigenen Massenspeicher. Dies ist in Abb. 2-1 dargestellt. Alle Steuereinheiten, Prozeßein-/-augänge etc. sind doppelt vorhanden.
Die zentrale Überwachungs- und Umschalteinheit enthält:

- zwei im Halblast-Parallelbetrieb arbeitende Netzteile

- die Duplex-Bedienkonsole zur Anzeige und Anwahl des Betriebszustandes

- eine Baugruppe zur Erzeugung des zentralen Taktes, zur Gleichlaufüberwachung und zur Erzeugung von Wirk-/Blind-Umschaltimpulsen

- pro (Erweiterungs-) Einschub eine Baugruppe zur Interrupt-Vorsynchronisation.

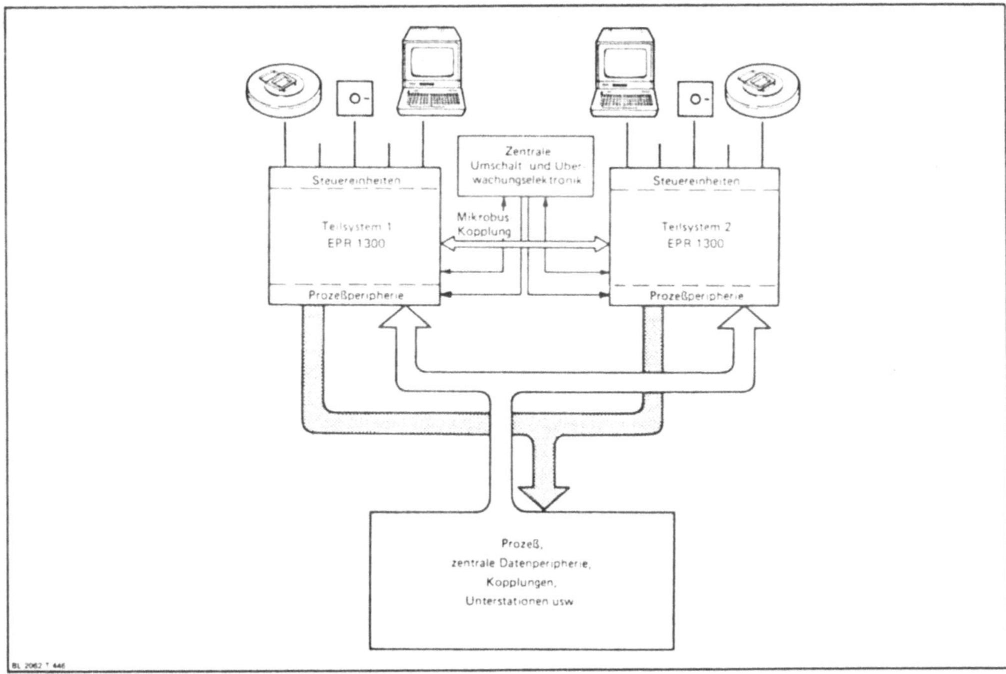

Abb. 2-1: Blockschaltbild SDR 1300

Über den Ausbau eines üblichen EPR 1300 hinaus erhalten die Duplex-Teilsysteme eine Mikrobus-Parallelkopplung. Diese kann gleichzeitig in beide Richtungen 320 K Wörter (à 16 Bit) pro Sekunde übertragen, ohne sonstige Resourcen des Rechners, wie z.B. den Peripheriebus, zu benötigen.

Bei Steuerkarten, die schnelle Kopplungen bedienen (z.B. DC 315 für HDLC), und bei mikroprogrammierten Prozessoren MPP für Spezialaufgaben (z.B. Fernwirk-Vorverarbeitung) wird im SDR zusätzliche Hardware eingesetzt, um die hohe Geschwindigkeit und Autonomie zu erhalten, die durch die parallelen Prozessoren erreicht wird. Während üblicherweise sämtliche zur Synchronisation erforderlichen Daten zwischen den Zentraleinheiten über die Mikrobuskopplung ausgetauscht werden, erhalten die korrespondierenden MPP in den beiden Teilsystemen eine eigene direkte Parallelkopplung CP 981, über die sie mikroprogramm-gesteuert Datenaustausch und Synchronisation autonom und schnell untereinander erledigen (vgl. Abb. 2-2). Die Zentraleinheiten werden dadurch entlastet und die Geschwindigkeit z.B. der HDLC-Kopplung erhöht. Die MPP sind Bit-Slice-Rechen- und Steuerwerke wie die Zentraleinheit (CPU), nur daß letzterer eine eigene Baugruppe „Mikroprogrammspeicher" zugeordnet wird, während auf MPP und Kopplungsprozessoren ein kleineres, dediziertes Mikroprogramm mit auf der Prozessorkarte untergebracht wird. Auch die MPP-Kopplung ist physikalisch wie die Mikrobuskopplung der Zentraleinheiten aufgebaut.

Eine beispielhafte Gesamtkonfiguration des Rechnerteils ist in Abb. 2-3 dargestellt. Man erkennt die beiden Teilsysteme mit jeweils einem Grund- und einem Erweiterungseinschub, die zentrale Überwachungs- und Umschalteinheit, sowie ihre Bezüge untereinander.

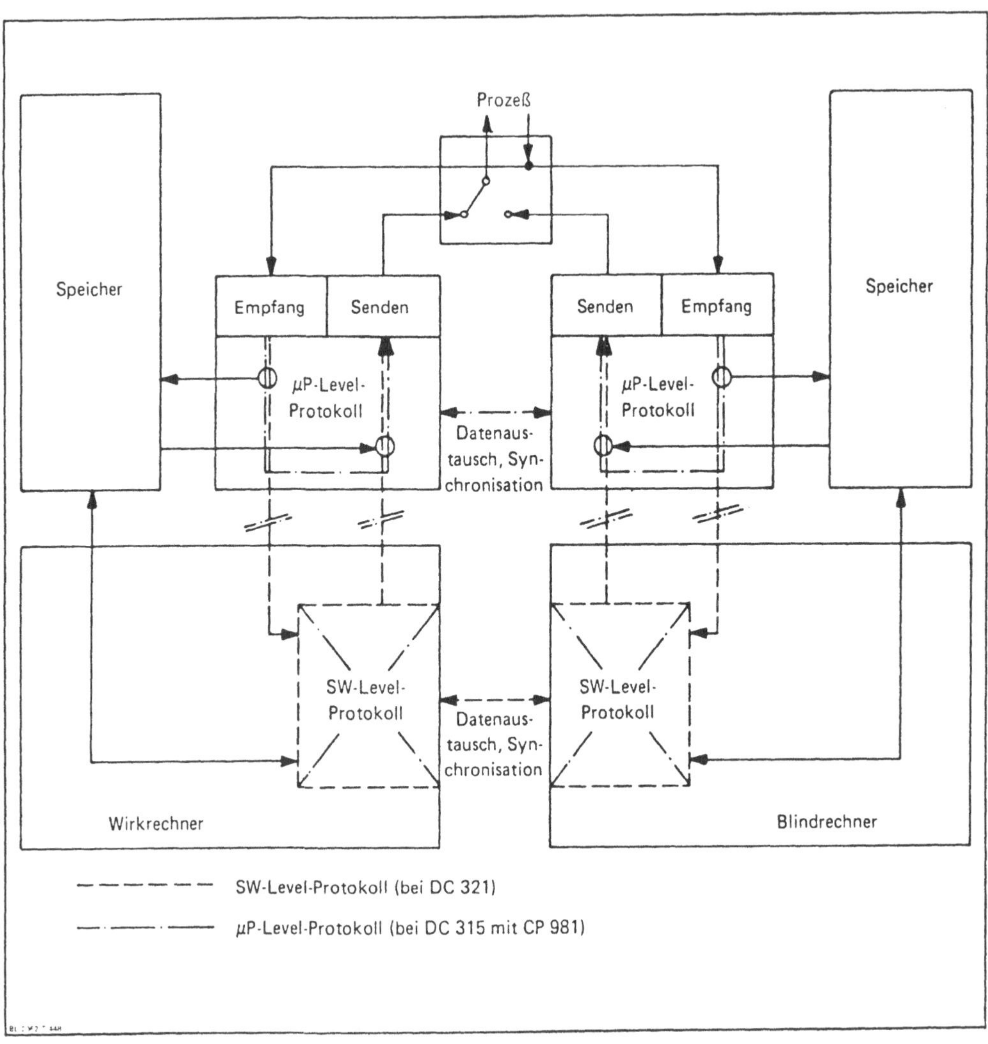

Abb. 2-2: Mikroprozessor-Interface mit/ohne Protokoll-Regie

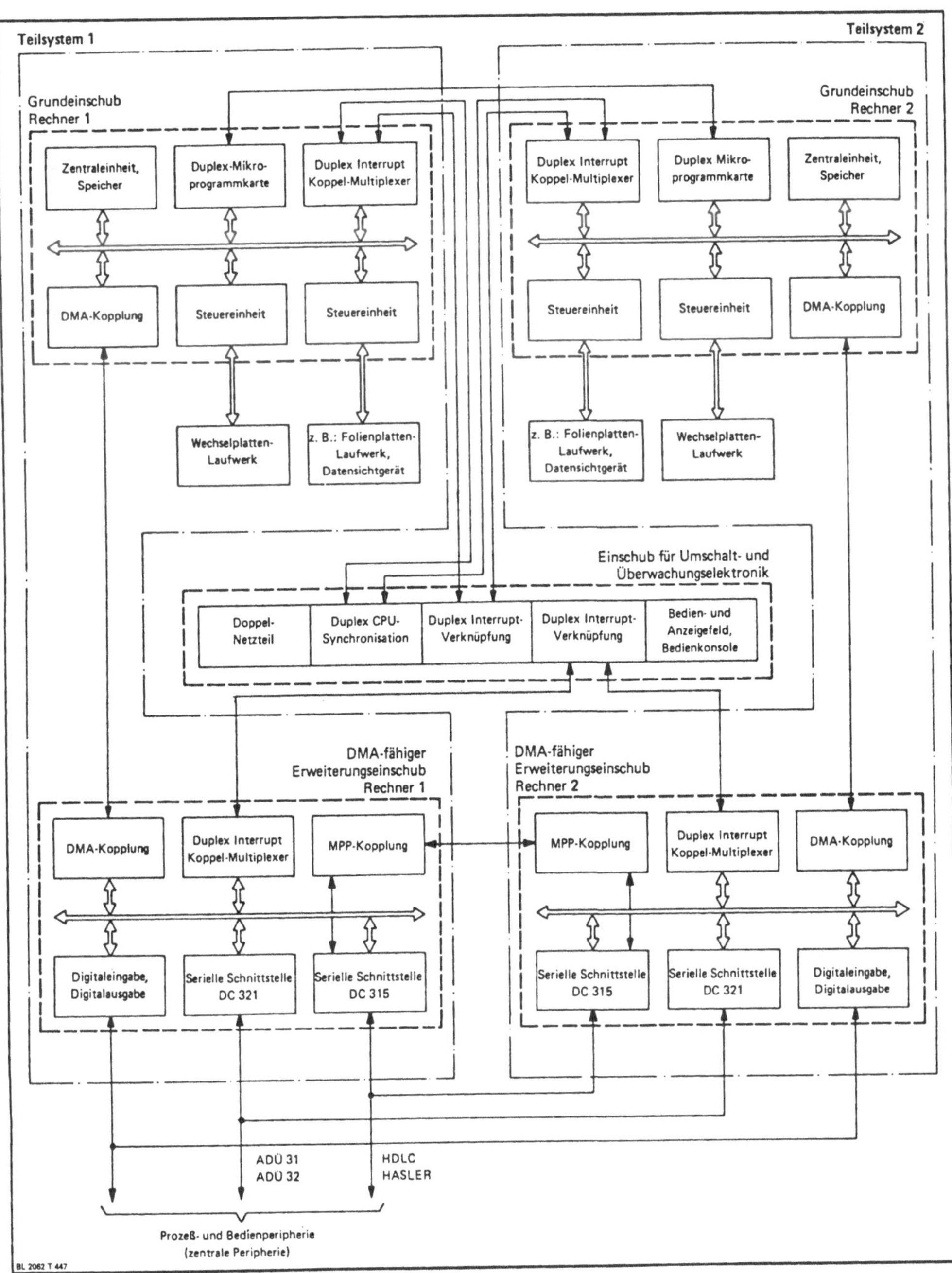

Abb. 2-3: Blockschaltbild SDR 1300 (Beispiel einer Konfiguration)

2.3 Peripherie-Anschluß

Der Anschluß von nur einfach vorhandenen Peripheriegeräten (Prozeßein-/-ausgabe, Kopplungen zu anderen Rechnern, Fernwirklinien) erfolgt prinzipiell so, wie er in Abb. 2-4 exemplarisch für ein Datensichtgerät dargestellt ist:

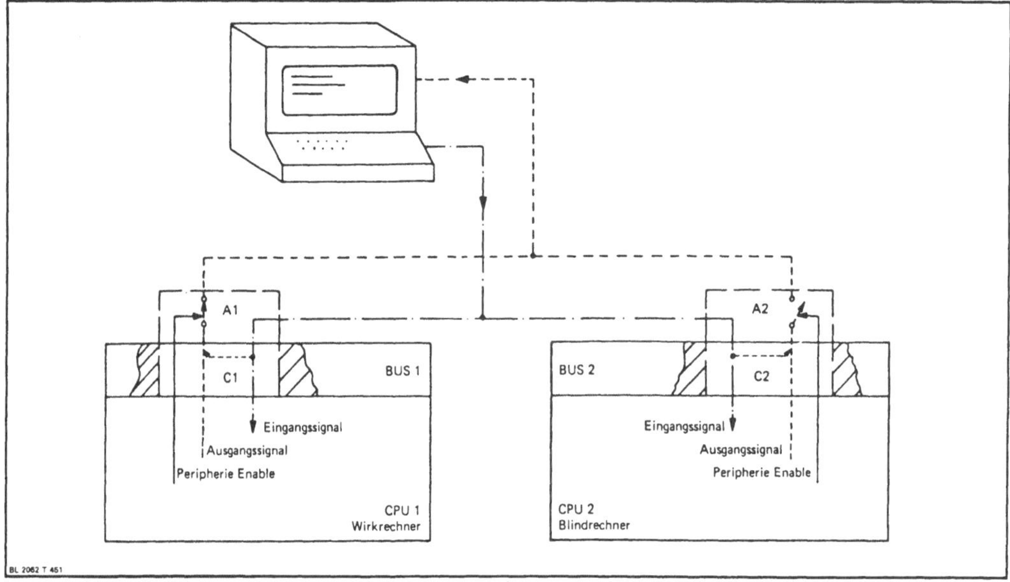

Abb. 2-4: Zentral konfiguriertes Terminal (gemeinsame Peripherie)

Eingangssignale gelangen parallel an beide Rechner, so daß beide zu jeder Zeit dasselbe Prozeßabbild besitzen.

Da aber nur ein Rechner (Wirkrechner) aktiv auf die Peripherie einwirken darf, werden die Ausgangssignale des Blindrechners zur Peripherie auf der zugehörigen Anschlußeinheit gesperrt. Die Freigabe bzw. Nichtfreigabe der Ausgangssignale wird über das Signal „Peripherie Enable" gesteuert, das von der zentralen Umschalt- und Überwachungselektronik geliefert wird.
Die Anschlußeinheiten (A1, A2) sind dafür mit einem elektronischen Umschalter versehen.

3 SOFTWARE

Die Software des SDR 1300 teilt sich in die Gruppen

- Firmware (Mikroprogramm),

- Betriebssystem MOS und

- Anwender-Software auf.

Die Standard-Grundsoftware (Firmware und Betriebssystem) des Prozeßrechners wurde dabei für den Duplex-Betrieb erweitert.

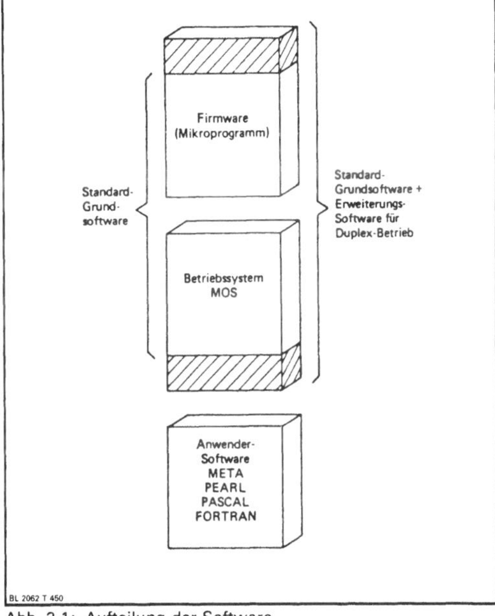

Abb. 3-1: Aufteilung der Software

3.1 Firmware (Mikroprogramm)

Die im Mikroprogramm realisierten Duplex-Funktionen gliedern sich in zwei Kategorien:

- Funktionen zum Erreichen des Synchron-Betriebes (Restart-Funktionen).

- Funktionen zur Erhaltung und Überwachung des Synchron-Betriebes (Firmware-Synchronisations-Protokoll)

Die Funktionen der ersten Gruppe gliedern sich in Master- (Wirkrechner-) und Slave- (Blindrechner-) Funktionen und dienen im wesentlichen zum Austausch der Massenspeicherdaten und zum Austausch des Hauptspeicherinhaltes mit max. Geschwindigkeit.

Die Funktionen der zweiten Gruppe steuern die

- Synchronisation der Eingaben und Ausgaben
- Interrupt-Synchronisation
- Vergleichsoperationen
- Fehlerüberwachung
- Eigen-/Fremdabschaltung im Fehlerfalle

Gemeinsamer Aspekt dieser Funktionen ist die routinemäßige Überprüfung des Gleichlaufs (Synchronlaufs). Bei einem Vergleich werden die internen und externen Zustände und Daten verglichen. Bei Abweichungen in den überprüften Zuständen wird der Programmablauf im alternativen Programmzweig unter gesperrtem Interruptsystem fortgesetzt. Dadurch ist eine softwaremäßige Diagnose und Bewertung der aufgetretenen Abweichung möglich.

Nach einer problemabhängigen Reaktion wird, falls der Synchronlauf aufrechterhalten werden kann, durch einen Sync-Befehl mit der Option Sync-Clear das Interruptsystem wieder reaktiviert und eine Angleichung der Zentraleinheiten erreicht.

Die Mikroprogramm-Sequenzen der Sync-Befehle sind so ausgelegt, daß bei einem Auseinanderdriften der Rechner (z.B. aufgrund unterschiedlicher Phasenlagen des DMA-Betriebes bei Massenspeicherzugriffen) ggf. der schnellere Rechner auf den langsameren wartet. Diese Wartezeit ist auf die maximal abzuschätzende Latenzzeit (durch den Massenspeicher vorgegeben) begrenzt. Eine Überschreitung dieser Zeit wird als Versagen des langsameren Rechners gewertet.

3.2 Betriebssystem MOS

Das Betriebssystem MOS (Multiuser Operating System) führt das Doppelrechnersystem. Es enthält:

- Treiber (Steuerung der Peripheriebaugruppen)
- Dienst- und Hilfsprogramme
- Routinen für einen Neustart (Wiederanlauf)

3.3 Anwendersoftware

Die Anwendersoftware, d.h. die eigentliche Problemlösung ist grundsätzlich unabhängig vom Duplexverhalten des SDR 1300, auf dem sie läuft. Für einen SDR 1300 bestimmte Anwendersoftware kann auf einem einfachen EPR 1300 erstellt und getestet werden. Soweit irgend möglich, wurden die Duplexfunktionen in Hardware und Firmware (Mikroprogramm) eingebaut. Was an Duplex-Funktionen dort nicht genügend allgemeingültig realisiert werden konnte, fangen spätestens die Treiber im Betriebssystem ab, so daß es der Anwendersoftware verborgen bleibt, ob hinter der Schnittstelle zum Betriebssystem ein einfacher Rechner EPR 1300 oder ein SDR 1300 die Arbeit verrichtet.

4 FUNKTIONEN

In diesem Abschnitt soll dargestellt werden, wie im Normalfall der Synchronlauf aufrechterhalten wird, wie Fehler erkannt und behandelt werden, und wie nach einer Störung der Synchronlauf wiederhergestellt wird.

4.1 Synchronisation

Synchronisation, d.h. Kontrolle und ggf. Herbeiführung des Gleichlaufs, ist mindestens bei jedem Kontakt des Duplexrechners zur „Umwelt", d.h. bei allen Ein-/Ausgaben und bei Eintreffen von Unterbrechungssignalen erforderlich. Damit die mögliche Drift (Unterschied der Arbeitsfortschritte) einen bestimmten Höchstwert nicht überschreiten kann, wird spätestens alle 10 ms durch den Zeitgeber-Interrupt zwangsweise eine Synchronisation ausgelöst.

Der in Firmware realisierte Synchronisationsvorgang läuft folgendermaßen ab:

- falls die Verarbeitungsstände voneinander abweichen, wartet der schnellere Rechner auf den langsameren

- bei erreichtem Gleichstand finden Daten- und Statusvergleiche statt

- synchroner Weiterlauf oder Fehlerbehandlung.

Zur Überprüfung des Verarbeitungsstandes sind in der Überwachungs- und Umschalteinheit zwei Zähler (einer pro Rechner) vorhanden, die bei jedem Fetch für einen Macro-Befehl inkrementiert werden. Bei erfolgreicher Synchronisation werden sie zurückgesetzt.

Diese Methode kann als Funktionssynchronisation z.B. bei Ein-/Ausgabeoperationen dienen; für die Interrupt-Behandlung reicht sie noch nicht aus. Der Interrupt darf erst dann an beide Zentraleinheiten weitergeleitet werden, wenn beide Controller sich zurückgemeldet haben. Dies wird durch eine UND-Verknüpfung korrespondierender Unterbrechungssignale aus beiden Rechnern erreicht. Diese UND-Verknüpfung übernimmt die Interrupt-Synchronisations-Baugruppe in der Überwachungs- und Umschalteinheit.

4.2 Fehlerbehandlung

4.2.1 SCHWERWIEGENDE FEHLER

Drei Instanzen wachen über das SDR 1300-System, können Fehler entdecken und entsprechend reagieren:

- jeder Rechner überwacht sich selbst
- jeder Rechner überwacht den anderen
- die Überwachungs- und Umschalteinheit überwacht beide.

Dementsprechend gibt es für jeden der beiden Rechner drei Möglichkeiten, zum asynchronen Blindrechner zu werden:

- Eigen-aus „Local Error"

- Fremd-aus „Remote Error"
- aus durch Watch-Dog „HW-Error"

Ein typisches Beispiel für Eigen-aus sind Paritätsfehler im Arbeitsspeicher. Das Fremd-aus-Signal zur Abschaltung eines defekten Partners wird dann eingesetzt, wenn man annimmt, daß der aufgetretene Fehler ohne neuen Kaltstart behoben werden kann. Nach einem Fremd-aus ist der Wiederanlauf und Synchronisierung ohne vorherigen Kaltstart möglich, nach Eigen-aus dagegen nicht.

Der Watch-Dog der Überwachungseinheit tritt dann ein, wenn ein Teilsystem arbeitsunfähig geworden ist. Wurde ein Fehler festgestellt, der das Abhängen des gestörten Teilsystems erforderlich macht, dann erzeugt die Überwachungs- und Umschalteinheit ein entsprechendes Signal für die Schalter in den Ausgabewegen. Die Schalterstände (Zuordnung Wirk/Blind) und die Betriebsart (simplex, duplex, Eigen-aus, ...) werden dezentral gespeichert.

4.2.2 UNWICHTIGE FEHLER

Die bisherigen Ausführungen betreffen Fehler, die ein für den Prozeß wichtiges redundant vorhandenes Gerät betreffen. Hier wird jeweils dasjenige Teilsystem als Wirkrechner den Prozeß weiterführen, welches das funktionsfähige Gerät aufweist (Beispiel: Magnetplatte). Nun gibt es aber auch logische oder physikalische Geräte, die für den Prozeß nicht wichtig sind, beispielsweise für Programmierung benutzte Datensichtgeräte oder Plattenspeicherbereiche. Wenn bei solchen redundant vorhandenen Geräten im einen Teilsystem ein Fehler auftritt, im anderen jedoch nicht, soll nicht das oben beschriebene Umschaltverhalten auftreten. Stattdessen wird das Gerät solidarisch in **beiden** Rechnern defekt gemeldet und der Synchronbetrieb aufrechterhalten.
Falls nun noch ein zweiter Fehler auftritt, der den Prozeß gefährden könnte, so kann er vom synchron laufenden SDR 1300 sicher abgefangen werden.
Bei der Generierung des Betriebssystems MOS (Multiuser-Operating System) für den SDR 1300 kann für jedes Gerät gewählt werden, was im Fehlerfall geschehen soll:

- das in einem Teilsystem defekte Gerät wird von beiden als defekt abgehängt; Synchronlauf bleibt erhalten, oder

- das Teilsystem mit dem intakten Gerät führt als Wirkrechner den Prozeß weiter; das gestörte Teilsystem wird asynchron.

4.2.3 KOMPENSATION

Zwischen den beiden oben beschriebenen Extremen ist noch ein Mittelweg denkbar, der für den Anschluß von Fernwirklinien beschritten wird. Dieser Weg der Kompensation bedeutet, daß ohne Rücksicht auf die Wirk-/Blindrechnereinstellung die Daten der intakten Schnittstelle von beiden Rechnern benutzt werden. Voraussetzung dafür ist, daß die Schnittstellen von mikroprogrammierten Prozessoren betrieben werden, die den erforderlichen Datenaustausch über ihre eigene MPP-Kopplung autonom ausführen. Mit dieser Methode muß nicht mehr zwischen entweder Aufgabe des Synchronlaufs (Gefahr beim zweiten Fehler) oder solidarischem Verzicht auf die Daten gewählt werden, sondern nach einem Einfach-Fehler im Bereich der Fernwirkschnittstellen kann **synchron mit allen Daten** weitergearbeitet werden.

4.2.4 GEMEINSAME ÜBEREINKUNFT

Bei allen bisherigen Überlegungen wurde vorausgesetzt, daß die Fehler sich eindeutig einem Teilsystem zuordnen lassen. Das trifft für die überwiegende Zahl der Fehlerfälle zu.

Es sind aber auch Fehler oder besser Datenunterschiede denkbar, die nicht einem Teilsystem angelastet werden können. Ein typisches Beispiel hierfür sind Analogeingaben. Bedingt durch Toleranzen im Analogteil und durch Quantisierungsfehler ist die Wahrscheinlichkeit hoch, daß die beiden Analog-Digital-Wandler in den beiden Teilsystemen unterschiedliche Bitmuster liefern.

Bei der strengen Synchronisierung, die der SDR 1300 fordert und einhält, könnte damit der Synchronlauf nicht aufrechterhalten werden. Daher muß hier auf Treiber-Ebene eine gemeinsame Übereinkunft getroffen werden, beispielsweise Bildung des Mittelwertes. Mit diesem gemeinsamen Wert wird dann in beiden Rechnern weitergearbeitet.

4.3 Wiederanlauf

Unter Wiederanlauf wird hier die Angleichung des asynchronen Blindrechners an den Wirkrechner und der Übergang in den Synchronbetrieb verstanden. Dieser Wiederanlauf findet statt, während der Wirkrechner weiterhin den Prozeß bedient. Die Ablaufsteuerung dafür übernimmt das Betriebssystem. Der Wiederanlauf ist in drei Phasen aufgeteilt:

In der „kalten" Phase werden die Konfigurationen miteinander verglichen. Identische Konfiguration ist Voraussetzung für Synchronbetrieb.

In der „warmen" Phase wird der Massenspeicher (Magnetplatte) des Blindrechners auf den aktuellen Stand gebracht. Schreibvorgänge werden gleichzeitig auf beiden Rechnern durchgeführt. Daten, die sich während der Zeit des Simplexbetriebs auf der Platte des Wirkrechners gegenüber dem Stand des Blindrechners verändert haben, werden kopiert. Der Aktualisierungsstand ist mit Hilfe von Aktualisierungszählern feststellbar, die in Kontrollblöcken geführt werden. Der Datentransport verläuft zwischen den Zentraleinheiten über die Mikro-Buskopplung.

Nachdem der Gleichstand der Massenspeicher erreicht ist, muß der Blindrechner nun auch noch den Inhalt des Arbeitsspeichers des Wirkrechners Bit für Bit übernehmen, um danach synchron mit ihm weiterzuarbeiten. Dies ist die sogenannte heiße Phase. Während der heißen Phase, die nicht unterbrechbar ist, sind sämtliche Speicherzugriffe (auch DMA) gesperrt. Nur so ist gewährleistet, daß ein konsistentes Speicherabbild übertragen wird. Die Dauer dieses Vorgangs hängt vom Speicherausbau ab. Die Transferrate beträgt 320 K Wörter (à 16 Bit) pro s, also werden für 256 K Wörter 0,8 s benötigt.
Die vorübergehende Sperrung des Speichers hat sich als unproblematisch erwiesen. Die durch die Sperrung hervorgerufenen Störungen im Datenverkehr mit der Umwelt können von „intelligenten" Steuereinheiten oder autonomen Vorverarbeitungseinheiten abgefangen werden. Spätestens im Kopplungsprotokoll wird eine Wiederholung der gestörten Übertragung veranlaßt.

Falls die durch den Wiederanlauf des Blindrechners verursachte Mehrbelastung des Wirkrechners einmal tatsächlich nicht tolerierbar sein sollte, hat die Anwendersoftware die Möglichkeit, durch ein Veto die heiße oder sogar schon die warme Phase des Wiederanlaufs zu sperren.

5 ERGEBNISSE

5.1 Einfluß auf die Verarbeitungsgeschwindigkeit

Durch die Synchronisation der beiden Rechner werden Verzögerungen gegenüber dem normalen (Simplex) Arbeitsablauf hervorgerufen.

Die in der Firmware auftretenden Wartezeiten sind von

- der DMA-Belastung des Systembusses und von
- der Verarbeitungsgeschwindigkeit der Controller

abhängig. Die maximale Wartezeit ist konfigurationsabhängig. Sie wird im wesentlichen durch zeitweise unterschiedliche DMA-Belastungen hervorgerufen, die wiederum das Ergebnis des Zugriffs auf mechanisch nicht synchronisierte Wechselplatten-Laufwerke sind.

Die **Einbußen an CPU-Leistung** aufgrund solcher Synchronisationsverluste liegen **unterhalb von 5 %** gegenüber dem Simplex-System. Unabhängig davon ergibt sich für die Wechselplatten-Benutzung ein um ca. 30 % höherer Wert für die Latenzzeit. Ohne die in Abschnitt 4.1 aufgeführte Interrupt-Vorsynchronisation würde diese Zeit von der CPU-Leistung abgehen.

5.2 Verfügbarkeit

Basis für Verfügbarkeits- und Zuverlässigkeits-Berechnungen bei Systemen mit mehreren Funktionseinheiten sind die „Kirchhoffschen Regeln":

- Funktionseinheiten werden in Reihe geschaltet, wenn der **Ausfall einer Funktionseinheit zu einem Ausfall des Gesamtsystems** führt.
- Funktionseinheiten werden parallel geschaltet, wenn der **Ausfall einer Funktionseinheit** bedeutet, daß das **Gesamtsystem nicht ausgefallen** ist.

Zur Ermittlung von Verfügbarkeits- und Zuverlässigkeits-Werten ist eine Funktionseinheit in die kleinsten Bestandteile zu zerlegen, deren Betrachtung noch sinnvoll ist. Dies sind beim SDR 1300 die Elektronikbaugruppe im Doppel-Europaformat (DE-Baugruppe) und das Peripheriegerät.

Zur Berechnung der Verfügbarkeit werden folgende Begriffe und Gleichungen benutzt:

- Ausfallrate λ: Anzahl der Ausfälle pro Stunde

$$\lambda = \lambda_1 + \lambda_2 + \dots + \lambda_n$$

- Funktionswahrscheinlichkeit R: $R = e^{-\lambda \cdot t}$

- Mean-Time between Failure MTBF: Mittlere Zeit in Stunden zwischen zwei Ausfällen

$$MTBF = \int_0^\infty R \cdot dt = \frac{1}{\lambda}$$

- Mean-Time to Repair MTTR: Mittlere Zeit in Stunden zur Wiederherstellung der Funktionsfähigkeit nach einem Ausfall.

- Verfügbarkeit A: Wahrscheinlichkeit, ein System zu einem vorgegebenen Zeitpunkt in einem funktionsfähigen Zustand anzutreffen (nach DIN 40041).

$$A = \frac{MTBF}{MTBF + MTTR}$$

- Nichtverfügbarkeit N: $\qquad$ $N = 1 - A$

- Funktionseinheit: $\qquad$ Nach DIN 44300 ein nach Aufgabe oder Wirkung abgrenzbares Gebilde.

Für die nachstehend aufgeführte Zuverlässigkeits-Berechnung einer möglichen Konfiguration (Beispiel) eines SDR 1300 gelten folgende Voraussetzungen:

- Die Ausfallraten der Baugruppen im Doppel-Europaformat werden aus den Ausfallraten der Bauelemente berechnet. Grundlage dafür ist bei KAE das MIL.-HDBK.217C, REV. 5.80.

- Die Ausfallraten der Peripheriegeräte werden aus Hersteller-Spezifikationen übernommen.

- Für Ausfallraten aller anderen Komponenten (z.B. Netzteil, Lüfter) gelten werksinterne Untersuchungen.

- Für den Einsatzort werden folgende Bedingungen angenommen:
  - ortsfest
  - klimatisiert
  - Umgebungstemperatur der Bauelemente 40 °C

- Die MTTR wird zu MTTR = 8h angesetzt.

Berechnungen

Das (Beispiel-) System besteht aus:

- Wirkrechner WR
- Blindrechner BR
- zentrale Umschalt- und Überwachungselektronik ZUÜ

Wirk- und Blindrechner sind gleich konfiguriert und enthalten an prozeßwichtigen Elementen:

Bezeichnung der Funktionseinheit	Anzahl der Bestandteile (DE-Baugruppe)	Ausfallrate λ [h^{-1}]
Zentraleinheit mit 1024 KByte Arbeitsspeicher	12	$320 \cdot 10^{-6}$
Massenspeicher 16 + 80 MByte mit Steuereinheit	3	$310 \cdot 10^{-6}$
Datensichtgerät mit Steuereinheit	1	$130 \cdot 10^{-6}$
Erweiterungseinschub EU 15x	3	$60 \cdot 10^{-6}$
32 serielle Kanäle (Fernwirkanlage, gesteuert vom PP 140)	9	$190 \cdot 10^{-6}$
320 Digitale Eingänge	10	$150 \cdot 10^{-6}$
80 Digitale Ausgänge	5	$45 \cdot 10^{-6}$
2 Netzteile, Lüfter, Stecker	–	$25 \cdot 10^{-6}$

Tab. 5-1: Konfiguration der Teilsysteme des (Beispiel-) Systems mit Ausfallraten

Die für den Prozeß nicht notwendigen Bestandteile werden nicht berücksichtigt.

Die Ausfallrate der zentralen Umschalt- und Überwachungselektronik errechnet sich aus den Einzelwerten für zwei Netzgeräte und 4 DE-Baugruppen und hat den Zahlenwert: $74 \cdot 10^{-6} \cdot \text{h}^{-1}$.

Das System erfüllt seine Aufgabe, wenn entweder der Wirkrechner oder, mit Hilfe der zentralen Umschalt- und Überwachungselektronik, der Blindrechner funktionsfähig ist, d.h.

- wenn der Wirkrechner ausfällt, wird der Blindrechner zum Wirkrechner, kein Ausfall des Rechnersystems.

- wenn der Blindrechner ausfällt, keine Änderung, Wirkrechner behält die Prozeßführung.

- wenn die zentrale Umschalt- und Überwachungselektronik ausfällt, arbeiten die Rechner asynchron, kein Ausfall des Rechnersystems. Der derzeitige Wirkrechner behält die Prozeßführung.

Aus dem oben gesagten ergibt sich ein Zuverlässigkeits-Blockschaltbild gemäß Abb. 5-1.

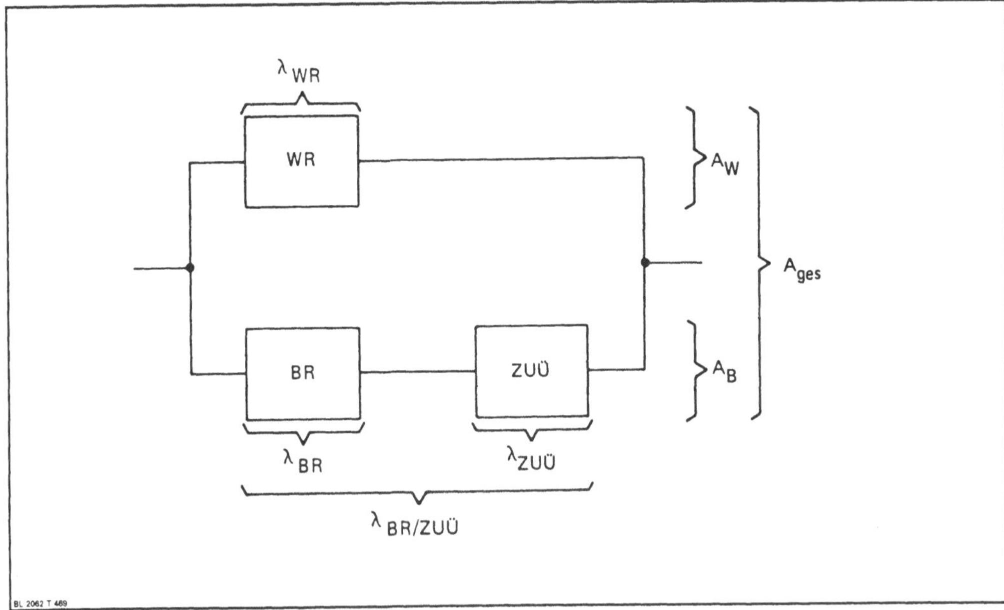

Abb. 5-1: Zuverlässigkeits-Blockschaltbild

Die Ausfallraten des Wirkrechners (λ_{WR}) und des Blindrechners (λ_{BR}) ergeben sich aus der Summe der in Tab. 7-1 angegebenen Einzel-Ausfallraten:

$$\lambda_{WR} = \lambda_{BR} = \sum_{i=1}^{n} \lambda_i = 1230 \cdot 10^{-6} \cdot h^{-1}$$

Daraus: $\quad MTBF_{WR} = MTBF_{BR} = 813\ h$

und: $\quad A_W = 0{,}990$

Die Ausfallrate $\lambda_{BR/ZU\ddot{U}}$ errechnet sich aus:

$$\lambda_{BR/ZU\ddot{U}} = \lambda_{BR} + \lambda_{ZU\ddot{U}}$$

mit $\lambda_{ZU\ddot{U}} = 74 \cdot 10^{-6} \cdot h^{-1}$ ergibt sich für $\lambda_{BR/ZU\ddot{U}}$:

$$\lambda_{BR/ZU\ddot{U}} = 1304 \cdot 10^{-6} \cdot h^{-1}$$

Daraus: $\quad MTBF_{BR/ZU\ddot{U}} = 767\ h$

und: $\quad A_B = 0{,}9897$

Die Nichtverfügbarkeit N_{ges} und die Verfügbarkeit A_{ges} errechnen sich aus den Formeln

$$N_{ges} = (1 - A_W)(1 - A_B)$$

$$A_{ges} = 1 - N_{ges}$$

$$A_{ges} = A_W + A_B - A_W \cdot A_B$$

Mit obigen Gleichungen ergibt sich für A_{ges} :

$$A_{ges} = 0{,}999897$$

Bei einem 24h-Betrieb (im Jahr 8760 h) ist das Rechnersystem im Jahr wahrscheinlich während einer Zeit von ca. 0,9 h nicht verfügbar.
Im Vergleich dazu ist ein Einzelrechner (Wirk- oder Blindrechner) im Jahr während einer Zeit von ca. 88 h nicht verfügbar.

6 ABGRENZUNG UND AUSBLICK

Mit dem SDR wurde ein Rechnersystem geschaffen, das hohe Verfügbarkeit über lange Zeiträume bei vertretbarem Mehraufwand bietet und das als Standardprodukt erhältlich ist.

Das System kann **einen** schweren Fehler ohne Datenverlust, ohne Prozeßunterbrechung und ohne Leitungsminderung abfangen. Leichte und kompensierbare Fehler stören ohnehin nicht. Der zweite schwere Fehler vor der Behebung des ersten kann das System funktionsunfähig machen.
Der Mehraufwand beschränkt sich auf die Hardware:
Verdoppelung des funktionsfähigen Einzelrechners und Hinzufügung der Überwachungs- und Umschalteinheit. Die SDR-spezifische Hardware weist geringe Komplexität und geringen Umfang auf. Die Anwendersoftware wird nicht berührt. Mit diesem vergleichsweise geringen Mehraufwand wird die Ausfallwahrscheinlichkeit gegenüber dem Einzelrechner um rund den Faktor 100 verringert. Typische Systeme lassen **einen** Ausfall von 9 h Dauer in 10 Jahren erwarten.

Da dieser Ausfall statistisch auch schon im ersten Jahr auftreten kann, ist der SDR so nicht für Bereiche geeignet, in denen Menschenleben von seiner Funktion abhängen.

An speziellen Lösungen für Computereinsatz in solchen kritischen Bereichen, speziell in der Luft- und Raumfahrt, wird in den USA seit 1965 mit Unterstützung der NASA und anderer Stellen gearbeitet. Eine ausführliche Darstellung der verschiedenen Lösungsansätze findet sich in [3]. Allen Ansätzen ist die Verdreifachung oder n-fache Verdreifachung der Hardware gemeinsam, und eine Menge Spezial-Hardware und/oder Spezialsoftware.

Beispielsweise soll der FTMP (Fault-Tolerant Multiprocessor) mit 10 sogenannten LRUs (Line replaceable Units, eigenständige Prozessoren) während eines 10-stündigen Fluges eine Ausfallwahrscheinlichkeit von $\lambda \leq 10^{-9}\,h^{-1}$ gewährleisten, jedenfalls wird dieser Wert angestrebt. Der FTMP, der im C.S. Draper Laboratory (früher Instrumentation Laboratory des M.I.T.) entwickelt wird, läge damit in der Ausfallwahrscheinlichkeit um mehrere Zehnerpotenzen unter dem SDR, allerdings bei beträchtlich höherem Hardware-Mehraufwand. Unabhängigkeit der Anwendersoftware vom Ausfallschutz wird auch beim FTMP angestrebt. Der FTMP kann mehrere schwere Fehler abfangen, allerdings mit verminderter Leistung. Die wichtigsten Aufgaben sollen weiterhin bearbeitet werden ("graceful degradation").

Für Anwendungen, in denen Unterbrechungsfreiheit nicht so wichtig ist wie

- hohe Rechenleistung
- kurze Reparaturzeit
- Toleranz gegen Mehrfachfehler

wurde kürzlich bei KAE der MPR (Mehr-Prozessor-Rechner) entwickelt. Er enthält vier Bussysteme, bis zu 8 Prozessoren und Speicher mit eingebauter Fehlerkorrektur. Über den MPR wird an anderer Stelle zu berichten sein.

7 ZUSAMMENFASSUNG

Für alle Prozeßrechner-Anwendungen, die hohe Verfügbarkeit, Echtzeitbetrieb und stoßfreies Umschalten bei vertretbarem Aufwand benötigen, wurde mit dem Synchron-Duplex-Rechner SDR ein Werkzeug nach Maß geschaffen.

Durch Verdoppelung der Hardware und Hinzufügen duplex-spezifischer Hardware und Firmware kann **ohne Einfluß auf die Anwendersoftware** ein Einfachsystem zum SDR mit folgenden Eigenschaften ausgebaut werden:

- Ausfallwahrscheinlichkeit typ. 100mal geringer als beim Einfachsystem
- geringfügige Leistungseinbuße gegenüber dem Einzelrechner (höchstens 5 %)
- keine Prozeßunterbrechung durch Fehler
- Wiederanlauf am laufenden Prozeß.

Im Gegensatz zu manchen bisher nur theoretischen Vorschlägen läuft der SDR bereits als marktgängiges Standardprodukt.

Der Synchronlauf beruht auf folgenden Elementen:

- verdoppelte Hardware wird ausschließlich als Redundanz eingesetzt (keine getrennten Hintergrundaufgaben)
- identische Inhalte der Massenspeicher bzw. der Arbeitsspeicher
- strenge Synchronisierung durch Hardware und Firmware
- Überwachungs- und Umschaltaufgaben soweit möglich symmetrisch dezentralisiert.

Die Unabhängigkeit der Anwendersoftware von der Betriebsart des ausführenden Rechners (einfach/duplex; synchron/asynchron; Wirk/Blind), eine wesentliche Neuerung auf diesem Sektor, bietet die Voraussetzung dafür, vorhandene EPR 1300-Systeme später mit überschaubarem Aufwand zu Synchron-Duplex-Rechner-Systemen auszubauen.

8 LITERATUR

[1] Syrbe, M.: Zuverlässigkeit von Systemen
     rtp 25, 308ff (8/1983)

[2] Krupp Atlas Elektronik: Prozeßrechner EPR 1300/1400/1500. Systemübersicht

[3] Proc-IEEE **66**, 1107 ... 1273 (10/1978).
     (Sonderheft über fehlertolerante digitale Systeme)

The Problem of Confidence in Fault-Tolerant Computer Design

Jack Goldberg

Computer Science Laboratory

SRI International

Menlo Park, CA 94025

Abstract

The use of fault-tolerant design to increase the reliability of computer systems is widely accepted. For highly critical applications, the level of confidence that may be assigned to predictions of the reliability of such systems is limited by many factors, including uncertainty in assumed fault types, limitations in the verifiability of hardware and software designs, inadequate models for the causes and effects of design errors, imperfect testability of physical implementations, and inadequate consideration of the effects of human error. New techniques for specification, design and analysis are being developed, but research and development must be accelerated to keep up with the rapid pace of increasing device and system complexity. Better integration of life-cycle considerations is needed to adapt systems to actual fault conditions, and to achieve reliable and efficient interaction with operators and maintenance persons.

Introduction

We review the problem of achieving confidence in the reliability of fault-tolerant computers used in critical control systems. The first sections include a general discussion of issues and a summary of the general paradigm for fault-tolerant system design and verification. Technical factors that limit reliability and analyzability are reviewed, and the SIFT fault-tolerant computer design is summarized as an example of conservative design that is needed to allow formal verification of design correctness. New research into techniques for design, verification, and treatment of non-classic fault types is reviewed. Examples include Fault-Tolerant Software, Recursive-Hierarchical design, Expert-System diagnosis, and Very-High-Level Languages and supporting architectures. The need for a life-cycle view in system design is indicated.

The Problem of Confidence in Fault-Tolerant Design

Automatically controlled systems typically have some notion of safety associated with various modes and levels of performance. Examples include requirements (usually with several time parameters such as mission time, duration of hazardous conditions and frequency of occurrence) to minimize possible loss of service or entry into a potentially harmful state. Such requirements usually recognize a set of undesired conditions that may threaten safe operation. In the event that one of these conditions occurs, the system controller is responsible for directing the system through some trajectory of operating states (perhaps with reduced performance) such that the safety requirements are satisfied. Prudent purchasers and users of such systems will seek some level of confidence that the controller is well designed and in good working condition, and that the set of undesired conditions that the controller is designed to handle covers all those that may reasonably be expected to occur. For high-value or life-critical systems, the level of confidence required by purchasers and users may be very high indeed.

The same objectives and concerns apply to the controller itself. Designers of high-reliability control computers will define a set of undesired computing conditions, called faults, and design the computer system so that the computing functions needed to satisfy the safety requirements of the controlled system are provided under all likely fault conditions. Designers are expected to predict the reliability, and typically do so with the aid of an abstract model and an assumed set of frequencies of fault occurrences of specified types. Several models and supporting tools have been developed that embrace a wide set of important concerns in fault-tolerant computing systems, such as permanent and transient errors, maintenance policies, and interaction of reliability and performance (e.g., [5], [18]).

Unfortunately, the semantic gap between such reliability models and the systems they describe is so great that the use of the models for absolute (as opposed to comparative) reliability predictions must always be doubted. There are several reasons for such doubt. For example, the more complex a design the more difficult it is to be confident that it is free of error and that any physical realization has been correctly built and maintained. These problems clearly can cast doubt as to whether the reliability model is relevant to the real system. Confidence is also reduced if the character and frequency of the undesired conditions or faults are uncertain. While some physical plants may be very complex, their basic fault modes are usually well understood, and their consequences readily analyzable. By contrast, computer systems have enormous complexity, many of their fault modes are not well understood (e.g., programming errors), and their computational consequences may be prohibitively costly to analyze. These complexities can overwhelm the automatic fault-diagnosis mechanisms that are crucial to fault-tolerant operation; the result is that fault tolerance is not only inevitably imperfect, but its degree is inevitably uncertain at design time.

Experience has shown that design errors in computer systems are significant at all levels of detail. It is also well understood that testing (i.e., application of sample input data) is a very weak method for finding design errors. In theory, formal verification, i.e., proof of correct behavior for all data in a specified range, is a much more powerful method of eliminating error, but it has several significant limitations. These include (1) inability to uncover and resolve possible omissions and ambiguities in the statement of system requirements, (2) high cost and possible logical error in applying current proof techniques, which limits the practical depth of system detail to which proof may be applied, and (3) uncertainty about fault modes, which makes uncertain the effectiveness of the chosen fault-tolerance mechanisms and policies.

Some of these concerns can be resolved at design time. For example, high-level, formal models of reliability requirements may help to eliminate uncertainty about their meaning and appropriateness. Design reviews and the use of computer simulation can help to validate the top-level specifications and peer review can help to validate the methodology and assumptions applied in design proof. On the other hand, confirmation of the assumed fault models, and assessment of the effectiveness of the chosen fault-tolerance algorithms in dealing with the particular form of the faults actually experienced, may require continued monitoring during the life of the system.

It appears, then, that formal modeling and simulation, formal verification, peer review and lifetime monitoring all appear to be necessary techniques for achieving confidence in fault-tolerant computers used for critical control applications. There is, however, no developed and accepted doctrine for integrating these techniques into a standard life-cycle development process. The remainder of the paper will discuss current efforts to achieve high levels of confidence in modern systems and some of the limitations that must be overcome for future system development. The emphases will be on fault modeling, verification and new techniques for design.

A General Paradigm for Design and Verification

This section will outline a general paradigm for the design and verification of fault-tolerant computers, in order to provide a framework for a more detailed discussion of factors that affect confidence in correctness and effectiveness (useful references are [25], [1], and [2]). Major steps of the paradigm are as follows:

- **Functional and Reliability Requirements.** The desired input-output functionality and real-time behavior are defined for both fault-free and fault conditions. Assumptions are made about fault types and their frequencies, including design errors (hardware and software), realization (construction and coding), device and subsystem malfunctions and improper operation.

- **Fault-Tolerance Algorithms.** A scheme for redundant computing is developed. Algorithms are designed for discovering latent faults (malfunctions that do not affect current computations), detecting and masking errors (e.g., by comparisons, voting and error-correcting codes), isolating and eliminating faults (e.g., by hardware or software reconfiguration), recovering consistent internal state, and reporting of system status.

- **Integrated Design.** A design is developed that integrates user and fault-tolerant objectives. Modern designs employ data and program encapsulation for error isolation and convenience of programming, and hierarchical design for control of complexity, both for user and fault-tolerance functions. Assumptions about lowest-level primitive functions are declared.

- **Requirements Validation and Design Verification.** Abstract models are defined for required functional behavior for user and fault-tolerance objectives. Formal specifications are declared for all levels of functionality. The design hierarchy is verified (by analysis and testing) for internal consistency and for consistency with the requirements model.

- **Reliability Analysis.** System reliability is modeled using assumed fault types. Attempt is made to validate the model as representative of the design. Predictions of reliability are attempted using available fault estimates.

- **Physical Realization, Checkout and Installation.** Design is implemented using best engineering practice, and correct construction and installation are verified by testing.

- **Operation, Maintenance and Evaluation.** Data are collected on fault modes and frequencies. Operators provide additional safety control, maintain system integrity and evaluate effectiveness of fault-tolerance algorithms. Possiblities for operator error are observed.

- **Correction, Enhancement and Extension.** System and operator procedures are redesigned and modified to correct design and implementation errors and to improve the quality of fault tolerance. System correctness is reverified following modifications.

A pervasive issue in implementing this paradigm is the conflict between the complexity needed to achieve desired user performance and simplicity needed to allow verification of correctness.

Technical Limitations on Confidence in Design

This section reviews several categories of technical limitations on the achievement of confidence in the correctness of a fault-tolerant design, including uncertainty in hardware and software fault models, limitations in automatic error diagnosis, limitations in verifiability, inadequate consideration of human factors, and uncertainty due to the continuous introduction of novel device technologies, architectures and requirements.

- **Fault Models.** Certain 'classic' fault models, such as the single, independently occuring, stuck-value logic gate or the isolated code 'bug', have been extensively studied, and effective methods have been developed for their recognition and correction. Since many failures seem to be of these types, and since tests for these types seem to be rather effective at uncovering instances of more complex types, current fault-tolerant design is strongly oriented toward classic faults. For very high reliability requirements, fault types that would be considered as 'rare' in ordinary systems cannot be ignored, and special mechanisms must be provided if their frequencies are at all significant. Important types include Common-mode design faults, Correlated Device Faults, Non-Classic Device Faults and Interacting Fault Types.

  Common-mode design faults can result from (1) incomplete and ambiguous specifications that are misinterpreted in several subsystem design instances, (2) incorrect algorithms and hardware design rules, and (3) defective support functions, such as compilers and operating systems. There are no good algorithmic procedures for uncovering these faults. Correlated faults can result from defective batches of components and from external disturbances that affect many functions simultaneously. These situations occur with significant frequency, and are generally very difficult to diagnose.

Non-classic fault types include (1) circuit-bridging faults and their analogous software versions, i.e., indirect data channels, (2) improper state and time behavior (e.g., lost or gratuitous states and excessively fast or slow state transitions), and (3) failures that are dependent on computing load (e.g., buffer overflow) or physical environment (e.g., temperature). A fault type that has only recently been given attention is (4) the creation of inconsistent data in distributed systems due to inconsistent data distribution (the problem of the 'lying processor') [19], [16], [6]. Non-classic faults such as these can be recognized if anticipated, but at considerable expense in diagnostic effort.

Considerable difficulty can arise when several fault types occur together. For example, the effect of a hardware fault can be greatly complicated by the presence of a software error. Another difficult situation is the co-occurence of permanent and transient hardware faults. Misdiagnosis of a transient fault as a permanent fault can lead to unnecessary discarding of computing resources.

- **Fault Diagnosis.** Fault diagnosis in fault-tolerant systems is used to uncover faults before they can affect data (so-called latent faults), and to give proper guidance to the processes that serve to isolate faults and restore correct system state. This is a difficult task even for human specialists, and one can expect that the performance of an algorithm, operating with incomplete information about the state of system elements, will be far from ideal.

Some specific sources of difficulty include (1) existence of a number of multiple faults that is beyond the practical limit of the algorithm's resolving power, (2) occurence of totally unanticipated fault types, (3) inadequate physical access to components and poor instrumentation of error history, (4) inadequate diagnostic time and computing resources, and (5) intrinsic errors and inadequacies in the diagnostic algorithm.

- **Design Verification.** Several theories are available for proving the correctness of programs, and several computer tools have been developed for aiding analysts to carry out such proofs ([3], [13], [23]. After many years of research, the use of proof methods appears to be entering industrial practice, with several new firms embarking on providing such services, particularly in the field of secure computing. This approach is particularly attractive for fault-tolerant systems because the potential complexity of behavior under fault conditions renders sample-testing a very weak method for design verification. Recent research [17] has demonstrated the feasibility of proof methods for verifying the high-level design of a simple executive system for a fault-tolerant system. While promising, much work remains to be done to bring this technique into wide industrial practice.

Some of the limitations that need to be overcome include (1) intrinsic system complexity and complexity due to poor design, (2) inadequate models for probabilistic behavior, and (3) weakness of current specification languages and proof-support environments. Modern architectural techniques for encapsulation and hиererchical-distributed structure offer some hope for the problem of complexity. New work in proof-support environments is promising, but remains to be evaluated. The issue of proving properties of systems that are in some respect probabilistic in their behavior is an open question.

- **Human Factors.** Human error has been recognized as an important source of system failure in critical, computer-based systems (e.g., over 35 percent of downtime in the Bell No. 4 ESS telephone switching system has been attributed to procedural errors [9], but no systematic techniques have been proposed for integrating human-factor considerations into the design of fault-tolerant systems. Most attention has been paid to errors by operators (e.g., improper initialization and control) and maintenance personnel (e.g., loading the wrong system, accidentally damaging the equipment). Less attention has been given to the possible positive contributions of human operators, such as coping with faults beyond the capability of the system and diagnosing unanticipated fault modes. This kind of help would, of course, be greatly amplified if the computer presents meaningful representations of internal fault-tolerant activity.

- **Obsolescence.** Attempts to develop techniques to overcome the limitations described are confounded by the rapid evolution of technology in devices, architectures and software. Unfortunately for fault-tolerant design, new devices are much more difficult to test because of more limited accessability to internal elements, and there is always the potential for novel fault modes. In architecture, there is a trend toward distributed processing, which is potentially helpful for fault isolation and removal, but also introduces new sources of error. The trend in software is toward languages with greater expressive power, but the resulting complexity in the support software (compilers and operating systems) should cause some concern for reliability.

The general impact of the foregoing problems is to limit confidence in the level of correctness and effectiveness of current fault-tolerant computer systems, and in the accuracy of prediction of their reliability. The appropriate course for designers under these conditions is to use very conservative design approaches, in which only simple, easily verified mechanisms are employed, and conservative claims are made as to the types of covered faults. This course results in (1) lower overall performance, (2) less efficient use of redundant resources (resulting in shorter system lifetimes), and (3) very conservative estimates for reliability. The following section gives an example of such conservative design.

SIFT: An Example of Design for Verifiability

SIFT (Software-Implemented Fault Tolerance) is an experimental computer intended to demonstrate the feasibility of fault-tolerant computer design for general-purpose aircraft control ([27], [10], [11]. An indication of the high level of reliability desired is given by the nominal target of 10(-9) probability of system failure for a ten hour flight. It employs a high order of equipment redundancy, in a design that was kept very simple, in order to make it feasible to apply techniques of program correctness for design verification.

The basic features of the SIFT design are as follows:

- **Fully Distributed Computation.** From five to eight standard aircraft minicomputers (Bendix BD930) are fully interconnected by direct processor-to-processor links. The computers are identical and autonomous, and global control is exerted only by a distributed, cooperating set of executive processes.

- **Independent Clocks.** In order to avoid common-mode failures in clocking, each computer has its own clock generator. The clocks are synchronized to within fifty microseconds by locally-executed programs (each clock is adjusted toward the mean of the observed values of at least three other clocks, provided they are within a set deviation) [15].

- **Logical Task Synchronization.** In order to simplify analysis of inter-process dependencies, computation is organized in task segments and executed in fixed time frames of 3.2 msec duration. Spare time is given for inter-task communication to allow for inter-processor clock skew.

- **Static (Non-dynamic) Scheduling.** In order to eliminate probabilistic considerations as to whether tasks would be executed in allowed time, and in order to simplify the system software in the interest of provability, all task executions, voting operations and intertask communications must be designed and programmed prior to run time. This is a burden on the application programmer, which could be mitigated somewhat by an appropriate design-support tool.

- **Modular Software.** As a further contribution to verifiability, the executive software is composed of small software modules (mostly in the range of 10-30 lines of Pascal code), in a moderately hierarchical structure [26].

Portions of the executive system design were verified by computer-aided proof of correctness [17]. The basic scheme (which has not yet been fully implemented) was to (1) define a high-level model of reliable computing, (2) construct a hierarchy of mathematical models of increasing detail that links the high-level model to the SIFT executive software modules, and (3) prove the logical consistency of the resulting hierarchy. The top-level model is a semi-markov model that represents a progressively diminishing set of redundant computing resources. The model includes state transitions for both permanent and transient faults (a full model has been constructed and used for numerical reliability estimation, but the model used for the recent proof exercise incorporates only permanent faults). The intermediate model hierarchy uses the first-order predicate calculus to describe tasks, schedules, voting, error detection, reconfiguration, etc., with progressively increasing detail in lower-level models. The external functions of the executive software modules are specified in the language SPECIAL. Hoare-type pre and post conditions were written for the specifications of all the functions except those used in system reconfiguration. For those functions, the specifications were proven to be consistent with the model hierarchy, and the Pascal implementations were proven to be consistent with their respective specifications. In this way a continuous chain of consistency proofs was constructed that linked a significant portion of the executive system code to the high-level reliability model. The proof required thoughtful construction of many lemmas, but benefitted from the use of a semi-automatic deductive system.

Proof of the SIFT executive system has not been completed. A more powerful version of the specification language and deductive system is under development, and it is intended to apply them to a full proof of the executive system design. An operating version of SIFT was built and delivered to the AIRLAB facility of the NASA Langley Research Center. It will be the subject of continuing research as part of Langley's program in reliable aircraft computers.

The SIFT program has demonstrated the basic idea of design for verifiability of fault-tolerant systems. The partial success of the rather crude verification tools employed was made possible only by its very conservative design. Hopefully, the use of more powerful tools will allow more powerful designs in the future.

New Techniques for Reliability and Verifiability

Considerable research effort is being applied to system design issues that relate direcctly or indirectly to fault-tolerance. These include approaches to (1) distributed processing and hierarchical design, (2) redundancy to achieve fault-tolerant software, (3) expert diagnostic systems, and (4) very-high-level languages and supporting architectures.

New ideas in distributed and hierarchical processing include new approaches to assuring atomicity of remote communications, in order to avoid harmful coupling of multiple fault modes (e.g., [24]), and the notion of recursively fault-tolerant structures, i.e., multilevel structures in which each level functions as a fault-tolerant system [21]. A related idea is the notion of a kernelized design, in which small sets of the most crucial functions appear at the lowest levels of a hierarchy, in order to enhance verifiability.

Given the present limitations of formal verification for general-purpose programming, research has been undertaken, under the name Fault-Tolerant Software, in the use of programming redundancy to increase software reliability. Several approaches have been studied, including Recovery Blocks [20] and N-Version Programming [4], [14]. The basic concept is that several implementations of a specified job should be developed, with as much independence as possible, both as to personnel and to logical approach. The approach is generally motivated by the belief that sets of programs can be designed such that errors in the several programs will not be stimulated by the same input data. The several objects are then executed at run-time (either simultaneously or sequentially), and an output is derived by some decision process, which is usually dependent on the application. Systematic methods are also provided for recovery to a correct and consistent set of states in the event that internal state information is corrupted (e.g., [22]. The merit of the scheme hinges upon the quality of the output decision function and upon the degree to which the several versions are logically distinct. At present, these are very much dependent upon the skill of the developers.

A problem observed in some experiments, which may seriously compromise the assumption of independence, is that the primary specification may be poorly understood in some details by all the implementors [14]. Ultimate success of the approach may therefore depend upon progress in high-level specification languages. The problem of recognizing output errors is also difficult. Use of formal assertions may help programmers to structure good tests.

Considerable recent attention has been given to the possible of Expert System techniques from the field of Artificial Intelligence. Most effort is aimed at expanding the coverage of fault types in fault diagnosis. An attractive current approach is to organize fault analysis functions as a hierarchy of inference rules, in which upper levels serve to evaluate and guide lower-level diagnostics [7], [8]. This approach may provide an answer to the need for better response to unanticipated fault types, but because of the heuristic nature of these rules, it may be difficult to estimate the resulting quantitative improvement in diagnostic power.

Current research in advanced, highly parallel architectures to support very-high-level languages, e.g., Prolog, OBJ, Lucid, is motivated primarily by goals of ease of programming and high computing performance. It also may be beneficial for fault-tolerant computing, because the high programming level may help to eliminate software design errors, and the high order of parallelism may facilitate the use and coordination of redundant processes [12].

Summary

Achievement of high confidence in reliability predictions in fault-tolerant computers is greatly limited by the difficulty of verifying fault-tolerant designs, uncertainty in the nature of faults that will be experienced in operation, and the limited power of current diagnostic methods. These problems are complicated by rapid changes in technology.

New techniques of design for testability and verifiability have been developed that can increase both reliability and predictability. For example, current formal verification tools are feasible for simple, conservative designs, and improved modeling and specification techniques, together with new structuring methods may make formal verification a practical method for future complex systems. Similar considerations apply at the device level, where improved structure will be essential to testability.

New techniques such as fault-tolerant software and expert systems are being developed for dealing with the serious problems of programming errors and non-standard faults, thus increasing breadth of fault coverage, but the quantitative improvement remains difficult to estimate.

A life-cycle view seems to be essential to operational reliability, so that the system may be adapted to the fault modes that actually apply. Recognition of human factors both as a source of faults and as a source of help in extending fault coverage may be very valuable.

Acknowledgements

The views presented are derived from many conversations with the author's colleagues in the SRI Computer Science Laboratory, in the course of the laboratory's ongoing program in fault tolerant computing and software methodology.

References

[1] Anderson, T. and P.A. Lee.
     Fault Tolerance, Principles and Practice.
     Prentice/Hall International, 1981.

[2] Avizienis, A. (editor).
     Special Issue on Fault Tolerant Computing.
     Proceedings of IEEE, 1978.
     Volume 66, Number 10.

[3] Boyer, R. and Moore J.
     A Computational Logic.
     Academic Press, 1979.

[4] Chen, L. and A. Avizienis.
     N-Version Programming: A Fault-Tolerance Approach to Reliability of Software
         Operation.
     In *Digest of the 8th Int. Symp. on Fault-Tolerant Computing.* IEEE, June, 1978.

[5] Costes, A., J.E.Doucet, C. Landrault, and J.C. Laprie.
     SURF: A Program for Dependability Evaluation of Complex Fault-tolerant
         Computing Systems.
     In *Digest of the 11th Int. Symp. on Fault-Tolerant Computing.* IEEE, June, 1981.

[6] Dolev, D.
     The Byzantine Generals Strike Again.
     Journal of Algorithms 3(1):14-30, 1982.

[7]   Genesereth, M.R.
        Diagnosis Using Hierarchical Design Models.
        In *Proc. of the Natl. Conf. on Artificial Intelligence, AAAI82*, pages 278-283. AAAI,
            Aug., 1982.

[8]   Genesereth, M.R.
        An Overview of Meta-Level Architecture.
        In *Proc. of the Natl. Conf. on Artificial Intelligence, AAAI-83*, pages 119-123.
            AAAI, Aug., 1983.

[9]   Giloth, P.K. and K.D. Frantzen.
        Can the Reliability of Telecommunication Switching Systems be Predicted and
            Measured?
        In *Digest of the 13th Int. Symp. on Fault-Tolerant Computing*, pages 392-398. IEEE,
            June, 1983.

[10]   Goldberg, Jack.
        SIFT: A Provable Fault-Tolerant Computer for Aircraft Flight Control.
        In S.H. Lavington (editor), *Information Processing 80*, , pages 151-156. International
            Federation for Information Processing (IFIP), 1980.

[11]   Goldberg, Jack.
        The SIFT Computer and Its Development.
        In *Proceedings of the 4th Digital Avionics Systems Conference*. IEEE, Nov., 1981.

[12]   Hughes, J.L.A.
        Error Detection and Correction Techniques for Dataflow Systems.
        In *Digest of the 13th Intl. Symp. on Fault-Tolerant Computing*, pages 318-321.
            IEEE, June, 1983.

[13]   Igarashi, S., London, R., Luckham, D.
        Automatic Program Verification I: A Logical Basis and its Implementation.
        Acta Informatica 4:145-182, 1975.

[14]   Kelly,J.P.J. and A. Avizienis.
        A Specification-Oriented Multi-Version Software Experiment.
        In *Digest of the 13th Int. Symp. on Fault-Tolerant Computing*, pages 120-126. IEEE,
            June, 1983.

[15]   Lamport, L. and Melliar-Smith, P.M.
        Synchronizing Clocks in the Presence of Faults.
        1982.
        Revised from July 1981.

[16]   Lamport, L., Shostak, R., and Pease, M.
The Byzantine Generals Problem.
ACM Tran. on Prog. Lang. and Sys. 4(3):382-401, Jul, 1982.

[17]   Melliar-Smith, P.M. and Schwartz, R.L.
Formal Specification and Mechanical Verification of SIFT: A Fault-Tolerant Flight
Control System.
IEEE Transactions on Computers C-31(7):616-630, Jul, 1982.

[18]   Meyer, John.
Closed-Form Solutions of Performability.
In *Digest of the 11th Int. Symp. on Fault-Tolerant Computing.* IEEE, June, 1981.

[19]   Pease, M., Shostak, R., and Lamport, L.
Reaching Agreements in the Presence of Faults.
Journal of the Association for Computing Machinery 27(2):228-234, Apr, 1980.

[20]   Randell, B.
System Structure for Software Fault Tolerance.
IEEE Trans. on Software Engineering SE-1, No. 2, June 1975.

[21]   Randell, Brian.
The Structuring of Distributed Computing Systems.
Univ. of Newcastle upon Tyne, Computing Laboratory :, 1982.

[22]   Russell, David.
State Restoration in Systems of Communicating Processes.
IEEE Trans. on Software Engineering SE-6, No. 2:183-194, March 1980.

[23]   Shostak, R., Schwartz, R.L. and Melliar-Smith, P.M.
STP: A Mechanized Logic for Specification and Verification.
In *6th Conference on Automated Deduction.* International Federation for
Information Processing (IFIP), Jun, 1982.

[24]   Shrivastava, S.K. and F. Panzieri.
The Design of a Reliable Remote Procedure Call Mechanism.
IEEE trans. on Computers C-31, No. 7:692-697, July 1982.

[25]   Siewiorek, D.P. and Swarz, R.S.
The Theory and Practice of Reliable System Design.
Digital Press, 1982.

[26]   Weinstock, C.B.
SIFT: System Design and Implementation.
In *Digest of the 10th Int. Symp. on Fault-Tolerant Computing.* Oct., 1980.

[27] Wensley, J.H., et al.
SIFT: Design and Analysis of a Fault-Tolerant Computer for Aircraft Control.
Proccedings of the IEEE 66(10):1240-1255, Oct, 1978.
Also in: Siewiorek, D.P. and Swarz, R.S., The Theory and Practice of Reliable System
   Design, Digital Press, 1982.

Festlegung des Ortes und Umfangs von Rücksetzpunkten

in Prozeß-Systemen bei der Übersetzung und

Berücksichtigung der Programm-Redundanz zur Ausnahmebehandlung

Andreas Pfitzmann

Institut für Informatik IV, Universität Karlsruhe

D 7500 Karlsruhe, Postfach 6380

Zusammenfassung

Orte und Umfang von Rücksetzpunkten in kooperierende Prozesse umfassenden Programmen bei der Übersetzung automatisch festzulegen, wird motiviert. Die Verfahren zur Rücksetzpunkterstellung werden klassifiziert. Die den Domino-Effekt ohne zentrale Instanz vermeidende und nur höchstens einen Rücksetzpunkt pro Prozeß erzeugende Klasse erscheint besonders geeignet. Als Beispiel wird ein Algorithmus zur Festlegung von Rücksetzpunkten in über Rendezvous kooperierenden Prozeß-Systemen entwickelt.

Die zur Software-Fehlertoleranz in einem Anwendungs-Programm enthaltene Redundanz in der Form von Ausnahmebehandlern zur Vorwärts-Fehlerbehebung kann genutzt werden, um die Zuverlässigkeit der Ausführung des Anwendungs-Programms zu erhöhen. Dazu werden am Beispiel der Programmiersprache ADA[TM] Möglichkeiten diskutiert, durch Rücksetzen des Anwendungs-Programms nicht behandelbare Grundsystem-Fehler an das Anwendungs-Programm weiterzugeben. Die Weitergabe an den Ausnahmebehandler für OTHERS eines in ADA geschriebenen Anwendungs-Programms erscheint angebracht.

Aufwand und Nutzen der entwickelten Verfahren werden bewertet. Die Weitergabe von durch Rücksetzen des Anwendungs-Programms nicht behandelbaren Grundsystem-Fehlern an die zur Software-Fehlertoleranz vorhandene Vorwärts-Fehlerbehebung des Anwendungs-Programms verbessert die Zuverlässigkeit der Ausführung des Anwendungs-Programms deutlich, ohne den Ausführungs-Aufwand nennenswert zu erhöhen. Die Weitergabe ist besonders bei Anwendungs-Systemen ohne sicheren Ausfallzustand sinnvoll.

Schlagwörter

Rücksetzpunkt, Rückwärts-Wiederaufsetzen, checkpointing, backward error recovery, forward error recovery, Domino-Effekt, konsistenter Zustand, Rendezvous, ADA, Fehlertoleranz, Ausnahmebehandlung, termination model

CR-Categories

D.4.5 Reliability - Checkpoint/restart, Fault-tolerance

---

1 Motivation und Einleitung

Aus Kostengründen wird in Rechensystemen zur Erzielung von Zuverlässigkeitsmerkmalen oft fehlertolerierende dynamische Redundanz eingesetzt. Zur Durchführung der bei dynamischer Redundanz nach Hardware- oder Software-Fehlern nötigen Fehlerbehebung (error recovery) ist bei Rückwärts-Fehlerbehebung (backward error recovery) das Erstellen von geeigneten Rücksetzpunkten (recovery points) notwendig [1]. Um den Programmierer zu entlasten und damit Fehler zu vermeiden, ist es wünschenswert, die Festlegung des Ortes und Umfangs von Rücksetzpunkten zu automatisieren.

Die Verfahren zur Rücksetzpunkterstellung lassen sich nach folgenden Kriterien klassifizieren:

K1 Wird die Entscheidung, einen Rücksetzpunkt zu erstellen, von jedem Prozeß _autonom_ getroffen oder erfolgt eine _gemeinsame_ (oder auch zentrale) Entscheidung?

K2 Werden Rücksetzpunkte innerhalb eines Prozesses _lokal_ erstellt oder wird die Erstellung an Prozesse, mit denen Kommunikation erfolgte, _propagiert_ und synchron durchgeführt?

K3 Wie viele gültige Rücksetzpunkte (_einer_, _mehrere_) werden pro Prozeß und Zeitpunkt höchstens gespeichert?

K4 Werden Rücksetzpunkte nach einer gewissen (Prozeß-) _Zeit_ oder bei _Kommunikation_ erstellt?

Verschiedene der 16 Möglichkeiten wurden zusammen mit passenden Algorithmen zum Rücksetzen des Prozeß-Systems in der Literatur diskutiert, z. B.

autonom/propagiert/einen/Zeit in [3],

autonom/lokal/einen/Zeit in [19],

gemeinsam/propagiert, gemeinsam/lokal und autonom/lokal in [28].

Allen publizierten Verfahren (außer [24]) ist implizit gemeinsam, daß die Entscheidung über die Erstellung von Rücksetzpunkten zur _Laufzeit_ getroffen wird.

In Kapitel 2 zeige ich am Beispiel Rendezvous, daß es die Konzepte zur Parallelverarbeitung moderner höherer Programmiersprachen zulassen, die Entscheidung, wo Rücksetzpunkte welchen Umfangs zu erstellen sind, einmal bei der _Übersetzung_ und nicht immer wieder zur Laufzeit zu treffen. Da moderne Programmiersprachen separate Übersetzbarkeit zulassen und das Geheimnisprinzip (information hiding) moderner Programmiersprachen Prozessen nur wenig Annahmen über ihre Umgebung erlaubt, kann die Entscheidung, einen Rücksetzpunkt zu erstellen, _autonom_ getroffen und jeder Rücksetzpunkt lokal erstellt werden. Um den Domino-Effekt (domino effect) [1] zu vermeiden, werden Rücksetzpunkte gemäß der schon zur Übersetzungszeit bekannten Kommunikation so erstellt, daß jeder Prozeß einzeln rückgesetzt werden kann, ohne die Semantik der Programmiersprache zu verletzen. Dann muß außerdem für jeden Prozeß zu jedem Zeitpunkt nur noch höchstens ein gültiger Rücksetzpunkt gespeichert werden. Dadurch werden Speicherplatz sowie aufwendige Verfahren zum Finden von Rücksetzlinien, wie in [23, 6, 13, 14] beschrieben, eingespart. Jedoch können Fehler, die vor der Erstellung des einzigen gültigen Rücksetzpunktes auftraten, aber zu spät erkannt wurden, nicht toleriert werden.

In Kapitel 3 zeige ich, wie man Programm-Redundanz zur Vorwärts-Behebung von Software-Fehlern dazu verwenden kann, auch manche Fehler des Grundsystems (Hardware, Betriebs-, Laufzeitsystem) vor der Erstellung des einzigen gültigen Rücksetzpunktes zu tolerieren. Dieses Tolerieren zu spät erkannter Fehler erhöht die Zuverlässigkeit des Systems.

In Kapitel 4 bewerte ich das entwickelte Verfahren der Klasse autonom/lokal/einen/Kommunikation zur Erstellung von Rücksetzpunkten sowie das Verfahren zur Berücksichtigung der Programm-Redundanz zur Erhöhung der Zuverlässigkeit.

In Kapitel 5 charakterisiere ich den Anwendungsbereich der in Kapitel 2 und 3 beschriebenen Verfahren und gebe einen Ausblick auf andere Forschungsansätze.

In der folgenden Beschreibung der Algorithmen zur Festlegung des Ortes und Umfangs von Rücksetzpunkten wird davon ausgegangen, daß es Instanzen zur Erstellung von Rücksetzpunkten gegebenen Umfangs, zum Rücksetzen von Prozessen, zum Halten von Rücksetzpunkten auf mindestens einem anderen Gerät (z. B. auf einem nichtflüchtigen Speicher bei einer Mehr-prozessoranlage oder auf einem anderen Rechner-Modul bei einem Mehrrech-nersystem), zur Fehlererkennung, -diagnose und Rekonfiguration bei permanenten Fehlern gibt. Diese Instanzen können im Betriebssystem, dem Laufzeitsystem und gegebenenfalls in der Netzwerksoftware realisiert werden.

Weiterhin wird davon ausgegangen, daß in Programmiersprachen gegebene Abstraktionen (z. B. Isolierung der Prozesse voneinander außer an den in Kapitel 2 angegebenen Programmstellen) vom Grundsystem realisiert oder (z. B. durch Betrachtung aller nicht voneinander isolierten Prozesse als direkt betroffen bei Auftritt eines Fehlers in einem Prozeß) simuliert werden, so daß Rücksetzpunkterstellung und Rücksetzen in der Begriffswelt der Programmiersprachen beschrieben werden kann.

2 Sprachorientierte algorithmische Festlegung des Ortes und Umfangs von Rücksetzpunkten zur Übersetzungszeit

Um ein Rücksetzen einzelner indeterministischer sequentieller Prozesse [7, 4] unter Vermeidung des Domino-Effekts zu ermöglichen, müssen Rücksetzpunkte immer dann erstellt werden, wenn ein Prozeß Einfluß auf seine Umgebung nimmt. Dies kann er durch Eingabe (implizite Veränderung des Dateizeigers), Ausgabe, über Semaphore oder Monitore synchronisiertes Verändern von mehreren Prozessen zugänglichen globalen Daten, Senden oder Empfangen einer Nachricht, ein Rendezvous mit einem anderen Prozeß oder durch Prozeßsteueranweisungen, sofern die Sprache welche enthält. Andere Einflußnahmen von Prozessen auf ihre Umgebung sind in üblichen höheren Programmiersprachen nicht gegeben. Im allgemeinsten Fall muß ein Rücksetzpunkt vor und nach der Einflußnahme auf die Prozeßumgebung erstellt werden und dabei jeweils ein Selbsttest des Grundsystems durchgeführt werden. Bei manchen Sprachkonstrukten können systematisch weniger Rücksetzpunkte erstellt werden. An manchen oben genannten Orten muß jedoch ein Selbsttest des Grundsystems durchgeführt werden, auch wenn an ihnen kein Rücksetzpunkt erstellt wird. Zu jedem Rücksetzpunkt gehört Information über den gesamten Prozeßzustand. Ein Rücksetzpunkt wird aber nur bis zum erfolgreichen Abschluß der Erstellung des nächsten Rücksetzpunktes des Prozesses oder bis zum erfolgreichen Bestehen eines Selbsttests des ausführenden Rechner-Moduls am Prozeßende gespeichert.

Eine Optimierungsmöglichkeit für deterministische sequentielle Prozesse wird in Kapitel 5 beschrieben.

Die Erstellung eines Rücksetzpunktes gilt nur dann als erfolgreich, wenn der erstellende Rechner-Modul einen anschließenden Selbsttest erfolgreich besteht und eventuell vorhandene Fehlererkennungs-Hardware, -Firmware oder -Software im vorherigen Arbeitsabschnitt und während der Erstellung des Rücksetzpunktes keinen Fehler meldet. Das beschriebene Verfahren zur Rücksetzpunkterstellung und das folgende Verfahren zum Rücksetzen von Prozessen toleriert dann alle permanenten und transienten Grundsystem-Fehler, die erkannt und durch Rücksetzen behandelt werden, bevor für eine Einheit, auf die sich ein Grundsystem-Fehler ausgewirkt hat, ein Rücksetzpunkt erstellt wird. Werden Grundsystem-Fehler erst nach dem Erstellen des auf ihre Auswirkung folgenden Rücksetzpunktes und dem darauf folgenden Löschen des davorliegenden Rücksetzpunktes erkannt, kann kein konsistenter Systemzustand mehr hergestellt werden. Ein Prozeß heißt von einem Grundsystem-Fehler betroffen, wenn der Grundsystem-Fehler ihn oder seine lokalen Daten beeinträchtigt oder er seit seinem letzten Rücksetzpunkt auf betroffene globale Daten schreibend oder lesend zugegriffen oder mit betroffenen Prozessen eine Kommunikation begonnen hat. <u>Globale Daten</u> heißen von einem Grundsystem-Fehler <u>betroffen</u>, wenn der Grundsystem-Fehler sie beeinträchtigt oder ein betroffener Prozeß seit seinem letzten Rücksetzpunkt schreibend auf sie zugegriffen hat. Die Menge der betroffenen Prozesse und der betroffenen globalen Daten kann man gemäß der rekursiven Definition iterativ bestimmen. Schlimmstenfalls ergibt diese iterative Bestimmung, daß alle Prozesse und globalen Daten betroffen sind und also alle rückgesetzt werden müssen. Dies führt zu keinem Domino-Effekt, da Rücksetzpunkte so erstellt wurden, daß jeder Prozeß einzeln rückgesetzt werden kann und deshalb jede Einheit höchstens um einen Rücksetzpunkt rückgesetzt werden muß. Ist die Menge der von einem Grundsystem-Fehler direkt betroffenen Einheiten unklar, kann die obige Definition auf eine beliebige Obermenge der direkt betroffenen Einheiten angewandt werden oder es wird einfach davon ausgegangen, daß alle Einheiten betroffen sind. Letzteres minimiert zwar nicht den Rücksetzaufwand aber den Entscheidungsaufwand.

Es ergibt sich hiermit folgende Rücksetzregel:

Beim Entdecken eines Grundsystem-Fehlers werden <u>alle</u> betroffenen Prozesse und <u>alle</u> betroffenen globalen Daten auf ihren letzten Rücksetzpunkt rückgesetzt.

Wiederholt sich beim Wiederanlauf derselbe Grundsystem-Fehler am selben Ort, ist die Fehlerursache vermutlich ein vor dem letzten Rücksetzpunkt nicht entdeckter Grundsystem-Fehler. Da in diesem Kapitel von Fehler<u>in</u>toleranz des Anwendungs-Programms ausgegangen wird, wird in diesem Fall das gesamte <u>Anwendungs-Programm abgebrochen.</u>

Ist die Fehler-Selbstdiagnose des Grundsystems nicht fein genug, sollte die Wahrscheinlichkeit, daß sich von einem fehlerfreien Rücksetzpunkt ausgehend beim Wiederanlauf derselbe Grundsystem-Fehler am selben Ort wiederholt, nicht als Ø betrachtet werden. Zwei- oder gar mehrmaliges Rücksetzen ist dann erforderlich.

Um das Verständnis der Rücksetzpunkterstellung zu erleichtern, ist eine initiale Rücksetzpunkterstellung beim Programm-Start nicht extra aufgeführt. Sie ist nötig, falls Grundsystem-Fehler einen Prozeß betreffen, bevor er Einfluß auf seine Umgebung nimmt und dabei einen Rücksetzpunkt erstellen läßt. Sie ist gleichfalls nötig, falls Grundsystem-Fehler Daten außerhalb von Prozessen betreffen, bevor für sie ein Rücksetzpunkt erstellt wurde.

In manchen Grundsystemen brauchen initiale Rücksetzpunkte nicht extra erstellt zu werden, da sie z. B. als Plattenkopie des in den Arbeitsspeicher geladenen Programms schon vorliegen.

Um Aussagen über die zur Fehlerbehebung (recovery) höchstens benötigte Zeit machen zu können, kann man ein (Prozeß-)Zeit-Intervall T festlegen. Ist innerhalb von T kein Rücksetzpunkt erstellt worden, wird ein zusätzlicher Rücksetzpunkt erstellt. Diese Entscheidung muß im allgemeinen Fall zur Laufzeit gefällt werden, kann aber - etwa durch einen Timer - sehr effizient gefällt werden.

Vorteile des Verfahrens sind, daß es keine zentrale Instanz im System benötigt sowie den Entscheidungsaufwand zur Laufzeit minimiert.

Nachteile des Verfahrens sind, daß es im speziellen Fall eventuell zu oft Rücksetzpunkte zu großen Umfangs erstellt und keinen konsistenten Systemzustand herstellt, wenn Fehler zu spät entdeckt werden.

Im folgenden wird als Beispiel ein Algorithmus zur Festlegung von Rücksetzpunkten in Sprachen mit Rendezvous angegeben. Er geht davon aus, daß Prozesse nur auf lokale Variable zugreifen, und arbeitet auch bei Schachtelung von Rendezvous korrekt.

Jeder Prozeß läßt nach (atomar)

* Ein-, Ausgabe,

* Beginn, Ende eines Rendezvous,

* Prozeßsteueranweisungen

einen Rücksetzpunkt für sich erstellen.

Das nach drückt in dem obigen und den folgenden Algorithmen keine Zeitbeziehung, sondern eine Aufeinanderfolge aus: Es ist jeweils ein Rücksetzpunkt des Zustands nach der auslösenden Operation zu erstellen. Die Erstellung der Rücksetzpunkte und die auslösende Operation des Prozesses müssen z. B. mit den in [1, 1Ø, 16] genannten Techniken atomar gemacht werden. Dies bedeutet, daß entweder

die auslösende Operation und die Erstellung der Rücksetzpunkte (und gegebenenfalls die Weitergabe) korrekt erfolgen

oder,

falls dies wegen auftretender Fehler nicht möglich ist, die auslösende Operation und die Erstellung der Rücksetzpunkte nicht erfolgen.

Diese Kopplung von auslösender Operation und Rücksetzpunkterstellung wird in dem obigen und den folgenden Algorithmen durch den Zusatz atomar ausgedrückt.

Daß Ein-/Ausgabe und Rücksetzpunkterstellung atomar gemacht werden können, setzt voraus, daß die Ein-/Ausgabegeräte rücksetzbar (recoverable [1 Seite 182]) sind. Manche physikalisch nicht rücksetzbaren Geräte (z. B. Drucker) können durch Kompensation (compensation) [1 Seite 182, 24 Seite 9Ø] logisch rücksetzbar gemacht werden.

Sind Ein-/Ausgabegeräte nicht rücksetzbar, wird vor der Ein-/Ausgabe
ein Selbsttest des Grundsystems durchgeführt, um die Wahrscheinlichkeit
einer fälschlicherweise durchgeführten Ein-/Ausgabe möglichst klein zu
halten.
Die genannte Schwierigkeit mit der Ein-/Ausgabe tritt immer auf, wenn
Teile eines Systems rückgesetzt werden. Sie ist also nicht spezifisch
für die hier entwickelten Algorithmen.

Da ADA Kommunikation zwischen Prozessen nicht nur durch Rendezvous
sondern auch über gemeinsame Daten außerhalb der Prozesse erlaubt [26
Kapitel 9.11], wird der Algorithmus für ADA komplizierter:
  Jeder Prozeß läßt nach (atomar)

  * Ein-, Ausgabe,

  * Schreiben oder Lesen einer mit dem PRAGMA SHARED gekennzeichneten
    Variable,

  * ENTRY-Aufruf (auch bei bedingtem oder zeitlich begrenztem), Beginn
    der Abarbeitung einer ACCEPT-Anweisung und am Ende eines Rendez-
    vous,

  * Start von Prozessen bzw. auch seinem eigenen Start, Ausführung der
    Anweisung ABORT <Prozeßname> (<Prozeßname> sei der Name eines
    anderen Prozesses)

  einen Rücksetzpunkt für sich und alle veränderten Daten außerhalb
  erstellen.
Bei diesem und allen folgenden auf ADA bezogenen Algorithmen wird die
als Hauptprogramm dienende Prozedur als Prozeß bezeichnet.
Da ACCEPT-Anweisungen in ADA nur direkt im Prozeßrumpf, d. h. nicht in
Blöcken oder Prozeduren des Prozeßrumpfes, stehen dürfen, wird bei
Rendezvous der Keller des aufgerufenen Prozesses immer ziemlich leer
sein. Dies hält den Aufwand der Rücksetzpunkterstellung für den aufgerufenen Prozeß gering.

3 Berücksichtigung der Programm-Redundanz zur Ausnahmebehandlung

Um die tolerierte Fehlermenge zu vergrößern, erscheint es wünschenswert,
die in einem fehlertoleranten Programm [5] zur Software-Fehlertoleranz
enthaltene Redundanz zu nutzen. Die zur Software-Fehlertoleranz vorgesehene Ausnahmebehandlung (EXCEPTION handling) nach dem Terminierungs-
Modell (termination model) [1 Seite 244ff, 21, 15 Seite 273ff] ist eine
spezielle Form der Vorwärts-Fehlerbehebung (forward error recovery).
Bei Ausnahmebehandlung nach dem Terminierungs-Modell wird nicht wie bei

dem Wiederaufnahme-Modell (resumption model) nach der Ausnahmebehandlung an die die Ausnahme auslösende Programmstelle zurückgekehrt, sondern der Ausnahmebehandler hat die Aufgabe, einen akzeptablen Endzustand einer Programmeinheit herzustellen, an deren Ende dann das Programm nach Abschluß der Ausnahmebehandlung fortgesetzt wird.

Die Ausnahmebehandlung vor längerer Zeit entworfener Programmiersprachen wie PL/1 [22] oder PEARL [8] beruht auf dem Wiederaufnahme-Modell. Die Ausnahmebehandlung vor kürzerer Zeit entworfener Programmiersprachen erlaubt entweder Ausnahmebehandlung nach dem Wiederaufnahme-Modell und dem Terminierungs-Modell (z. B. PLITS [9], Mesa [17]) oder, wie in [1 Seite 246] empfohlen, nur nach dem Terminierungs-Modell (z. B. CLU [21], ADA [26], Modula-K [11], Zusatz zu C [18]).

Die folgenden Abschnitte beziehen sich auf ADA, da diese Programmiersprache die wohl weiteste Verbreitung erfahren wird und inzwischen auch in den Bereichen Parallelverarbeitung und Ausnahmebehandlung hinreichend präzise definiert ist, vgl. [12] und [26].

Die den Abschnitten zugrunde liegenden Konzepte sind jedoch auf jede Programiersprache mit Ausnahmebehandlung nach dem Terminierung-Modell (Vorwärts-Fehlerbehebung) übertragbar.

Zunächst werden Möglichkeiten der Fehlerweitergabe vom Grundsystem (Hardware, Betriebs-, Laufzeitsystem) an ein in ADA geschriebenes Anwendungs-Programm diskutiert.

Danach wird gezeigt, wie man die Programm-Redundanz zur Vorwärts-Fehlerbehebung ohne zusätzlichen Aufwand im Normalbetrieb zur Erhöhung der Zuverlässigkeit nutzen kann.

3.1 Möglichkeiten der Fehlerweitergabe vom Grundsystem an das Anwendungs-Programm

Verschiedene Möglichkeiten der Weitergabe von Fehlern des Grundsystems, die von ihm nicht mehr selbst (etwa durch normales Rücksetzen der betroffenen Prozesse) behandelt werden können, an ein in ADA geschriebenes Anwendungs-Programm sind denkbar [25 Seite 52ff].

In der Reihenfolge abnehmender Grobheit, aber zunehmender Anforderungen an den Programmierer geordnet, lauten die Möglichkeiten:

M1 Das Anwendungs-Programm wird abgebrochen.

M2 Der betroffene Prozeß (und damit auch alle von ihm abhängigen Prozesse [26 Kapitel 9.10]) wird abgebrochen (ABORT <Prozeßname>).

M3 Eine anonyme Ausnahme, die nur von Ausnahmebehandlern für OTHERS behandelt wird, wird ausgelöst.

M4 Eine vordefinierte Ausnahme für Grundsystem-Fehler wird im betroffenen Prozeß ausgelöst.

M5 Eine von mehreren verschiedenen vordefinierten Ausnahmen für Grundsystem-Fehler wird im betroffenen Prozeß ausgelöst.

Betrifft ein Fehler mehrere Prozesse, so sind die in M2 bis M5 geschilderten Maßnahmen auf alle betroffenen Prozesse anzuwenden.

Unter der Annahme, daß der Anwendungsprogrammierer nicht in der Lage ist, eine Grundsystem-Fehlerbehandlung zu schreiben, scheint M3 die am besten geeignete Lösung zu sein. Der Anwendungsprogrammierer muß nämlich (zumindest im Zuge späterer Erweiterungen seiner Programmeinheit) mit dem Auslösen einer ihm namentlich nicht bekannten Ausnahme in seiner Programmeinheit durch das Weiterreichen von Ausnahmen sowieso rechnen. Indem er sich überlegt, wie seine Programmeinheit darauf reagiert (forward error recovery), erhöht er gleichzeitig die Zuverlässigkeit des Anwendungs-Programms, indem er es tolerant gegen manche Grundsystem-Fehler (Hardware-, Betriebssystem- und Laufzeitsystem-Fehler) macht, die durch das in Abschnitt 2 beschriebene Verfahren nicht toleriert werden.

3.2 Berücksichtigung der Programm-Redundanz zur Erhöhung der Zuverlässigkeit

In diesem Abschnitt wird das Verfahren von Abschnitt 2 zur Rücksetzpunkterstellung mit den Möglichkeiten M3, M4 oder M5 von Abschnitt 3.1 zur Fehlerweitergabe vom Grundsystem an das Anwendungs-Programm kombiniert, um maximale Fehlertoleranz und damit maximale Zuverlässigkeit bei gegebenen Fehlererkennungs-Mechanismen und gegebenem Rücksetzpunkterstellungsaufwand zu erreichen.

Bei einem Grundsystem-Fehler wird der betroffene Prozeß zunächst einmal wie in Abschnitt 2 beschrieben rückgesetzt. Wiederholt sich beim Wiederanlauf derselbe Grundsystem-Fehler an demselben Ort, ist die Fehlerursache vermutlich ein nicht entdeckter Grundsystem-Fehler vor dem letzten Rücksetzpunkt.

Da in diesem Kapitel von Fehlertoleranz des Anwendungs-Programms ausgegangen wird, wird nicht das gesamte Anwendungs-Programm abgebrochen, sondern versucht, es fortzusetzen:

Ist an der Auftrittsstelle des sich wiederholenden Grundsystem-Fehlers kein dem Grundsystem-Fehler zugeordneter Ausnahmebehandler vorhanden, wird der Prozeß abgebrochen. Andernfalls sollte der Prozeß ohne Rücksetzen in dem dem Grundsystem-Fehler zugeordneten Ausnahmebehandler fortgesetzt werden.

Man kann hoffen, daß sich der Prozeß durch gegebenenfalls mehrfache Anwendung dieser Regel einen Weg zu einem akzeptablen Endzustand sucht, indem er die durch den zu spät entdeckten Grundsystem-Fehler verfälschten Werte nicht benutzt oder korrigiert.

In Abschnitt 4.3 wird die dadurch erreichte Zuverlässigkeitserhöhung abgeschätzt.

4 Bewertung

Um eine einfache und damit anschauliche Bewertung der Verfahren zu ermöglichen, werden Aufwand und Zuverlässigkeitsverbesserung für ein sehr regelmäßiges und deshalb sehr einfach parametrisierbares Prozeß-System berechnet.

Die angegebenen Formeln lassen sich jedoch durch Hinzunahme weiterer Indizes auf unregelmäßigere Prozeß-Systeme verallgemeinern.

4.1 Ein einfach parametrisierbares Prozeß-System und die zugehörigen Bewertungskenngrößen

Das Prozeß-System S bestehe aus s Prozessen T, die je aus a Abschnitten A gleicher Länge zwischen Kommunikationspunkten bestehen.

Die Wahrscheinlichkeit fehlerfreier Ausführung (Zuverlässigkeit) eines Abschnitts A durch das Grundsystem sei R(A).

Damit läßt sich die Wahrscheinlichkeit fehlerfreier Ausführung des Prozeß-Systems ohne Erstellung von Rücksetzpunkten errechnen:

$$R(S) = R(A)^{a*s}$$

Die Ausführungszeit eines Abschnitts t(A) sei 1.

Dann läßt sich die Ausführungszeit des Prozeß-Systems (unter der Annahme richtiger Ausführung) errechnen:

$$t(S) = s * a * t(A) = s * a$$

Der maximale Speicherplatzbedarf des Prozeß-Systems sei ebenfalls 1.

Für Zuverlässigkeiten nahe 1 ist der Zuverlässigkeits-Verbesserungsfaktor (RIF = Reliability Improvement Factor) [2 Seite 48f] eine geeignete Bewertungskenngröße für Zuverlässigkeits-Änderungen. Ändert sich die Zuverlässigkeit von R nach Q, so gilt:

$$RIF = (1-R) / (1-Q)$$

4.2 Bewertung von autonomer, lokaler und kommunikationsorientierter Erstellung von höchstens einem Rücksetzpunkt pro Prozeß

Das Verfahren von Abschnitt 2 erstellt für jeden Abschnitt A einen Rücksetzpunkt P und benötigen dafür die Ausführungszeit $t(P)$. Die Wahrscheinlichkeit fehlerfreier Erstellung eines Rücksetzpunktes sei $R(P)$. Die Wahrscheinlichkeit, einen aufgetretenen Fehler bis zum Ende der nächsten Rücksetzpunkterstellung zu erkennen, sei C (Coverage = Überdeckung).

Damit läßt sich die Wahrscheinlichkeit fehlerfreier Ausführung des Prozeß-Systems mit Erstellen von Rücksetzpunkten abschätzen:

$$R\_2(S) = R\_2(A)^{a*s} \geq (R(A)*R(P)* \sum_{i=0}^{\infty} [1-R(A)*R(P)]^i * C^i)^{a*s} =$$
$$(R(A)*R(P) / (1 - [1-R(A)*R(P)]*C))^{a*s}$$

Dies ist eine Abschätzung, da ein (transienter) Fehler bei der Rücksetzpunkterstellung, der nicht erkannt wird, sich nicht auswirkt, sofern nicht auf den Rücksetzpunkt rückgesetzt wird. Der Summationsindex i gibt die Anzahl der Rücksetzungen in dem betrachteten Abschnitt an. Die unendliche, geometrische Reihe wurde mit der Formel $\sum_{i=0}^{\infty} q^i = 1 / (1-q)$ mit $\emptyset \leq q < 1$ vereinfacht.

Die untere Grenze für die Ausführungszeit eines Abschnitts ist:

$$t\_2\_min(A) = t(A)+t(P) = 1+t(P)$$

eine obere Grenze gibt es wegen der Möglichkeit wiederholten Rücksetzens nicht. Jedoch läßt sich der Erwartungswert (unter der Annahme richtiger Ausführung gemäß obiger Abschätzung und unter der pessimistischen Annahme, daß Grundsystem-Fehler immer erst am Ende eines Abschnitts erkannt werden, und unter Vernachlässigung der Möglichkeit, daß sich von einem fehlerfreien Rücksetzpunkt beim Wiederanlauf derselbe Grundsystem-Fehler am selben Ort wiederholt) berechnen:

$$t\_2\_erw(A) = (1 + t(P)) / (1 - [1-R(A)*R(P)]*C)$$

Also ist die untere Grenze für die Ausführungszeit des Prozeß-Systems:

$$t\_2\_min(S) = s * a * t\_2\_min(A) = s * a * (1+t(P))$$

und der Erwartungswert (unter der Annahme richtiger Ausführung):

$$t\_2\_erw(S) = s * a * t\_2\_erw(A)$$

Der den Mehraufwand an Ausführungszeit beschreibende Faktor:

$$F\_2(S) = t\_2\_erw(S) / t(S) = t\_2\_erw(A) / t(A) = t\_2\_erw(A)$$

Der maximale Speicherplatzbedarf zur Ausführung des Prozeß-Systems mit Erstellen von Rücksetzpunkten ist 3, davon können 2 auf Hintergrundspeicher gehalten werden.

Der Aufwand an Ausführungszeit und Speicherplatz lohnt sich nur, wenn

$$R\_2(S) > R(S)$$

Dies ist sicher der Fall, wenn

$$C > (1 - R(P)) / (1 - R(A)*R(P))$$

Für den Zuverlässigkeits-Verbesserungsfaktor der Ausführung des Prozeß-Systems mit Rücksetzpunkterstellung statt ohne gilt

$$RIF\_2(S) = (1 - R(S)) / (1 - R\_2(S))$$

$$RIF\_2(S) \geq (1-R(A)^{a*s}) / (1 - (R(A)*R(P)/(1-[1-R(A)*R(P)]*C))^{a*s})$$

4.3 Bewertung der Berücksichtigung der Programm-Redundanz zur Erhöhung der Zuverlässigkeit

Sei E die Wahrscheinlichkeit, daß ein Grundsystem-Fehler, der im Abschnitt seines Auftretens nicht entdeckt wurde, im nächsten Abschnitt entdeckt wird und der dortige Ausnahmebehandler für Grundsystem-Fehler einen akzeptablen Endzustand dieses nächsten Abschnitts herstellt.

Das Prozeß-System S habe innerhalb jedes Abschnitts einen Ausnahmebehandler für Grundsystem-Fehler.

Damit läßt sich die Wahrscheinlichkeit $R\_3(T)$ akzeptabler Ausführung eines Prozesses T mit Erstellung von Rücksetzpunkten und Fortsetzen im Ausnahmebehandler abschätzen:

$$R\_3(T) \geq R\_it(a) \qquad mit$$
$$R\_it(\emptyset) = 1, \qquad R\_it(1) = R\_2(A),$$
$$R\_it(n) = R\_2(A) * R\_it(n-1) + (1 - R\_2(A)) * E * R\_it(n-2)$$

$R\_2(A)$ ist die Wahrscheinlichkeit, daß in Abschnitt 1 kein unentdeckter Fehler auftritt. Der Prozeß T wird in diesem Fall akzeptabel ausgeführt, wenn die verbleibenden a-1 Abschnitte akzeptabel ausgeführt werden.

$(1-R\_2(A))*E$ ist die Wahrscheinlichkeit, daß in Abschnitt 1 ein unentdeckter Fehler auftritt und in Abschnitt 2 entdeckt wird und der Ausnahmebehandler von Abschnitt 2 einen akzeptablen Endzustand von Abschnitt 2 herstellt. Der Prozeß T wird in diesem Fall akzeptabel ausgeführt, wenn die verbleibenden a-2 Abschnitte akzeptabel ausgeführt werden. $R\_it(a)$ ist eine Abschätzung für $R\_3(T)$, da Ausnahmebehandler für Grundsystem-Fehler auch einen akzeptablen Endzustand eines Abschnitts herstellen können, wenn im vorvorhergehenden (usw.) Abschnitt ein Grundsystem-Fehler auftrat, aber nicht entdeckt wurde.

Für die Wahrscheinlichkeit akzeptabler Ausführung des Prozeß-Systems mit Erstellen von Rücksetzpunkten und Fortsetzen im Ausnahmebehandler gilt:

$$R\_3(S) \geq R\_it(a)^{S} = R\_3\_min(S)$$

Die untere Grenze für die Ausführungszeit eines Abschnitts ist wie in Abschnitt 4.2:

$$t\_3\_min(A) = t\_2\_min(A)$$

eine obere Grenze gibt es wegen der Möglichkeit wiederholten Rücksetzens nicht. Ist die Ausführungszeit t(H) eines Ausnahmebehandlers H nicht um Größenordnungen größer als t(A), ändert sich der Erwartungswert vernachlässigbar:

$$t\_3\_erw(A) \approx t\_2\_erw(A)$$

Entsprechendes gilt auch für die untere Grenze bzw. den Erwartungswert für die Ausführungszeit des Prozeß-Systems S. Ebenso bleibt der maximale Speicherplatzbedarf zur Ausführung des Prozeß-Systems 3, davon können 2 auf Hintergrundspeicher gehalten werden.

Für den Zuverlässigkeits-Verbesserungsfaktor der Ausführung des Prozeß-Systems mit Rücksetzpunkterstellung und Fortsetzen im Ausnahmebehandler statt mit Rücksetzpunkterstellung und Abbruch bei durch Rücksetzen nicht behandelbaren Grundsystem-Fehlern gilt:

$$RIF\_3(S) = (1 - R\_2(S)) / (1 - R\_3(S))$$

$$RIF\_3(S) \geq (1 - R\_2(S)) / (1 - R\_it(a)^S) = RIF\_min$$

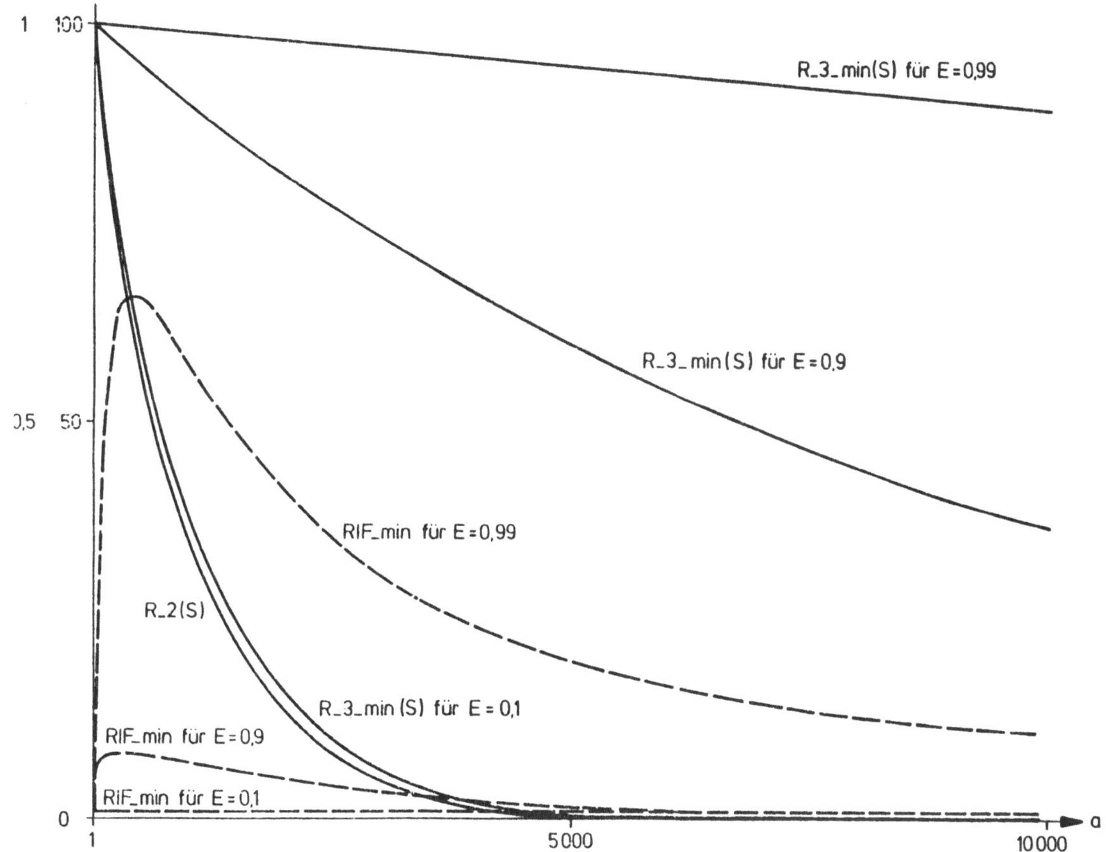

Bild 1: Werteverläufe von RIF_min, R_2(S), R_3_min(S)

Die Werte von RIF_min, R_2(S) und R_3_min(S) für R_2(A) = Ø.9999, s = 1Ø und E = Ø.99, Ø.9, Ø.1 und für verschiedene Werte von a sind in Bild 1 veranschaulicht.

5 Optimierungsmöglichkeiten bei der Rücksetzpunkterstellung und Ausblick

Das Prozeß-System kann eventuell durch (teilweise) Sequentialisierung vereinfacht werden, ohne daß auf der Zielmaschine Parallelität verloren geht [27]. Dadurch können auch weniger Rücksetzpunkte zu erstellen sein. Rücksetzpunkte können gegebenenfalls effizienter erstellt werden, indem deterministischen sequentiellen Prozessen erlaubt wird, Information an ihre Umgebung abzugeben, ohne einen vollständigen Rücksetzpunkt erstellen zu lassen. Deterministische Prozesse müssen sich bei der Abgabe von Information an ihre Umgebung nur merken, wie weit sie waren. Mit Rücksetzen und deterministischem Wiederanlauf mit Unterdrückung jeder Informationsabgabe bis zum gemerkten Punkt können sie ihren Zustand bei der letzten Informationsabgabe rekonstruieren.
Auch wenn nach Informationsabgabe keine vollständigen Rücksetzpunkte erstellt werden, so sollten doch alle Möglichkeiten zur Fehlererkennung vor jeder Informationsabgabe genutzt werden.
Die Rücksetzpunkterstellung kann durch geeignete Hardware unterstützt werden. Hierfür bietet sich das in [19] beschriebene Verfahren zur Rücksetzpunkterstellung parallel zur Prozeßausführung mit Hilfe zweier Rücksetzpunkt-Speichereinheiten und eines Umschalters an.

Das in Kapitel 2 beschriebene Verfahren legt Ort und Umfang von Rücksetzpunkten in gegebenen Prozeß-Systemen für jeden Prozeß autonom und lokal fest. Ein anderer Ansatz besteht darin, Prozeß-Systeme so zu entwerfen, daß nur gegebene Kommunikationsbeziehungen entstehen, für die Rücksetzpunkte effizient erstellt und Rücksetzlinien effizient gefunden werden können. Ein Beispiel einer solchen Kommunikationsbeziehung ist die Konversation (conversation) [1]. Sie erlaubt die Erstellung von Rücksetzpunkten für mehrere Prozesse gemeinsam und kann dadurch den Aufwand der Rücksetzpunkterstellung in manchen Fällen vermindern. Der Preis hierfür ist die Einführung eines extra Sprachkonstruktes und die Beschäftigung des Entwerfers mit dem Problem der Rücksetzpunkterstellung unter dem "Deckmantel" des extra Sprachkonstruktes.

Das in Kapitel 3 beschriebene Verfahren stellt eine Möglichkeit zur Zuverlässigkeitserhöhung dar, wenn man bereit ist, die in konventionellen Programmiersprachen gegebene Abstraktion von Grundsystem-Fehlern aufzugeben. Es kann ohne Änderung bestehender Programme angewandt werden und eignet sich vor allem für (Realzeit-)Systeme ohne sicheren Ausfallzustand. Bei Systemen mit sicherem Ausfallzustand tauscht dieses Verfahren Sicherheit gegen Zuverlässigkeit, ein riskanter Tausch, der bei jeder Anwendung sorgfältig zu prüfen ist.

Ein anderer Ansatz als die Aufgabe der Abstraktion von Grundsystem-Fehlern in konventionellen Programmiersprachen ist die Entwicklung neuer Programmiersprachen, die dem Anwendungs-Programmierer keine vollständige Abstraktion von Grundsystem-Fehlern, sondern Sprachmittel zu ihrer Handhabung bieten. Das Projekt Argus [20, 29] folgt diesem Ansatz.

Ein Wort des Dankes

Ich danke Dr. Heinz Bender, Klaus Echtle, Prof. Winfried Görke, Hermann Härtig, Birgit Pfitzmann und Prof. Detlef Schmid für ihre Kritik und Diskussionsbereitschaft.

Literatur

1   T. Anderson, P. A. Lee: Fault Tolerance - Principles and Practice; Prentice Hall, Englewood Cliffs, New Jersey, 1981
2   Algirdas Avizienis: Fault-Tolerance in Computer Systems; Infotech State of the Art Report: Systems Reliability and Integrity, 1978, Seite 39 bis 67
3   G. Barigazzi, L. Strigini: Application-Transparent Setting of Recovery Points; FTCS 13th Annual International Symposium Fault-Tolerant Computing, June 1983, Seite 48 bis 55
4   M. Broy, R. Gnatz, M. Wirsing: Nichtdeterminismus; Informatik-Spektrum Band 4, Heft 2, April 1981, Seite 125 bis 126
5   Flaviu Cristian: Exception Handling and Software Fault Tolerance; IEEE Transactions on Computers, Volume C-31, Number 6, June 1982, Seite 531 bis 540
6   P. Dadam, G. Schlageter: Recovery in Distributed Databases Based on Non-synchronized Local Checkpoints; Universität Dortmund, Abteilung Informatik, Forschungsbericht Nr. 92, 1979
7   Edsger W. Dijkstra: Guarded Commands, Nondeterminacy and Formal Derivation of Programs; CACM Vol. 18, Nu. 8, August 1975, Seite 453 bis 457
8   DIN 66253 Teil 2, Informationsverarbeitung, Programmiersprache PEARL, Full PEARL; Oktober 1982
9   Jerome A. Feldman: High Level Programming for Distributed Computing; CACM Vol. 22, Nu. 6, June 1979, Seite 353 bis 368
10 Jim Gray, Paul McJones, Mike Blasgen, Bruce Lindsay, Raymond Lorie, Tom Price, Franco Putzolu, Irving Traiger: The Recovery Manager of the System R Database Manager; Computing Surveys, Vol. 13, No. 2,

June 1981, Seite 223 bis 242

11 Gerhard Goos, Peter Denker: Modula-K; Institut für Informatik II, Universität Karlsruhe, 23.4.1983

12 Hermann Härtig, Andreas Pfitzmann, Leo Treff: Task State Transitions in Ada; Ada LETTERS, A Bimonthly Publication of AdaTEC, the SIGPLAN Technical Committee on Ada, Volume I, Number 1, July, August 1981, Seite 31 bis 42 und Volume II, Number 1, July, August 1982, Seite 6 und 7

13 Wolfgang Hinderer: Rekonfiguration und Wiederanlauf in fehlertoleranten Systemen; FhG-Berichte 2-80, Mitteilungen aus dem Fraunhofer-Institut für Informations- und Datenverarbeitung IITB, 1980, Seite 41 bis 45

14 Wolfgang Hinderer: Treatment of recovery problems using cuts in Occurrence Nets; Informatik-Fachberichte Band 52, Springer Verlag, Berlin, Heidelberg, New York, 1982, Seite 234 bis 239

15 Ellis Horowitz: Fundamentals of Programming Languages; Springer-Verlag Heidelberg, 1983

16 Walter H. Kohler: A Survey of Techniques for Synchronization and Recovery in Decentralized Computer Systems; Computing Surveys, Vol. 13, No. 2, June 1981, Seite 149 bis 183

17 Butler W. Lampson, David D. Redell: Experience with Processes and Monitors in Mesa; CACM Vol. 23, Nu. 2, February 1980, Seite 105 bis 117

18 P. A. Lee: Exception Handling in C Programs; Software-Practice and Experience Vol. 13, No. 5, May 1983, Seite 389 bis 405

19 Yann-Hang Lee, Kang G. Shin: $_2$Rollback propagation detection and performance evaluation of FTMR^{2}M, a fault-tolerant multiprocessor; Computer Architecture News, Vol. 10, Number 3, April 1982, Seite 171 bis 180

20 Barbara Liskov, Robert Scheifler: Guardians and Actions: Linguistic Support for Robust, Distributed Programs; acm Transactions on Programming Languages and Systems TOPLAS Vol. 5, Nu. 3, July 1983, Seite 381 bis 404

21 Barbara H. Liskov, Alan Snyder: Exception Handling in CLU; IEEE Transactions on Software Engineering, Vol. SE-5, No. 6, November 1979, Seite 546 bis 558

22 M. Donald MacLaren: Exception handling in PL/1; SIGPLAN Notices Vol. 12, No. 3, March 1977, Seite 101 bis 104

23 P. M. Merlin, B. Randell: State Restoration in Distributed Systems; Proceedings of Fault Tolerant Computing Symposium 8, France, 1978, Seite 129 bis 134

24 Manfred Patz: Zustandssicherung- und Wiederanlaufverfahren für verteilte Netzbetriebssysteme mit dynamischer Redundanz; Dissertation an der Fakultät für Elektrotechnik der TU München, 1981

25 Andreas Pfitzmann: Konfigurierung und Modellierung von Mehrmikrorechnern aus um Zuverlässigkeitsanforderungen erweiterten ADA-Programmen; Interner Bericht Nr. 8/82, Institut für Informatik IV, Fakultät für Informatik, Universität Karlsruhe, Februar 1982

26 Reference Manual for the Ada Programming Language; ANSI/MIL-STD-1815A -1983, February 17, 1983

27 Jakob Schauer: Vereinfachung von Prozeß-Systemen durch Sequentialisierung; Institut für Informatik II, Universität Karlsruhe, Postfach 6380, D-7500 Karlsruhe, Bericht 30/82, 1982

28 Kunitoshi Tsuruoka, Asao Kaneko, Yoshiyuki Nishihara: Dynamik Recovery Schemes For Distributed Processes; Proc. IEEE Symposium on Reliability in Distributed Software and Database Systems; Pittsburg, PA, July 1981, Seite 124 bis 130

29 William Weihl, Barbara Liskov: Specification and Implementation of Resilient, Atomic Data Types; SIGPLAN Notices Vol. 18, Nu. 6, June 1983, Proceedings of the SIGPLAN '83 Symposium on Programming Language Issues in Software Systems, San Francisco, California, Seite 53 bis 64

<u>MÖGLICHKEITEN</u> <u>UND</u> <u>VERFAHREN</u> <u>ZUR</u> <u>SCHNELLEN</u> <u>DATENBANK-RECOVERY</u>
<u>BEI</u> <u>EINZELNEN</u> <u>ZERSTÖRTEN</u> <u>DATENBANKBLÖCKEN</u>

Klaus Küspert
Universität Kaiserslautern, Fachbereich Informatik
Erwin-Schrödinger-Straße
D-6750 Kaiserslautern

1. Einleitung

In den letzten Jahren hat sich die Forschung im Bereich der Datenbanksysteme (DBS) intensiv mit der Problematik von Logging- und Recovery-Maßnahmen auseinandergesetzt /Ve78, LS79, Re81/. Das Ziel der Bemühungen war die Entwicklung effizienter Verfahren zur <u>Integritätssicherung</u> der gespeicherten Daten im Sinne des <u>Transaktionskonzepts</u>. Eine Transaktion wird dabei als eine Folge zusammengehöriger Operationen auf der Datenbank verstanden. Das Programmsystem zur Verwaltung der Datenbank, im folgenden auch als Datenbank-Verwaltungssystem (DBVS) bezeichnet, muß diese <u>Unteilbarkeit</u> ("atomicity") einer Sequenz von Änderungen in der Datenbank (DB) insbesondere auch im <u>Fehlerfall</u> garantieren. Im Fall der erfolgreichen Beendigung einer Transaktion müssen die vorgenommenen Modifikationen in der DB auch ein späteres Auftreten von Fehlern unbedingt "überleben", und wird eine Transaktion vorzeitig abgebrochen, so darf sie keine "Spuren" in der DB hinterlassen. Dies zu gewährleisten, ist die Aufgabe des "Recovery Managers" im DBVS.

Der Entwurf von Verfahren zur Fehlerbehandlung erfordert ein genaues Wissen über die möglichen Fehlerursachen und somit ein <u>Fehlermodell</u>. Hier werden meist folgende Fälle unterschieden (/Gr81/, /Re81/):
- <u>Transaktionsabbruch:</u> Eine offene Transaktion wird vor ihrer normalen Beendigung abgebrochen. Gründe hierfür können z.B. Fehler im Anwendungsprogramm oder Verletzungen von Integritätsbedingungen sein. Das DBVS muß für die Rückgängigmachung der durchgeführten DB-Änderungen sorgen.
- <u>Systemausfall:</u> Die gesamte DB-Verarbeitung bricht unkontrolliert ab. Mögliche Ursachen sind Stromausfälle, Maschinenausfälle sowie Fehler im DBVS selbst oder im Betriebssystem (BS). Die Wiederanlaufkomponente im "Recovery Manager" hat dafür Sorge zu tragen, daß die Datenbank wieder in einen konsistenten Zustand überführt wird, auf dem dann der DB-Betrieb wiederaufgenommen werden kann.
- <u>Platten-</u> und <u>Übertragungsfehler:</u> Daten auf den externen Speichermedien (meist Magnetplatten) werden infolge von "head crashs", manueller Fehlbehandlung oder aufgrund von Funktionsfehlern auf der Übertragungsstrecke (Kanal, Gerätesteuerung, Plattenlaufwerk) zerstört. Die Wiederherstellung ("media recovery") geschieht unter Verwendung einer nicht mehr aktuellen Archivkopie der DB, in welche die auf der Archiv-Protokolldatei verzeichneten Änderungen vollständiger Transaktionen eingebracht werden. Die Archivkopie wird auf diese Weise in den zum Zeitpunkt der Fehlerentstehung gültigen, konsistenten DB-Zustand überführt.

Ausgeklammert werden hierbei im allg. jene Fälle, wo Fehler in der Datenbank entstehen, ohne daß dies sofort bemerkt wird. Wir finden mit Bezug auf System R

/As81/ folgende Aussage in /Gr81, S. 226 f./: "We assume that System R, the operating system, the microcode, and the hardware all have bugs in them. (...) We postulate that these errors are detected and that the system crashes before the data are seriously corrupted." Falls es doch einmal auf diesem Weg zur Zerstörung von Datenbankblöcken kommen sollte, so erfolgt in den meisten Systemen eine Fehlerbehandlung wie beim oben genannten Plattenfehler.

Die Wiederherstellungsmaßnahmen über die Archivkopie und die Archiv-Protokolldatei benötigen meist etliche Minuten bis zu ihrem Abschluß, und der Zeitbedarf kann noch höher sein, falls sich die Archivkopie auf Magnetband befindet.

In vielen Anwendungsfällen sollte ein dadurch bedingter, partieller Stillstand der DB-Verarbeitung nach Möglichkeit vermieden werden, so z.B. in großen "online"-Buchungs- oder Auskunftssystemen, wo eine sehr hohe Verfügbarkeit des Anwendungssystems und damit auch des Datenbanksystems gefordert wird. Wir beschäftigen uns deshalb im folgenden mit Verfahren, die eine Fortführung des DB-Betriebs zumindest dann erlauben, wenn nur einige wenige Blöcke der Datenbank zerstört sind.

In Kap. 2 stellen wir zunächst ein für unsere Betrachtungen geeignetes, vereinfachtes Modell eines Datenbanksystems vor und gehen dann in Kap. 3 genauer auf die Ursachen von Blockzerstörungen ein. Die Kap. 4 und 5 haben die Kernaussagen dieses Aufsatzes zum Inhalt, nämlich die Maßnahmen zur Fehlererkennung und zur anschließenden Fehlerbehandlung. In Kap. 6 schließlich wird noch einmal eine kurze Zusammenfassung der wesentlichen Ergebnisse dieser Arbeit gegeben.

2. Ein Modell zum Aufbau eines Datenbanksystems

Die in den folgenden Kapiteln anstehenden Diskussionen zur Fehlerproblematik erfordern eine definierte Vorstellung über den Aufbau eines Datenbanksystems inkl. seiner internen und externen Schnittstellen. Wir verwenden hierzu das in Bild 1 dargestellte hierarchische Modell, welches sich an das von Senko /Se73/ eingeführte "Data Independent Accessing Model" (DIAM) anlehnt, jedoch, im Vergleich zu diesem, nur die im Rahmen unseres Themas interessierenden Komponenten verzeichnet.

Als externe Speichermedien kommen für die Datenbank vor allem Magnetplatten in Betracht, da sie den erforderlichen Direktzugriff zu den gespeicherten Daten bieten. Die Platte unterteilt sich in Zylinder, Spuren und Slots. (Wir unterscheiden zwischen Blöcken als Strukturierungseinheit einer Datei und Slots /HR84/ als vorformatierte Einheiten auf der Platte (Rahmen zur Aufnahme von Blöcken).) Archivkopien und Archiv-Protokolldateien können sich ggf. auch auf Magnetbändern befinden, aber deren Fehlermöglichkeiten sollen in diesem Aufsatz nicht näher untersucht werden.

Die Externspeicherverwaltung an der Geräteschnittstelle, inkl. der Berücksichtigung spezifischer Eigenschaften verschiedener Plattentypen, ist Aufgabe des Datenverwaltungssystems (DVS) im Betriebssystem. Es ermöglicht somit die Geräteunabhängigkeit des DBVS. Die durch das DVS gebildete virtuelle Maschine stellt nach oben eine blockorientierte Dateischnittstelle in Form von BS-Aufrufen (SVCs) zur Verfügung. Die dort nutzbaren Operationen sind z.B. /Re81/:

          ÖFFNE   datei, modus

          SCHLIESSE datei

          LIES   k   (Lesen des Blocks k)

          SCHREIBE   <Block>, k (Schreiben des Blocks k)

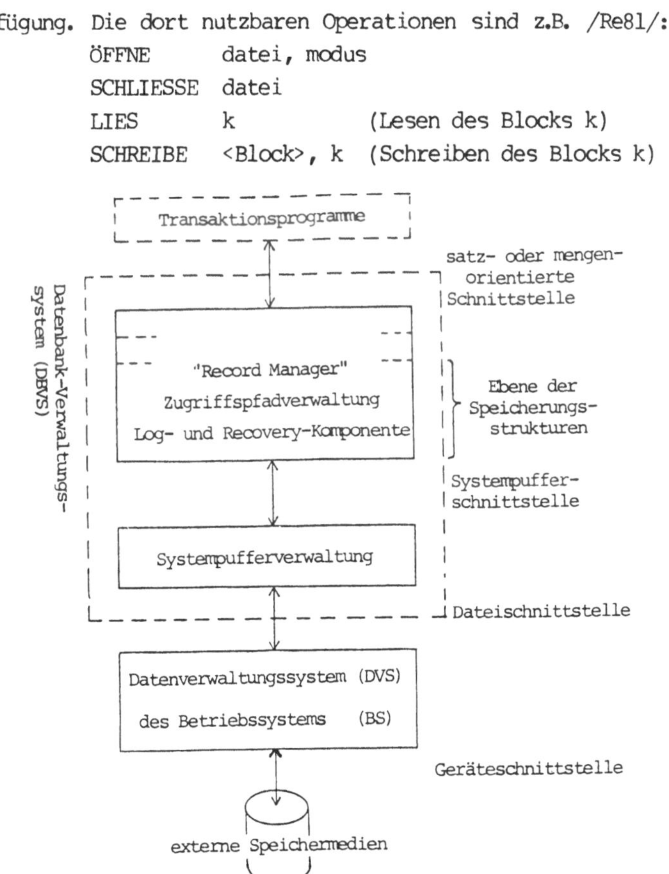

Bild 1: Hauptkomponenten und Schnittstellen in einem Datenbanksystem

Die Systempufferverwaltung des DBVS realisiert eine interne, seitenorientierte
Schnittstelle im virtuellen Speicher des Verarbeitungsrechners, an der die Art der
Abbildung von Seiten auf die Blöcke in den Dateien verborgen bleibt. Der
Pufferinhalt wird meist durch eines der gebräuchlichen Seitenersetzungsverfahren
(LRU etc.) verwaltet. Anstelle der an der unteren Schnittstelle bekannten Dateien
werden nach oben Segmente (auch Areas genannt) angeboten, wobei zwischen beiden
Konstrukten nicht unbedingt eine 1:1-Beziehung bestehen muß. Die Operationen an der
Systempufferschnittstelle sind u.a.:

          ÖFFNE   segment, modus

          SCHLIESSE   segment

          BEREITSTELLEN j   (Anforderung der Seite j)

          FREIGEBEN   j   (Nutzungsende der Seite j)

Die Verarbeitung der Seiteninhalte (Sätze, Zugriffspfadinformation etc.) geschieht
durch die höher angesiedelten DBVS-Subsysteme auf der Ebene der
Speicherungsstrukturen. Auch die Fehlerbehandlungskomponente des DBVS kann hier
eingeordnet werden. Für die folgenden Betrachtungen von Interesse sind insbesondere
die Funktionseinheiten "Record Manager", der für die Speicherung von Datensätzen in
den Seiten zuständig ist, und Zugriffspfadverwaltung, welche die Operationen auf den
DB-internen Baumstrukturen, Listen und Hashtabellen ausführt.

Abhängig vom Typ der Benutzerschnittstelle des DBS, die satzorientiert (wie z.B. bei UDS /Sie82a/) oder auch mengenorientiert (wie es u.a. für System R zutrifft) sein kann, können noch bis zu zwei darüber liegende DBVS-Ebenen unterschieden werden. Deren Charakteristika spielen jedoch für unsere Betrachtungen keine Rolle.

3. Betrachtete Fehlertypen und Arten der Fehlerentstehung

Wir haben in der Einleitung ein Fehlermodell vorgestellt, das die Grundlage der üblichen Logging- und Recovery-Verfahren in Datenbanksystemen bildet. Für die Untersuchung möglicher Ansätze zu einer Fehlerbehandlung bei einzelnen zerstörten Datenbankblöcken ist die dort gewählte Untergliederung jedoch noch zu grob. Im folgenden wird deshalb eine auf diesen Fall zugeschnittene Klassifikation der Fehlertypen und -ursachen diskutiert, die insbesondere hinsichtlich des zuvor erwähnten "Platten- und Übertragungsfehlers" eine detailliertere Strukturierung vorsieht. In Bild 2 sind die verschiedenen relevanten Fehlerfälle zusammengestellt.

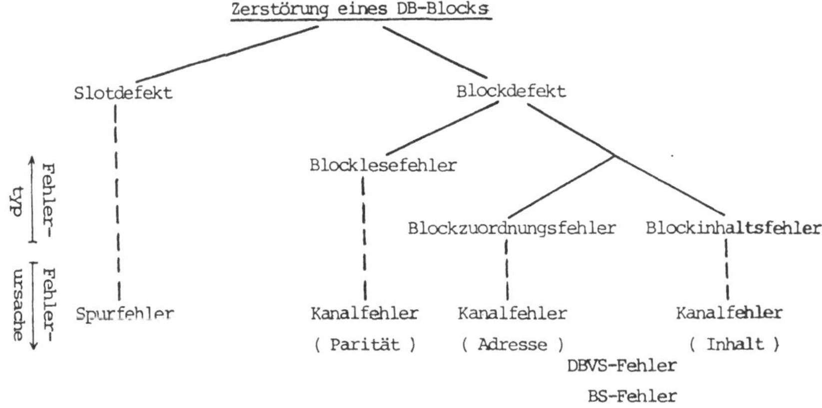

Bild 2: Klassifikation zum Fehlertyp "EINZELNE ZERSTÖRTE DB-BLÖCKE"

Während beim oben genannten Plattenfehler stets angenommen wird, daß die Platte als Ganzes gesehen völlig unbrauchbar ist, berücksichtigen wir statt dessen eine etwas eingeschränktere Form und bezeichnen diese als Spurfehler. Es handelt sich hierbei um die Zerstörung irgendeines "nicht zu großen" Teilbereichs der Platte, sei es nun lediglich ein Slot, eine Anzahl (auch nicht zusammenhängender) Slots, eine Spur oder ein Zylinder. Wichtig zur Begriffsklärung ist weniger der in Slots zu bewertende Umfang der Zerstörung, als vielmehr die zugrundeliegende Annahme, daß von einem betroffenen Slot weder das Lesen eines Blocks noch ein erfolgreiches Schreiben möglich ist. Der Begriff Spurfehler wurde deshalb gewählt, weil es oftmals die Vorgehensweise des BS ist, auch bei nur einer einzeln auftretenden Slotzerstörung gleich die ganze Spur für defekt zu erklären.

Als nächste Fehlerursache in Bild 2 sind die Kanalfehler zu nennen. Hier geht es um die schon in Kap. 1 erwähnten Funktionsfehler in Zusammenhang mit der Datenübertragung. Sie äußern sich derart, daß Daten unvollständig, an die falsche Plattenadresse oder mit einem verfälschten Inhalt geschrieben werden. Meist sind sie nur von temporärer Natur, d.h., bei einer Wiederholung der Operation erfolgt schließlich doch noch eine korrekte Übertragung. Außerdem kann es vorkommen, daß beim Schreiben eines Blocks Bits auf einer Nachbarspur "umkippen". Zur Erkennung von solchen Fehlern wird hardwaremäßig redundante Information auf der Platte mitgeführt (Paritätsbits etc.), wodurch gewisse Fälle des Umkippens von Bits erkannt oder sogar selbsttätig korrigiert werden können. Wir sprechen im folgenden von einem Paritätsfehler, wenn die Hardware (meist die Plattensteuerung) Fehler in einem Datenblock beim Leseversuch erkennt, aber nicht zu einer automatischen Korrektur des Defekts in der Lage ist. Im Unterschied zum Spurfehler ist im Fall des Auftretens eines Kanalfehlers beim Lesen ein nachfolgendes Schreiben auf den betroffenen Slot noch möglich.

Schließlich sind in Bild 2 noch die BS- und DBVS-Fehler als mögliche Ursachen für Blockzerstörungen aufgeführt. Bei einem BS-Fehler kann es sich z.B. um einen Adressierungsfehler im DVS handeln in der Form, daß ein Datenblock auf einen falschen Slot auf der Platte geschrieben wird (und dabei meist einen anderen, gültigen Blockinhalt überschreibt), oder auch um das Einbringen von Fehlern in den Blockinhalt vor Durchführung des Schreibens. Bei den DBVS-Fehlern ergeben sich hinsichtlich zerstörter Datenblöcke keine neuen Gesichtspunkte gegenüber den BS-Fehlern, da auch hier Fehler in der Adressierung und Defekte im Blockinhalt möglich sind.

Diesen Ursachen ist in Bild 2 eine Klassifikation der Fehlertypen zugeordnet. Der Slotdefekt bezeichnet die Fehlersituation, daß weder von einem Slot gelesen werden kann, noch ein erfolgreiches Schreiben eines Blocks auf den Slot möglich ist. Der Blockdefekt hat hingegen keinen Einfluß auf die Durchführung von SCHREIBE-Operationen an der Dateischnittstelle. Wir sprechen dann von einem Blocklesefehler, wenn das Betriebssystem den Blockinhalt (aufgrund eines Paritätsfehlers) beim LIES-Aufruf gar nicht erst zur Verfügung stellt. Falls es sich erst nach dem Einlesen eines Blocks herausstellt, daß nicht der erwartete Block (charakterisiert durch seine Blocknummer) übergeben wurde, sondern ein anderer (eventuell nicht einmal zur DB gehöriger), so wird dies als Blockzuordnungsfehler bezeichnet. Der letzte hier relevante Fehlertyp betrifft Verfälschungen des Blockinhalts. Wir verwenden dafür den Ausdruck Blockinhaltsfehler. Hierbei kann eine beliebige Konsistenzverletzung in einem Datenblock vorliegen.

4. Möglichkeiten zur Fehlererkennung

Die im folgenden diskutierten Maßnahmen haben zum Ziel, die Erkennung von Fehlern der zuvor beschriebenen Typen mit möglichst hoher Wahrscheinlichkeit zu gewährleisten. Eine 100%ige Sicherheit in der Fehlererkennung kann jedoch aufgrund zu berücksichtigender Leistungsaspekte nicht erreicht werden: Da die Intention der Verfahren darin liegen soll, Zerstörungen in DB-Blöcken auf der Platte frühzeitig zu erkennen (d.h. bevor sie zu Folgefehlern in der DB-Verarbeitung führen können), müssen die hierzu erforderlichen Prüfungen nach jedem LIES-Aufruf vorgenommen werden. Dies impliziert, daß die Konsistenzuntersuchungen etwa 10- bis 20mal pro Sekunde oder noch öfter stattzufinden haben. Sehr gründliche, zeitaufwendige Kontrollen des Blockinhalts können mit dieser Häufigkeit durch das DBVS nicht durchgeführt werden, da sie eine unannehmbare Verlangsamung des gesamten DB-Betriebs zur Folge hätten.

Die frühestmögliche Gelegenheit zur Fehlererkennung bietet sich - aus Sicht des DBVS
- bei der Quittungsrückgabe im LIES-Befehl an der Dateischnittstelle. (Der Fall, daß
bereits der ÖFFNE-Aufruf scheitert, ist für unsere Betrachtungen nicht von
Interesse, da dann die komplette Datei nicht verarbeitet werden kann und es sich
somit nicht mehr um einzelne zerstörte DB-Blöcke handelt.) Wir gehen davon aus, daß
grundsätzlich ein "blindes Schreiben" auf die Platte erfolgt, d.h., für die
SCHREIBE-Operation ist keine Quittung in Form eines Return-Codes vorgesehen /LS79,
S. 6/. Wenn wir unter dem Begriff der Schreibbarkeit eines Datenblocks verstehen,
daß· er geschrieben und anschließend wieder ordnungsgemäß von der Platte gelesen
werden kann, so ergeben sich folgende Kombinationen für die Les- bzw. Schreibbarkeit
eines Blocks:

```
+-------------+------------+-------------+----------+-----------------------------+
I Situation  I   lesbar   I  schreibbar I  möglich I Fehlertyp (nach Bild 2)     I
+-------------+------------+-------------+----------+-----------------------------+
I   1     I      J     I      J      I     +    I                             I
I   2     I      N     I      J      I     +    I Blocklesefehler             I
I   3     I      J     I      N      I     -    I                             I
I   4     I      N     I      N      I     +    I Slotdefekt                  I
+-------------+------------+-------------+----------+-----------------------------+
```

Als Resümee hiervon kann festgehalten werden, daß Slotdefekte und Blocklesefehler
stets schon im DVS erkannt und dem DBVS an der Dateischnittstelle mitgeteilt werden
(siehe Bild 3). Die Unterscheidung zwischen den beiden Typen ist entweder durch den
Return-Code beim LIES gegeben, oder sie muß vom DBVS mit Hilfe eines "Prüflesens"
der geschriebenen Daten vorgenommen werden.

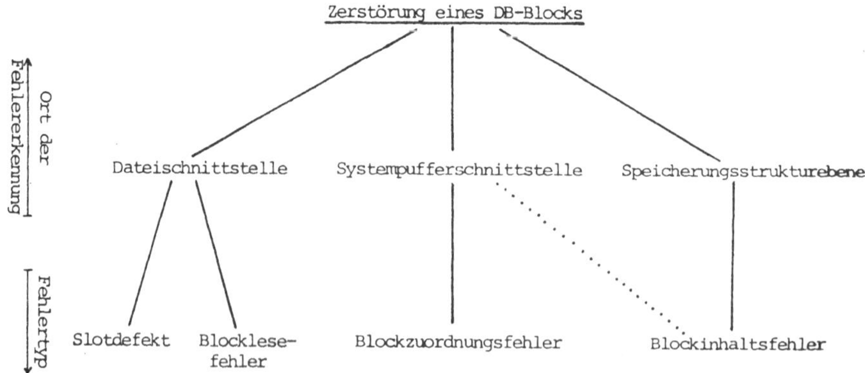

Bild 3: Klassifikation zur Fehlererkennung beim Fehlertyp
        "EINZELNE ZERSTÖRTE DB-BLÖCKE"

Blockzuordnungs- und Blockinhaltsfehler können hingegen erst vom DBVS selbst erkannt
werden, da der DB-Block aus Sicht des DVS lediglich als "schwarzer Kasten"
erscheint. Zur leichteren Lokalisierung eines Fehlers und zur Einschränkung der
Auswirkungen mit dem Ziel einer weitgehend isolierten Fehlerbehandlung ist es
anzustreben, Blockdefekte so früh wie möglich bei der Ausführung einer Operation an
der Benutzerschnittstelle (auch als DML (Data Manipulation Language)-Anweisung
bezeichnet) zu erkennen.

Wir schlagen deshalb vor, bestimmte Konsistenzprüfungen in den Pufferverwalter zu integrieren, um sie unmittelbar nach dem Lesen eines Blocks auszuführen. Hierzu sind der Systempufferverwaltung – über die reine Seitennummer hinaus – im BEREITSTELLEN-Operator noch weitere Informationen zu den Speicherungsstrukturen zur Verfügung zu stellen. Sie muß dann beim Erkennen einer Inkonsistenz die Seite gar nicht erst dem "Record Manager" oder der Zugriffspfadverwaltung übergeben, sondern kann statt dessen eine Fehlermeldung im Return-Code zurückliefern. Für den erweiterten BEREITSTELLEN-Aufruf an der Systempufferschnittstelle ergibt sich folgendes Aussehen:

BEREITSTELLEN j, Typ, Return-Code

mit den Parametern:
- j   = Seitennummer
- Typ   = Typ der angeforderten Seite (s.u.)
- Return-Code   = Mitteilung an die aufrufende Komponente über während der Operationsausführung aufgetretene Fehler

Der Parameter "Return-Code" stellt eigentlich keine Erweiterung der Schnittstelle gegenüber ihrer Einführung in Kap. 2 dar, da man sich natürlich auch dort bei der Anforderung einer Seite in irgendeiner Form die Übergabe von Fehlermeldungen an den Aufrufer vorzustellen hat. Im Parameter "Typ" wird die Systempuffer(SP)-Verwaltung über den Typ der angeforderten Seite informiert. Welcher Wertebereich hier vorliegt, hängt von den Gegebenheiten einer konkreten DBS-Implementierung ab. Möglich wären etwa folgende Seitentypen:

- EMPTY   leere Seite
- PAGE-0   Seite 0 des Segments, enthält Beschreibungsinformationen (Erstellungsdatum etc.)
- FPA   "Free Place Administration", Seite gehört zur Freispeicherverwaltungstabelle
- DBTT   "Database Key Translation Table", Seite gehört zu einer Umsetztabelle von Satznummern ((logischen) "Database Keys") in Seitennummern ((physische) "Database Keys")
- HASH   Seite ist Teil einer Hashtabelle
- TABLE   Seite enthält sonstige Tabellenstrukturen (Adreßlisten, Bäume)
- DATA   Seite enthält Datensätze

Falls einige der genannten Daten auch gemischt in einer Seite auftreten können, so ist das Typenspektrum entsprechend zu ergänzen (z.B. um den Typ DAT-TAB für sowohl Datensätze als auch Tabellen enthaltende Seiten).

Der Sinn der Schnittstellenerweiterung liegt darin, daß sich nun schon im SP-Verwalter einfache Konsistenzprüfungen in bezug auf die Speicherungsstrukturen vornehmen lassen. Dadurch – und durch weitere unterstützende Maßnahmen – soll eine frühzeitige Erkennung (vgl. wiederum Bild 3) praktisch aller Blockzuordnungsfehler sowie eines Teils der Blockinhaltsfehler garantiert werden. Eine umfassende Analyse des Seiteninhalts zur Erkennung (fast) aller Blockinhaltsfehler kommt aufgrund der damit verbundenen Leistungseinbuße nicht in Frage.

Die Prüfungen erfordern in begrenzter Form die Erweiterung des Wissens der SP-Verwaltung um Details des internen Seitenaufbaus. Die wesentlichen Fragen im Zusammenhang mit solchen Konsistenzprüfungen unterhalb der SP-Schnittstelle lauten nun:

1. Wann soll geprüft werden?

Hier existieren die beiden naheliegenden Möglichkeiten, eine Prüfung entweder bei jedem BEREITSTELLEN-Aufruf (egal, ob sich die angeforderte Seite bereits im Puffer befindet oder ob erst ein LIES-Aufruf durchzuführen ist) oder nur nach einem Lesen des benötigten Blocks von der Platte vorzunehmen. Da von der Themenstellung dieses Aufsatzes her lediglich darauf abgezielt wird, Zerstörungen von Blöcken auf der Platte zu erkennen, ist klar, daß die Konsistenzkontrollen nur bei solchen Seitenanforderungen ablaufen müssen, die ein Lesen von der Platte auslösen.

2. Was kann geprüft werden?

Bei der Aufzählung der prüfbaren Objekte orientieren wir uns an dem in Bild 4 skizzierten Format einer DB-Seite. Der Seitenidentifikator ist die in der Seite (redundant) gespeicherte Seitennummer. Der Seitenkopf enthält Beschreibungsinformationen zum Seiteninhalt, so etwa über den Beginn und die Länge des in der Seite noch vorhandenen Freiplatzes. Zum Seitenkopf zählt auch der Seitentypindikator, in dem der Seitentyp (PAGE-0, FPA etc.) vermerkt ist. Die seiten-interne Umsetztabelle ermöglicht den Zugriff zu den gespeicherten Daten und enthält hierzu die Anfangsadressen der im Primärdatenbereich abgelegten Sätze und Tabellen.

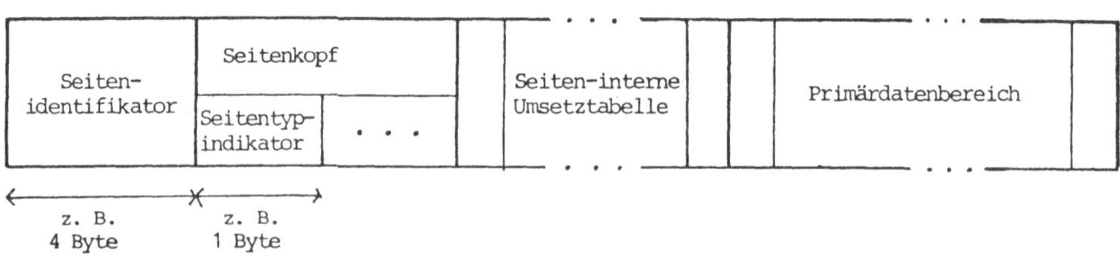

Bild 4: "Modell" zum Seitenformat bei DB-Seiten

3. Wie erfolgen und wozu dienen die Prüfungen?

Die Prüfung des Seitenidentifikators läuft so ab, daß er nach dem Lesen des Blocks mit der in der Bereitstellungsanforderung spezifizierten Seitennummer (j) verglichen wird. Bei Ungleichheit kann z.B. (siehe Bild 5) ein Blockzuordnungsfehler oder die Überschreitung der Seitengrenze mit Zerstörung des Identifikators bei der Durchführung von Änderungen in den Seiten durch das DBVS vorliegen. Die Prüfung des Seitentypindikators läuft praktisch genauso ab wie die Untersuchung des Identifikators, und sie dient auch denselben Zielen. Der restliche Inhalt des Seitenkopfs kann zur Konsistenzprüfung hinsichtlich einer Anzahl möglicher Blockinhaltsfehler genutzt werden. So kann u.a. nachgerechnet werden, ob die Freiplatzangaben eine unsinnige Wertekombination bilden (Freiplatz > Seitenlänge etc.). Bei der seiten-internen Umsetztabelle ist ebenfalls eine Prüfung des Wertebereichs möglich, indem die dort verzeichneten Adressen dahingehend validiert werden, daß sie auch wirklich in den Primärdatenbereich der Seite verweisen.

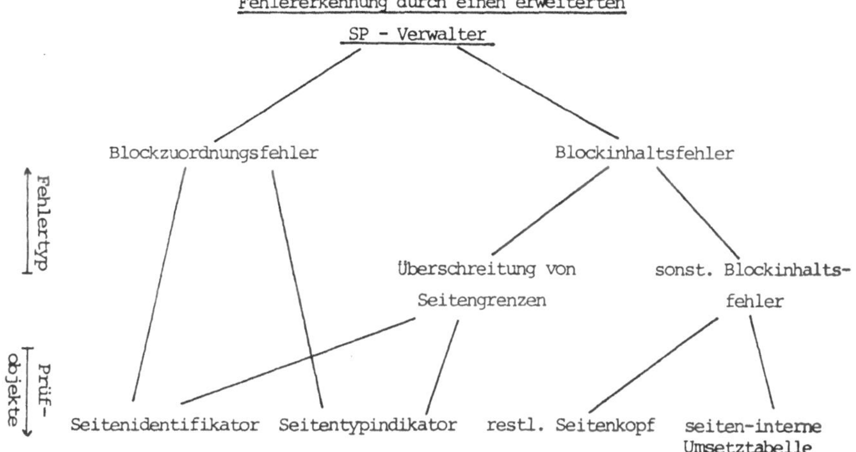

<u>Bild 5:</u> Klassifikation zur Fehlererkennung auf der Systempufferschnittstelle

Hier ist wiederum auf eine zeit-effiziente Prüfungsdurchführung zu achten. Die Seitenidentifikator- und -typindikator-Prüfungen erfüllen unschwer diese Bedingung, da für sie nur einige wenige Maschineninstruktionen zu veranschlagen sind. Bei der Inhaltsanalyse der Umsetztabelle muß man sich hingegen u.U. mit einer stichprobenweisen Prüfung begnügen, und eine Detailuntersuchung im Primärdatenbereich ist aus Kostengründen im SP-Verwalter undurchführbar. Eine Betrachtung auch dieser Daten kann erst später im Verlauf der Verarbeitung des Seiteninhalts in der Speicherungsstrukturebene erfolgen. Erst dort ergeben sich dann weitreichende Möglichkeiten zur Entdeckung von Blockinhaltsfehlern (vgl. nochmals Bild 3). Z.T. kann bei der Auslegung dieser Konsistenzprüfungen auch auf die für "offline"-Prüfprogramme (/BPT77/, /We81/) genutzten Ansätze zurückgegriffen werden. Eine ausführliche Zusammenstellung von möglichen Fehlern in den Speicherungs-strukturen eines DBS findet sich in /Kü83/.

5. Verfahren zur Fehlerbehandlung

Wir wollen uns im nachstehenden mit der Frage auseinandersetzen, welche Fehlerbehandlungsmaßnahmen <u>im laufenden Betrieb</u> ("online") durch das DBVS durchzuführen sind, nachdem als Ergebnis einer der im vorigen Kapitel beschriebenen Prüfungen ein Fehler – also ein zerstörter DB-Block – erkannt wurde. Wir gehen dabei davon aus, daß der betroffene Blockinhalt <u>komplett</u> zerstört ist und deshalb für die normale Weiterarbeit des DBVS oder auch nur zu Recovery-Zwecken nicht mehr verwendbar ist. Es wird im folgenden nicht untersucht, wie eine Reparatur der DB bzw. einzelner ihrer Areas "offline" durch Dienstprogramme des Datenbankadministrators (DBA) erfolgen kann, sondern stets vom Grundsatz einer zeit-effizienten Fehlerbehandlung parallel zur (nur unwesentlich bzw. kurzzeitig behinderten) normalen DB-Verarbeitung ausgegangen. Anhand von <u>Bild 6</u> soll eine Einordnung und Erläuterung der möglichen "online"-Fehlerbehandlungsmaßnahmen vorgenommen werden.

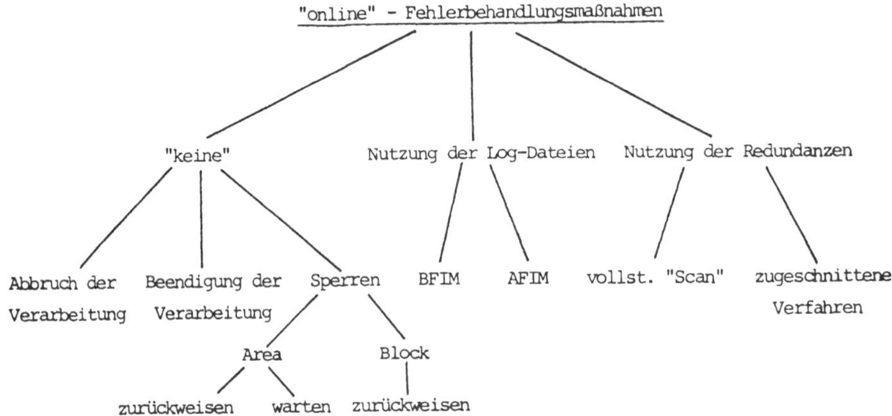

Bild 6: Klassifikation zur "online"-Fehlerbehandlung bei einzelnen zerstörten DB-Blöcken

Im linken Ast des Klassifikationsbaums ist zunächst einmal der Fall berücksichtigt, daß nach Erkennen einer Blockzerstörung <u>keine explizite Fehlerbehandlung</u> durchgeführt wird. Das heißt jedoch nicht, daß der Fehler einfach "ignoriert" wird, sondern soll lediglich bedeuten, daß kein Versuch zur Wiederherstellung der verlorengegangenen Daten im "online"-Betrieb unternommen wird. Statt dessen wird das DBVS entweder

- die laufende Verarbeitung bei Erkennen des Fehlers sofort <u>abbrechen</u> oder
- Transaktionen, die direkt vom aufgetretenen Fehler betroffen sind, also eine benötigte Seite aufgrund der Blockzerstörung nicht erhalten können, rücksetzen, keine neuen Transaktionen mehr zulassen und ansonsten den noch laufenden Transaktionen die "Chance" lassen, ihre Verarbeitung normal zu beenden oder
- die Annahme und Verarbeitung von Transaktionen fortsetzen, wobei jedoch der von der Zerstörung betroffene DB-Bereich <u>gesperrt</u> wird.

Die beiden erstgenannten Punkte wurden vor allem deshalb in die Klassifikation aufgenommen, weil sie den "state of the art" für die Fehlerbehandlung bei zerstörten DB-Blöcken durch viele kommerziell verfügbare Datenbanksysteme charakterisieren. Für den Anspruch einer zu gewährleistenden hohen Verfügbarkeit des DBVS ist eine solche Reaktion des Systems bei einem Slot- oder Blockdefekt natürlich unbefriedigend, denn es soll ja soweit möglich erreicht werden, daß die DB-Verarbeitung nicht unterbrochen werden muß.

Das im obigen dritten Punkt erwähnte Verfahren des Setzens einer <u>Sperre</u> auf den defekten Teil des Datenbestands wird ebenfalls in auf dem Markt befindlichen Datenbanksystemen verwendet, sei es, daß die Sperre manuell durch den DBA gesetzt werden kann, sei es, daß dies eine Entscheidung des DBVS selbst ist (so z.B. im ´IMS Fast Path Enhancement´ /Ta83/). Der Sinn des Sperrens der gesamten <u>Area</u> - selbst wenn lediglich eine einzelne Blockzerstörung existiert - liegt darin, daß nach erfolgter "Auskopplung" aus dem DB-Betrieb eine "offline"-Rekonstruktion in den zugehörigen Dateien durch manuelle Reparatur des Blockinhalts oder mit Hilfe eines "salvation programs" /Ve78/ erfolgen kann, während parallel hierzu auf den übrigen DB-Areas die Transaktionsverarbeitung fortgesetzt wird.

Eine DML-Anweisung auf die Wiederherstellung der defekten Daten <u>warten</u> zu lassen, ist nur bei <u>Area</u>-Sperren sinnvoll: Da im linken Zweig des Klassifikationsbaums angenommen wird, daß keine "online"-Fehlerbehandlung erfolgt, kann eine Reparatur nur "offline" durchgeführt werden, und dies erfordert den exklusiven Zugriff zur gesamten Area. Das Warten bei Antreffen einer gesetzten <u>Block</u>sperre würde hingegen eine "endlose" Wartesituation für die betroffene Transaktion bedeuten, da die Sperre bis zur Beendigung der laufenden DB-Session gehalten wird. Die <u>Zurückweisung</u> der <u>DML-Anweisung</u> an der externen DBS-Schnittstelle, verbunden mit der Übermittlung eines aussagekräftigen Return-Codes, soll dem Anwendungsprogramm bzw. dem Benutzer die Möglichkeit eröffnen, über die Fortführung oder Beendigung der noch offenen Transaktion selbst zu entscheiden. Falls diese Wahlmöglichkeit als nicht wünschenswert erachtet wird, kann auch ein sofortiges <u>Rücksetzen</u> <u>der</u> <u>Transaktion</u> durch das DBVS vorgesehen werden.

Insgesamt betrachtet, läßt sich zum Sperransatz soviel aussagen, daß die Möglichkeit zur Deaktivierung des zerstörten Bereichs (oder einer Obermenge davon) unter gleichzeitiger Fortführung des DB-Betriebs auf der restlichen Datenbank deutlich besser ist, als die in existierenden Systemen (noch?) anzutreffende Beendigung der gesamten DB-Verarbeitung.

Der nächste zu betrachtende Ast im Baum von Bild 6 betrifft die Nutzung der für die "traditionellen" Recovery-Maßnahmen geführten Dateien, die sich einteilen lassen in
- temporäre Protokolldatei (<u>BFIM</u> ("before image")-Datei)
  Sie enthält den vor Beginn einer offenen Transaktion gültigen Zustand jener Daten, welche die Transaktion verändert hat. Diese werden "normalerweise" zur Rückgängigmachung von durchgeführten DB-Änderungen beim Transaktionsabbruch oder beim Wiederanlauf nach einem Systemausfall benutzt. (Außerdem kann die temporäre Protokolldatei auch noch (abhängig von der Implementierung der Log- und Recovery-Verfahren) den Zustand der Daten nach Durchführung der Änderungen vermerken.)
- Archiv-Protokolldatei (<u>AFIM</u> ("after image")-Datei)
  In ihr sind die von bereits beendeten Transaktionen vorgenommenen DB-Änderungen verzeichnet, die "normalerweise" für die Rekonstruktion bei der "media recovery" (vgl. Kap. 1) benötigt werden.
- <u>Archivkopie</u>
  Sie enthält ein altes Zustandsabbild der Datenbank.

Wir gehen, in Übereinstimmung mit den Gegebenheiten beim Einsatz großer Datenbanken, davon aus, daß die <u>Archivkopien</u> auf Band gespeichert sind und deshalb für die Durchführung einer schnellen DB-Recovery nicht genutzt werden können.

Da die <u>BFIM</u>-Informationen den Zustand der Daten vor Transaktionsbeginn repräsentieren, können sie allenfalls dazu genutzt werden, um die auf eine Blockzerstörung gestoßene Transaktion rückzusetzen, mit der Intention, sie dann ggf. (auf den so wiederhergestellten Daten) neu zu starten. Die BFIMs werden jedoch meist nur für eine begrenzte Zeit aufgehoben (u.U. nur bis zum Transaktionsende) und dann gelöscht, um das Log-Datenvolumen in Grenzen zu halten. Zudem kann - zumindest bei Slotdefekten und Blocklesefehlern - davon ausgegangen werden, daß zum Zeitpunkt der Fehlererkennung für den defekten Block (noch) gar kein "before image" zur Verfügung steht, weil die laufende Transaktion diesen zum ersten Mal seit ihrem Beginn von der Platte gelesen hat. Aus all diesen Gründen müssen wir davon ausgehen, daß <u>meist</u>

<u>keine</u> <u>BFIM-Nutzung</u> für die Wiederherstellung zerstörter Blockinhalte möglich ist.

Anders sieht es in dieser Hinsicht hingegen in bezug auf die <u>AFIM</u>-Datei aus. Die in ihr gespeicherten Daten werden für eine recht lange Zeit aufbewahrt, nämlich zumindest bis zur Erzeugung einer neuen Archivkopie der DB. Deshalb kann die Wahrscheinlichkeit recht groß sein, daß die zur Wiederherstellung benötigten Daten in ihr enthalten sind. Die Verwendbarkeit der AFIM-Datei hängt allerdings davon ab,

- ob die in ihr gespeicherten Informationen nicht ebenfalls schon zerstört sind. Falls ein Blockinhaltsfehler über längere Zeit hinweg unentdeckt bleibt, so kann es vorkommen, daß sein in der AFIM-Datei gespeichertes Abbild denselben Fehler enthält.
- wie effizient ein wahlfreier Zugriff zu den gespeicherten Daten möglich ist. Die Archiv-Protokolldatei wird im Normalbetrieb sequentiell fortgeschrieben. Auch für die "media recovery" wird lediglich die sequentielle Verarbeitung verwendet. Zur Wiederherstellung einzelner zerstörter DB-Blöcke ist hingegen eine logisch fortlaufende Suche im gesamten AFIM-Datenbestand zu kostspielig, und es wird die Möglichkeit des direkten Zugriffs zu dem gesuchten Abbild des zerstörten Blocks benötigt (wie sie z.B. in UDS /Sie82a/ existiert).

Die AFIM-Datei kann somit als eine mögliche Informationsquelle für die Recovery bei den hier betrachteten Fehlertypen dienen.

Schließlich enthält Bild 6 auch noch den besonders interessant erscheinenden Ansatz zur <u>Nutzung</u> <u>von</u> <u>Redundanzen</u> in den Speicherungsstrukturen mit dem Ziel der Rekonstruktion zerstörter DB-Blöcke. Die weitere Untergliederung dieses Punkts betrifft im wesentlichen die Menge der für die Recovery bereitzustellenden DB-Blöcke: Beim <u>vollständigen</u> "Scan" ist für die Wiederherstellung eines Blockinhalts die gesamte DB-Area oder ein größerer Ausschnitt davon einzulesen; für viele Fehlerfälle lassen sich allerdings auch etwas "intelligentere", auf die spezielle Fehlersituation <u>zugeschnittene</u> <u>Verfahren</u> angeben, die mit einem deutlich geringeren Zeitaufwand auskommen.

Zunächst jedoch ein Beispiel für den <u>vollständigen</u> "Scan": Angenommen, ein Block der Freispeicherverwaltungstabelle (FPA) ist zerstört. Die FPA stellt redundante Information dar, da die Freiplatzangabe zusätzlich jeweils im Seitenkopf verzeichnet ist. Wenn die Größe der Area 100 Megabyte = 51200 Seiten à 2 Kilobyte beträgt und eine FPA-Seite 1022 Freiplatzeinträge à 2 Byte enthält, so sind für die Wiederherstellung des zerstörten FPA-Blocks bis zu 1022 DB-Blöcke einzulesen, um aus ihnen die Freiplatzinformation zu entnehmen. Da dieses Lesen aufeinanderfolgende Slots betrifft, können (z.B. im BS2000) mit Hilfe der geketteten Ein-/Ausgabe ("chained I/O") jeweils mehrere Blöcke mit <u>einem</u> LIES-Aufruf von der Platte gelesen werden. Im BS2000 sind dies max. 16 Blöcke, und es ergeben sich damit Rekonstruktionskosten (bei Zugrundelegung des Plattenspeichers Siemens 3465 /Sie82b/) von ca. 5 Sekunden.

Anhand eines ähnlichen Beispiels - nämlich wiederum für die FPA und als Alternative zur zuvor genannten Methode - kann ein <u>zugeschnittenes</u> <u>Verfahren</u> demonstriert werden, bei dem keine Rekonstruktion der zerstörten Daten, sondern die Fortsetzung der DB-Verarbeitung ohne eine Wiederherstellung erfolgt: In den Beschreibungsdaten (Meta-Information) zur DB wird ein Zeiger geführt, der zu Beginn einer DB-Session so gesetzt ist, daß er auf die erste freie Seite zeigt, ab der in der Area nur noch freie Seiten folgen. Er soll es dem DBVS ersparen, bei Freispeicheranforderungen die FPA von Beginn an durchsuchen zu müssen. Bei der nachfolgenden Speicherplatzvergabe läuft dieser Zeiger (nötigenfalls zyklisch) durch die Area und weist jeweils auf die nächste Seite, in der noch Freiplatz existiert. Für unseren Zweck kann der Zeiger in folgender Weise genutzt werden:

- Bei einer Speicherplatzfreigabe, die eigentlich in der defekten FPA-Seite eingetragen werden müßte, erfolgt keine derartige FPA-Modifikation. Dies kann für die Dauer der laufenden DB-Session durchaus hingenommen werden.
- Bei einer Speicherplatzanforderung, die eine Suche in der defekten FPA-Seite zur Folge hätte, wird der oben genannte Zeiger so "weitergeschoben", daß er den zu dieser FPA-Seite gehörigen DB-Bereich einfach "überspringt". De facto bedeutet dies die Sperrung eines (sehr kleinen) Abschnitts der Area für die Freiplatzvergabe, während dieser Bereich für alle anderen Lese- und Schreibvorgänge weiterhin verfügbar bleibt.

Bei dieser Vorgehensweise ist es natürlich unabdingbar, daß bei Beendigung der laufenden DB-Session doch noch eine ("offline"-)Rekonstruktion des Inhalts des zerstörten FPA-Blocks durchgeführt wird.

Ähnliche Algorithmen lassen sich auch für DBTT-Blöcke sowie zu Daten- und Tabellenblöcken angeben.

Im folgenden sind die möglichen <u>Konsequenzen einer Fehlerbehandlung</u> zusammengestellt:

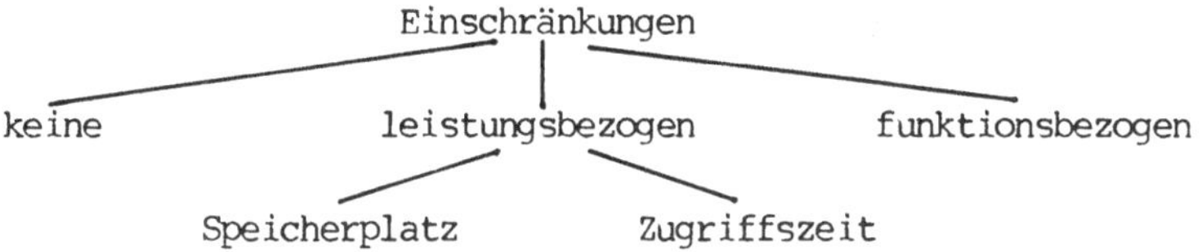

Einmal kann es sein, daß die DB-Verarbeitung danach <u>ohne</u> irgendwelche <u>Einschränkungen</u> fortgesetzt werden kann. Dieser Fall liegt z.B. bei dem ersten der zuvor genannten Verfahren zur FPA-Rekonstruktion vor. Beim zweiten Verfahren hingegen existiert danach (für die Dauer der laufenden DB-Session) eine <u>leistungsbezogene Einschränkung</u> der Art, daß der zur Verfügung stehende Speicherplatz in der Area nur unzureichend genutzt wird. Ebenso sind Fehlerbehandlungsmaßnahmen möglich, bei denen in der Folge erhöhte Kosten im Zugriff zu den Daten anfallen, da bestimmte Zugriffspfade nicht wie gewohnt benutzt werden können. <u>Funktionsbezogene Einschränkungen</u> bedeuten hingegen, daß irgendwelche DML-Anweisungen aufgrund einer unvollständigen Wiederherstellung zerstörter Blockinhalte nicht ausführbar sind.

6. Resümee

Wir haben im vorliegenden Aufsatz nicht das Ziel verfolgt, konkrete Implementierungsvorschläge für die "online"-Fehlerbehandlung bei einzelnen zerstörten DB-Blöcken zu präsentieren, sondern wollten vielmehr den Rahmen der

Möglichkeiten zur schnellen Fehlererkennung und -behandlung aufzeigen. Nur z.T. konnten darüber hinaus auch spezielle Algorithmen für bestimmte Typen der Blockzerstörung skizziert werden, denn ein vertieftes Eingehen hierauf hätte sowohl den Umfang dieses Papiers bedeutend erhöht als auch die Berücksichtigung einer Vielzahl von Details existierender DBS-Implementierungen erfordert. Da in den meisten existierenden Datenbanksystemen die angeschnittenen Möglichkeiten zur Steigerung der Verfügbarkeit des Systems bislang noch kaum genutzt werden, sollen die besprochenen Methoden als Anregung zur Realisierung von solchen Verfahren dienen. Hierfür dürften das Fehlermodell aus Kap. 3 sowie die Klassifikationen zur Fehlererkennung und -behandlung der Kap. 4 und 5 eine geeignete Grundlage darstellen.

Ich danke Herrn **Dr. A. Reuter** (z. Zt. IBM Research Lab, San Jose) für die Anregung, mich mit dem Thema dieses Aufsatzes zu befassen. Herrn **Prof. Dr. T. Härder** sei für zahlreiche kritische Anmerkungen zum Inhalt der vorliegenden Arbeit gedankt. Bei meinen Kollegen **B. Mitschang** und **A. Sikeler** möchte ich mich für das sorgfältige Korrekturlesen des Manuskripts bedanken.

Literaturverzeichnis

As81   Astrahan, M.M. et al.: A History and Evaluation of System R, in: Communic. of the ACM, Vol. 24, No. 10, 1981, S. 632-646

BPT77   Buhr, R.J., Pagurek, B., Thomas, D.A.: Validation Algorithms for Pointer Values in DBTG Databases, in: ACM Trans. on Database Systems, Vol. 2, No. 4, 1977, S. 352-369

Gr81   Gray, J. et al.: The Recovery Manager of the System R Database Manager, in: Computing Surveys, Vol. 13, No. 2, 1981, S. 223-242

HR84   Härder, Th., Reuter, A.: Datenbankhandbuch Kap. 3 und 4 (Hrsg.: P.C. Lockemann, J.W. Schmidt). Springer Verlag, Berlin Heidelberg New York, 1984 (in Vorbereitung)

Kü83   Küspert, K.: Ein Fehlermodell für Speicherungsstrukturen in Datenbanksystemen. Technischer Bericht, Universität Kaiserslautern, Fachbereich Informatik, 1983

LS79   Lampson, B.W., Sturgis, H.E.: Crash Recovery in a Distributed Data Storage System. Research Report, XEROX Palo Alto Research Center, 1979

Re81   Reuter, A.: Fehlerbehandlung in Datenbanksystemen. Carl Hanser Verlag, München Wien, 1981

Se73   Senko, M.E. et al.: Data Structures and Accessing in Database Systems, in: IBM Systems Journal, Vol. 12, No. 1, 1973, S. 30-93

Sie82a UDS/BS2000, Entwerfen und Definieren, Benutzerhandbuch. Siemens AG, München, 1982, Bestell-Nr. U929-J-Z55-1

Sie82b Betriebssystem BS2000, Systemüberwachung, Beschreibung. Siemens AG, München, 1982, Bestell-Nr. U813-J-Z55-2

Ta83   Takeshita, T.: Overview of IMS/VS Fast Path Enhancement, in: Database Engineering - a quarterly bulletin of the IEEE Computer Society, Vol. 6, No. 1, 1983, S. 33-39

Ve78   Verhofstad, J.S.M.: Recovery Techniques for Database Systems, in: Computing Surveys, Vol. 10, No. 2, 1978, S. 167-195

We81   Weber, Ch.: Ein Verfahren zur schnellen Konsistenzprüfung von Datenbanken, in: Angewandte Informatik, Bd. 23, Nr. 11, 1981, S. 497-501

Diese Arbeit entstand im Rahmen eines vom Bundesminister für Forschung und Technologie (Förderungskennzeichen 083 0106) und der Siemens AG geförderten Projekts.

Band 44: Organisation informationstechnik-gestützter öffentlicher Verwaltungen. Fachtagung, Speyer, Oktober 1980. Herausgegeben von H. Reinermann, H. Fiedler, K. Grimmer und K. Lenk. 1981.

Band 45: R. Marty, PISA – A Programming System for Interactive Production of Application Software. VII, 297 Seiten. 1981.

Band 46: F. Wolf, Organisation und Betrieb von Rechenzentren. Fachgespräch der GI, Erlangen, März 1981. VII, 244 Seiten. 1981.

Band 47: GWAI – 81 German Workshop on Artificial Intelligence. Bad Honnef, January 1981. Herausgegeben von J. H. Siekmann. XII, 317 Seiten. 1981.

Band 48: W. Wahlster, Natürlichsprachliche Argumentation in Dialogsystemen. KI-Verfahren zur Rekonstruktion und Erklärung approximativer Inferenzprozesse. XI, 194 Seiten. 1981.

Band 49: Modelle und Strukturen. DAG 11 Symposium, Hamburg, Oktober 1981. Herausgegeben von B. Radig. XII, 404 Seiten. 1981.

Band 50: GI – 11.´Jahrestagung. Herausgegeben von W. Brauer. XIV, 617 Seiten. 1981.

Band 51: G. Pfeiffer, Erzeugung interaktiver Bildverarbeitungssysteme im Dialog. X, 154 Seiten. 1982.

Band 52: Application and Theory of Petri Nets. Proceedings, Strasbourg 1980, Bad Honnef 1981. Edited by C. Girault and W. Reisig. X, 337 pages. 1982.

Band 53: Programmiersprachen und Programmentwicklung. Fachtagung der GI, München, März 1982. Herausgegeben von H. Wössner. VIII, 237 Seiten. 1982.

Band 54: Fehlertolerierende Rechnersysteme. GI-Fachtagung, München, März 1982. Herausgegeben von E. Nett und H. Schwärtzel. VII, 322 Seiten. 1982.

Band 55: W. Kowalk, Verkehrsanalyse in endlichen Zeiträumen. VI, 181 Seiten. 1982.

Band 56: Simulationstechnik. Proceedings, 1982. Herausgegeben von M. Goller. VIII, 544 Seiten. 1982.

Band 57: GI – 12. Jahrestagung. Proceedings, 1982. Herausgegeben von J. Nehmer. IX, 732 Seiten. 1982.

Band 58: GWAI-82. 6th German Workshop on Artificial Intelligence. Bad Honnef, September 1982. Edited by W. Wahlster. VI, 246 pages. 1982.

Band 59: Künstliche Intelligenz. Frühjahrsschule Teisendorf, März 1982. Herausgegeben von W. Bibel und J. H. Siekmann. XIII, 383 Seiten. 1982.

Band 60: Kommunikation in Verteilten Systemen. Anwendungen und Betrieb. Proceedings, 1983. Herausgegeben von Sigram Schindler und Otto Spaniol. IX, 738 Seiten. 1983.

Band 61: Messung, Modellierung und Bewertung von Rechensystemen. 2. GI/NTG-Fachtagung, Stuttgart, Februar 1983. Herausgegeben von P. J. Kühn und K. M. Schulz. VII, 421 Seiten. 1983.

Band 62: Ein inhaltsadressierbares Speichersystem zur Unterstützung zeitkritischer Prozesse der Informationswiedergewinnung in Datenbanksystemen. Michael Malms. XII, 228 Seiten. 1983.

Band 63: H. Bender, Korrekte Zugriffe zu Verteilten Daten. VIII, 203 Seiten. 1983.

Band 64: F. Hoßfeld, Parallele Algorithmen. VIII, 232 Seiten. 1983.

Band 65: Geometrisches Modellieren. Proceedings, 1982. Herausgegeben von H. Nowacki und R. Gnatz. VII, 399 Seiten. 1983.

Band 66: Applications and Theory of Petri Nets. Proceedings, 1982. Edited by G. Rozenberg. VI, 315 pages. 1983.

Band 67: Data Networks with Satellites. GI/NTG Working Conference, Cologne, September 1982. Edited by J. Majus and O. Spaniol. VI, 251 pages. 1983.

Band 68: B. Kutzler, F. Lichtenberger, Bibliography on Abstract Data Types. V, 194 Seiten. 1983.

Band 69: Betrieb von DN-Systemen in der Zukunft. GI-Fachgespräch, Tübingen, März 1983. Herausgegeben von M. A. Graef. VIII, 343 Seiten. 1983.

Band 70: W. E. Fischer, Datenbanksystem für CAD-Arbeitsplätze. VII, 222 Seiten. 1983.

Band 71: First European Simulation Congress ESC 83. Proceedings, 1983. Edited by W. Ameling. XII, 653 pages. 1983.

Band 72: Sprachen für Datenbanken. GI-Jahrestagung, Hamburg, Oktober 1983. Herausgegeben von J. W. Schmidt. VII, 237 Seiten. 1983.

Band 73: GI - 13. Jahrestagung. Hamburg, Oktober 1983. Proceedings. Herausgegeben von J. Kupka. VIII, 502 Seiten. 1983.

Band 74: Requirements Engineering. Arbeitstagung der GI, 1983. Herausgegeben von G. Hommel und D. Krönig. VIII, 247 Seiten. 1983.

Band 75: K. R. Dittrich, Ein universelles Konzept zum flexiblen Informationsschutz in und mit Rechensystemen. VIII, 246 pages. 1983.

Band 76: GWAI-83. German Workshop on Artificial Intelligence. September 1983. Herausgegeben von B. Neumann. VI, 240 Seiten. 1983.

Band 77: Programmiersprachen und Programmentwicklung. 8. Fachtagung der GI, Zürich, März 1984. Herausgegeben von U. Ammann. VIII, 239 Seiten. 1984.

Band 78: Architektur und Betrieb von Rechensystemen. 8. GI-NTG-Fachtagung, Karlsruhe, März 1984. Herausgegeben von H. Wettstein. IX, 391 Seiten. 1984.